地域气候适应型绿色公共建筑设计研究丛书　丛书主编　崔愷

适应寒冷气候的绿色公共建筑设计导则

Design Guidelines for Green Public Buildings in Cold Zone

中国建筑设计研究院有限公司——编著

崔愷　主编

徐斌　孙金颖　副主编

中国建筑工业出版社

图书在版编目（CIP）数据

适应寒冷气候的绿色公共建筑设计导则 = Design Guidelines for Green Public Buildings in Cold Zone / 中国建筑设计研究院有限公司编著；崔愷主编. —北京：中国建筑工业出版社，2021.10
（地域气候适应型绿色公共建筑设计研究丛书 / 崔愷主编）
ISBN 978-7-112-26476-6

Ⅰ.①适… Ⅱ.①中… ②崔… Ⅲ.①气候影响—公共建筑—生态建筑—建筑设计—研究 Ⅳ.①TU242

中国版本图书馆CIP数据核字（2021）第169120号

丛书策划：徐　冉　　责任编辑：刘　静　徐　冉　陆新之
书籍设计：锋尚设计　　责任校对：李美娜

地域气候适应型绿色公共建筑设计研究丛书
丛书主编　崔愷
适应寒冷气候的绿色公共建筑设计导则
Design Guidelines for Green Public Buildings in Cold Zone
中国建筑设计研究院有限公司　编著
崔　愷　主编
徐　斌　孙金颖　副主编
*
中国建筑工业出版社出版、发行（北京海淀三里河路9号）
各地新华书店、建筑书店经销
北京锋尚制版有限公司制版
北京富诚彩色印刷有限公司印刷
*
开本：889毫米×1194毫米　横1/20　印张：17　字数：433千字
2021年10月第一版　2021年10月第一次印刷
定价：**169.00**元
ISBN 978-7-112-26476-6
（38009）

丛书编委会

《适应寒冷气候的绿色公共建筑设计导则》

中国建筑设计研究院有限公司　编著

主编

崔　愷

副主编

徐　斌　孙金颖

主要参编人员

李东哲　刘　鹏　景　泉　郑世伟　涂嘉欢　郑　然

傅晓铭　李静威　黎　靓　聂兆征　赵国璎　贾　濛

李志昊　苑　翔　伊文婷　刘　赫　张英达　崔竞文

符　越　林　波　薛晓宁　黄　菲　王　颖　郑正献

周　晔　赵祥宇

2021年4月15日，“江苏·建筑文化大讲堂”第六讲在第十一届江苏省园博园云池梦谷（未来花园）中举办。我站在历经百年开采的巨大矿坑的投料口旁，面对一年多来我和团队精心设计的未来花园，巨大的伞柱在波光下闪闪发亮，坑壁上层层叠叠的绿植花丛中坐着上百名听众，我以“生态·绿色·可续”为主题，讲了我对生态修复、绿色创新和可持续发展的理解和在园博园设计中的实践。听说当晚在网上竟有超过300万的点击率，让我难以置信。我想这不仅仅是大家对园博会的兴趣，更多的是全社会对绿色生活的关注，以及对可持续发展未来的关注吧！

的确，经过了2020年抗疫生活的人们似乎比以往任何时候都更热爱户外，更热爱健康的绿色生活。看看刚刚过去的清明和五一假期各处公园、景区中的人山人海，就足以证明人们对绿色生活的追求。因此城市建筑中的绿色创新不应再是装点地方门面的浮夸口号和完成达标任务的行政责任，而应是实实在在的百姓需求，是建筑转型发展的根本动力。

近几年来，随着习近平总书记对城乡绿色发展的系列指示，国家的建设方针也增加了“绿色”这个关键词，各级政府都在调整各地的发展思路，尊重生态、保护环境、绿色发展已形成了共同的语境。

“十四五”时期，我国生态文明建设进入以绿色转型、减污降碳为重点战略方向，全面实现生态环境质量改善由量变到质变的关键时期。尤其是2021年4月22日在领导人气候峰会上，国家主席习近平发表题为“共同构建人与自然生命共同体”的重要讲话，代表中国向世界作出了力争2030年前实现碳达峰、2060年前实现碳中和的庄严承诺后，如何贯彻实施技术路径图是一场广泛而深刻的经济社会变革，也是一项十分紧迫的任务。能源、电力、工业、交通和城市建设等各领域都在抓紧细解目标，分担责任，制定计划，这成了当下最重要的国家发展战略，时间紧迫，但形势喜人。

面对国家的任务、百姓的需求，建筑师的确应当担负起绿色设计的责任，无论是新建还是改造，不管是城市还是乡村，设计的目标首先应是绿色、低碳、节能的，创新的方法就是以绿色的理念去创造承载新型绿色生活的空间体验，进而形成建筑的地域特色并探寻历史文化得以传承的内在逻辑。

对于忙碌在设计一线的建筑师们来说，要迅速跟上形势，完成这种转变并非易事。大家习惯了听命于建设方的指令，放弃了理性的分析和思考；习惯了形式的跟风，忽略了技术的学习和研究；习惯了被动的达标合规，缺少了主动的创新和探索。同时还有许多人认为做绿色建筑应依赖绿色建筑工程师帮助对标算分，依赖业主对绿色建筑设备设施的投入程度，而没有清楚地认清自己的责任。绿色建筑设计如果不从方案构思阶段开始就不可能达到“真绿”，方案性的铺张浪费用设备和材料是补不回来的。显然，建筑师需要改变，需要学习新的知识，需要重新认识和掌握绿色建筑的设计方法，可这都需要时间，需要额外付出精力。当绿色建筑设计的许多原则还不是“强条”时，压力巨大的建筑师们会放下熟练的套路方法认真研究和学习吗？翻开那一本本绿色生态的理论书籍，阅读那一套套相关的知识教程，相信建筑师的脑子一下就大了，更不用说要把这些知识转换成可以活学活用的创作方法了。从头学起的确很难，绿色发展的紧迫性也容不得他们学好了再干！他们需要的是一种边干边学的路径，是一种陪伴式的培训方法，是一种可以在设计中自助检索、自主学习、自动引导的模式，随时可以了解原理、掌握方法、选取技术、应用工具，随时可以看到有针对性的参考案例。这样一来，即便无法保证设计的最高水平，但至少方向不会错；即便无法确定到底能节约多少、减排多少，但至少方法是对的、效果是“绿”的，至少守住了绿色的底线。毫无疑问，这种边干边学的推动模式需要的就是服务于建筑设计全过程的绿色建筑设计导则。

“十三五”国家重点研发计划项目“地域气候适应型绿色公共建筑设计新方法与示范”（2017YFC0702300）由中国建筑设计研究院有限公司牵头，联合清华大学、东南大学、西安建筑科技大学、中国建筑科学研究院有限公司、哈尔滨工业大学建筑设计研究院、上海市建筑科学研究院有限公司、华南理工大学建筑设计研究院有限公司，以及17个课题参与单位，近220人的研究团队，历时近4年的时间，系统性地对绿色建筑设计的机理、方法、技术和工具进行了梳理和研究，建立了数据库，搭建了协同平台，完成了四个气候区五个示范项目。本套丛书就是在这个系统的框架下，结合不同气候区的示范项目编制而成。其中汇集了部分研究成果。之所以说是部分，是因为各课题的研究与各示范项目是同期协同进行的。示范项目的设计无法等待研究成果全部完成才开始设计，因此我们在研究之初便共同讨论了建筑设计中绿色设计的原理和方法，梳理出适应气候的绿色设计策略，提出了“随遇而生·因时而变”的总体思路，使各个示范项目设计有了明确的方向。这套丛书就是在气候适应机理、设计新方法、设计技术体系研究的基础上，结合绿色设计工具的开发和协同平台的统筹，整合示范项目的总体策略和研究发展过程中的阶段性成果梳理而成。其特点是实用性强，因为是理论与方法研究结合设计实践；原理和方法明晰，因为导则不是知识和信息的堆积，而是导引，具有开放性。希望本项目成果的全面汇集补充和未来绿色建筑研究的持续性，都会让绿色建筑设计理论、方法、技术、工具，以及适应不同气候区的各类指引性技术文件得以完善和拓展。最后，是我们已经搭出的多主体、全专业绿色公共建筑协同技术平台，相信在不久的将来也会编制成为App，让大家在电脑上、手机上，在办公室、家里或工地上都能时时搜索到绿色建筑设计的方法、技术、参数和导则，帮助建筑师作出正确的选择和判断！

当然，您关于本丛书的任何批评和建议对我们都是莫大的支持和鼓励，也是使本项目研究成果得以应用、完善和推广的最大动力。绿色设计人人有责，为营造绿色生态的人居环境，让我们共同努力！

崔愷

2021年5月4日

前言

始自20世纪中叶生态建筑概念的提出，历经20世纪七八十年代两次能源危机，能源安全逐渐受到各国政府的高度关注。在此背景下，不同国家和地区的绿色建筑理论研究和实践探索不断发展。20世纪末以来，中国绿色建筑事业在政府、学界、行业和社会的共同努力下，已经在理论、技术、法规、标准、产品及应用实践诸多方面取得一系列成就，并正在深刻影响着建设领域价值观和实践姿态的积极转变与发展。

党的十八大以来，以习近平总书记为核心的党中央提出了“创新、协调、绿色、开放、共享”的新发展理念。党的十九大报告中明确提出推进绿色发展，建立健全绿色低碳循环发展的经济体系。2020年，习近平总书记在第75届联合国大会上提出了我国“二氧化碳排放力争于2030年前达到峰值，努力争取2060年前实现碳中和”的“双碳目标”。“十四五”时期，世界百年未有之大变局和我国由高速增长阶段转向高质量发展阶段的深刻转型，都为行业的发展提出了更高的要求。

结合国家“十四五”规划的发展方向来看，我们亟需围绕高品质绿色建筑设计理论体系的完善、建筑师主导的设计新方法的研究、绿色建筑设计技术的构建，全面构建具有中国特色的高品质绿色建筑协同设计系统，以期塑造外延进一步拓展、内涵进一步丰富、品质进一步提升的高品质绿色建筑发展体系，进而促进绿色建筑本土化的实践应用，引领行业的转型升级和城乡建设领域的可持续发展。

绿色建筑是实现建筑领域绿色低碳发展的重要手段，大力发展绿色建筑是我们城乡建设领域践行绿色发展战略的重要支撑和关键保障。而绿色建筑设计作为实施绿色建筑全过程中的首要环节，对推动绿色建筑高质量发展起着至关重要的作用。近几年，我国绿色建筑设计虽取得了长足进步，但仍普遍存在“轻前期方案设计，重后期技术措施”，不是在设计前期主动植入绿色思维，而是在后期盲目堆砌技术，导致以建筑空间形态设计为核心的先天绿色基因不足等突出问题。在绿色建筑研究过程中，建筑师的主导作用还有待加强，基于建筑形体空间优化的节能潜力还有待挖掘。绿色建筑师设计亟需从人与资源环境和谐共生的角度，契合可持续与绿色发展思想，充分发挥建筑师的主观能动性，着力推动以建筑师为主导、以空间形态为核心的地域气候适应型绿色公共建筑设计的理论、方法、技术、工具与协同平台的体系创新。

在此背景下，《适应寒冷气候的绿色公共建筑设计导则》（以下简称“本书”）作为“十三五”国家重点研发项目“地域气候适应型绿色公共建筑设计新方法与示范”（2017YFC0702300）之课题“适应寒冷气候的绿色公共建筑设计模式与示范”（2017YFC0702307）的成果之一，聚焦高品质绿色建筑设计推动城乡建设高质量发展的研究价值与现实需求，切实推动绿色建筑设计新理念，从建筑设计中的地域气候认知入手，分析气候适应型绿色公共建筑设计的内涵及其面临的突出问题，在设计阶段高效融入绿色策略，为建筑植入先天绿色基因，以期使绿色创新理念、节能减排技术有效落实在建设的源头，从根本上实现绿色建筑高品质发展。

本书从建筑设计的视角对寒冷地区公共建筑设计架构、气候特点、场地设计、建筑设计和技术协同等方面进行了探索与研究，形成了适应寒冷气候多维度协同的设计导则。本书的目的是要引导建筑师以绿色设计的理念和方法做设计，以气候适应性为核心，针对该气候区绿色公共建筑保温、隔热、通风等关键问题，从场地、布局、功能、空间、形体、界面、技术协同等方面，构建适应寒冷气候的绿色公共建筑设计模式。

本书包含目的、设计控制、设计要点、关键措施与指标、相关规范与研究、典型案例等部分，形成了多层次、多维度合理化提升绿色建筑设计的系统性指引，每个步骤、每个环节都讲明道理，指明路径，给出方向，期望能有效推动本气候区绿色建筑的高质量发展以及绿色建筑本土化的实践应用，对建筑设计理念和方法的转变与提升、引领行业的转型升级和城乡建设的可持续发展具有一定的积极作用。

本书包含了课题的大量研究成果，同时也汲取了业界专家、学者、建筑师和技术人员的经验与成果，在此表示衷心感谢，并欢迎广大读者给予批评指正。您在使用和阅读本书过程中如有任何意见或建议，请寄至中国建筑设计研究院有限公司（地址：北京市西城区车公庄大街19号；邮编：100044；联系电话：010-88328149）。

目录

整体架构与导读

C 气候

场地设计

建筑设计

技术协同

F 整体架构与导读

Framework

“经过三十年来的快速城市化，中国先后出现了环境污染和能源问题，成为今后经济发展的瓶颈。毫无疑问，当今节能环保绝不再是泛泛的口号，已成为国家的战略和行业的准则。一批批新型节能技术和装备不断创新，一个个行业标准不断推出，兴盛的节能技术和材料产业快速发展，绿色节能示范工程正在不断涌现，可以说从理念到技术再到标准，基本上我国与国际处于同步的发展状况。

但这其中也出现了一些问题和偏差，值得警惕。不少人一谈节能就热衷于新技术、新设备、新材料的堆砌和炫耀，而对实际的效果和检测不感兴趣；不少人乐于把节能看作是拉动经济产业发展的机会，而对这种生产所谓节能材料所耗费的能源以及对环境的负面影响不管不顾；不少人满足于对标、达标，机械地照搬条文规定，面对现实条件和问题缺少更务实、更有针对性的应对态度；更有不少人一边拆旧建筑，追求大而无当、装修奢华的时髦建筑，一边套用一点节能技术充充门面。另外，有人对一些频频获奖的绿色示范建筑作后期的检测和评价，据说结论并不乐观，有些比一般建筑的能耗还要高出几倍，节能建筑变成了耗能大户，十分可笑，可悲！”

“融入环境是一种主动的态度。面对被动的制约条件，在有形和无形的限制中建立友善的关系并获得生存的空间，达到与环境共生的目的，这是城市有机更新过程中的常态。

顺势而为是一种博弈的东方智慧。在与外力的互动中调形、布阵、拓展、聚气，呈现外收内强、有力感、有动势的独特姿态。

营造空间是一种对效率和品质的追求。在苛刻的条件下集约功能，放开界面，连通层级，灵活使用，简做精工，创造有活力的新型交互场所。

绿色建筑是一种系统性节俭和健康环境的理念和行动，它始于节地、节能、节水、节材、环保的设计路线，终于舒适、卫生、愉悦、健康的新型创新生态环境的建构和运维，追求长效的可持续发展的目标。”①

---

① 崔愷. 中国建筑设计研究院有限公司创新科研楼设计展序言［Z］. 北京：中国建筑设计研究院有限公司，2018.

F1　气候适应性设计立场

F2　气候适应性设计原则

F3　气候适应性设计机理

F4　气候适应性设计方法

F5　气候适应性设计技术

F6　设计导则的使用方法

[概述]

在生态文明建设大发展的背景下，设计绿色、低碳、循环、可持续的建筑，是当代建筑师的责任和使命。

建筑外部空间的场地微气候环境与区域或地段局地微气候乃至自然环境的地区性气候，是空间开放连续的气候系统，具有直接物质与能量交换的相对平衡。建筑内部空间的室内微气候环境，由建筑外围护结构为主的气候界面与外部实现明确区分，通过建筑主动或被动体系的调节，实现了建筑室内空间的相对封闭独立的气候系统塑造以及内部空间与外部环境的有机互动。因此，应依据所在气候区与相应气候条件的不同，按照对自然环境要素趋利避害的基本原则，选择合适的设计策略。无论室外微气候还是室内人工气候，均应根据其适应自然环境所需的程度不同，选择利用、过渡、调节或规避等差异化策略，实现最小能耗下的最佳建成环境质量。在建筑本体的布局、功能、空间、形体与界面等层面，寻求适应与应对室外不利气候的最大化调节，再辅助以机电设备的调节，从而实现节能、减排与可持续发展。

建筑本体设计在与地域气候要素的互动中，也将使得城市、建筑找回地域化的特色，进一步拓展建筑创作的领域与空间。

本书探讨的气候适应型建筑设计新方法，是走向绿色建筑、实现低碳节能的重要途径。20世纪初的现代主义建筑运动强调“形式追随功能”，伴随着同时期的工业革命，空调和电灯等众多工业产品的发明，使人们摆脱了地域气候的束缚，形成了放之四海而皆准的“国际式”。也渐渐使建筑设计脱离了所在的地域文化，“千城一面”的现象由此形成。同时，对机电设备及技术的过度依赖，甚至崇拜，导致大量建筑能耗惊人。全社会的工业化使得地球圈范围内发生了气候与能源危机。

相较于“形式追随功能”的现代主义思想，基于气候问题愈演愈烈的今天，在当下生态文明时代的建筑设计工作中，我们强调“形式适应气候”，并主张以此为重要出发点的理性主义的建筑设计态度。

建筑师先导

建筑设计的全过程中，建筑师具有跨越专业领域的整体视角，能够充分平衡设计输入条件与建筑成果需求之间的关系。建筑师在面对复杂的气候条件与各异的功能需求时，应综合权衡，形成最佳的整体技术体系。应注重建筑系统的自我调节，充分结合气候条件、建筑特点、用能习惯等特征，达到降低能耗、提高能效的目的。

建筑师的职责决定了其在气候适应型绿色公共建筑设计中的核心作用。建筑设计灵感源自对基地现场特有环境的呼应，以及主客观要素的掌握。建筑师应具备将其对场域的感受转化成形态的能力。

建筑师应有从建筑的可行性研究开始到建设运维，全程参与并确保设计创意有效落地及绿色设计目标实现的协调把控力。

在建筑设计引领绿色节能设计工作中，建筑师占据主导性地位，结构、机电等其他专业在建筑设计工作中起协同性的作用。建筑师首先要树立引导意识，充分发挥建筑专业的特点，在建筑设计全过程中，发挥整体统筹的重要作用。绿色建筑设计的工作重心应该由以往重结果、轻过程，重技术、轻设计的末端控制转为全过程控制，从场地即开始绿色设计，而不是方案确定后，由扩初阶段才开始进行对标式绿色建筑设计。

建筑师视角的绿色公共建筑设计，是将建筑视为环境中的开放系统，而非割裂的独立单元。本书所探讨的气候适应型建筑设计新方法，主张以建筑本体设计为主导的设计方法来推进绿色公共建筑的设计，挖掘建筑本体所应有的环境调控作用，探讨场地、布局对周边环境及内部使用者的影响，研究功能、空间、形体、界面与环境要素之间的转换路径。建筑师应从多个维度综合思考，从选址、土地使用、规划布局等规划层面，到功能组织、空间设计、形体设计、材料使用、围护结构等建筑层面的环节，同时考虑其他相关专业的气候适应性协同要点。鼓励重新定位专业角色，倡导建筑师在性能模拟与建筑设计协同工作中发挥核心能动作用，并在设计全流程中贯穿气候适应性设计理念，引导多主体、全专业参与协作，共同成为绿色建筑设计的社会和经济价值的创造者，逐步推进绿色建筑设计理念的落地。

本体设计优先，设备辅助协同

以建筑本体设计特点实现气候适应性设计，是实现绿色建筑设计的重要途径。绿色建筑设计主张以空间形态为核心，结构、构造、材料和设备相互集成。建筑形态是建筑物内外呈现出的几何状态，是建筑内部结构与外部轮廓的有机融合。建筑形态在气候适应性方面具有重要作用，是建筑空间和物质要素的组织化结构，从基本格局上建立了空间环境与自然气候的性能调节关系。被动式设计策略则进一步增强了这种调节效果。在必要的情况下，主动式技术措施用于弥补、加强被动手段的不足。然而，公共建筑设计中建筑本体的绿色策略往往被忽视，转而更多依赖主动式设备调节。过度着眼于设备技术的能效追逐，掩盖了建筑整体高能耗的事实，这正是导致建筑能耗大幅攀升的重要缘由。不同气候区划意味着不同的适应性内涵与模式。不同气候区不同的空间场所及其组合形态形成了自然气候与建筑室内外空间的连续、过渡和阻隔，由此构成了气候环境与建筑空间环境的基本关系。在这种关系的建构中，以空间组织为核心的整体形态设计和被动式气候调节手段必须被重新确立，并得到优化和发展。

要实现真正健康且适宜的低能耗建筑设计，还是要回到建筑设计本体，通过建筑空间形态设计，在不增加能耗成本的情况下，合理布局不同能耗的功能空间，为整体降低建筑能耗提供良好的基础。在这种情况下，主动式设备仅用于必要的区域，实现室内环境对于机械设备调节依赖性的最小化。根据建筑所处的气候条件，针对主要功能空间的使用特点，在建筑设计中利用低性能和普通性能空间的组织，来为主要功能空间创造更好的环境条件。建筑空间形态不仅是视觉美学的问题，更是会影响建筑性能的大问题，好的空间形态首先应该是绿色的。

以“形式适应气候”为特征的公共建筑的气候适应性设计谋求通过建筑师的设计操作，创造出能够适应不同气候条件，建立“人、建筑、气候”三者之间良性互动关系的开放系统，通过对建筑本体的整体驾驭实现对自然气候的充分利用、有效干预、趋利避害的目标。气候适应性设计是适应性思想观念下策略、方法与过程的统一；是建筑师统筹下，优先和前置于设备节能措施之前的、始于设计上游的创造性行为；是“气候分析—综合设计—评价反馈”往复互动的连续进程；是从总体到局部，并包含多专业协同的集成化系统设计。气候适应型绿色公共建筑设计并不追逐某种特殊的建筑风格，但也将影响建筑形式美的认知，其在客观结果上会体现不同气候区域之间、不同场地微气候环境下的形态差异，也呈现出不同公共建筑类型因其功能和使用人群的不同而具有的形式多样性。气候适应性设计对于推进绿色公共建筑整体目标的达成具有关键的基础性意义。

整体生态环境观

整体，或称系统。建筑系统与自然环境系统密不可分。应以整体和全面的角度把握生态环境问题。绿色公共建筑设计倡导建筑师要建立整体的生态环境观，动态考量建筑系统里宏观、中观、微观各层级要素之间的关系，以及层级与外界环境要素之间的相互作用。这一过程包括从生态学理论中寻找决策依据，借鉴生态系统的概念理解系统中的能量流动与转化过程，分析自然环境对建筑设计的约束条件，以及反向预测建筑系统对自然生态系统稳定性、多样性的影响。

绿色建筑对生态环境的视角需要持续、立体、系统。各个组成子系统之间既高度分化，又高度综合。

气候适应性设计遵循系统规律，整体的组织结构应优先于局部要素，与气候在微观尺度上的层级特征以及人的气候感知进程相呼应。

整体优先原则的首要内涵就在于建筑总体的形态布局首先要置于更大环境的视角下加以考量。从气候适应性角度看，建筑工程项目的选址要充分权衡其与地方生态基质、生物气候特点、城市风廊的整体关系，秉持生态保护、环境和谐的基本宗旨。建筑总体形态布局中的开发强度、密度配置、高度组合等需要适应建成环境干预下的局地微气候，并有利于城市气候下垫面形态的整体优化，从而维系整体建成环境和区段微气候的良性发展，尽量避免城市热岛效应加剧、局域风环境和热环境恶化等弊端。

整体优先原则的另一个内涵是利弊权衡、确保重点、兼顾一般。一方面要充分重视总体形态布局对场地微气候的适应和调节能力，另一方面又要看到这种适应和调节能力的局限性。场地微气候是一种在空间和时间上都会动态变化的自然现象，在建筑总体形态布局过程中，不可能也没有必要追求场地上每一个空间点位的微气候都达到最优，而是应根据场地空间的不同功能属性区别权衡。由于场地公共空间承载了较高的使用频率，人员时常聚集，因此在进行总体设计和分析评估场地微气候时，需优先保障重要公共活动空间的微气候性能。例如，中小学校园和幼儿园设计中的室外活动场地承载了多种室外活动功能，包括学生课间休息和活动、早操、升旗仪式等，这类室外场地的气候性能就显得尤为重要。

从另一角度分析，公共建筑空间形态的组织不仅是对功能和行为的一种组织布局，也是对内部空间各区域气候性能及其实现方式所进行的全局性安排，是对不同空间效能状态及等级的前置性预设。因此，在驾驭功能关系的同时，要根据其与室外气候要素联系的程度和方式展开布局，其基本的原则在于空间气候性能的整体优先和综合效能的整体控制。

向传统和自然学习

2018年5月，习近平总书记出席全国生态环境保护大会，发表重要讲话，强调，“中华民族向来尊重自然、热爱自然。”

中国的民间传统是强调节俭的，我们通常把中国传统文化挂在嘴上，但其实并没有真正用心去做，有很多地方需要回归，恢复中国自己的传统价值观，以面向未来的可持续设计去传承我们的传统文化。面向未来的绿色建筑创新，是向中国传统文化的回归。

建筑向自然学习，尊重自然规律。建筑更应融于自然，要遵循自然规律，与自然相和。传统建筑和人们的传统生活方式中，存在大量针对气候应变的情况。这些是先人们在千百年与自然气候相互对话中积累下来的宝贵的知识财富。

向传统学习借鉴，使用当地材料和建筑技术，继承和发扬传统经验。向自然学习，因地制宜，最大限度地尊重自然传递的设计信息，利用地域有利因素和资源，顺应自然、趋利避害。

气候适应型绿色公共建筑设计中，建筑师应以传统和自然经验为指导，以形态空间为核心，以环境融合为目标，以技术支撑为辅助，践行地域化创作策略。

在绿色建筑设计中，建筑师应遵守以下操作要点：

（1）选址用地要环保——保山、保水、保树、保景观；

（2）创造积极的不用能空间——开放、遮雨遮阳、适宜开展活动、适宜经常性使用；

（3）减少辐射热——遮阳、布置绿植、辐射控制、屋顶通风；

（4）延长不用能的过渡期——通风、拔风、导风、滤风；

（5）减少人工照明——自然采光、分区用光、适宜标准、功能照明与艺术照明相结合；

（6）节约材料——讲求结构美、自然美、设施美，大幅度减少装修，室内外界面功能化，使用地方性材料，可循环利用。

对使用者、环境、经济、文化负责

宜居环境是建筑设计的根本任务。塑造高品质建筑内外部空间与环境，为人民提供舒适、健康、满意的生产生活载体。

随着空调建筑的到来，建筑可以在其内部营造一个与外界隔离且封闭的气候空间，以满足使用者舒适性的需求，带来全球化、国际化的空间品质。然而，这些都是以巨大的能源资源消耗、人与自然的割裂为代价的。在环境问题凸显的今天，在生物圈日渐脆弱的当下，这种建筑方式必须改变。

气候适应型建筑设计强调理性的设计态度，通过理性的设计，找到建筑真正的、长久的价值。同时，设计的理性将引导使用理性，促使设计者与使用者达成共识。

气候适应性价值观引导建筑走向与地域气候的适应与和解。气候适应型建筑设计对建设领域碳排放具有重大的意义，将为我国的碳中和与碳达峰计划的实现带来积极和重要的促进意义。

绿色建筑美学

坚持气候适应性设计，坚持形式追随气候，将使气候适应型建筑获得空间之美、理性之美、地域之美、和谐之美。

坚持气候适应性设计，坚持形式追随气候，是一种以理性的建筑创作手段拓展创作空间的方法，将促使建筑乃至城市形成地域化风格，以理性的态度破解当今千城一面的城市状态。

坚持气候适应性设计，坚持形式追随气候，是建筑设计与自然对话的一种方式。天人合一，与自然的和谐共生，是东方文明的底色，是独具特色的中华文明审美。建筑是环境的有机组成部分，因地制宜是我们古人所提倡的环境观。敬畏自然，融入环境，提倡自然、质朴、有机的美学是创作的方向。

绿色建筑美学是生态美在建筑上的物化存在。随着生态理念的深入人心，绿色建筑技术对传统建筑美学正在产生有力的影响。随着计算机和参数化设计技术的发展，更精细准确的性能模拟和优化逐渐成为可能。在数字技术的加持下，未来的绿色建筑设计必将产生大的变革，新的绿色建筑形态将极大地拓宽和改变建筑学的图景。建筑应积极迎接绿色发展的时代要求，创新绿色建筑新美学。

建筑美的发展将有下面几个重要的趋势：

（1）本土化——从气候到文脉、到行为、到材料的在地性；

（2）开放化——从开窗到开放空间，到开放屋顶，到开放地下；

（3）轻量化——从轻体量到轻结构，到轻装饰、轻材质；

（4）绿色化——从环境绿到空间绿，到建筑绿；

（5）集约化——少占地，减造价，方便用，易运维；

（6）长寿化——从空间到结构，到材质，到构造的长寿性；

（7）产能化——从用能到节能，到产能，到产用平衡；

（8）可视化——从形态到细部，到构造，到技术的可视、可赏；

（9）再生化——化腐朽为神奇，激活既有建筑资源的价值。

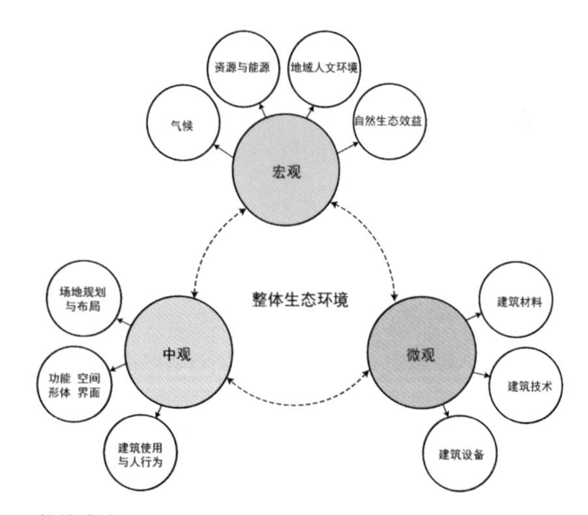

整体生态环境建筑设计相关要素示意

[概述]

以树立建设节约型社会为核心价值观，以节俭为设计策略，以常识为设计基点，以适宜技术为设计手段去创作环境友好型的人居环境。

少扩张、多省地

节省土地资源是最长久的节能环保。

城市迅速扩张中，有很多土地资源的浪费。职住距离太远，造成交通能耗很高，不仅通勤时间延长，大量的货物运输、市政管线都造成了更多的能源消耗。做紧凑型的城市、呈紧凑型发展是最重要的。

少人工、多自然

适宜技术的应用是最应推广的节能环保。

外在，形态上让建筑从大地中长出来；内在，技术上是建构自明的建造；心在，态度上是自信的建造、设计上是用心的建造、实施中是在场的建造；自在，是自然的状态、淡定的状态。

少装饰、多生态

引导健康生活方式是最人性化的节能环保。

人的生活方式不“绿”，不仅导致了建筑的高能耗，也带来人体的不健康。设计上可以考虑创造自然的空间，对人的行为模式进行引导，向健康的方向发展。

少拆除、多利用

延长建筑的使用寿命是最大的节能环保。

旧建筑利用不是仅仅保护那些文物建筑，应最大限度地减少建筑垃圾的排放，并为此大幅提高排放成本，鼓励循环利用，同时降低旧建筑结构升级加固的成本，让旧建筑的利用在经济上有利可图。

[概述]

建筑师主导的气候适应性设计需要通过合理的场地布局，及功能、空间、形体界面的优化调整，改善室内外建成环境，使其符合使用者的人体舒适性要求。绿色公共建筑的气候适应性机理，基于建筑与资源要素、气候要素、行为要素之间的交互过程，通过各种设计方法、技术与措施，调节过热、过冷、过渡季气候的建筑环境，使其更多地处于舒适区范围内，从而扩展过渡季舒适区时间范围，缩短过冷过热的非过渡季非舒适区的时间范围，在更低的综合能耗下满足建筑舒适性要求的气候调节与适应的过程。

资源要素

气候适应性设计涉及的资源要素主要包括土地、能源和资源等。其中能源主要为可再生能源，包括太阳能、风能、地热能等。材料资源包括地域材料、高性能材料、可循环利用材料等。气候适应性设计与土地、能源、材料发生交互，包括节约土地、减少土地承受的压力，减少常规能源使用与利用可再生能源，以及利用地域性材料、高性能材料、可循环材料，提高经济性、降低建筑能耗和减轻环境污染。

气候要素

不同地域的气候特征及变化规律通常用当地的气候要素来分析与描述。气候要素不仅是人类生存和生产活动的重要环境条件，也是人类物质生产不可缺少的自然资源[①]。生活中人体对外界各气候要素的感受存在一定的舒适范围，而不同季节、不同气候区自然气候的变化曲线不同，其与舒适区的位置关系不同，相应的建筑与气候的适应机理也不同。如图所示：

（1）对过热气候的调节适应（蓝色箭头）：通过开敞散热、遮阳隔热，将过热气候曲线往舒适区范围内“下拽”，以达到缩短过热非过渡季，同时降低最热气候值以减少空调能耗的目标。

（2）对过冷气候的调节适应（橙色箭头）：通过紧凑体形保温、增加得热，将过冷气候曲线往舒适区范围内“上拉”，以达到缩短过冷非过渡季，同时提高最冷气候值以减少供暖能耗（或空调能耗）的目标。

（3）对过渡季气候的调节适应（绿色箭头）：春秋过渡季气候处于人体舒适区范围内，通过建筑的冷热调节延长过渡季，并在其间通过引导自然通风等加强与外界气候的互动。

① 顾钧禧. 大气科学辞典 [M]. 北京：气象出版社，1994.

（4）扩展舒适区范围（粉色箭头）：根据人的停留时长、人在空间中的行为等标准，将建筑内的不同空间进行区分。走廊、门厅、楼梯等短停留空间的气候舒适范围较办公室、教室等功能房更大，可在一定程度上进行扩展。

刘加平院士指出，"建筑的产生，原本就是人类为了抵御自然气候的严酷而改善生存条件的'遮蔽所'（shelter），使其间的微气候适合人类的生存"[①]。对建筑内微气候造成影响的主要外界气候要素主要包括温湿度、日照、风三项，不同气候条件下，绿色建筑气候适应设计机理对应的主控气候要素各有侧重。

（1）温湿度以传导的方式与建筑进行能量交换。过热与过冷季节须控制建筑的室内外温湿度传导，以节约过热季的空调能耗、过冷季的采暖能耗。可通过增加场地复合绿化率、控制建筑表面接触系数、增加缓冲空间面积比、调整窗墙面积比等方法调控温湿度对建筑的影响。

（2）风以对流的方式与建筑进行能量交换。过热季可利用通风提升环境舒适性，过冷季须减少通风导致的能耗损失，过渡季须增加室内外通风对流，以促进污染物扩散、提高人体舒适度、增进人与环境的融入感。可通过控制场地密集度、调整空间透风度、调整外窗可开启面积比等方法调控风对建筑的影响。

行为要素

人基于不同行为对不同空间的采光、温度、通风有差异化的需求，对室内外及缓冲空间的接受度也因行为而异。同时，室内人员对建筑室内设备的调节和控制，例如开窗行为、空调行为、开灯行为，也会对建筑能耗产生重要影响。人的行为在建筑能耗中是一个不可忽视的敏感因素，也是造成建筑能耗不确定性的关键因素。

人的行为活动和需求决定了建筑的功能设置和空间形态，但同时建筑体验对人亦有反作用。合理的建筑空间与环境设计可以引导人的心理和行为，充分挖掘建筑空间的潜力，以达到绿色节能的目的。因此，建筑师在气候适应性设计中需要充分了解建筑中人员行为的内在机制，考虑对绿色行为的引导和塑造，重视建筑所具有的支持使用者的社会生活模式及行为的调节作用，以实现行为节能，减少不必要的能源浪费。包括以下两个方面：

（1）借助定量化分析和模拟技术，对人员行为规律、用能习惯等现象进行模拟，评估人的行为对建筑性能的影响，以支撑实际工程应用。

（2）注重缓冲空间对功能布局和人的行为的引导作用，可综合利用多种被动式设计策略、结合主动式设备的优化和运行调节等方法，既实现改善环境、降低公共建筑建筑能耗的目的，又可有效遮挡太阳辐射及控制室内温度等，为使用者提供舒适的休闲场所。

① 刘加平，谭良斌，何泉．建筑创作中的节能设计 [M]．北京：中国建筑工业出版社，2009.

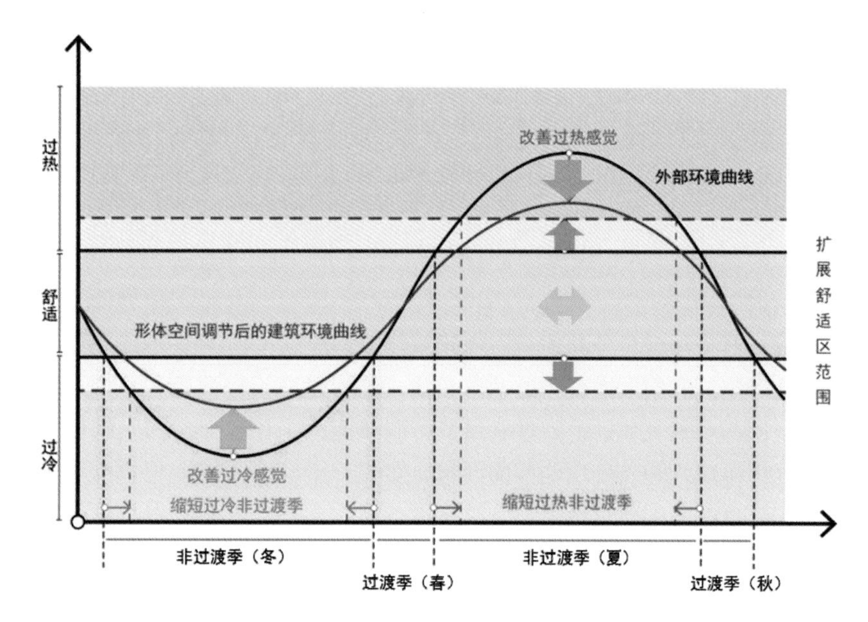

绿色公共建筑的形体空间气候适应性机理示意

来源："十三五"国家重点研发计划"地域气候适应型绿色公共建筑设计新方法与示范"项目（项目编号：2017YFC0702300）课题1研究成果《绿色公共建筑的气候适应机理研究》

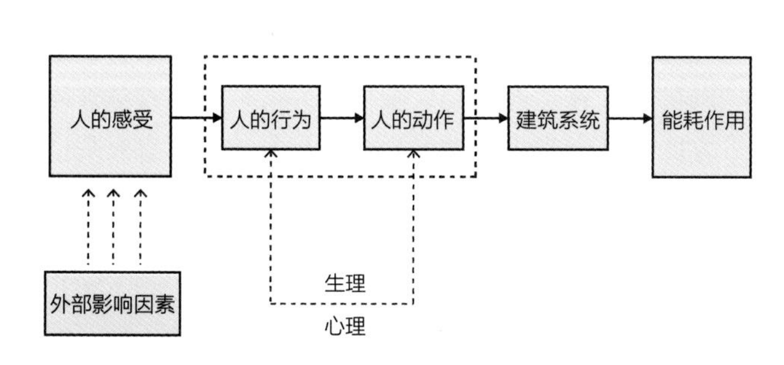

行为要素对建筑能耗的影响

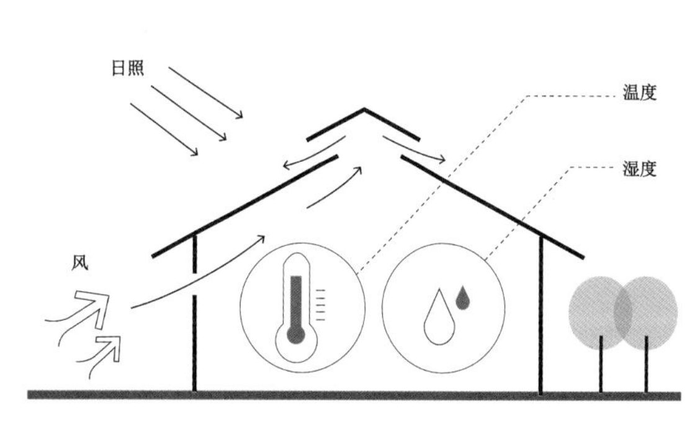

气候要素分析

[概述]

气候适应型绿色公共建筑需要建筑能够适应气候在地域空间和时间进程中的动态变化，保持建筑场所空间与自然气候的适宜性联系或可调节能力，从而在保障实现建筑使用功能的同时，实现健康、节约和环境友好的建筑性能与品质。

气候适应型绿色公共建筑设计方法是由建筑师统筹、优先于设备节能等主动措施之前的始于设计上游的创造性行为，是“气候分析—综合设计—评价反馈”往复互动的连续进程。这种方法从“自然—人—建筑”的系统思维出发，从气候与建筑的相互影响机制入手，旨在谋求通过建筑师的设计操作，按照“建筑群与场地环境—建筑单体的空间组织—空间单元—围护结构和室内分隔”的建筑空间形态基本层级，开展建筑设计及分析工作，建立人、建筑、气候三者之间的良性互动关系，形成一个开放的设计系统。其核心内涵在于通过对建筑形态的整体驾驭，实现对自然气候的充分利用、有效干预、趋利避害的目标。气候适应性设计方法对于推进绿色公共建筑整体目标的达成具有关键的基础性意义。

气候分析

自然气候中的不同要素有其不同的存在和运动方式，并受地理、地表形态和人类活动的干预而相互作用。气候是建筑设计的前提，又被设计的结果所影响。在气候与建筑的相互作用中，建筑师应该发挥因势利导的核心能动作用，需要对气候的尺度、差异性和相对性有所认知，在面对场地时，首先进行气候学分析，并以此作为建筑设计的气候边界条件。

（1）气候的尺度

根据气候现象的空间范围、成因、调节因素等，可将气候按不同的尺度划分为宏观气候、中观气候和微观气候。宏观气候尺度空间覆盖范围一般不小于500km，大则可达数千公里往往受强大的气候调节能力因素的影响，如洋流、降水等；中观气候尺度空间覆盖范围大约从10km到500km不等，调节因素包括地形、海拔高度、城市开发建设强度等；微观气候尺度范围从10m到10km不等，可以进一步细分为场地微气候、建筑微气候、建筑局部微气候等，调节因素包括坡度、坡向、水体、植被等地形地貌要素和建筑物等人工要素。场地的微气候是绿色公共建筑设计时不能忽视的重要因素，建筑师需正确评估和把握场地微气候的特征和规律，在实际设计过程中协调场地微气候与建筑形态布局、功能需求之间的矛盾。

（2）气候的差异性和相对性

气候的差异性：即气候的动态变化，反映在空间与时间两个维度。在空间维度上以建筑气候区划为基本框架，“地域—城镇—地段—街区（建筑群）—建筑”，构成了地域大气候向场地微气候逐渐过渡的层级；在时间维度上随季节和昼夜的周期性转变，以及在不同地域的时长差异，从而表现出复杂多样的具体气候形态。在不同的外部自然气候条件和物理环境需求下，诸如向阳与纳凉、采光与遮阳，保温与散热、通风与防风等方面往往使设计面临矛盾与冲突。因此，气候调节的不同取向要求建筑设计必须根据其具体的状况抓住主要矛盾，作出权重适宜的设计决策。

气候的相对性是指气候的物理属性是一种客观存在，但不同人群对气候的感知因时间、因地理、因年龄等因素而存在不同程度的差异。建筑空间的气候舒适性区间指标需充分考虑因人而异的相对性，避免绝对化设置，针对地域环境条件、建筑功能类型、特定服务对象以及具体使用需求等做出合理化设计。

场地布局

建筑与地域气候的适应性机制首先体现在其场地及周边环境的层面。这种机制取决于地形地貌、场地及周边既有建筑、拟建建筑与地区气候和地段微气候之间的相互联系与作用。公共建筑在该层级的设计应以建筑（群）对所处地段及场地微气候的适应与优化为基本原则和目标。气候适应性设计需要通过利用、引导、调节、规避等设计策略，对风、光、热、湿等气候要素进行有意识的引导或排斥、增强或弱化，从而避免负面微气候的产生，进而实现气候区划背景下的微气候优化。基于上述原则，设计可以从建筑选址、建筑体量布局、地形利用与地貌重塑、交通空间组织等方面，搭建场地总体布局形态的气候适应性设计架构。

功能、空间、形态与界面

建筑的气候调节机制在于其物质空间形态所奠定的基础。建筑形态从基本格局上建立了空间环境与自然气候的性能调节关系。绿色公共建筑设计方法的核心就在于通过基本的形态设计进行气候调节，实现建筑空间环境的舒适性和低能耗双重目标。

对于公共建筑而言，其空间、形体、界面的设计不仅是对功能和行为的一种组织布局，也是对内部不同空间能耗状态及等级的前置性预测。因此，在驾驭功能关系的同时，要根据其与室外气候要素联系的程度和方式展开布局。针对使用空间因其功能、界面形式而产生的气候性能要素及其指标要求的严格程度，可将公共建筑空间分为普通性能空间、低性能空间和高性能空间。在综合考虑公共建筑功能差异、空间构成、形态组织与界面关系的基础上，基于整体气候性能的空间形态组织应充分遵循整体优先、利用优先、有效控制和差异处置的基本原则，其具体设计方法体现为以下几个方面。

（1）根据空间性能设置气候优先度：普通性能

建筑空间气候性能的等级分类

	低性能空间	普通性能空间	高性能空间
能耗预期	低	取决于设计	高
空间类型	设备空间、杂物储存等	办公室、教室、报告厅、会议室、商店等	观演厅，竞技比赛场馆，恒温恒湿、洁净空间等

来源：韩冬青，顾震弘，吴国栋．以空间形态为核心的公共建筑气候适应性设计方法研究[J]．建筑学报，2019（04）：78-84.

空间应布置在利于气候适应性设计的部位，对自然通风和自然采光要求较高的空间常置于建筑的外围，对性能要求较低的空间则时常置于朝向或部位不佳的位置。

（2）充分拓展融入自然的低能耗空间潜力：融入型空间可以承载许多行为活动而无需耗能，过渡型空间可以作为室内外气候交换和过渡的有效媒介，排斥型空间通常以封闭形态而占据建筑的内部纵深。

（3）优先利用自然采光与通风：建筑内部空间形态的确立应根据空间与自然采光的关系和建筑内部风廊的整体轨迹进行综合驾驭。

（4）根据功能特征对气候要素进行差异性选择：通过空间的区位组织，为风、光、热等各要素的针对性利用和控制建立基础，在综合分析其影响下形成各类型空间的整体配置与组织。

（5）建筑外围护结构和室内分隔是空间营造的物质手段：外围护界面是建筑内外之间气候调节的关键装置，室内分隔界面则是内部空间性能优化的重要介质。

技术协同

基于技术协同的气候适应型公共建筑设计方法即物化建筑综合绿色性能的设计逻辑，以气候认知和项目策划为起点，从感性的认知型设计转为通过对空间形态和环境舒适性分析的综合性技术设计，从经验导向型设计转为证据导向型设计。这种设计过程需要与性能分析建立反馈互动，促进结构和设备等多专业的协同配合，并延伸至施工、运维、评估等相关环节；需要建立全过程系统性的综合组织机制。具体要点如下：

（1）建立服务于建筑项目设计团队的多专业协作的集成化组织结构，需遵循项目目标性、专业分工与协作统一、精简高效等基本原则。分工明确、责权清晰、流程顺畅且能协作配合，为项目设计管理的运作提供有力支撑和保障。

（2）技术协同要在多个关键节点（前期概念策划、方案设计、深化设计、经验提取与设计反馈）中均体现建筑师的核心作用，需能针对绿色建筑的关键问题，从始至终统领或协调各专业设计全过程。

（3）建筑、结构、设备等各专业的团队协作与配合对推动气候适应型绿色公共建筑的设计优化具有重要影响。

在绿色建筑前期概念策划阶段，建筑师制定气候适应型绿色公共建筑设计的概念策划，明确绿色建筑的设计方向与目标，从气候特征与设计问题出发，开展气候适应性机理与公共建筑特征的关联机制分析；结构工程师在掌握项目所在地的地质和水文条件的基础上，依据建筑设计方案确定结构方案和地基基础方案，并开展结构方案比选、结构选型及布置等工作；设备工程师与建筑师协同开展工作，收集前期气候、地形、规划、市政条件等设计资料，并确保综合绿色性能的有效实施。

在绿色建筑方案设计和深化设计阶段，鼓励结构、设备等团队成员从各专业角度、项目目标和设计任务书要求出发，结合建筑师对设计提出的一系列前置性要求，开展专业设计工作。在全过程中，需要结合相关专业性能计算与分析，从群体布局设计、功能组织、建筑空间形态、空间模块设计、围护结构与细部四个层面，不断验证和反馈绿色设计技术可行性，推动设计优化过程。

[概述]

我国严寒、寒冷、夏热冬冷及夏热冬暖等不同气候区条件差异显著，而在大量公共建筑的绿色设计工程实践中，需要综合考虑所在气候条件，需充分考虑公共建筑的大体量、大进深、功能复杂、空间形式多样、空间融通度高等典型设计特点和相应设计需求。故服务于场地规划、建筑布局、功能组织、形体生成、空间优化、界面设计等各类实现建筑绿色性能优化的系统化体系的建构是一个重要且紧迫的任务。因建筑师对各种新型设计技术的了解与运用能力参差不齐，我国大量绿色建筑设计实践依然沿袭传统设计技术与习惯，导致各类现有先进的设计技术对绿色公共建筑设计的指导水平有较大欠缺，大大降低了新型绿色建筑设计技术在我国的应用程度与水平，亦造成公共建筑的综合绿色性能不佳与能耗浪费。

因此，我们需要总结已有绿色公共建筑的经验与教训，研究和借鉴国际先进的绿色建筑技术体系与设计经验，匹配新型绿色公共建筑创作设计的流程需要，提出适用于我国不同典型气候区的新型体系化的绿色公共建筑气候适应型设计技术。新型绿色公共建筑气候适应型设计技术主要包括“场地布局”“功能空间形体界面”“技术协同”三方面的内容。

新型绿色公共建筑气候适应型设计技术体系可充分利用数据搜索匹配、性能模拟、即时可视、智能化算法、影响评估等各项先进的技术手段，为设计前期的场地气候、资源、环境水平等设计条件提供分析，以及在方案形成过程中的场地、布局、功能、空间、形体、围护结构等各阶段进行高效快速的设计推演，并对可再生能源利用模式、环境调控空间组织与末端选型等设备适配方案涉及的多专业技术协同等内容提供体系化的技术支撑与指引。

场地布局

“场地布局”包括“场地气候资源条件分析”设计技术，以及同阶段“场地布局设计与资源利用推演设计”设计技术内容。具体体现为以下几点。

（1）公共建筑与地域气候的适应性机制首先体现在场地及周边环境的层面，这种机制取决于地形地貌、场地及周边既有建筑、拟建建筑与地区气候和地段微气候之间的相互联系与作用。

（2）场地气候资源条件分析：在场地选择和设计上，针对建筑所处的场地环境，通过对场地进行场地气候条件分析、资源可利用条件分析、场地现状环境物理条件分析，充分了解建筑所在场地具体设计气候特征与资源可得状况依据的相关设计技术。

（3）场地布局设计与资源利用推演：在建筑规划布局阶段，基于场地设计条件，充分利用场地现有气候条件与资源可利用条件，借助性能模拟分析等手段推演优化，以室外微气候、建筑节能与室内环境性能优化等综合绿色性能为目标，调整以完成场地的规划设计与建筑布局的相关设计技术。

功能、空间、形体与界面

“功能、空间、形体、界面”主要包括各类可支持建筑本体方案生成过程中，涉及功能、空间、形体、界面等核心要素的各种设计策略要点匹配，以及基于智能化算法、性能模拟等新型技术的即时可视化、环境影响后评估、需求指标分析验证、环保评价等辅助设计的设计技术内容。

（1）形体生成推演技术

在建筑的形体生成设计阶段，基于气候条件差异及场地布局设计，借助性能模拟分析、即时可视化等先进技术手段，推演优化，调整建筑群体或单体的形状、边角、适风、向阳等，应对、控制建筑与外部气候要素交互关系，完成建筑的体形、体量、方位等形体生成的相关设计技术。

（2）空间推演技术

在建筑的空间设计阶段，基于外部气候条件差异及建筑内部空间功能与性能需要，以建筑节能与室内环境性能优化为目标，借助数据搜索匹配、性能模拟分析等先进技术手段推演优化，合理调整建筑空间的组织与组合，空间模块的尺度、形态、性质，空间可变与因时而变的兼容拓展与灵活划分等空间设计内容，完成建筑空间气候适应性设计的相关设计技术。

（3）建筑界面推演技术

在建筑的围护结构设计阶段，基于外部气候条件差异及建筑的内外围护结构界面针对光、热、风、湿等关键气候要素的设置需要，借助性能模拟分析等先进技术手段，通过选择吸纳、过滤、传导、阻隔等不同技术路径，以实现采光或遮光、通风或控风、蓄热或散热、保温或隔热等围护结构不同性能，以合理调整建筑内外围护结构的形式、选材、构造等界面设计内容，完成建筑界面气候适应性设计的相关设计技术。

技术协同

建筑师主导的以空间为核心的绿色建筑设计的各项策略方法同样需要结构、设备等各专业的配合与深化，需要落实为具体的技术参数和措施，也需要各专业在施工过程和使用运维阶段进行评测和检验；此外，建筑本体在调节外部自然气候的基础上，仍需借助人工附加控制的能源捕获与供给、环境调控设备，提升建成环境质量。这些工作需要综合多项学科知识以协同多专业配合与沟通，包括设计前期策划阶段的场地气候资源条件分析，对各设计阶段方案推演设计过程中能耗与物理环境影响评估反馈的环境影响后评估分析技术；以及在建筑的主动式设备选型设计阶段，基于外部气候条件差异及建筑的可再生能源利用和空间物理环境控制需要，以建筑节能与室内环境性能优化为目标，借助性能模拟分析等先进技术手段，合理选择建筑产能类型匹配度高的可再生能源利用模式与形式，确定调控高效的采暖制冷末端选型，最终完成建筑主动式设备选配设计等相关技术内容。

本导则总共由五部分构成。F为整体架构与导读，C为地域气候特征分析，P、B、T分别按照场地与布局，功能、空间、形体、界面，技术协同三部分，逐条进行技术分析。

本导则是建筑师视角的关于绿色建筑设计的综合性指引性文件，从“设计机理—设计方法—技术体系—示范应用”四个层面进行条文技术编制，对部分关键性措施与指标和设计要点等进行了阐述。

在本导则中，每项条文都在页面的顶部进行了章节定位描述，顶栏下方标明条文目的，并对各项条文提出了目的、设计控制、设计要点、关键措施与指标、相关规范与研究，以便于设计人员结合实际情况有针对性地实施各项条文技术。

本导则中所列条款，在实际项目中可根据具体条件进行分析测算，并综合考虑建议范围，调整最终指标。

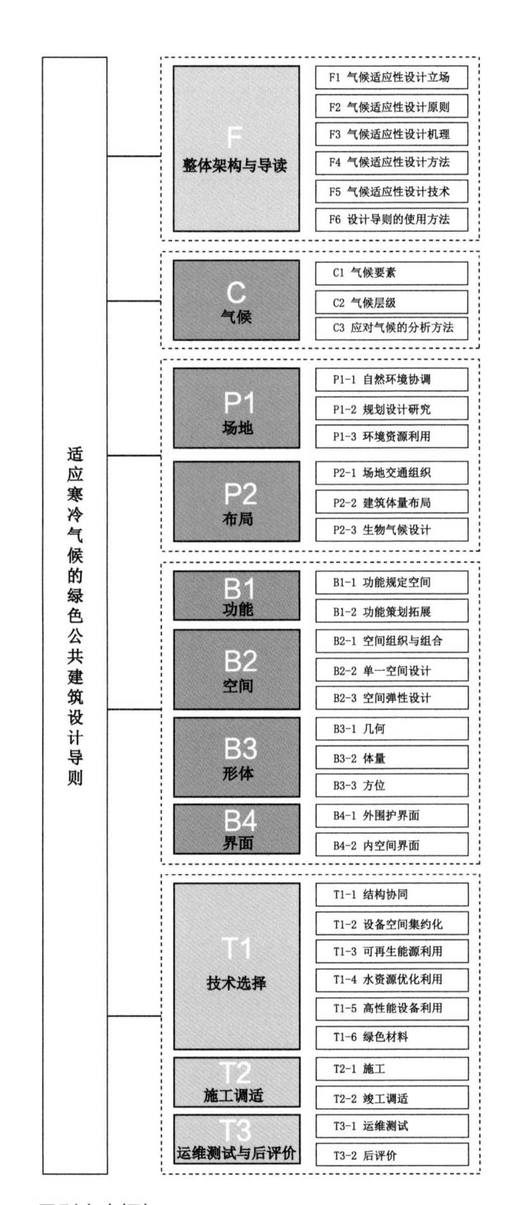

导则文本框架

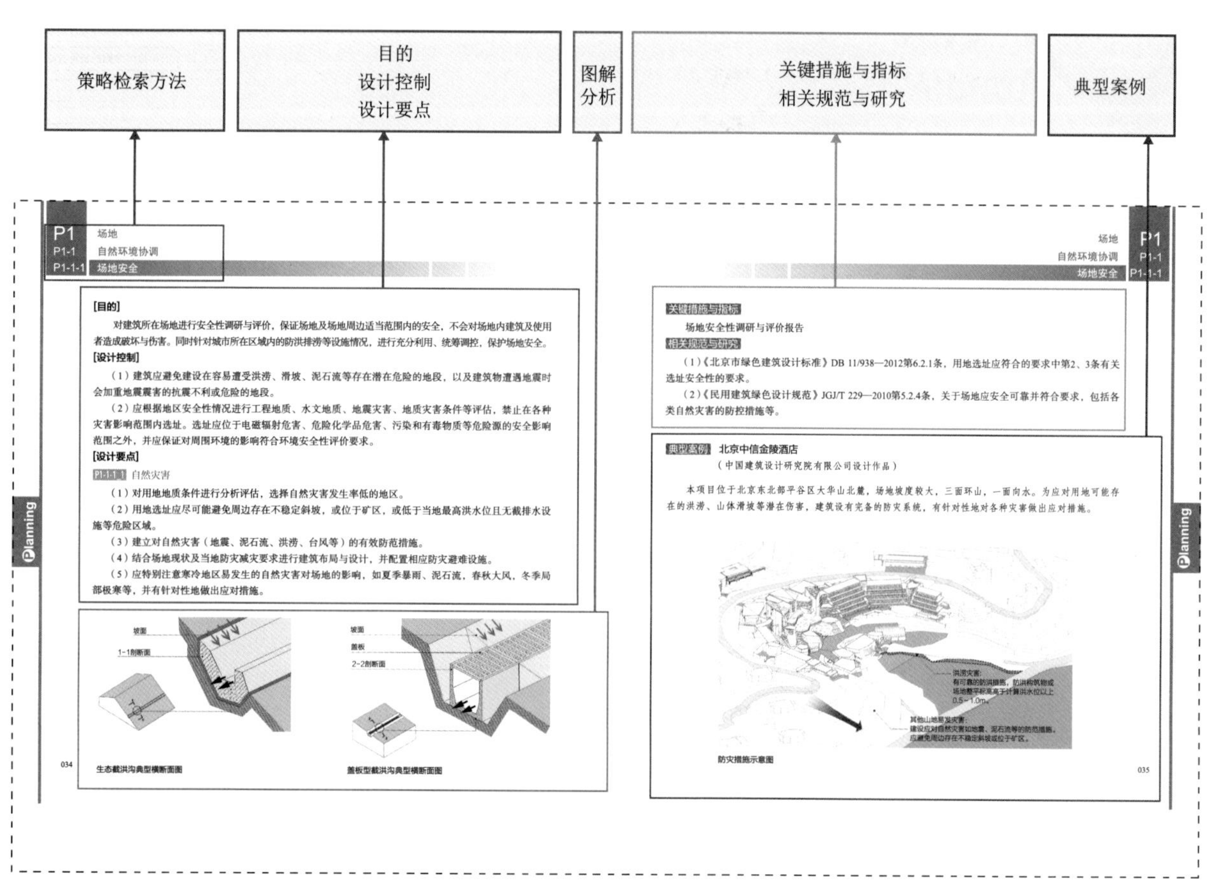

[目的]

对建筑所在场地进行安全性调研与评价，保证场地及场地周边适当范围内的安全，不会对场地内建筑及使用者造成破坏与伤害。同时针对城市所在区域内的防洪排涝等设施情况，进行充分利用、统筹调控，保护场地安全。

[设计控制]

（1）建筑应避免建设在容易遭受洪涝、滑坡、泥石流等存在潜在危险的地段，以及建筑物遭遇地震时会加重地震震害的抗震不利或危险的地段。

（2）应根据地区安全性情况进行工程地质、水文地质、地震灾害、地质灾害条件等评估，禁止在各种灾害影响范围内选址。选址应位于电磁辐射危害、危险化学品危害、污染和有毒物质等危险源的安全影响范围之外，并应保证对周围环境的影响符合环境安全性评价要求。

[设计要点]

P1-1-1-1 自然灾害

（1）对用地地质条件进行分析评估，选择自然灾害发生率低的地区。

（2）用地选址应尽可能避免周边存在不稳定斜坡，或位于矿区，或低于当地最高洪水位且无截排水设施等危险区域。

（3）建立对自然灾害（地震、泥石流、洪涝、台风等）的有效防范措施。

（4）结合场地现状及当地防灾减灾要求进行建筑布局与设计，并配置相应防灾避难设施。

（5）应特别注意寒冷地区易发生的自然灾害对场地的影响，如夏季暴雨、泥石流，春秋大风，冬季局部极寒等，并有针对性地做出应对措施。

生态截洪沟典型横断面图

盖板型截洪沟典型横断面图

关键措施与指标

场地安全性调研与评价报告

相关规范与研究

（1）《北京市绿色建筑设计标准》DB 11/938—2012第6.2.1条，用地选址应符合的要求中第2、3条有关选址安全性的要求。

（2）《民用建筑绿色设计规范》JGJ/T 229—2010第5.2.4条，关于场地应安全可靠并符合要求，包括各类自然灾害的防控措施等。

典型案例 北京中信金陵酒店

（中国建筑设计研究院有限公司设计作品）

本项目位于北京东北部平谷区大华山北麓，场地坡度较大，三面环山，一面向水。为应对用地可能存在的洪涝、山体滑坡等潜在伤害，建筑设有完备的防灾系统，有针对性地对各种灾害做出应对措施。

防灾措施示意图

导则查询方法

气候部分，是阐述建筑师在设计初期了解如何去选择、获取、解读气候数据的一些通用性方法，通过这一过程，有利于建筑师在设计早期认识当地的气候特征以便更好地确定气候适应性策略。

C1气候要素。本部分作为气候基础性分析，主要是针对寒冷地区的基本情况进行分析，包括地域气候概况、温湿度、风环境、太阳辐射、降水及水文等方面，并重点分析了京、津、冀三个典型地区的气候要素数据，以便建筑师获得针对气候适应性设计条件的认知。

C2气候层级。建筑环境学中适用的气候是分层级的，它区别于全球气候变化及天气预报那种大尺度的气候分析，建筑用的气候数据一般以地区性气候、局地气候或微气候尺度数据为主。本部分同时明确了相关可用气候数据的来源及选用原则。

C3应对气候的分析方法。本部分从风、光、热等方面，针对寒冷地区的气候分析方法及相应设计策略进行了阐述。

C1 气候要素

C2 气候层级

C3 应对气候的分析方法

[地域概况]

寒冷地区位于我国长城以南、秦岭以北，主要包括天津、山东、宁夏、北京、河北、山西、陕西大部、辽宁南部、甘肃中东部、新疆南部、河南、安徽、江苏北部以及西藏南部等地区。寒冷地区的气候特征为：①冬季寒冷，时间较长；②由于年温差较大，存在明显的过渡性季节；③由于降水量及太阳辐射等因素的影响，寒冷地区相对来说比较干燥。

[气候概况]

寒冷地区是我国《民用建筑热工设计规范》GB 50176—2016中划分的五个气候区之一。其主要特征性指标是最冷月平均温度在-10℃到0℃之间，辅助指标是日平均温度在5℃以下的天数在90天到145天之间。

京津冀地区四季分明，气温年较差较大，日照量丰富，降水量相对集中。在季节变化表现中，春秋季短促、气温变化剧烈，春季雨雪稀少，冬季较长且寒冷干燥，夏季偶有冰雹、雷暴等极端天气。其中，高原地区夏季较为凉爽，平原地区夏季则较炎热湿润、多雨，炎热时长达两个月。

[设计要点]

本气候区的建筑物应满足冬季防风保温、夏季防晒隔热的要求。在场地规划、单体设计和节点构造处理上应有利于冬季防风保温，夏季防晒隔热，并保证良好的自然通风系统。其中，春秋过渡季自然通风的利用是京津冀地区公共建筑绿色设计策略的重点，延长过渡季是进行本气候区气候适应性设计的关键策略。

[定义]

温度是指距地面1.5m高的空气温度。

湿度是指空气中水蒸气的含量。这些水蒸气来源于江河湖海的水面、植物以及其他水体的水面蒸发，通常以绝对湿度和相对湿度来表示。

[气候特点]

以京津冀地区为研究对象。京津冀地区位于温带半湿润、半干旱大陆性气候区，多年平均气温10℃。参考北京、天津、石家庄三个城市的月平均干球温度及月总辐射量数据可知，京津冀寒冷地区城市夏季7～8月气温偏高，普遍超过26℃；冬季12月到次年2月气温普遍低于0℃。

京津冀地区降水量自东南向西北递减。参考北京、天津、石家庄三个城市月平均相对湿度及月平均降雨量数据可知，京津冀地区冬季相对较为干燥，相对湿度普遍在50%左右。

[设计要点]

本气候区应主要考虑采用夏季防晒隔热、冬季防风保温，以及过渡季自然通风利用等策略进行建筑设计，并适当考虑机械通风、夏季设备主动式除湿及冬季设备主动式加湿等策略。

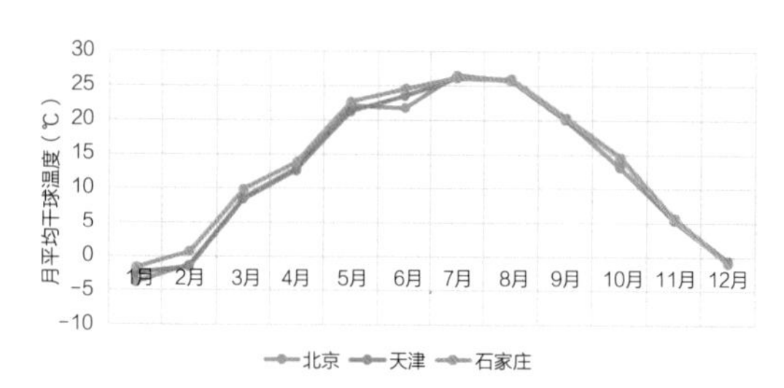

京津冀城市月平均干球温度

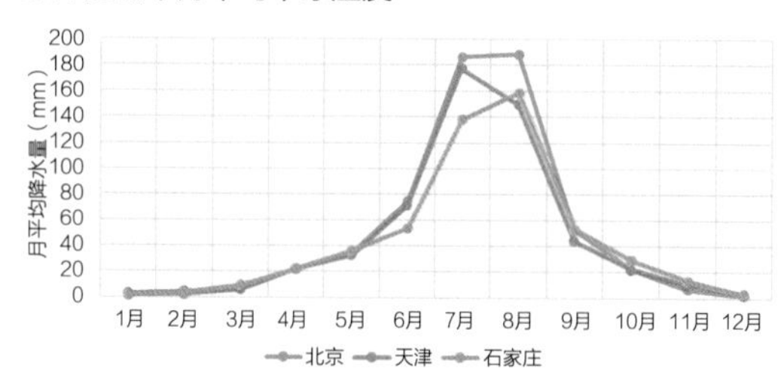

京津冀城市月平均降雨量

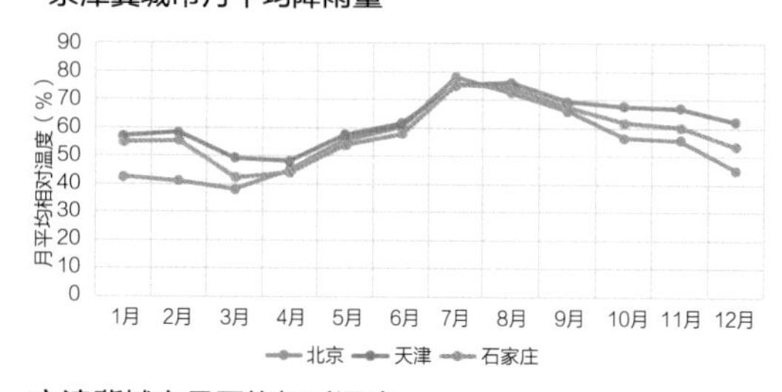

京津冀城市月平均相对湿度

来源：中国气象局气象信息中心气象资料室．中国建筑热环境分析专用气象数据集[M]．北京．中国建筑工业出版社，2005.

[定义]

风是由太阳辐射热引起的空气流动而产生的一种自然现象。风玫瑰图作为气象科学专业统计图表，分为“风向玫瑰图”和“风速玫瑰图”。用于统计某个地区一段时期内的风向、风速及发生频率。

[气候特点]

以京津冀地区为例，参考北京、天津、石家庄城市的全年风玫瑰图以及城市月平均风速来看，京津冀地区年平均风速为2～3m/s。北京全年盛行东北风、西南风，天津全年以西南风为主，石家庄地区则以北风、东南偏南风为主。

[设计要点]

以京津冀地区为例，参考北京、天津、石家庄三个城市逐日平均体感温度可知，非人工冷热源环境舒适度范围的季节分布较为相似，春季、秋季和夏季早晚温度适中，可充分利用自然通风。

由于京津冀地区夏季炎热时间不是很长，昼夜温差较大，可以采用自然通风的方法来调节室内空间舒适度。若建设场地微气候条件良好，邻近水面，则可充分利用其水陆热压差形成的风。冬季西北风强烈，虽城市内风速减弱，仍应适当考虑冬季风环境的优化。

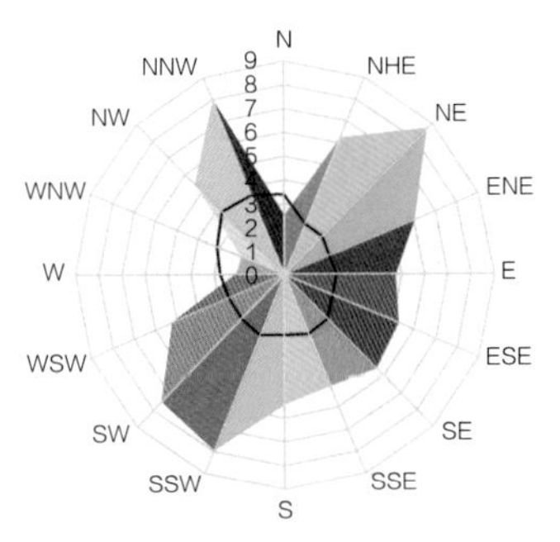

北京全年风玫瑰

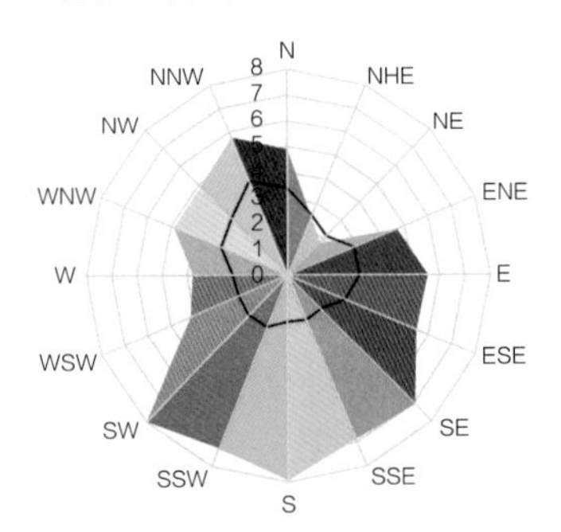

天津全年风玫瑰

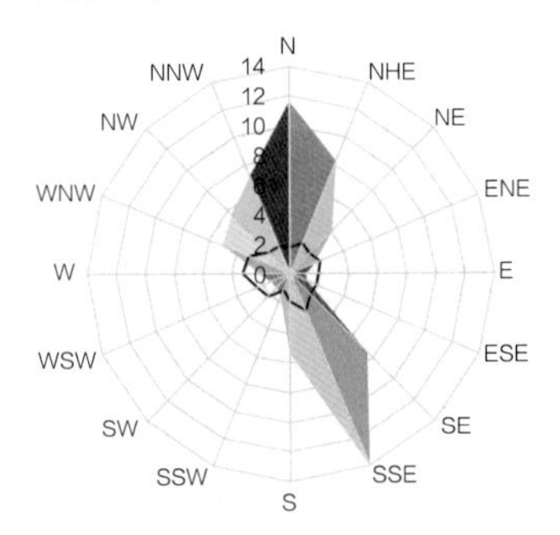

石家庄全年风玫瑰

来源：中国气象局气象信息中心气象资料室. 中国建筑热环境分析专用气象数据集[M]. 北京. 中国建筑工业出版社，2005.

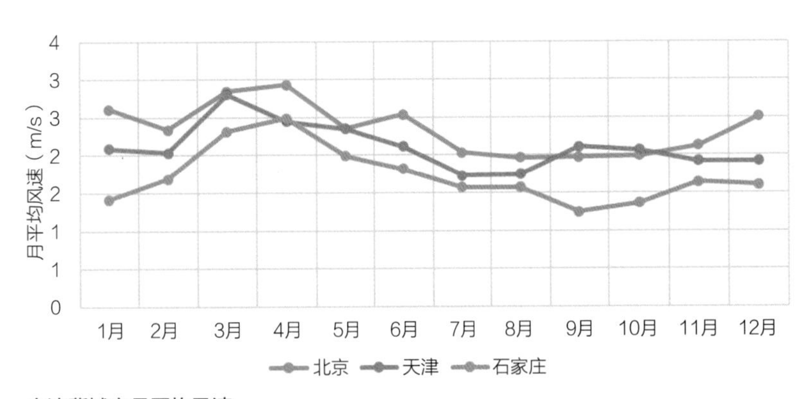

京津冀城市月平均风速

[定义]

太阳辐射是指太阳以电磁波的形式向外传递的能量。太阳辐射所传递的能量称为太阳辐射能。

[气候特点]

以京津冀地区为例，参考北京、天津、石家庄三个城市的月总辐射可知，太阳辐射量峰值普遍集中在5～8月份，月总辐射达到600MJ/m^{2}左右，谷值普遍集中在11月到次年2月份，月总辐射接近200MJ/m^{2}左右，其峰值、谷值走向与月干球温度趋势一致。

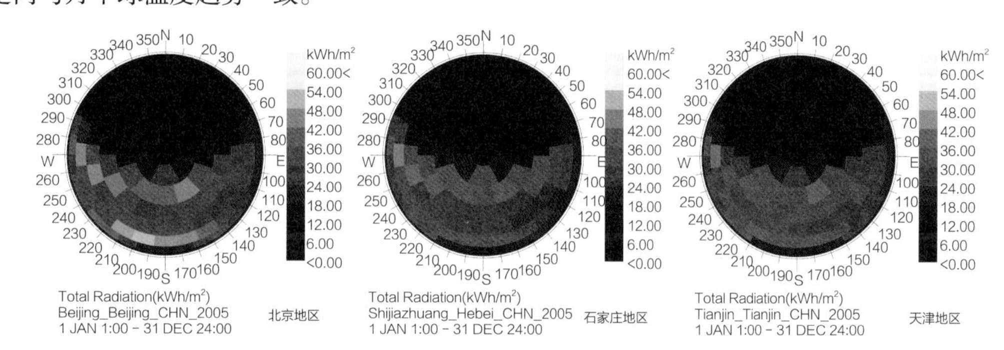

日照辐射穹顶图（Solar Radiation Dome）

[设计要点]

京津冀地区太阳辐射强度较大，若建筑在夏季受太阳直射的界面较大，则建筑内气温升高，主要原因为辐射得热。因此，夏季通常会采取防晒措施。

冬季由于太阳高度角偏低，受辐射面积较大，邻近侧窗区域所产生辐射热量较大，同时，靠近窗台的办公位置容易形成眩光。设计中应充分考虑建筑内外区特点，避免出现由于设计不合理，机电设备不考虑内外区差异，暖气均开得很足，在太阳辐射的协同作用下，甚至出现了靠窗座位“穿短袖”的现象。

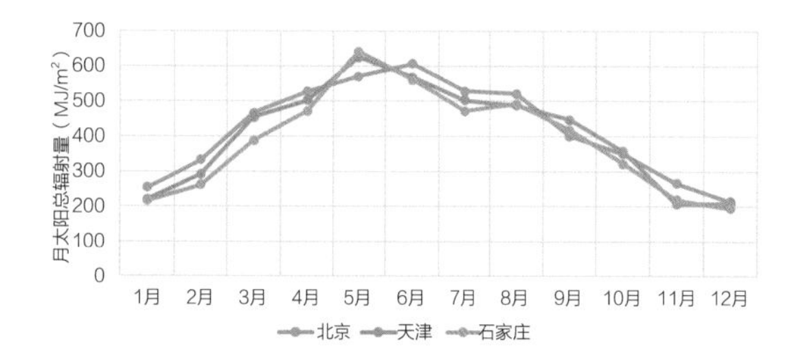

京津冀城市月太阳总辐射量

来源：中国气象局气象信息中心气象资料室．中国建筑热环境分析专用气象数据集[M]．北京．中国建筑工业出版社，2005.

以北京地区为例，全年南偏西向太阳辐射最强。太阳辐射中散射辐射比例较低，以直射辐射为主，应考虑夏季遮阳，避免过多热量辐射进入室内，可以采用遮阳格栅，或在院落中结合当地植被进行设计。此外，在满足舒适的光照度同时应避免眩光，尤其在冬季太阳高度角较低，要减少眩光的产生。对于一般房间应合理排布室内座位，并适当采用遮挡措施；有较高光性能要求的空间可采用节能灯；而一些半室外或者室内外过渡空间，可利用自然采光的要求作为创作的出发点。

[定义]

降水是指空气中的水汽冷凝并降落到地表的现象，它包括两部分，一部分是大气中水汽直接在地面或地物表面及低空产生的凝结物，如霜、露、雾和雾凇，又称为水平降水；另一部分是由空中降落到地面上的水汽凝结物，如雨、雪、霰雹和雨凇等，又称为垂直降水。

水文指的是自然界中水的变化、运动等各种现象。

[气候特点]

以京津冀地区为例，本地区位于温带半湿润、半干旱大陆性气候区，多年平均降水量522mm，降水量自东南向西北递减，地势由西北向东南倾斜，地貌类型多样，以平原为主。如下图所示，京津冀地区降雨量峰值普遍集中在6～8月份，占全年降雨的75%～80%。

[设计要点]

京津冀地区降雨高度集中于6～8月份，雨季容易导致城市内涝，应加强海绵城市设计，同时因地制宜地采取雨水收集与利用措施。

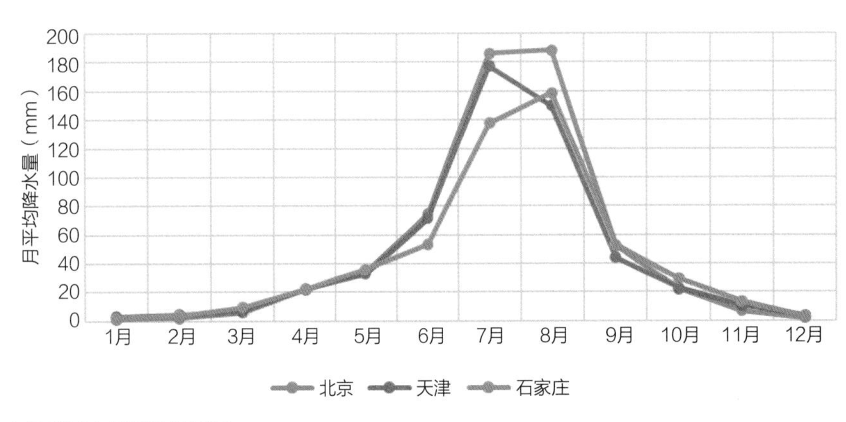

京津冀城市月平均降雨量

来源：中国气象局气象信息中心气象资料室．中国建筑热环境分析专用气象数据集[M]．北京．中国建筑工业出版社，2005.

[定义]

气象学家Barry按照空间尺度将气候分为全球性风带气候、地区性大气候、局地气候和微气候。气候的层级性认知对于场地环境和建筑群尺度的微气候调节，乃至城市尺度的气候影响具有重要的价值，对建筑的选址具有重要意义，为建筑选址的趋利避害奠定了基础。在具备选址可能性的条件下，对场地所在地段不同尺度的气候分析也会对场地的布局产生影响，因而成为场地规划布局的重要环节，有利于进行因地制宜的建筑设计。

气候尺度分级

气候范围	气候特征的空间尺度（km）		时间范围
	水平范围	垂直范围	
全球性风带气候	2000	3 ~ 10	1 ~ 6个月
地区性大气候	500 ~ 1000	1 ~ 10	1 ~ 6个月
局地气候	1 ~ 10	0.01 ~ 1	1 ~ 24小时
微气候	0.1 ~ 1	0.1	24小时

来源：T. A. 马克斯，E. N. 莫里斯. 建筑物 · 气候 · 能量[M]. 陈士驎，译. 北京：中国建筑工业出版社，1990：103-104.

[定义]

建筑性能模拟是在建筑创作阶段一种常用的优化建筑设计以提升建筑性能的方法。建筑模拟软件承担了复杂的基于物理知识的计算工作，其普及大大降低了建筑性能研究的门槛。研究者只需建立建筑模型并设置好气象文件，模拟工具便会承担相应的计算工作，并把计算结果直观地展示出来。运用模拟引擎，建筑师和工程师便能通过不断的模拟来修正自己的设计，以达到节省能源、提高室内舒适度等目的。建筑模拟除了需要对模拟以及模拟环境进行定义之外，还有一个必不可少的步骤便是设定模拟的气候环境。

气候对建筑性能的影响相当大。若要获得准确的有参考价值的模拟结果，则必须使用符合现实情况的气象文件进行模拟。目前，我国建筑模拟常用的气象数据是基于城市气象站长期的观测结果生成的。由于建筑总是处于具体的环境中，在对建筑进行性能模拟时，应注意所使用的气象文件是否能够准确描述建筑所在地点的微气候。尤其是大部分的公共建筑都处于城市环境之中，由于城市热岛效应，有可能其所在环境的微气候与气象站观测的数据有较大差别。在这种情况下，就需要选择相对应层级的气象数据进行建筑性能模拟。

国内所涉及的典型气象年气象数据来源主要从公开渠道获得，如遇特殊项目可由甲方委托相关机构提供。其中，公开渠道获得的可用于微气候分析与建筑能耗模拟的逐时气象数据主要有4种，分别为：

（1）中国建筑热环境专用气象数据集（CSWD），来源于清华大学和中国气象局的数据，是国内实测的数据；

（2）CTYW（Chinese Typical Year Weather）数据来源于美国国家气象数据中心（NCDC），张晴原学者作了处理；

（3）SWERA（Solar and Wind Energy Resource Assessment）数据来源于联合国环境规划署（UNEP），是空间卫星测量数据，主要偏重于太阳能和风能评估方面；

（4）IWEC（International Weather for Energy Calculation）数据来源于美国国家气象数据中心（NCDC），部分辐射及云量数据都是通过计算得到的。

典型气象数据来源

序号	机构	符号	数据格式	来源	适用范围
1	清华大学、中国气象局	CSWD	xls	中国建筑热环境专用气象数据集软件	绿色设计
			epw	Energyplus 官网	DOE-2，BLAST，EnergyPlus，Grasshopper Ladybug
			wea	Autodesk Green Building Studio Ecotect 软件	Ecotect
2	美国国家气象数据中心	CTYW	wea	Ecotect 软件	Ecotect
3	联合国环发署	SWERA	epw	Energyplus 官网	太阳能和风能评估方面、Grasshopper Ladybug
4	美国国家气象数据中心	IWEC	wea	Ecotect 软件	Ecotect
			epw	Energyplus 官网	Grasshopper Ladybug

[定义]

热湿环境是建筑环境中最主要的内容，主要反映在空气环境的热湿特性中。建筑室内热湿环境形成的最主要的原因是各种外扰和内扰的影响。外扰主要包括室外气候参数如室外空气温湿度、太阳辐射、风速、风向变化，以及邻室的空气温湿度，均可通过围护结构的传热、传湿、空气渗透使热量和湿量进入室内，对室内热湿环境产生影响；内扰主要包括室内设备、照明、人员等室内热湿源。

为了方便工程应用，将一定大气压力下湿空气的四个状态参数（温度、含湿量、比焓和相对湿度）按公式绘制成图，即为湿空气焓湿图。

[分析方法]

根据气象数据在焓湿图中对各种主动式、被动式设计策略进行分析可知，被动式策略与建筑设计的关系尤为密切，建筑师恰当地使用被动式策略不仅可以减少建筑对周围环境的影响，还可以减少采暖、空调等的造价与运行费用。同时，主动式策略也有高能低效与低能高效之分，通过在焓湿图上分析主动式策略，同样可以有效地节约能源。

焓湿图可以用来确定空气的状态，确定空气特征的基本参数，包括温度、含湿量、比焓和相对湿度，以及与热环境的关系。

在气候分析过程中可以借用焓湿图直观地分析和确定建筑室内外气候的冷、热、干、湿情况，以及距离舒适区的偏离程度。

热舒适区域可以看作建筑热环境设计的具体目标，通过建筑设计的一些具体措施可以改变环境中的因素来缩小室外气候偏离室内舒适的程度。

焓湿图可以对输入的气象数据进行可视化分析，并对多种被动式设计策略进行分析和优化，帮助建筑师在方案设计阶段使用适当的被动式策略，不但减轻了建筑对周围环境的影响，更可减少建筑在使用过程中机械设备的压力。

[定义]

风环境对建筑室内外温度、湿度有直接调节作用，对建筑室内外整体环境质量有重要影响。良好的建筑场地风环境应利于室外行走、活动舒适和建筑的自然通风。

[分析方法]

建筑物周围人行区距地面1.5m高处风速$v<5$m/s，不影响人们正常室外活动的基本要求。但通风不畅也会严重地阻碍空气的流动，在某些区域形成无风区或涡旋区，这对于室外散热和污染物消散是非常不利的，应尽量避免。以冬季作为主要评价季节，是由于对多数城市而言，冬季风速约为5m/s的情况较多。夏季、过渡季自然通风对于建筑节能十分重要，还涉及室外环境的舒适度问题。夏季大型室外场所恶劣的热环境，不仅会影响人的舒适感，当超过极限值时，长时间停留还会引发高比例人群的生理不适，直至中暑。

《绿色建筑评价标准》GB/T 20378—2019中建议：①在冬季典型风速和风向条件下，建筑物周围人行区距地高1.5m处风速小于5m/s，户外休息区、儿童娱乐区风速小于2m/s，且室外风速放大系数小于2；除迎风第一排建筑外，建筑迎风面与被风面表面风压差不大于5Pa。②在过渡季、夏季典型风速和风向条件下，场地内人活动区不出现涡旋或无风区；50%以上可开启外窗内外表面的风压差大于0.5Pa。

目前，风环境分析方法主要有风洞试验法和计算流体力学（CFD）模拟法。其中，风洞实验法准确性高，但有制作成本大、周期长等缺点，难于在工程实践中广泛应用。相比之下，CFD模拟法在快速、简便和成本低的同时，实验结果仍能保持较高的准确率。因此，CFD模拟法在实践中被广泛应用于工程中，以对比不同设计方案的场地与建筑风环境。

[定义]

日照是指物体表面被太阳光直接照射的现象。从太阳光谱可以知道，到达大气层表面太阳光的波长范围大约在0.2～3.0μm之间。太阳光中除了可见光外，还有短波范围的紫外线，长波范围的红外线。

采光是指通过门窗、洞口使建筑物内部得到适宜的光线。采光可分为直接采光和间接采光。直接采光指采光窗户直接向外开设；间接采光指采光窗户朝向封闭式走廊（一般为外廊）、直接采光的厅、厨房等开设，有的厨房、厅、卫生间也可利用小天井采光，采光效果如同间接采光。

[分析方法]

建筑对日照的要求主要是根据其使用性质和当地气候情况而定。寒冷地区的建筑一般都需要争取较好的日照，老年人建筑、病房、幼儿园、学校等则有更高的日照标准。

由于建筑物的配置、间距或者形状不同，造成的日影形状也不同。对于行列式或组团式的建筑，为了得到充分的日照，必须考虑南北方向的楼间距。根据最低限度日照要求的不同，建筑所在地理位置即纬度的不同，使得建筑物南北方向的相邻楼间距要求也不同。

为了获得天然光，可在建筑外围护结构上（如墙和屋顶等处）设计各种形式的洞口，并在其外装上透明材料，如玻璃、有机玻璃或透光膜等，这些透明的孔洞统称为采光口。可按采光口所处的位置将其分为侧窗和天窗两类。最常见的采光口是侧窗，它可以适用于有外墙的建筑上。但由于它的照射范围有限，一般只用于进深不大的房间采光。这种采光形式称为侧窗采光。在建筑屋顶上的天窗采光，其开窗形式、面积、位置等方面可根据室内空间灵活设置，可通过合理布局有效控制室内照度。同时采用这两种采光形式的，称为混合采光。

采光口在为室内提供天然光照度的同时，一般情况下也可兼作通风口，是保温隔热的薄弱环节。同时，对于有爆炸危险的房间，采光口还可作为泄爆口。因此，在选择采光口时需要针对具体房间的用途综合考量。

评价自然采光效果好坏的主要技术指标包括采光系数、室内天然光照度，特定情况下还需要考虑采光均匀度、眩光指数等采光质量控制系数。

P 场地设计

Planning

场地设计部分，是建筑师在场地布局阶段根据寒冷地区气候特点并结合场地禀赋合理规划与布局的过程。建筑师应根据不同的场地条件进行分析，在与自然环境协调的基础上，考虑土地容量、风貌影响及环境资源的合理利用，选取最适宜的场地交通组织和建筑体量布局，形成最优绿色建筑布局方案。

P1场地部分关注生态保持与科学的场地禀赋，包括自然环境协调、规划设计研究、环境资源利用三个方面，是针对场地内部及周边前置条件的科学分析与充分研究。

P2布局部分注重交通组织与建筑布局，包括场地交通组织、建筑体量布局、生物气候设计三个方面，是针对场地特点进行最优的场地组织。

P1 场地

P2 布局

P1-1-1 场地安全

[目的]

对建筑所在场地进行安全性调研与评价，保证场地及场地周边适当范围内的安全，不会对场地内建筑及使用者造成破坏与伤害。同时针对城市所在区域内的防洪排涝等设施情况，进行充分利用、统筹调控，保护场地安全。

[设计控制]

（1）建筑应避免建设在容易遭受洪涝、滑坡、泥石流等存在潜在危险的地段，以及建筑物遭遇地震时会加重地震震害的抗震不利或危险的地段。

（2）应根据地区安全性情况进行工程地质、水文地质、地震灾害、地质灾害条件等评估，禁止在各种灾害影响范围内选址。选址应位于电磁辐射危害、危险化学品危害、污染和有毒物质等危险源的安全影响范围之外，并应保证对周围环境的影响符合环境安全性评价要求。

[设计要点]

P1-1-1_1 自然灾害

（1）对用地地质条件进行分析评估，选择自然灾害发生率低的地区。

（2）用地选址应尽可能避免周边存在不稳定斜坡，或位于矿区，或低于当地最高洪水位且无截排水设施等危险区域。

（3）建立对自然灾害（地震、泥石流、洪涝、台风等）的有效防范措施。

（4）结合场地现状及当地防灾减灾要求进行建筑布局与设计，并配置相应防灾避难设施。

（5）应特别注意寒冷地区易发生的自然灾害对场地的影响，如夏季暴雨、泥石流，春秋大风，冬季局部极寒等，并有针对性地做出应对措施。

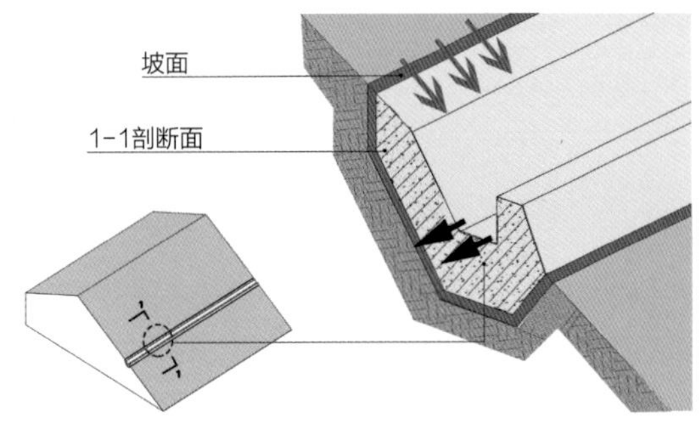

生态截洪沟典型横断面图

坡面
盖板
2-2剖断面

盖板型截洪沟典型横断面图

关键措施与指标

场地安全性调研与评价报告

相关规范与研究

（1）《北京市绿色建筑设计标准》DB 11/938—2012第6.2.1条，用地选址应符合的要求中第2、3条有关选址安全性的要求。

（2）《民用建筑绿色设计规范》JGJ/T 229—2010第5.2.4条，关于场地应安全可靠并符合要求，包括各类自然灾害的防控措施等。

典型案例 北京中信金陵酒店

（中国建筑设计研究院有限公司设计作品）

本项目位于北京东北部平谷区大华山北麓，场地坡度较大，三面环山，一面向水。为应对用地可能存在的洪涝、山体滑坡等潜在伤害，建筑设有完备的防灾系统，有针对性地对各种灾害做出应对措施。

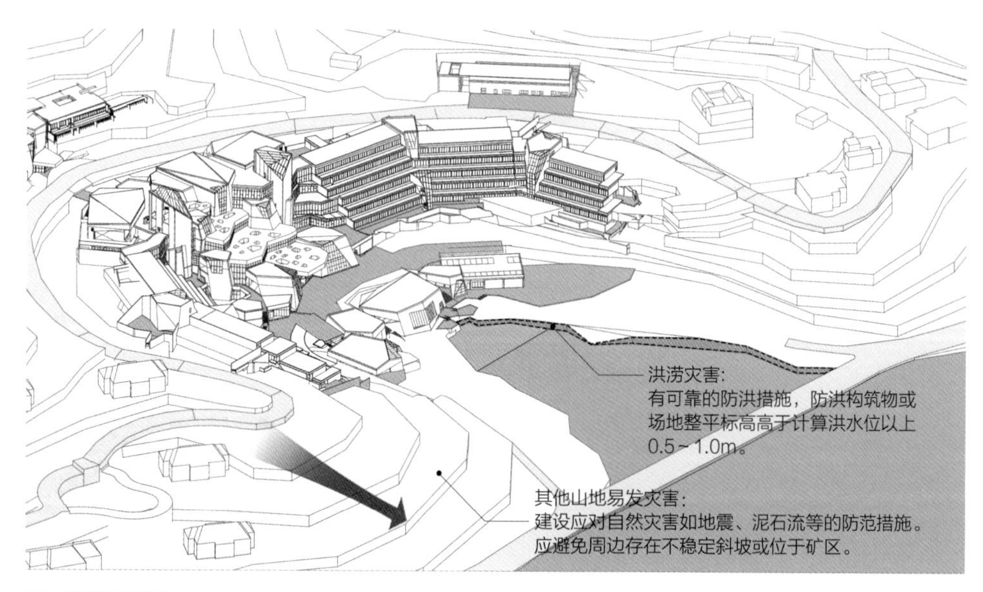

防灾措施示意图

P1-1-1_2 环境污染

（1）对用地进行区域生态适宜性评价，选址避开生态敏感区域。

（2）用地应优先选择可更新改造用地或废弃地，其中工业用地改造利用应符合环境安全性评价要求。

（3）应调查场地内土壤质量，采取妥善措施回收、保存和利用无污染的表层土。

（4）宜将绿色廊道（水、路、风、林等贯通性廊道）与独立的生态斑块相结合，以保证生态的连续机制。

（5）应采取措施，在开发建设的同时开展生态补偿和修复工作。

（6）应根据寒冷地区的气候条件，如风向、水文条件等，有针对性地对场地环境污染的影响作出判断，提出相应措施。如针对雾霾污染，可利用场地布局形成通风廊道，对场地内部及周边的雾霾污染建立有效措施，以形成更加舒适的环境品质。

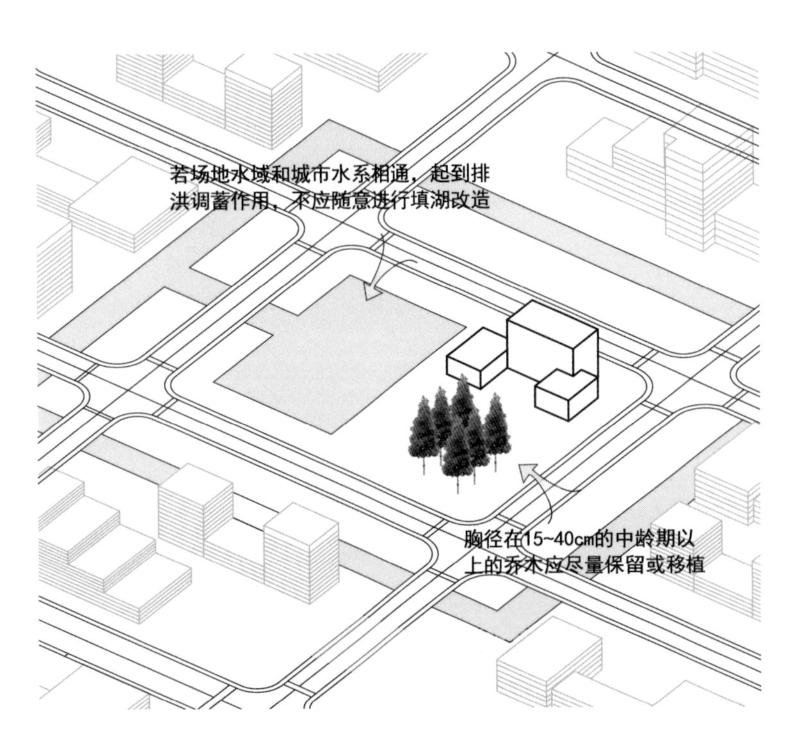

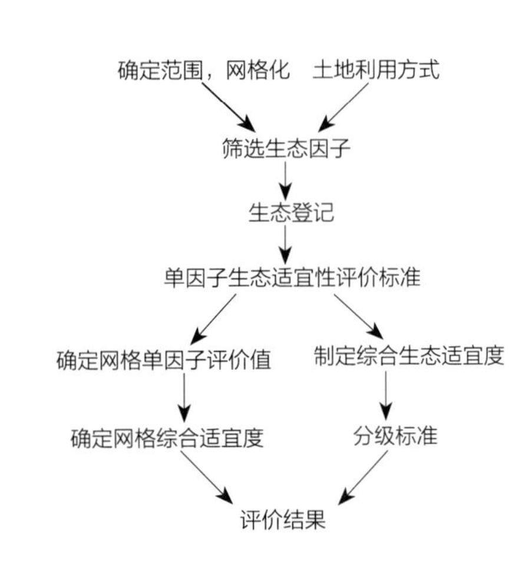

土地利用生态适宜性评价的分析程序

建筑应结合用地条件进行设计。在设计前，应对用地内部及周边环境进行分析，结合当地环境特征，以避免资源浪费，减少环境污染。

关键措施与指标

生态适宜性评价；生态补偿

相关规范与研究

（1）《民用建筑绿色设计规范》JGJ/T 229—2010第5.1.4条、第5.2.1条、第5.2.2条、第5.3.1条，关于场地规划、场地选址等应考虑的内容与要求。

（2）《民用建筑设计统一标准》GB 50352—2019第3.4.1条第2款建筑与自然环境的关系应符合规定：建筑应结合当地的自然与地理环境特征，集约利用资源，严格控制对自然和生态环境的不利影响。

（3）《北京市绿色建筑设计标准》DB 11/938—2012第6.2.1条用地选址应符合的要求中第1款有关选址生态适宜性的相关要求。

典型案例 山东省日照国际博览中心

（中国建筑设计研究院有限公司设计作品）

本项目用地内设有大面积绿化，与周边环境融为一体；同时，场地内设有多条绿色廊道，以保证生态的连续机制，建立舒适的环境品质。

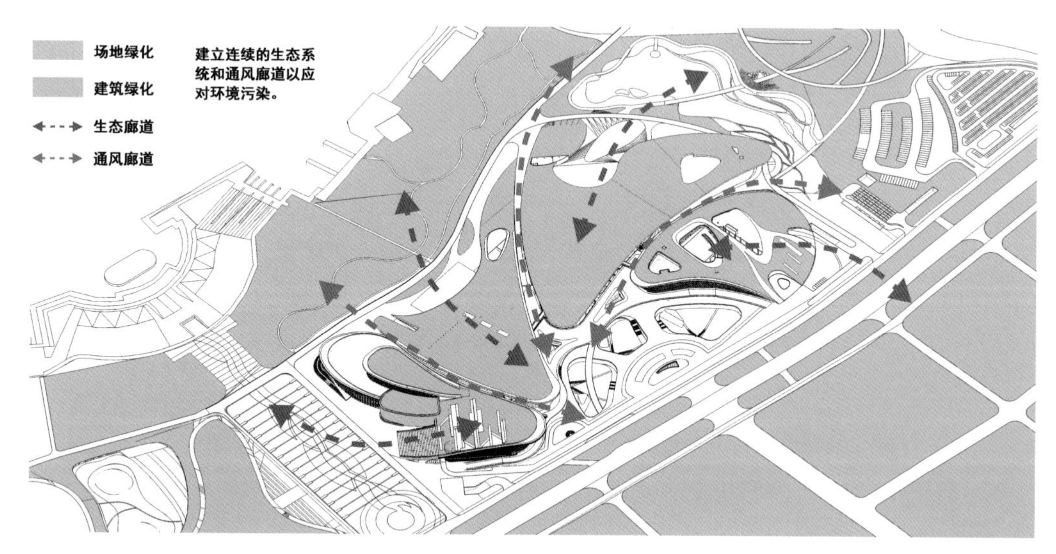

对环境污染的应对措施

P1-1-2 场地保护

[目的]

（1）对场地内生物进行有效保护，通过各类方法维持生态循环正常运行，实现良好生态环境。

（2）对场地内重要的历史遗迹、文物古迹、代表性建筑等进行妥善保护，制定具有寒冷地区针对性的相关保护措施。

[设计控制]

（1）以调查与分析为重要手段，研究现状生物系统、不可移动文物情况及其与设计任务的关系。

（2）避免破坏的方法，首先，对可能造成的破坏先行制定补偿措施，例如迁地移植等；其次，对生态环境造成影响的程度应进行评估，难以通过自然恢复的情况考虑采用重建等方法来保护生态环境敏感区，实现重要的生态环境目标。

（3）对场地文物进行评估后，应根据文物保护相关标准，结合寒冷地区气候特色对文物采取不同等级的避让、改建、更新等保护措施。

[设计要点]

P1-1-2_1 生物保护：对场地内及场地周边生物的保护策略

（1）对于生态环境资源相对丰富的项目场地，应对自然生态系统中的动植物及本地资源进行摸底，并形成调查报告。

（2）植物群落部分应包括乔、灌、草、藤不同植被的分类与分布、野生物种及其多样性、保护植物品种及其坐标定位，以及可用林木资源情况与自然景观情况等。

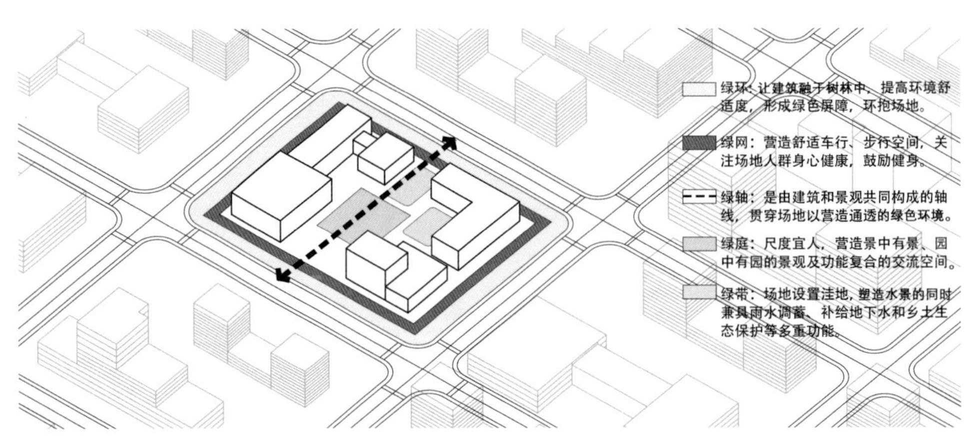

合理布置建筑及周边景观

（3）绿化或景观设计选用的植物品种，应根据寒冷地区气候特色，以本地植物的调查报告为基础，选用本土物种、归化物种以及适应寒冷地区气候的植物品种。

（4）景观使用植物品种较为丰富时，应建立使用物种清单。

关键措施与指标

生物多样性；物种保护

相关规范与研究

（1）《民用建筑绿色设计规范》JGJ/T 229—2010第5.3.3条，场地规划与设计时应对场地的生物资源情况进行调查，保持场地及周边的生态平衡和生物多样性，并应符合要求。

（2）《北京市绿色建筑设计标准》DB 11/938—2012第6.5.1条，生态环境规划应符合下列要求：应保持用地及周边地区的生态平衡和生物多样性，以及区域生态系统的连通性。

（3）《北京市绿色建筑设计标准》DB 11/938—2012第12.2.1条，应充分保护和利用场地内现状树木。

（4）《绿色建筑评价标准》GB/T 50378—2019第8.2.1条，充分保护或修复场地生态环境，合理布局建筑及景观，保护场地内原有的自然水域、湿地、植被等，保持场地内的生态系统与场地外生态系统的连贯性。

典型案例 山东省日照市科技馆

（中国建筑设计研究院有限公司设计作品）

本项目总平面为放射状，所有场地景观及道路均围绕建筑中心呈螺旋放射形态布置。设计充分考虑了与公园景观的协调，建筑主体大部分被植被和土壤覆盖，场地绿化与建筑绿化贯通，形成连续的生态系统。

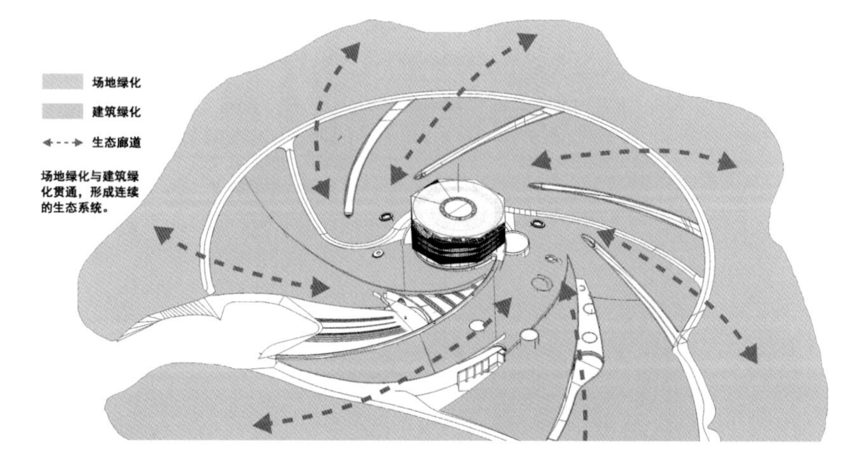

生物保护策略

P1-1-2_2 文物保护

（1）建设工程选址应当尽可能避开不可移动文物（包含古建筑物、历史街区、传统聚落等）；因特殊情况不能避开的，对文物保护单位应当尽可能实施原址保护。

（2）文物保护单位的保护范围内不得进行其他建设工程或者爆破、钻探、挖掘等作业。但是，因特殊情况需要在文物保护单位的保护范围内进行其他建设工程或者爆破、钻探、挖掘等作业的，必须保证文物保护单位的安全。

（3）在文物保护单位的建设控制地带内进行建设工程，不得破坏文物保护单位的历史风貌。

（4）使用不可移动文物，必须遵守不改变文物原状的原则，负责保护建筑物及其附属文物的安全，不得损毁、改建、添建或者拆除不可移动文物。

（5）根据寒冷地区气候特色制定具有针对性的相关保护措施。

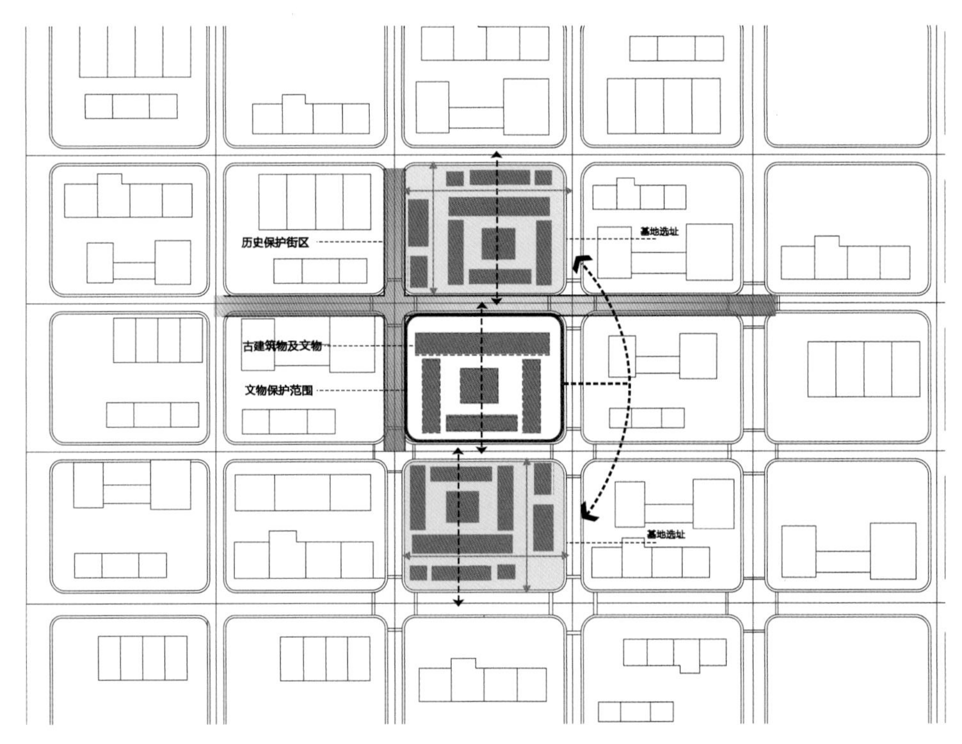

建筑选址与文物保护单位的位置关系

关键措施与指标

地域特色文物保护

相关规范与研究

《中华人民共和国文物保护法》中相关内容。

典型案例 北京市第35中学

（中国建筑设计研究院有限公司设计作品）

本项目以古建保护为基本原则，校区以鲁迅故居为核心，将历史建筑与新建建筑融合，使建筑既体现了时代性，又延续了城市历史风貌与百年的文化脉络。

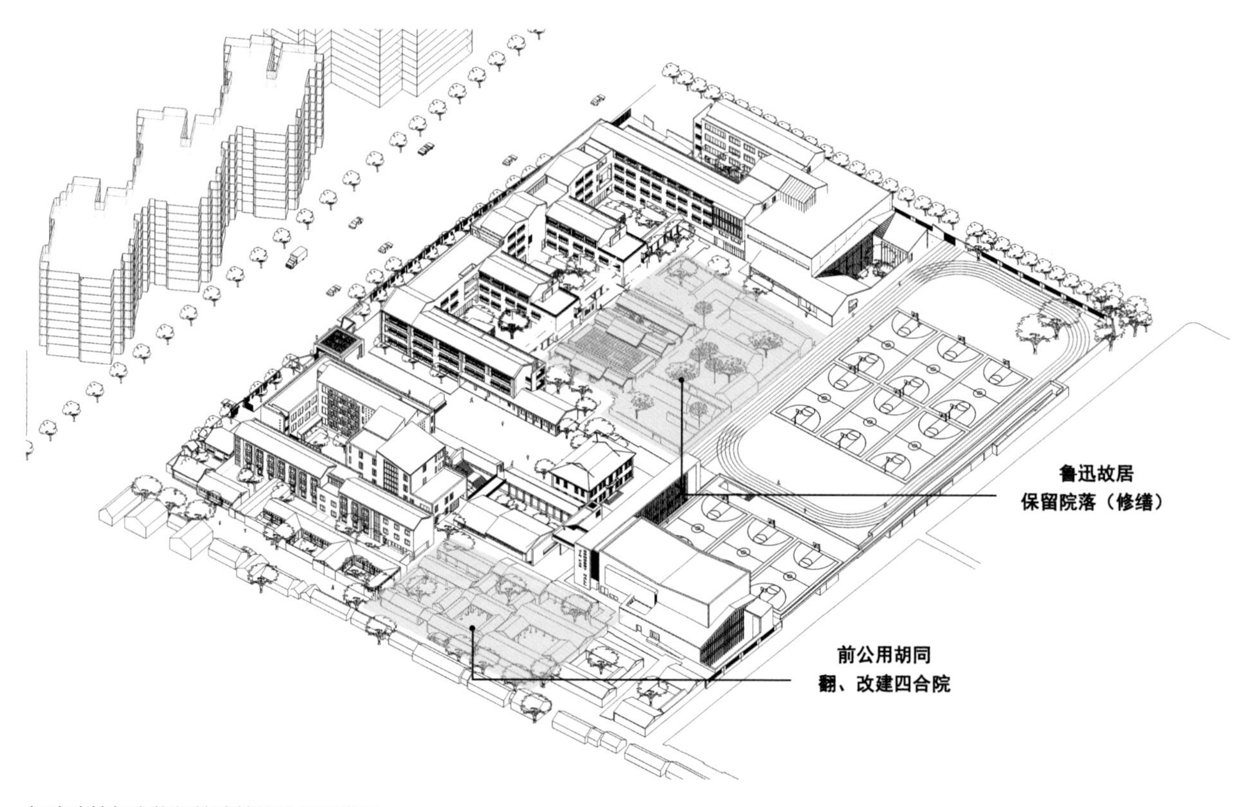

新建建筑与文物保护建筑的关系示意图

[目的]

存续生态本底，保持用地及周边地区的生态本底，能够减少对自然生态环境的改变与破坏，促进场地的自然生态资源、自然景观资源、人文景观资源的可持续利用与发展。

[设计控制]

根据场地实际情况与寒冷地区气候特色，对场地内部现状生态本底及现存的自然景观资源与人文景观资源进行评估分析，明确后续设计策略，力求保山、保水、保树、保景观，进而对重点内容通过设计策略采取积极的保护措施。

建设场地中原有地形、水系、植被、湿地、鱼塘、沟渠等，以及其他水环境、湿地系统、滩涂系统等，在场地设计中应采取保护措施，建设过程中要保护生态系统不会遭到不可恢复的破坏，需要修整的尽量就地取材和保持原有的天然风格。

[设计要点]

P1-1-3_1 生态环境

生态环境前期调研选用表

类别	类型	具体内容
生态本底	气象资料	温度、湿度、降水、蒸发、风向、风速、日照、辐射、冰冻期、霜冻期等
	地形地貌地域	地质、地貌、承载力、重要地质灾害评估、地下水的存在形式、储量、水质、开采及补给条件
	土壤	土壤类型、土层厚度、土壤物理及化学性质、不同土壤分布情况、地下水深度
	山体森林	坡度高程、植被、乡土植物、野生动植物
	河流水系	江河、湖泊、水库
	水文资料	江河湖海的水位、流速、流向、水量、水温、洪水淹没线；江河区的流域情况；海滨区的潮汐、海流、浪涛；山区的山洪、泥石流、水土流失情况等

P1-1-3_2 景观环境

景观环境前期调研选用表

类别	类型	具体内容
自然景观资源	自然绿色空间	自然保护区、国家公园、森林公园、野生动植物保护基地、水源保护区、地质公园、郊野公园；农田保护区、农业观光区、农（林、牧）场；旅游度假区；城（镇、乡村）绿地系统
		公园绿地、生产性与防护绿地、附属绿地及其他绿地的情况（位置、面积、性质、建设使用情况、主要设施、建设年代、景观结构等）
	自然资源	景观资源、生物资源、水土资源、农林牧副渔资源、能源、矿产资源等的分布、数量、开发利用情况及价值资料；自然保护对象及地段资料
		乡土植物、地带性物种、骨干树种、优势树种、基调树种的分布、主要苗木的储量、规模、规格及长势等
		鸟类、鱼类、昆虫及其他野生动物的数量、种类、生长繁殖状况、栖息地情况等
人文景观资源	人文绿色空间	遗址公园、文物古迹、古树、历史街区、古村落、自然村落、生态社区、户外休闲游乐场、户外运动场、纪念性园林等
	人文资源	历史沿革及变迁、文物、胜迹、名胜古迹、革命旧址、名人故居等

典型案例 北京邮电大学沙河校区活动中心设计

（中国建筑设计研究院有限公司设计作品）

本项目设计开始前对校园整体用地进行调查，分析生态环境、景观环境等诸多方面因素后，保留原基地中横纵两排现状树木，并将建筑围绕此两排树木进行总体布局，形成有机融合的态势。

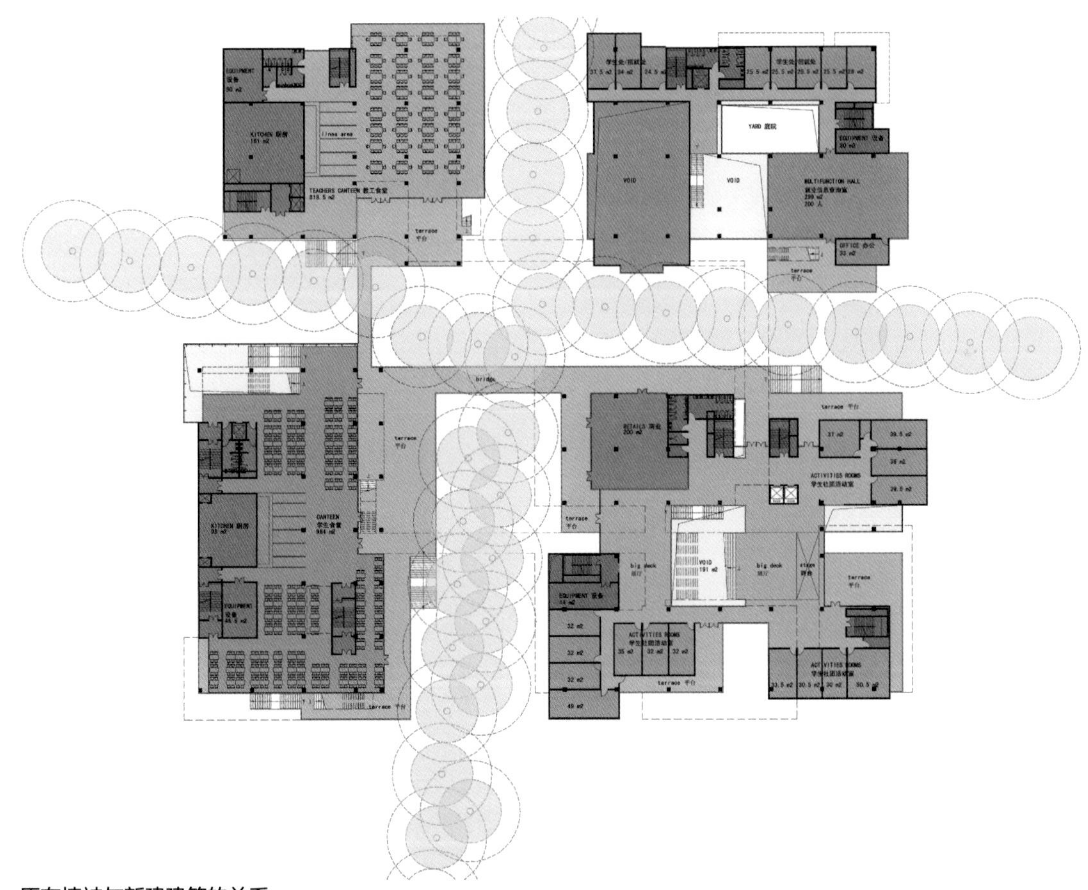

原有植被与新建建筑的关系

[目的]

土地容量控制是为了保证良好的城市环境质量，协调土地使用效率与环境品质，寻求最佳平衡状态，对建设用地能够容纳的建设量和人口聚集量作出合理规定，也是绿色建筑设计的必要条件之一。

[设计控制]

（1）用地开发过程要符合相关环境容量的各种指标控制，保证整体环境品质。

（2）合理确定土地的容积率，使其与绿地率、建筑高度、建筑密度等环境容量指标，以及市政基础设施的建设情况相匹配，在塑造良好环境品质的基础上确保基础设施正常运转，同时可减少用地的经营运行成本。

[设计要点]

P1-2-1_1 容积率

（1）容积率是用地内所有建筑物总面积之和与用地面积的比值，为衡量土地使用强度的一项指标。

（2）容积率应满足地块控制性详细规划的要求。

（3）应结合寒冷地区气候特色，综合考虑集约用地与环境品质相协调的问题。

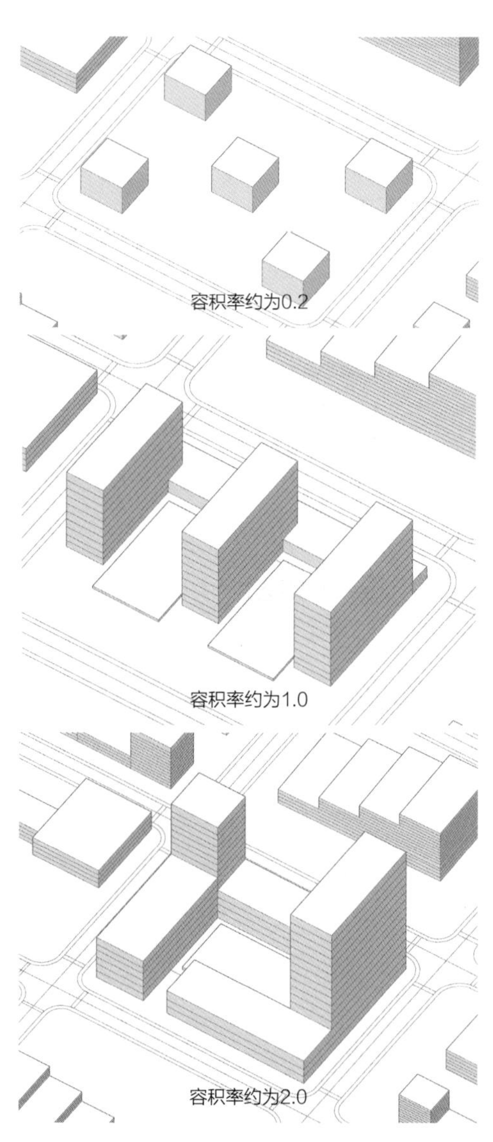

建筑形态和布局与容积率的关系

关键措施与指标

容积率：

《绿色建筑评价标准》GB/T 50378—2019第7.2.1条中涉及公共建筑容积率的得分共计20分，其规则评分如下表。

公共建筑容积率评分规则

行政办公、商务办公、商业金融、旅馆饭店、交通枢纽等	教育、文化、体育、医疗卫生、社会福利等	得分
1.0≤R<1.5	0.5≤R<0.8	8
1.5≤R<2.5	R≥2.0	12
2.5≤R<3.5	0.8≤R<1.5	16
R≥3.5	1.5≤R<2.0	20

相关规范与研究

（1）《北京市绿色建筑设计标准》DB 11/938—2012第6.2.5条，用地建设强度控制应符合的相关要求。

（2）《市环境卫生设施规划标准》GB/T 50337—2018第2.0.5条，集中集约是城市发展的重要理念。

（3）《民用建筑设计统一标准》GB 5 0352—2019第4.1.1条，建筑项目的用地性质、容积率、建筑密度、绿地率、建筑高度及其建筑基地的年径流总量控制率等控制指标，应符合所在地控制性详细规划的有关规定。

典型案例 北京理工大学良乡校区教学楼组团

（中国建筑设计研究院有限公司设计作品）

本项目中各建筑高低错落组合，在保证容积率的同时提升环境品质，营造舒适的外部环境。

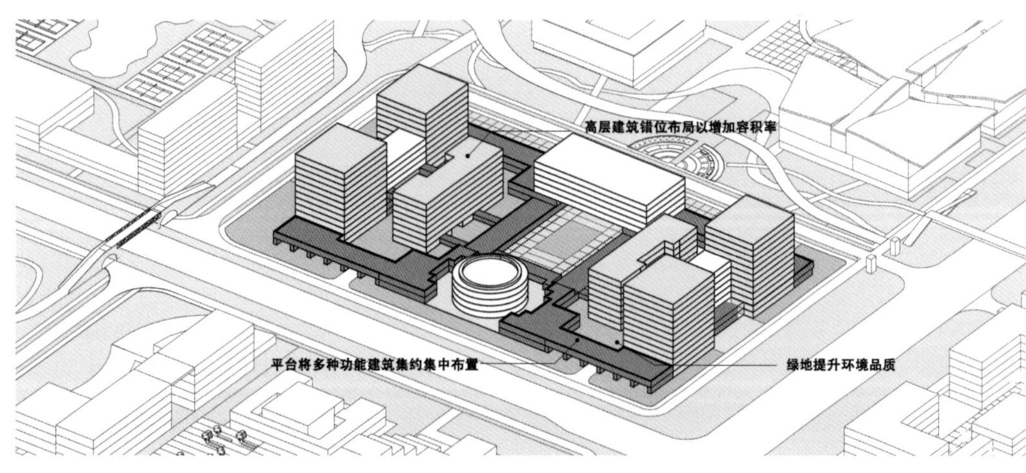

整体容积率条件下的建筑组合示意

P1-2-1_2 绿地率

（1）绿地率是指规划地块内的各类绿化用地总和占该用地面积的比例，是衡量地块环境质量的重要指标。

（2）绿地率应根据不同建筑功能需求，并结合寒冷地区气候特色，在满足规划条件要求基础上适当提高，以提升室外空间环境品质。

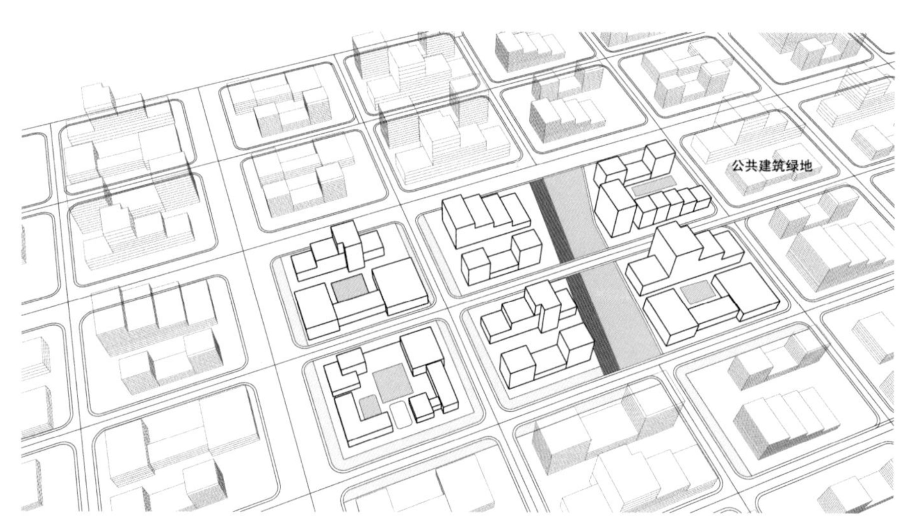

合理提高绿地率

关键措施与指标

绿地率

相关规范与研究

（1）《全国民用建筑工程设计技术措施　规划·建筑·景观》（2009年版）第2.5.2条、第2.5.7条、第2.5.8条有关公共绿地的相关定义及要求。

（2）《民用建筑设计统一标准》GB 50352—2019第4.1.1条有关绿地率的相关规定。

（3）《绿色建筑评价标准》GB/T 50378—2019第8.2.3条第2款中规定，公共建筑绿地率达到规划指标105%以上，得10分；绿地向公众开放，得6分。

典型案例 北京理工大学良乡校区教学楼组团

（中国建筑设计研究院有限公司设计作品）

本项目内设有多种公共绿地，大大提升了校区的环境品质。同时，组团内设有多个屋顶花园，营造了舒适的工作与学习环境。

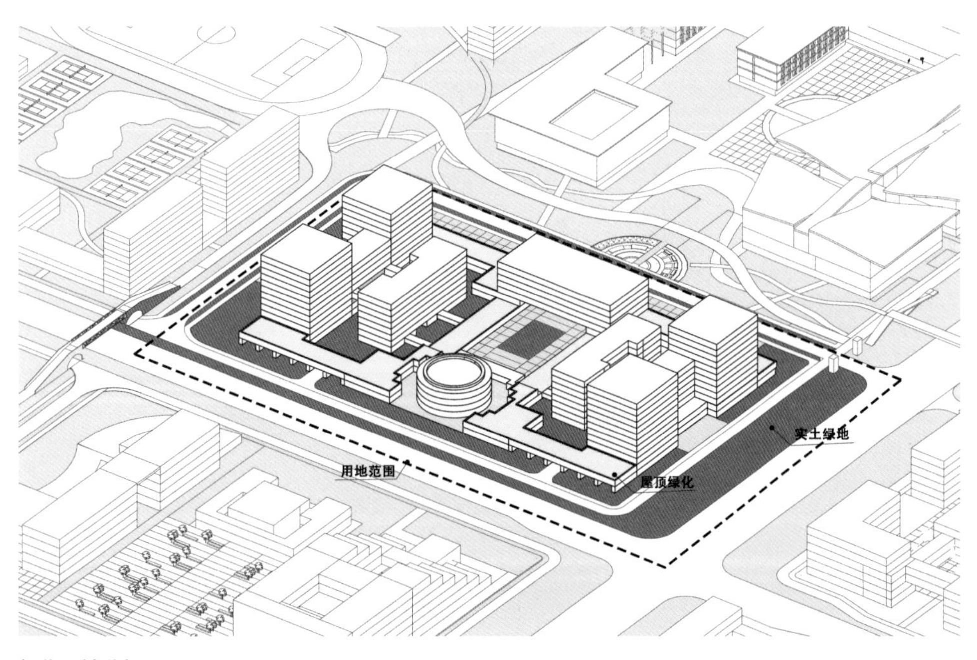

绿化用地分析

P1-2-1_3 建筑密度

（1）建筑密度是指规划地块内各类建筑基底面积占该地块用地面积的比例，它可以反映出一定用地范围内的空地率和建筑密集程度。

（2）根据寒冷地区气候特色，建筑布局应该保持适当的密度，保证最佳日照环境并满足空气流通质量及消防间距要求。

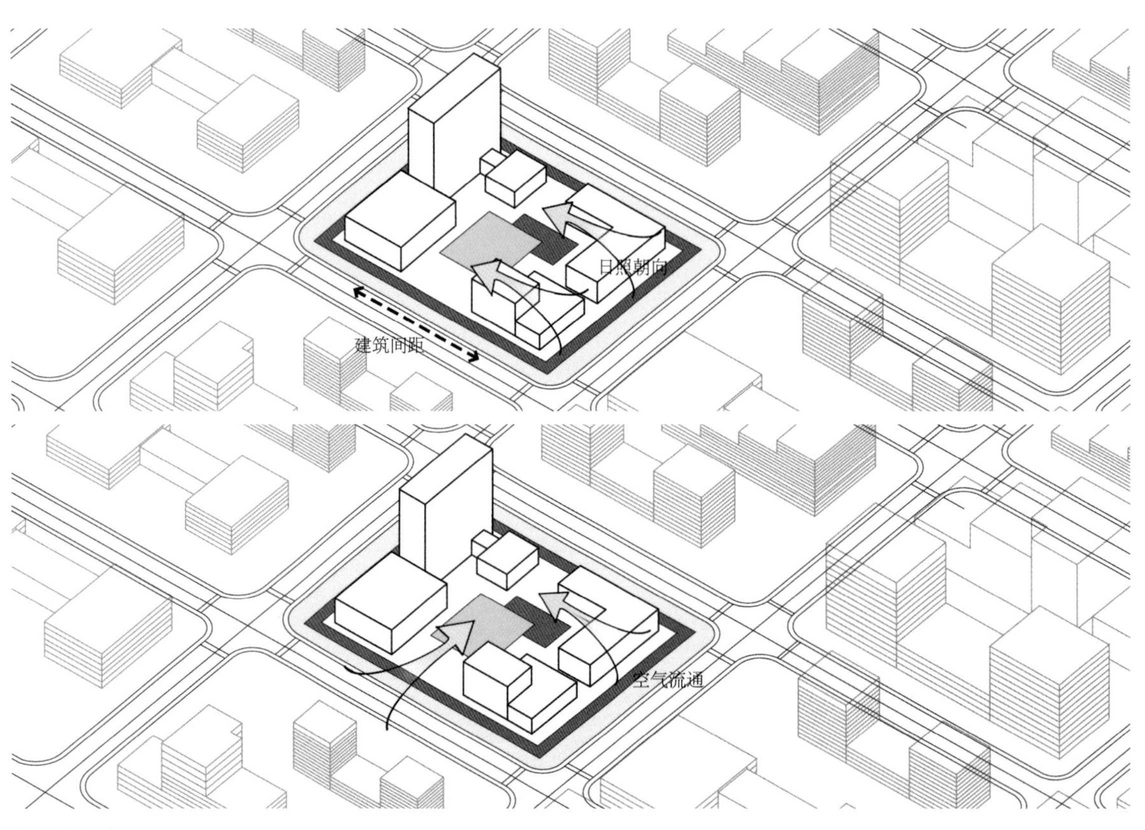

合理的密度

关键措施与指标

建筑密度

相关规范与研究

（1）《民用建筑设计统一标准》GB 50352—2019第4.1.1条有关建筑密度的相关规定。

（2）《全国民用建筑工程设计技术措施　节能专篇　建筑》（2007年版）附录N《建设部关于发展节能省地型住宅和公共建筑的指导意见》（建科〔2005〕78号）中提到：城市集约节地的潜力应区分类别来考虑，工业建筑要适当提高容积率，公共建筑要适当提高建筑密度。降低建筑密度有利于冷热空气的交换，区域内的空气通风效率越高。

典型案例　北京电影学院怀柔校区

（中国建筑设计研究院有限公司设计作品）

本项目设计满足建筑密度要求，部分组团进行了集约高效的设计，以建设更多的绿化用地及活动场地，在满足建筑功能的同时提高绿地率，营造舒适的校园环境。

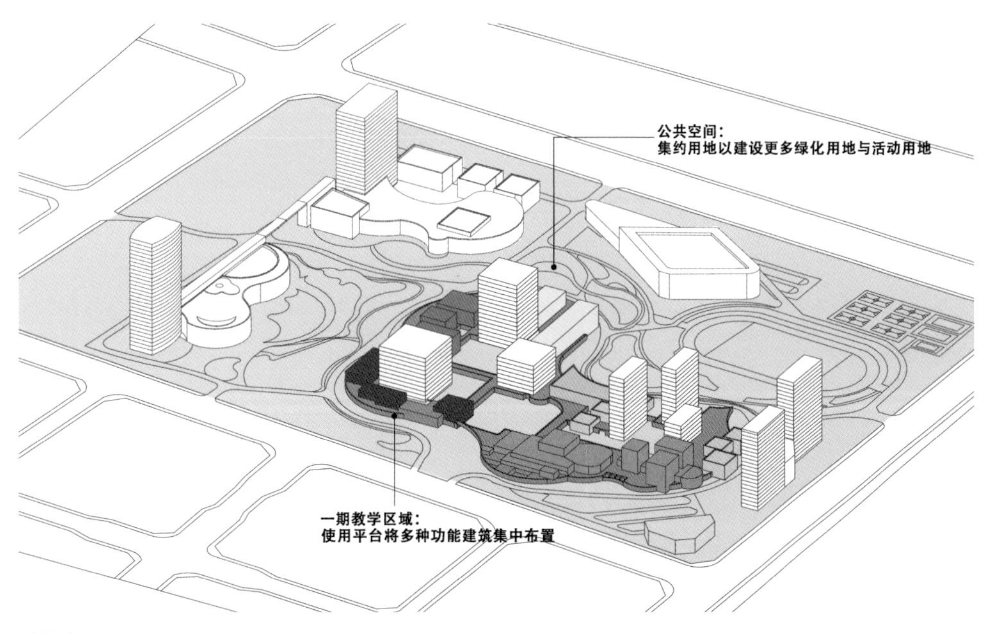

建筑密度分析

P1-2-1_4 建筑高度

（1）建筑高度一般指建筑物室外设计地面至其檐口与屋脊的平均高度（坡屋顶）或室外设计地面至其屋面面层（平屋顶）的高度。

（2）建筑高度应根据场地所在位置、周边建设条件与日照限制、控制性详细规划要求、建筑功能需求及寒冷地区气候特色综合考虑而定。

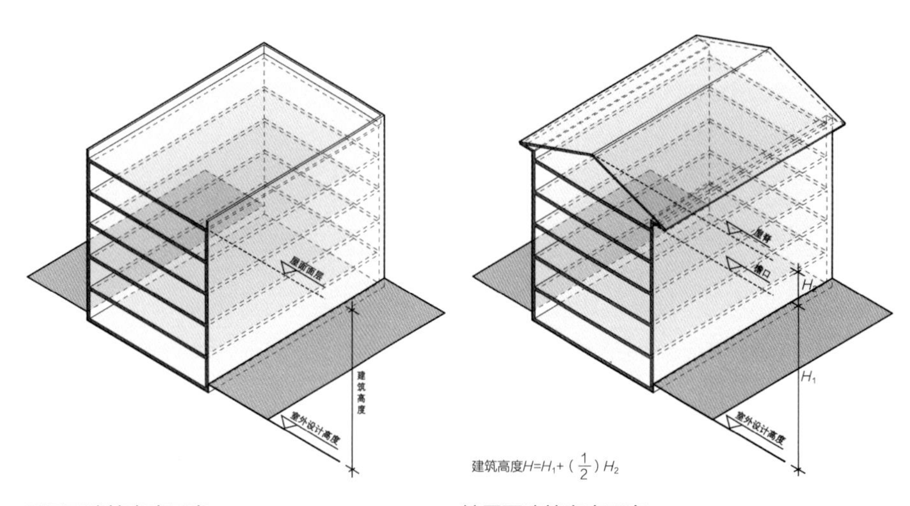

平屋面建筑高度示意　　坡屋面建筑高度示意

关键措施与指标

建筑高度

相关规范与研究

（1）《民用建筑设计统一标准》GB 50352—2019第4.5.1条，建筑高度不应危害公共空间安全和公共卫生，且不宜影响景观，下列地区应实行建筑高度控制，并应符合规定。

（2）《民用建筑设计统一标准》GB 50352—2019第4.5.2条，建筑高度计算应符合的规定。

（3）《建筑设计防火规范》GB 50016—2014（2018年版）中有关建筑高度计算的相关规定。

典型案例 北京理工大学良乡校区教学楼组团

（中国建筑设计研究院有限公司设计作品）

本项目中各建筑选用适宜的建筑高度，前后呼应、高低错落，形成丰富的院落空间。

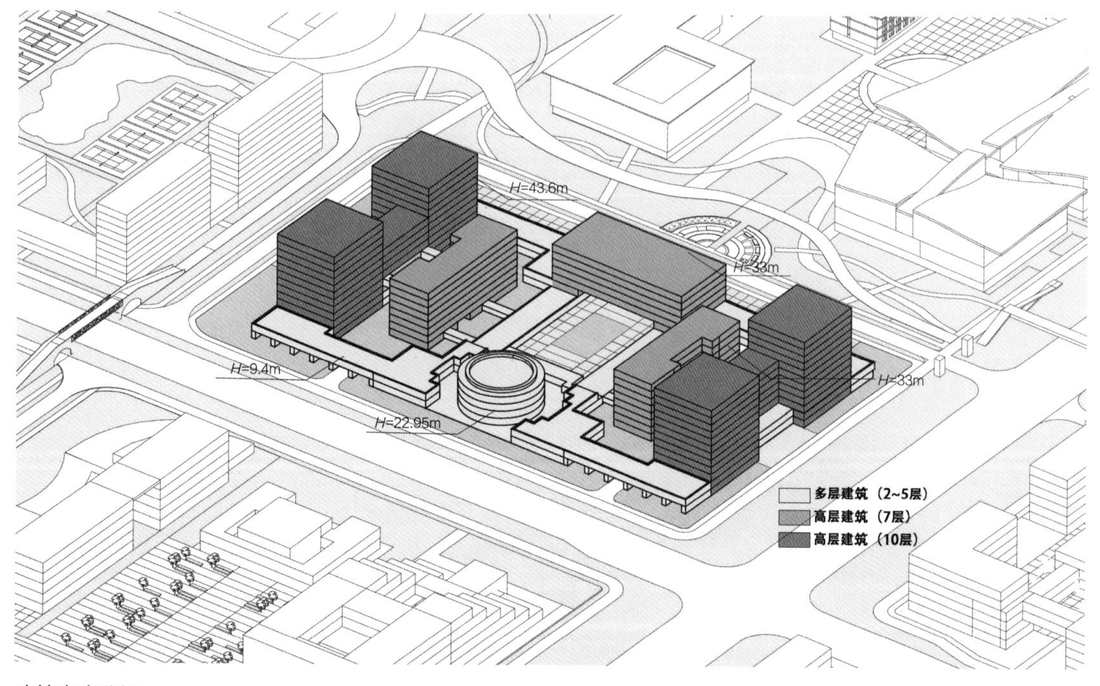

建筑高度分析

[目的]

城市风貌的控制是为了保证良好的公共城市环境风貌与品质以塑造独一无二的城市特色，增加城市内部的生机与活力，营造独特的城市魅力。

[设计控制]

首先要对有一定价值或特色的历史文化建筑、河湖水系、绿地公园等形成城市风貌的要点要素进行保护。其次要通过对城市建筑高度的控制、建筑与开敞空间的协调及本土特色要素的提取营造优美且富有特色的城市风貌。

[设计要点]

P1-2-2_1 天际线

（1）保护好传统的天际线，若用地位于城市的重点历史地段，用地内的建筑高度应限制在一定范围内以免破坏传统天际线。

（2）从整体出发，用地内建筑高度布局要与周边用地建筑高度相协调，把握好整体建筑节奏感与建设用地的关系，以营造充满节奏和韵律感的城市轮廓线景观。

（3）高层建筑屋顶形式对于城市风貌天际线景观影响较大，应重点考虑。在设计过程中结合周边环境与当地历史文化背景赋予其一定的城市特色。

（4）结合寒冷地区气候特色在场地中合理布置高层建筑与多层建筑，有利于采光通风的同时，形成独特的天际线。

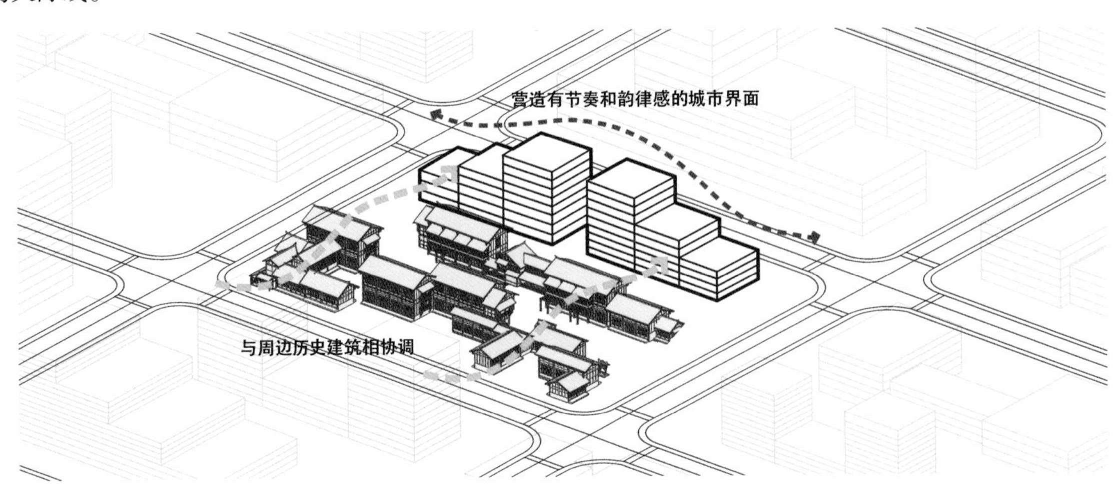

合理控制天际线

关键措施与指标

天际线、城市风貌

相关规范与研究

（1）《民用建筑设计统一标准》GB 50352—2019第4.1.3条，建筑设计应注重建筑群体空间与自然山水环境的融合与协调、历史文化与传统风貌特色的保护与发展、公共活动与公共空间的组织与塑造，并应符合下列规定中的第2条：重要城市界面控制地段建筑物的建筑风格、建筑高度、建筑界面等应与相邻建筑基地建筑物相协调。

（2）《民用建筑设计统一标准》GB 50352—2019第4.5.1条，建筑高度不应危害公共空间安全和公共卫生，且不宜影响景观，下列地区应实行建筑高度控制，并应符合下列规定中第4条：建筑处在历史文化名城名镇名村、历史文化街区、文物保护单位、历史建筑和风景名胜区、自然保护区的各项建设，应按规划控制建筑高度。

（3）《公共建筑节能设计标准》GB 50189—2015第7.1.1条、第7.1.2条、第7.1.3条、第7.1.4条、第7.1.5条有关可再生能源利用的相关要求。

典型案例 北京理工大学良乡校区教学楼组团

（中国建筑设计研究院有限公司设计作品）

本项目中各建筑高低错落，进行有序的排列组合，营造了丰富的城市界面与充满节奏和韵律感的城市天际线。

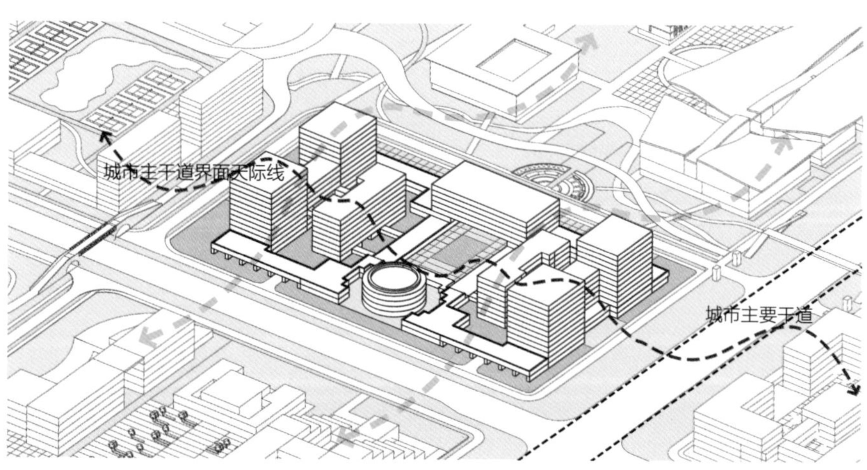

天际线分析

P1-2-2_2 视线通廊

（1）综合考虑保留用地内山体、湖泊等形成城市视线通廊的控制要素，实现用地乃至城市的生态景观连续性。

（2）应避免遮挡视线通廊，视线通廊沿线应提供视觉调剂空间，使丰富的自然景观能充分渗透到城市中来。

（3）除用地的自然景观、道路布局以外，建筑高度分区布局要统一纳入视觉景观系统，塑造完整的视线通廊，避免用地内的建筑布局不当或建筑高度过高遮挡视线通廊。

（4）结合寒冷地区气候特色，综合考虑视线通廊与场地夏季遮阳通风、冬季防寒风之间的关系，形成富有地域特色和微气候调控功能的独特景观。

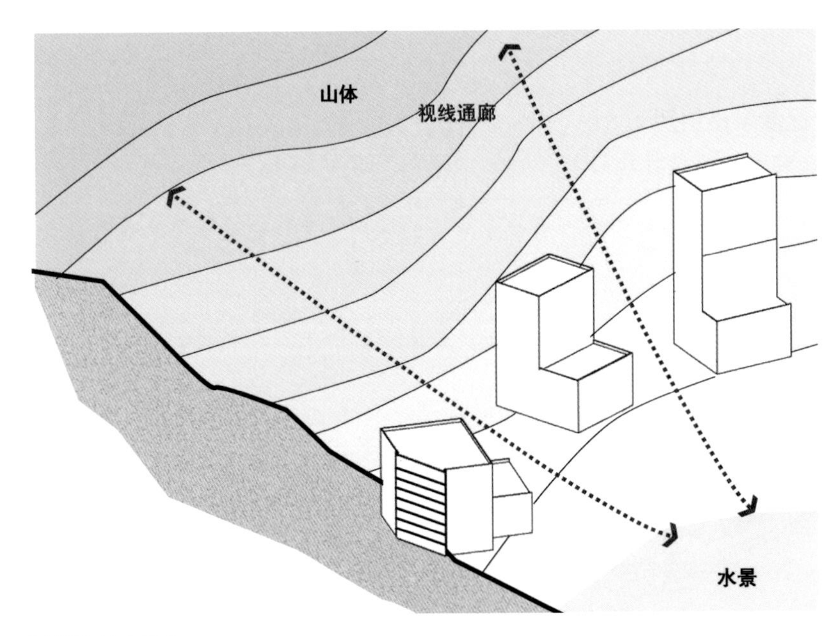

视线通廊示意图

关键措施与指标

视线通廊

相关规范与研究

（1）《历史文化名城保护规划标准》GB/T 50357—2018第4.2.2条，历史文化街区建设控制地带界线的划定和确切定位应符合相关规定。

（2）《轻轨交通设计标准》GB/T 51263—2017第20.1.3条，景观设计应处理好轻轨交通与城市环境大背景之间的协调，并应在城市环境中形成层次丰富的视线走廊。

（3）《节能建筑评价标准》GB/T 50668—2011第5.1.1条，建筑作为城市的有机组成部分，规划设计应充分考虑所在区域的整体规划要求，在满足自身规划控制性要求的同时，不应妨碍周边地块规划控制要求的实现，如日照、通风、地面公共空间（廊道）和视线景观。

典型案例 北京中信金陵酒店

（中国建筑设计研究院有限公司设计作品）

本项目背山面水，充分利用山地环境与良好的景观朝向，采用层层跌落的形态与山地有机结合，顺应地势的同时不遮挡后方建筑的观景视线，实现建筑与自然景观的有机结合。

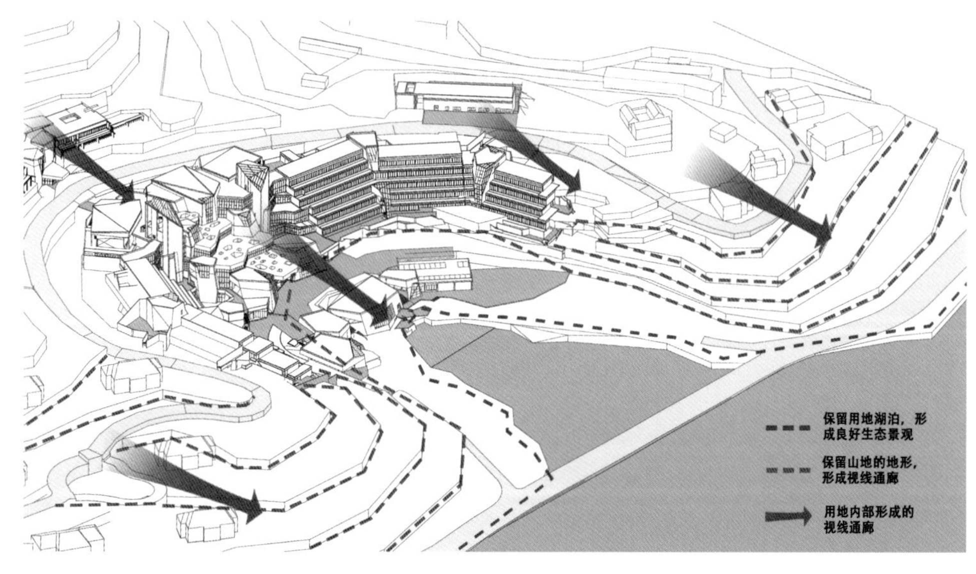

视线分析

[目的]

充分利用用地内的现状资源，减少开发建设总量，从而节省开发建设成本，更好地发挥用地效益。同时，延续原有资源利用也可减少对用地原本良好环境破坏的可能，促进用地经济、社会、资源环境科学可持续地发展。

[设计控制]

对用地内部的各类资源进行现状分析评估，确定可继续使用或发展的资源，通过相应的标准规范对资源进行整合、增补、利用，确保资源符合开发建设后用地的需求。

[设计要点]

P1-3-1_1 可再生能源

（1）根据资源条件和经济社会发展需要，在保护环境和生态系统的前提下，科学规划，因地制宜，合理布局，有序开发。高度重视可再生能源开发与生态环境的关系，保护耕地，节约粮食，保护生态环境。

（2）可再生能源的发展既要重视规模化开发利用，不断提高可再生能源在能源供应中的比重，也要重视可再生能源对解决农村能源问题，发展循环经济和建设资源节约型、环境友好型社会的作用，更要重视与环境和生态保护的协调。

（3）结合寒冷地区气候特色，充分适当地利用可再生能源，为建筑提供良好空间环境的同时，提高能源利用效率，保护生态环境。

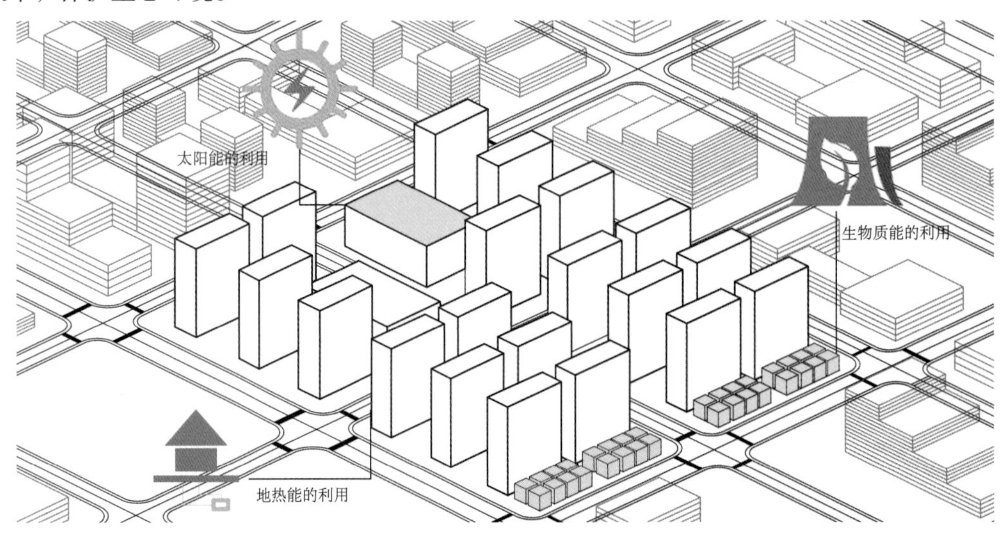

充分利用可再生能源

关键措施与指标

可再生能源利用

相关规范与研究

（1）《北京市绿色建筑设计标准》DB 11/938—2012第6.4.1条能源利用中关于太阳能与地热能的相关要求。

（2）《民用建筑绿色设计规范》JGJ/T 229—2010第5.3.2条，场地规划与设计时应对可利用的可再生能源进行调查与利用评估，确定合理利用方式，确保利用效率，并应符合要求。

（3）《绿色建筑评价标准》GB/T 50378—2019中要求建筑结合当地气候和自然资源，合理利用可再生能源，评价总分值为10分，按表7.2.9的规则评分。

（4）《公共建筑节能设计标准》GB 50189—2015第7.1.1条、第7.1.2条、第7.1.3条、第7.1.4条、第7.1.5条有关可再生能源利用的相关要求。

典型案例 中国建筑设计研究院创新示范科研楼

（中国建筑设计研究院有限公司设计作品）

本项目在设计中充分利用多种可再生能源，提高能源利用效率，保护生态环境，实现可持续发展。

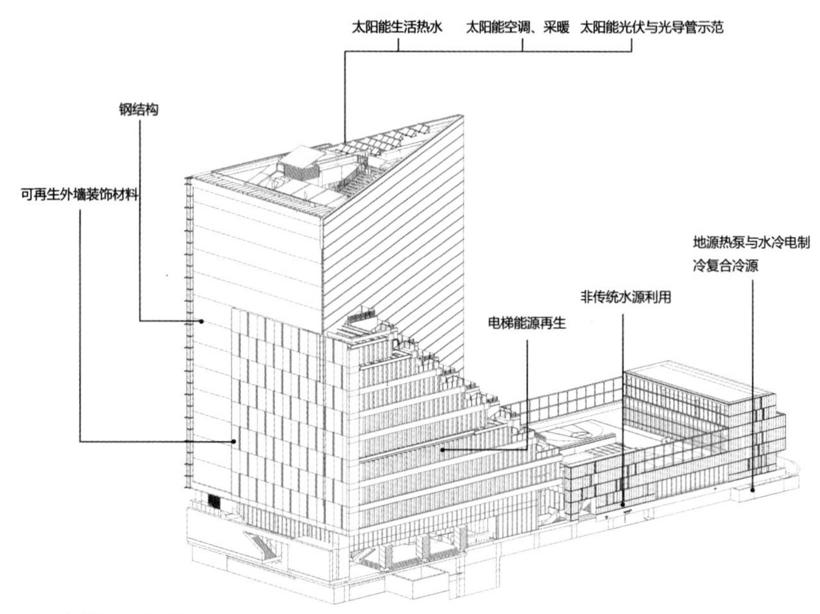

可再生能源利用分析

P1-3-1_2 生物资源

（1）根据寒冷地区气候特色采取相应措施，对场地内及周边区域动物资源进行相应的保护，规划有利于动物习性、生活规律等的自然条件。

（2）对场地内及周边区域植物资源、生态环境等进行适当合理的保护，根据寒冷地区气候特色采取相应措施，避免在建设过程中产生对当地植物资源的破坏行为。

（3）对于已经破坏或不可避免破坏的情况，应采取修复与补偿等相应的措施。

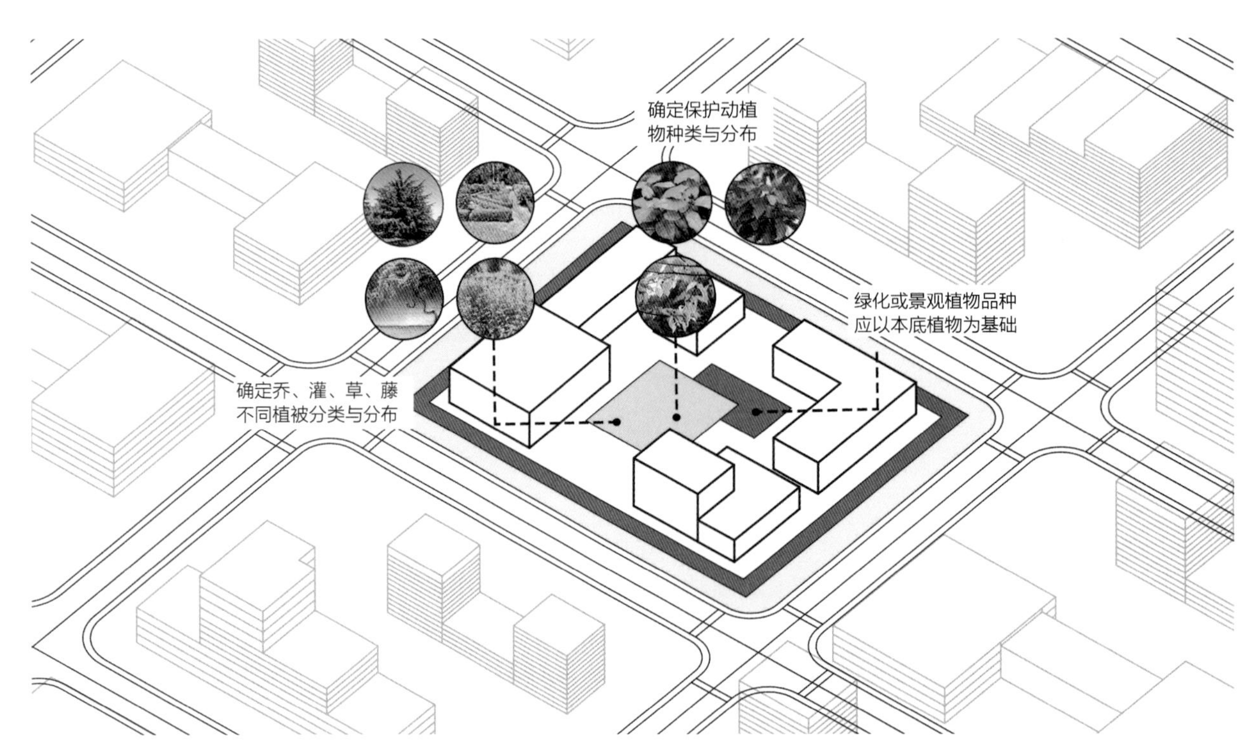

合理利用生物资源

关键措施与指标

本地植物率

相关规范与研究

（1）《民用建筑绿色设计规范》JGJ/T 229—2010第5.3.3条，场地规划与设计时应对场地的生物资源情况进行调查，保持场地及周边的生态平衡和生物多样性，并应符合下列要求：应调查场地内的植物资源，保护和利用场地原有植被，对古树名木采取保护措施，维持或恢复场地植物多样性。

（2）《绿色生态城区评价标准》GB/T 51255—2017第5.2.1条，实施生物多样性保护及评价标准。

（3）《北京市绿色建筑设计标准》DB 11/938—2012第12.2.1条，应充分保护和利用场地内现状树木。

（4）《绿色建筑评价标准》GB/T 50378—2019第8.2.1条，充分保护或修复场地生态环境，合理布局建筑及景观，保护场地内原有的自然水域、湿地、植被等，保持场地内的生态系统与场地外生态系统的连贯性。

典型案例 山东省荣成少年宫

（中国建筑设计研究院有限公司设计作品）

本项目为削弱建筑对环境的影响，采用覆土建筑的形式，建立生态廊道，保护生物资源，并结合当地景观环境营造舒适的室内外空间。

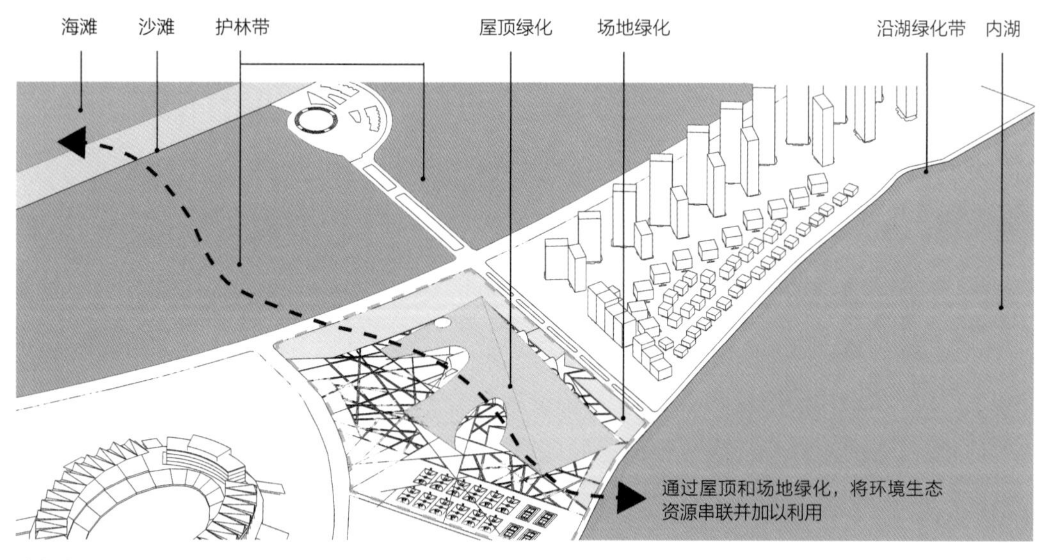

生物资源利用分析

P1-3-1_3 市政基础设施

（1）对用地内的市政基础设施如排水、热力、燃气、通信、供电等各种管线及防灾基础设施要最大限度地利用。

（2）对基础设施数量与质量现状进行充分评估，确保用地内部的市政基础设施能够维持用地内建筑的正常使用。

（3）应结合寒冷地区气候特色，对基础设施数量不足或缺失的场地，进行修复完善或增设部分缺失的基础设施。

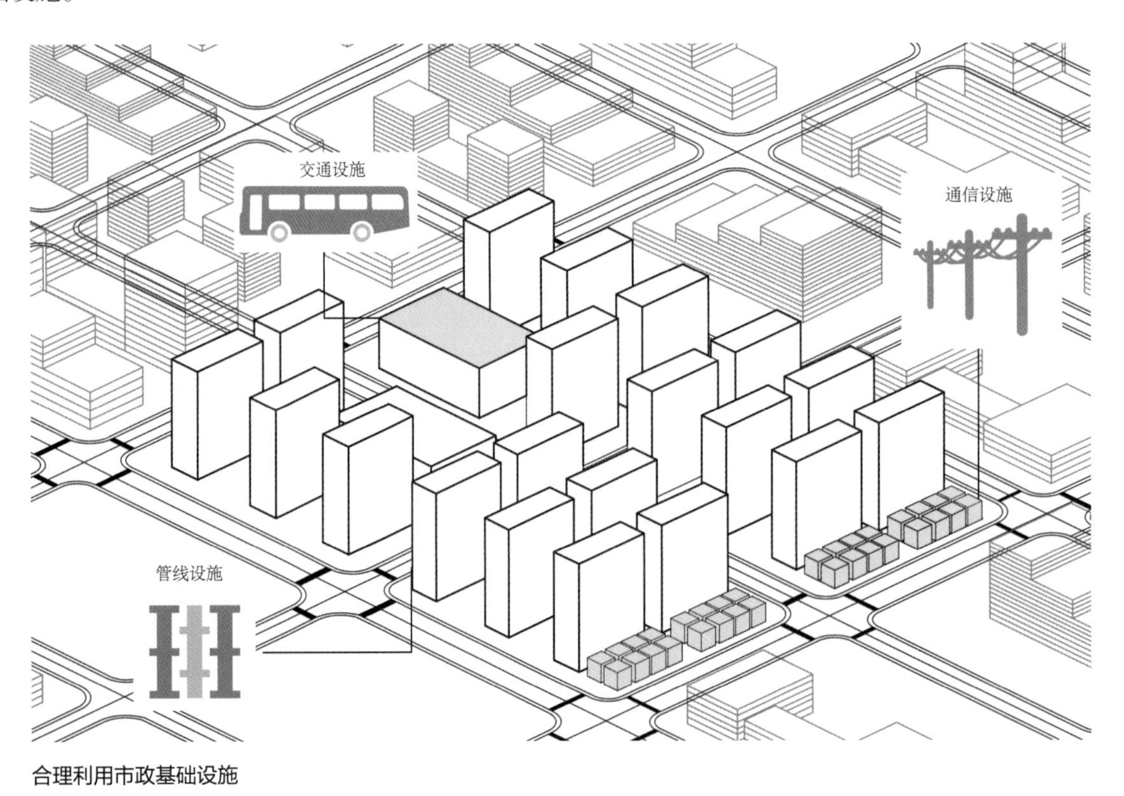

合理利用市政基础设施

关键措施与指标

市政基础设施利用

相关规范与研究

（1）《北京市绿色建筑设计标准》DB 11/938—2012第6.2.4条，公共设施规划应符合的要求。

（2）《民用建筑绿色设计规范》JGJ/T 229—2010第5.1.3条，应提高场地空间的利用效率，并应做到场地内及周边的公共服务设施和市政基础设施的集约化建设与共享。

（3）《民用建筑绿色设计规范》JGJ/T 229—2010第5.3.1条，场地规划与设计时应对场地内外的自然资源、市政基础设施和公共服务设施进行调查与评估，确定合理的利用方式。

典型案例 北京市隆福大厦

（中国建筑设计研究院有限公司设计作品）

本项目在设计中充分利用周边既有基础设施，提高场地空间的利用效率。

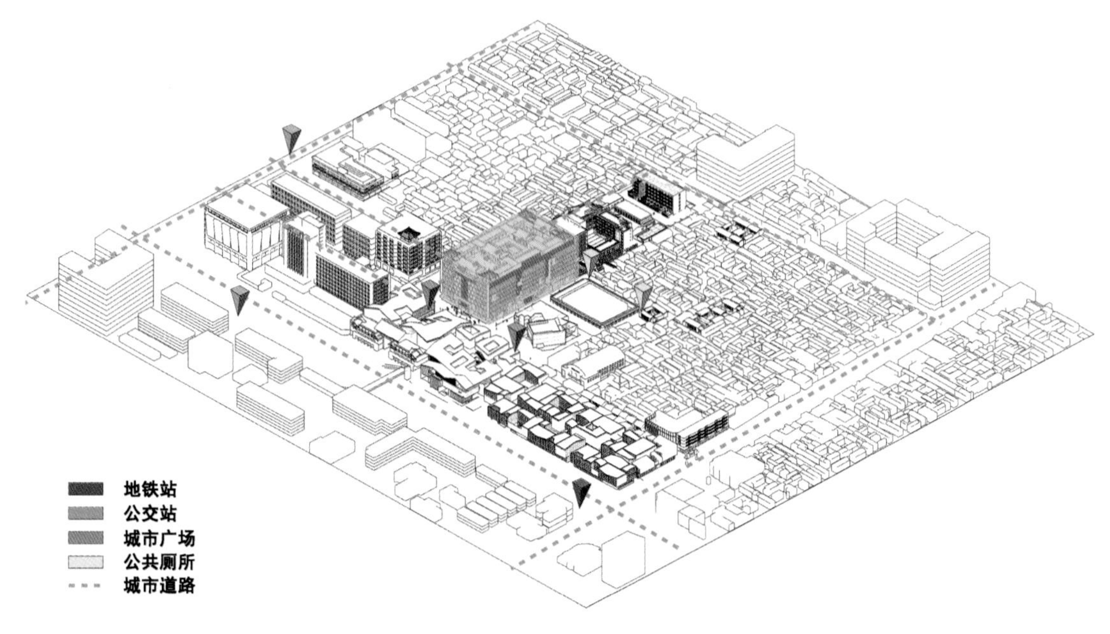

周边基础设施分析

Planning

P1-3-1_4 公共服务设施

（1）城市公共设施包括教育设施、文化设施、卫生设施、体育设施、科技设施、政权设施、民政设施等。在用地建设前，应对用地内部与周边原公共服务设施的建设数量、规模、类型进行调研评估，然后判断现状公共服务设施是否满足用地公共建筑未来使用需求，进而采取一定程度的增建等措施。

（2）宜采用两种及以上公共服务设施集中布置，配套辅助设施共享，或公共建筑兼容两种以上的公共服务功能。

（3）应结合寒冷地区气候特色，对公共服务设施做出综合评估与布置。

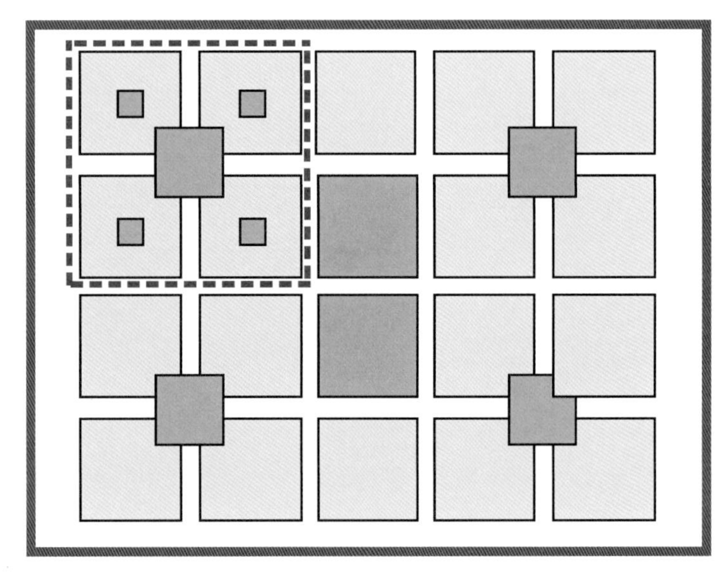

分级：
主要根据场地人群对公共配套设施使用的频繁程度

对口：
特指适应人口规模

"分级、对口"原则

关键措施与指标

公共服务设施利用

相关规范与研究

（1）《北京市绿色建筑设计标准》DB 11/938—2012第6.2.2条，用地规划应符合的相关要求。

（2）《民用建筑绿色设计规范》JGJ/T 229—2010第5.3.1条，场地规划与设计时应对场地内外的自然资源、市政基础设施和公共服务设施进行调查与评估，确定合理的利用方式，并应符合下列要求中第4条：应充分利用场地及周边已有的市政基础设施和公共服务设施。

（3）《工程建设标准强制性条文（房屋建筑部分）》（2013年版）第4.2.1条，配套公共服务设施应包括教育、医疗卫生、文化、体育、商业服务、金融邮电、社区服务、市政公用和行政管理等9类设施。

（4）《民用建筑绿色设计规范》JGJ/T 229—2010第5.1.3条，应提高场地空间的利用效率，并应做到场地内及周边的公共服务设施和市政基础设施的集约化建设与共享。

典型案例 **廊坊市民中心**

（中国建筑设计研究院有限公司设计作品）

本项目配有文化、体育等多类公共服务设施，满足公众的使用需求。

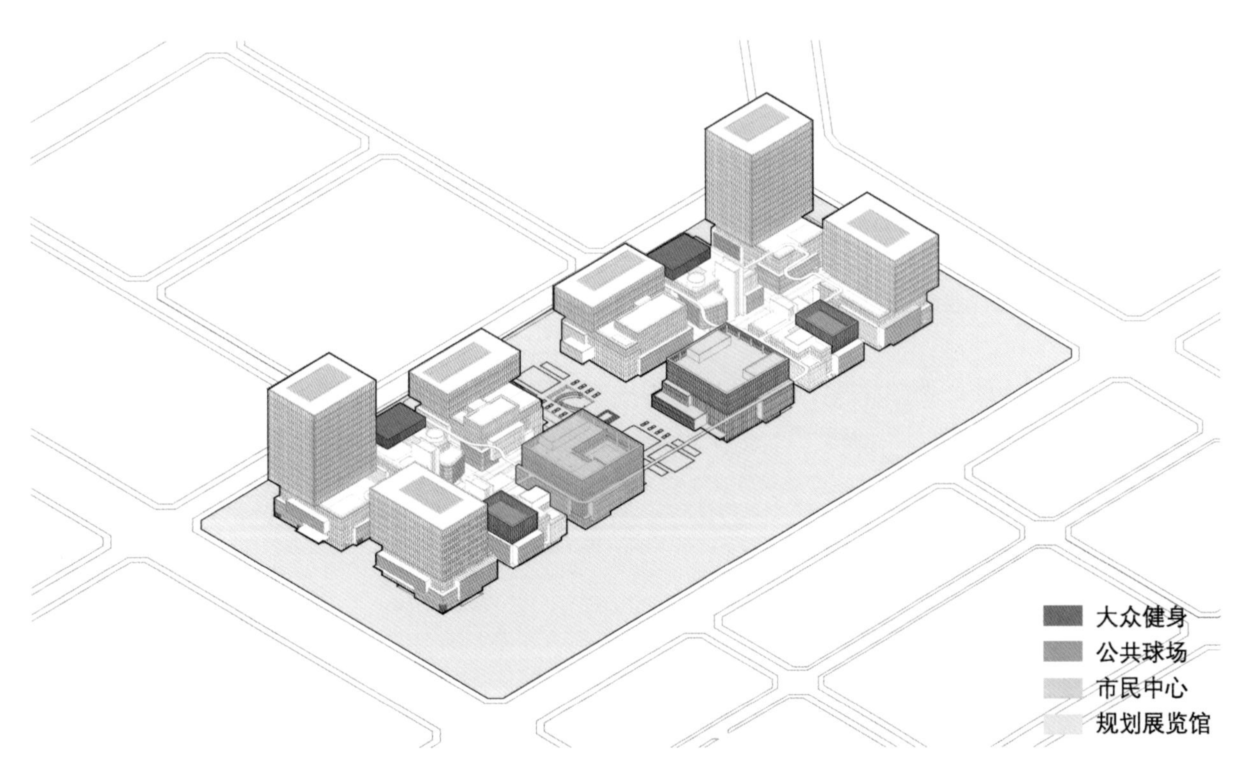

公共服务设施分析

[目的]

结合寒冷地区气候特色，保持用地及周边地区的生态平衡和生物多样性，形成连续的绿色生态系统。保山、保水、保树、保景观的一系列措施，可减少对自然生态环境的改变与破坏，促进自然环境同人文环境、经济环境共同平衡，可持续发展。

[设计控制]

（1）通过分析利用用地周边环境，为用地开发、建设项目等创造有利条件。

（2）通过对用地水体、植被的保护来保证用地的良好生态，以营造适宜的工作生活环境。

[设计要点]

P1-3-2_1 地质地貌

（1）宜保持和利用原有地形、地貌。

（2）当需要进行地形改造时，应采取合理的改良措施，保护和提高土地的生态价值。

（3）场地内如存在山地地形，开发时应遵循依山就势的原则，建筑宜沿等高线布置，以利于减少土石方量，节约成本。

（4）结合寒冷地区气候特色，可利用山体南向坡地高差跌落布置，趋利避害，使建筑在冬季获得更多的阳光且利于防风，夏季可合理引导通风且有利于防晒，降低资源消耗。

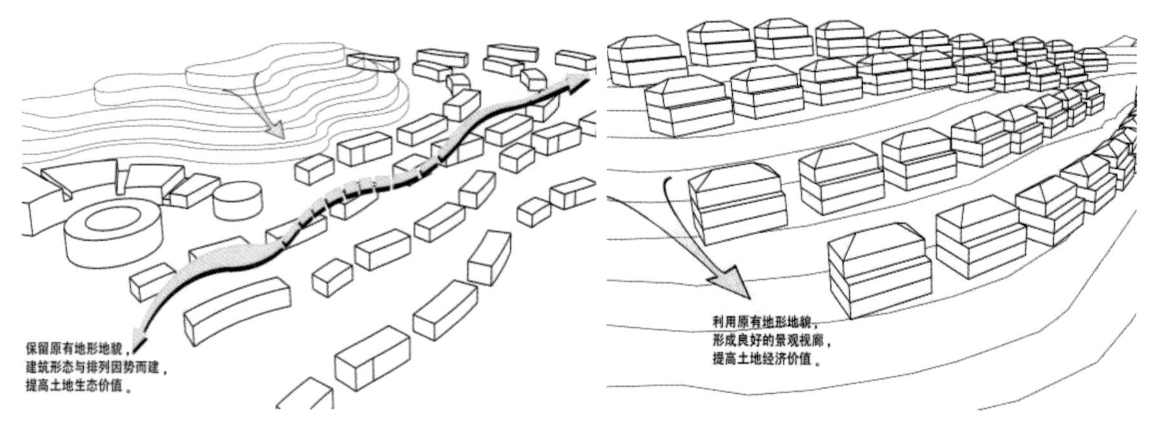

合理利用地质地貌

关键措施与指标

土方量

相关规范与研究

（1）《民用建筑绿色设计规范》JGJ/T 229—2010第5.3.1条中有关地形地貌利用的相关规定与建议。

（2）《绿色建筑评价标准》GB/T 50378—2019第1.0.4条，绿色建筑应结合地形地貌进行场地设计与建筑布局。

（3）《民用建筑设计统一标准》GB 50352—2019第5.3.1条第7款，面积较大或地形较复杂的基地，建筑布局应合理利用地形，减少土石方工程量，并使基地内填挖方量接近平衡。

（4）《绿色博览建筑评价标准》GB/T 51148—2016第4.2.12条相关规定。

（5）《北京市绿色建筑设计标准》DB 11/938—2012第6.2.2条用地规划应符合的相关要求第6条，应合理进行竖向设计，做好土方经济平衡。

（6）《全国民用建筑工程设计技术措施　规划·建筑·景观》（2019年版）第2.9.1条绿色建筑应遵循的原则：充分利用建筑场地周边的自然条件，尽量保留和合理利用现有适宜的地形、地貌、植被和自然水系。

典型案例 北京中信金陵酒店

（中国建筑设计研究院有限公司设计作品）

本项目合理利用山地地形，建筑采用垂直和平行于等高线两种布局方式，降低建设成本，有利于可持续发展。

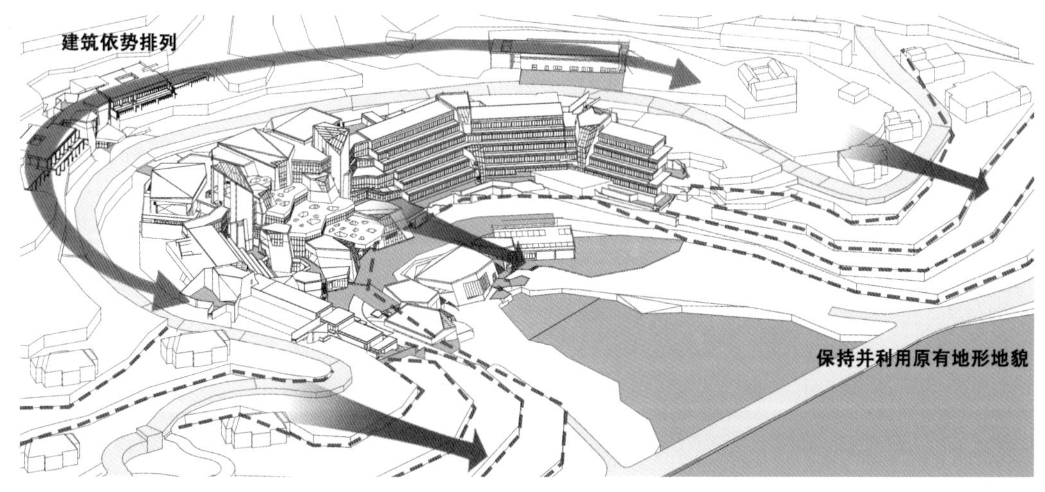

合理利用地形地势

P1-3-2_2 场地水环境

（1）建设场地中原有地形、水系、植被、湿地、鱼塘、沟渠等，以及其他水环境、湿地系统、滩涂系统等，在场地设计中应予以保护措施，建设过程中要确保生态系统不会遭到不可恢复的破坏，场地处理时应完善水土保持、植被保育，为保持良好的气候环境奠定基础。

（2）应结合场地气候条件、地形地貌、水源条件、雨水利用方式、雨水调蓄要求等，综合考虑场地内水量平衡情况，结合雨水收集等设施确定合理的水景规模。

（3）合理确定雨水入渗范围，采取雨水入渗措施，入渗面积不宜小于项目除屋面面积之外占地面积的50%。

（4）应结合寒冷地区气候特色对场地中水环境进行合理保护与利用。

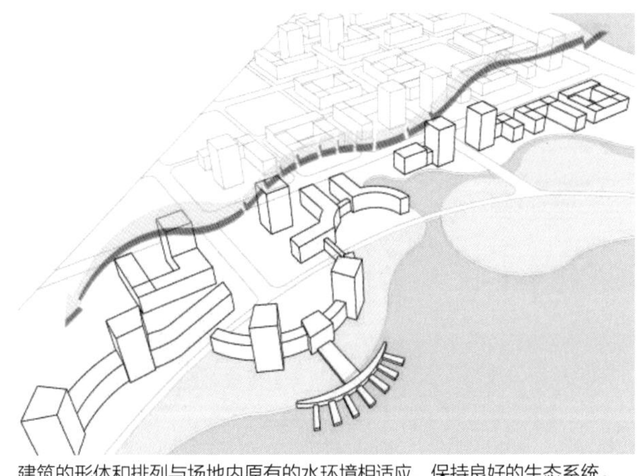

建筑的形体和排列与场地内原有的水环境相适应，保持良好的生态系统。

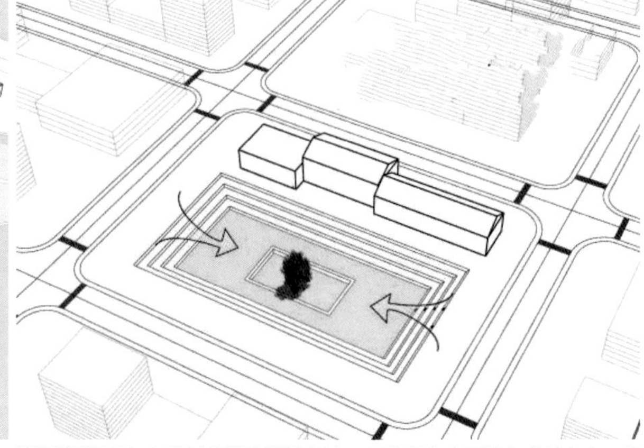

遭遇强降雨时，下沉广场暂时储存雨水，从特定入水口流入广场中央，形成可接触的戏水空间，同时起到排水及景观作用。

场地水环境的利用

关键措施与指标

本地植物率

相关规范与研究

（1）《北京市绿色建筑设计标准》DB 11/938—2012第6.5.2条规划建设用地水环境设计应符合的相关要求。

（2）《北京市绿色建筑设计标准》DB 11/938—2012第6.4.2条水资源利用应符合的相关要求。

（3）《全国民用建筑工程设计技术措施—规划·建筑·景观》（2009年版）第2.9.1条，绿色建筑应遵循的原则：充分利用建筑场地周边的自然条件，尽量保留和合理利用现有适宜的地形、地貌、植被和自然水系。

典型案例 **山东省日照市科技馆**

（中国建筑设计研究院有限公司设计作品）

本项目从整体出发，充分考虑场地水环境，在场地内部设有湿地景观，呼应场地对面的奥林匹克水上公园。

水环境分析

P1-3-2_3 原生植被

（1）在场地已有丰富植被和地景资源的条件下，其建造环境往往已经拥有相对完善的生态系统和宜人的微气候，应减少对现有环境的破坏，将新建建筑融入现有的自然格局中。

（2）在场地内的植被应以建筑总体布局为前提，依据植物生长状态建议保留植被或适当移栽保护。

（3）规划中的道路及开放公共空间区域内的植被，依据植物生长状态应予以保留、保护。

（4）应根据寒冷地区气候特色对原生植被进行有针对性的保护与利用，并制定相应措施。

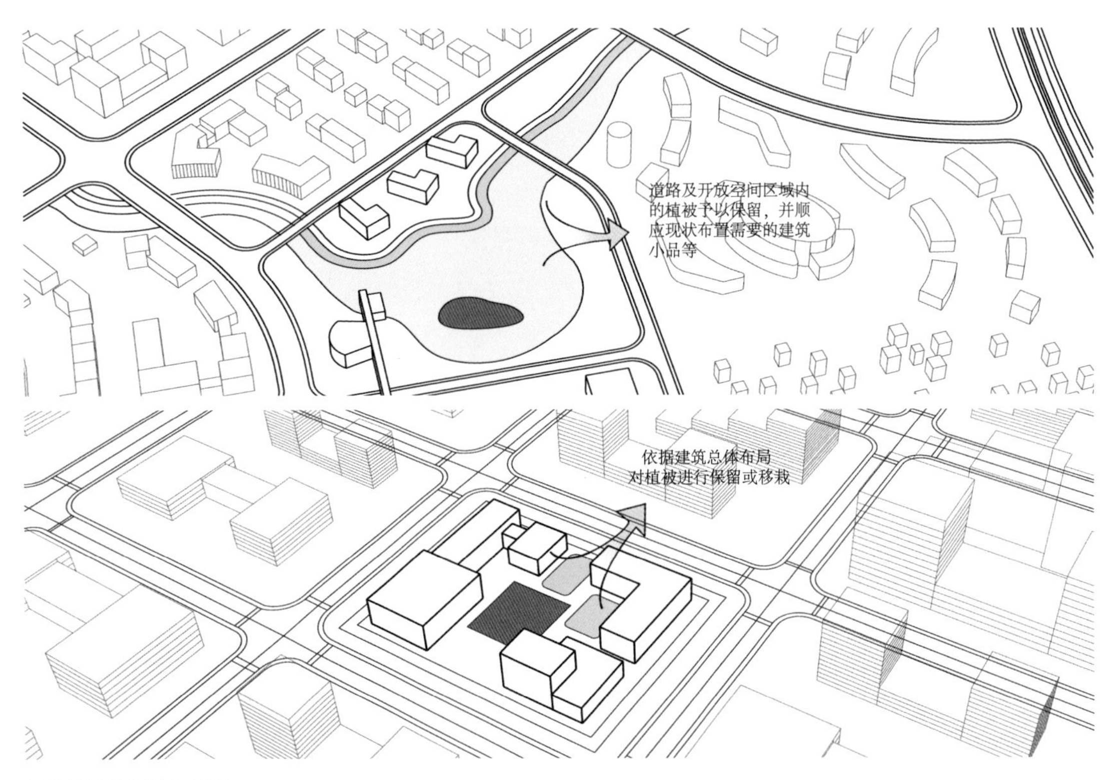

原生植被的保护与利用

关键措施与指标

原生植被保护与利用

相关规范与研究

（1）《绿色建筑评价标准》GB/T 50378—2019条文说明第9.2.4条，为了合理提高绿容率，可优先保留场地原生树种和植被，合理配置叶面积指数较高的树种，提倡立体绿化，加强绿化养护，提高植被健康水平。绿化配置时避免影响低层用户的日照和采光。

（2）《全国民用建筑工程设计技术措施　规划·建筑·景观》（2009年版）第2.9.1条，绿色建筑应遵循的原则：充分利用建筑场地周边的自然条件，尽量保留和合理利用现有适宜的地形、地貌、植被和自然水系。

（3）《民用建筑设计统一标准》GB 50352—2019第5.4.1条，绿化设计应符合下列规定应保护自然生态环境，并应对古树名木采取保护措施。

（4）《民用建筑绿色设计规范》JGJ/T 229—2010第5.3.3条中提到，应调查场地内的植物资源，保护和利用场地原有植被。

（5）《北京市绿色建筑设计标准》DB 11/938—2012第6.5.1条生态环境规划应符合的要求中提到，场地设计应与原有地形、地貌相适应，保护和提高土地的生态价值，场地内建筑布局应与现状保留树木有机结合。

（6）《北京市绿色建筑设计标准》DB 11/938—2012第12.2.1条，应充分保护和利用场地内现状树木。

典型案例　西安大华纱厂

（中国建筑设计研究院有限公司设计作品）

本项目对场地内的原生植物采取原样保留的方法，并围绕这些植物进行建筑布局，使其与保留树木有机结合，提升环境品质。

对场地内原生植物的利用

P1-3-2_4 既有建筑

（1）通过既有建筑的改造和利用，使既有建筑可满足现代化城市的空间、功能、景观等需求，并随着城市的发展得以传承和延续。

（2）既有建筑或者其中一部分经过改造后焕发出新的活力，通过设计延长建筑使用寿命，创造性格独特的空间，充分利用建材避免浪费。

（3）既有建筑再利用往往会改变或者调整原有建筑的使用功能，如工业建筑改造为酒店、办公、餐饮等充满活力及趣味性的多功能空间，成为城市中的亮点。

（4）应结合寒冷地区气候特色，对既有建筑进行改造与利用，在提升既有建筑的节能性基础上，宜采用绿色建材，增加可持续能源，实现绿色化改造。

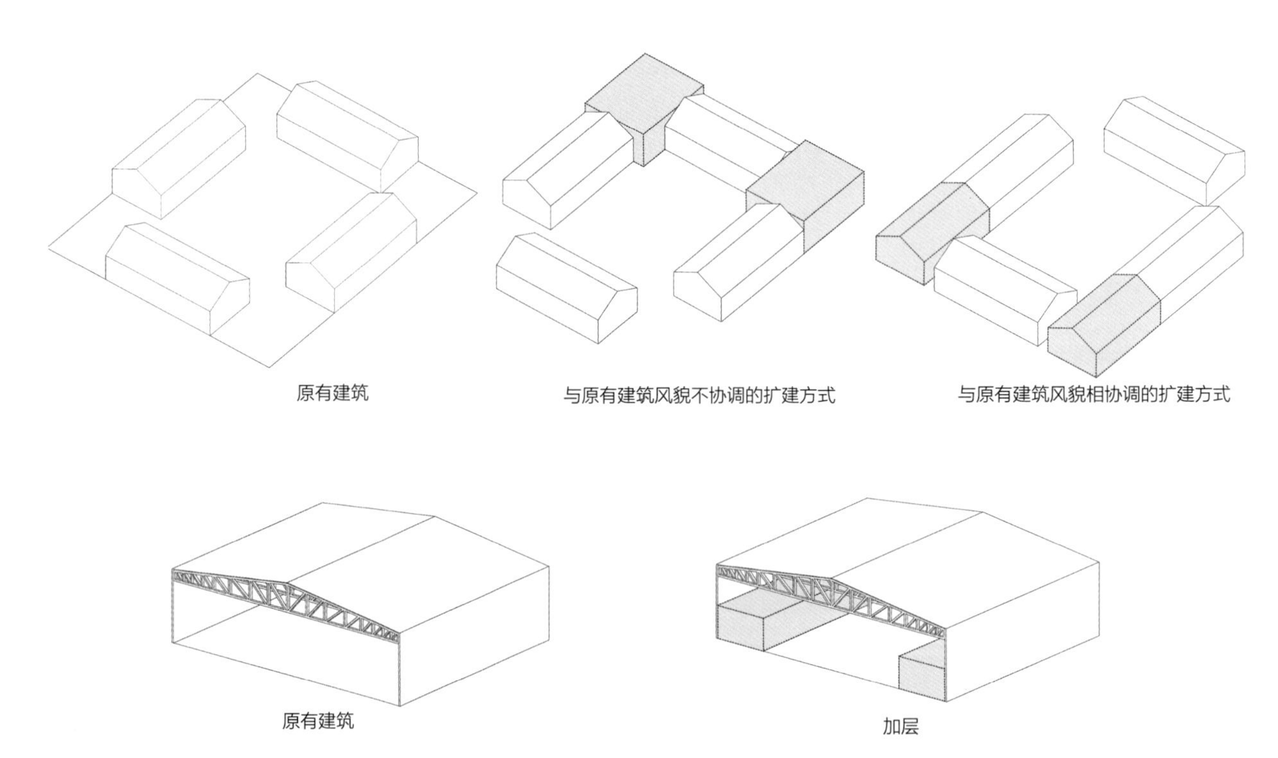

既有建筑改造示意

关键措施与指标

旧建筑改造

相关规范与研究

（1）《绿色建筑评价标准》GB/T 50378—2019第9.2.3条，合理选用废弃场地进行建设，或充分利用尚可使用的旧建筑。条文说明第9.2.3条，本条所指的“尚可使用的旧建筑”系指建筑质量能保证使用安全的旧建筑，或通过少量改造加固后能保证使用安全的旧建筑。

（2）《民用建筑绿色设计规范》JGJ/T 229—2010第5.3.5条，旧城改造和城镇化进程中，既有建筑的保护和利用规划是节能减排的重要措施之一，也是保护建筑文化和生态文明的重要措施之一。大规模拆迁重建与绿色建筑的理念是矛盾的。

典型案例 北京市第35中学

（中国建筑设计研究院有限公司设计作品）

本项目修缮和改建了部分历史建筑，延长了建筑的使用寿命；设计将历史建筑与新建建筑融合，既体现了建筑的时代性，又延续了城市历史风貌与百年的文化脉络。

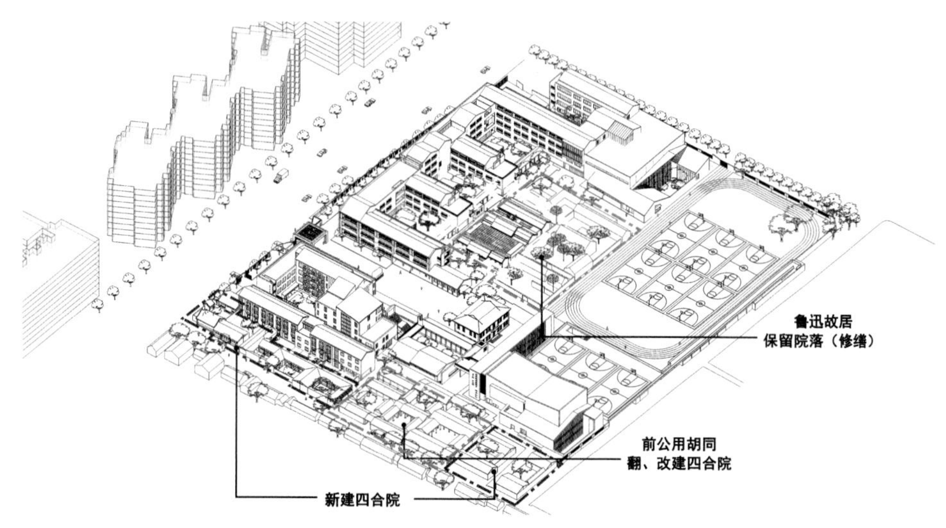

新建建筑与原有建筑的关系对比

[目的]

在场地与外部环境之间建立合理有效的交通联系，为场地总体布局提供良好便利的交通条件，实现内外交通合理连接，方便使用者出行。

[设计控制]

通过合理布局场地与周边重要交通设施如铁路、公路、轨道交通站点的连接关系、流线组织来实现外部交通的便捷性衔接。

[设计要点]

P2-1-1_1 交通及其基础设施

（1）应考虑场地外围是否有铁路、公路、河湾码头等交通基础情况，应结合寒冷地区气候特色，合理设置衔接或避让。

（2）应考虑场地对外交通联系，包括出入口数量是否足够，位置是否方便，工程量大小及是否经济合理，是否符合出入口安全和消防规范等相关规定及要求。

（3）应考虑场地周边交通道路等级、路面结构、路幅宽度、接近场地出入口地段的标高、坡度等，与出入口的道路连接能否满足技术条件要求，并结合寒冷地区气候特色合理设计。

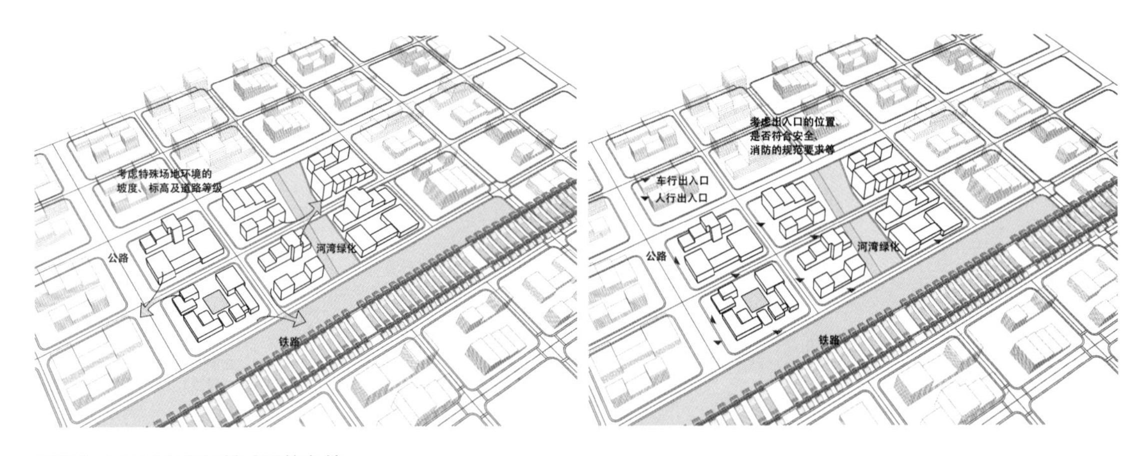

充分考虑场地交通及基础设施条件

关键措施与指标

区域交通网络；便捷性

相关规范与研究

（1）《民用建筑设计统一标准》GB 50352—2019第4.2.5条，有关基地与道路的关系、出入口位置等要求。

（2）《民用建筑绿色设计规范》JGJ/T 229—2010第5.4.5条，场地交通设计应处理好区域交通与内部交通网络之间的关系，交通规划设计应遵循环保原则。道路系统应分等级规划，避免越级连接，保证等级最高的道路与区域交通网络联系便捷。

（3）《车库建筑设计规范》JGJ 100—2015第3.1.4条、第3.1.5条、第3.1.6条有关场地出入口、车库出入口与城市道路的关系等相关规定。

典型案例 北京外国语学院综合楼

（中国建筑设计研究院有限公司设计作品）

本项目在设计初期对校园外部交通条件进行分析，通过校园内部路与城市快速路、辅路相连接，达到方便快捷、减少影响的目的。

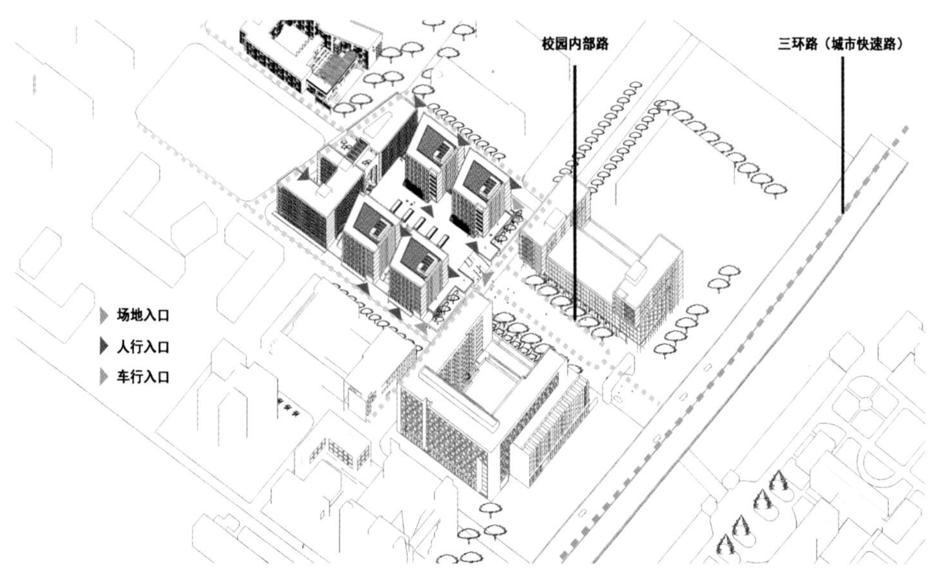

交通条件分析

P2-1-1_2 轨道交通站点

（1）宜围绕轨道交通站点周边进行选址建设，出入口位置应方便与轨道交通站点相衔接。

（2）应围绕轨道交通站点紧凑布局，并结合寒冷地区气候特色，利用地下空间进行一体化设计，方便与轨道交通站点的衔接。

（3）城市综合公共服务中心应安排在轨道交通站点周边。

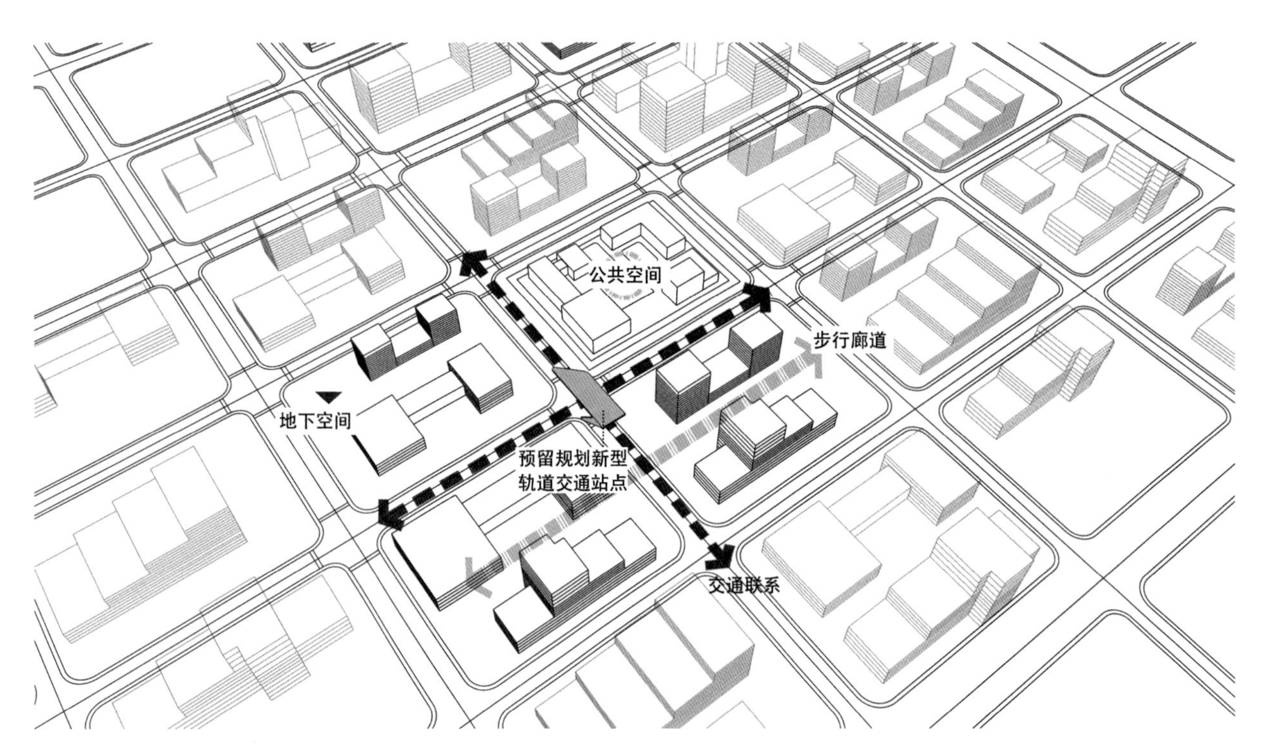

合理利用场地周边轨道交通站点

关键措施与指标

基地周边交通站点数量与距离

相关规范与研究

（1）《北京市绿色建筑设计标准》DB 11/938—2012第6.3.1条相关要求：应优先发展公共交通，优化公交线网，公交站点覆盖率应满足主要功能建筑的主要出入口与公交站点步行距离小于500m的要求；用地出入口宜设置与周边公共设施、公交站点便捷连通的步行道、自行车道，方便步行和自行车出行。

（2）《北京市绿色建筑设计标准》DB 11/938—2012第6.2.5条相关要求：轨道交通站点周边用地使用强度应满足北京市城市建设节约用地标准的要求。

（3）《绿色建筑评价标准》GB/T 50378—2019第6.1.2条，场地人行出入口500m内应设有公共交通站点或配备联系公共交通站点的专用接驳车。

（4）《北京市绿色建筑设计标准》DB 11/938—2012第6.2.2条用地规划应符合的相关要求：围绕轨道交通站点应紧凑布局，枢纽型轨道交通站点周边应进行用地、交通与地下空间的一体化设计。

（5）《民用建筑绿色设计规范》JGJ/T 229—2010第5.4.5条，建设用地周围至少有一条公共交通线路与城市中心区或其他主要交通换乘站直接联系。场地出入口到邻近公交站点的距离控制在合理范围（500m）内。

典型案例 北京理工大学良乡校区教学楼组团

（中国建筑设计研究院有限公司设计作品）

本项目在设计初期对场地周边公交及地铁站点进行分析，根据交通站点位置，合理设置场地出入口位置，减少影响的同时考虑方便出行的条件。

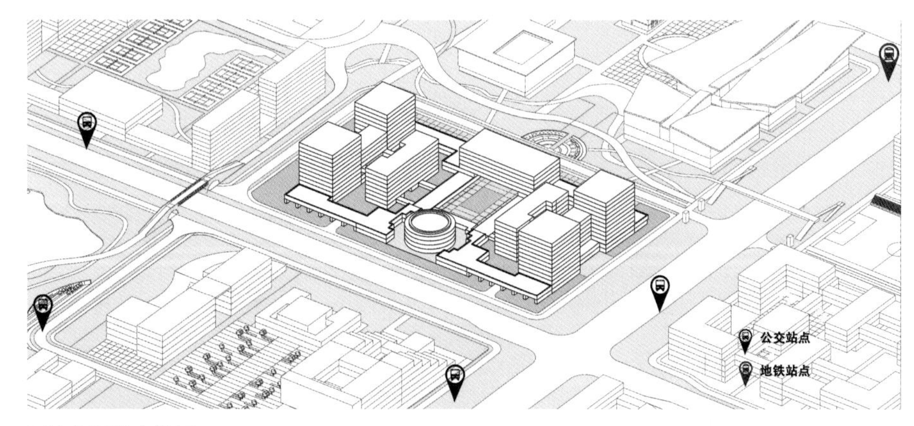

周边交通站点分析

[目的]

为场地内的建筑可达性提供安全、便利的条件，合理组织场地内人流、车流，使场地内部交通条件更加便捷通畅。

[设计控制]

（1）充分协调场地内部交通与其周围城市道路之间的关系，依据城市规划要求，确定场地出入口位置，处理好由城市道路进入场地的交通衔接。

（2）有序组织各种人流、车流等客货交通，合理布置道路、停车场和广场等相关设施，将场地各分区有机联系起来，形成统一整体。

[设计要点]

P2-1-2_1 出入口

（1）大型公共建筑应在主要出入口前设置集散广场，紧急疏散入口必须紧邻城市道路或有专用通道连接至城市道路。

（2）场地至少有两个出入口，其间距不小于150m，人行出入口间距不宜超过80m。

（3）基地主要出入口应避免直对城市主要干道交叉路口。

（4）建筑出入口应结合寒冷地区气候特色、场地内部交通组织等条件综合考虑。

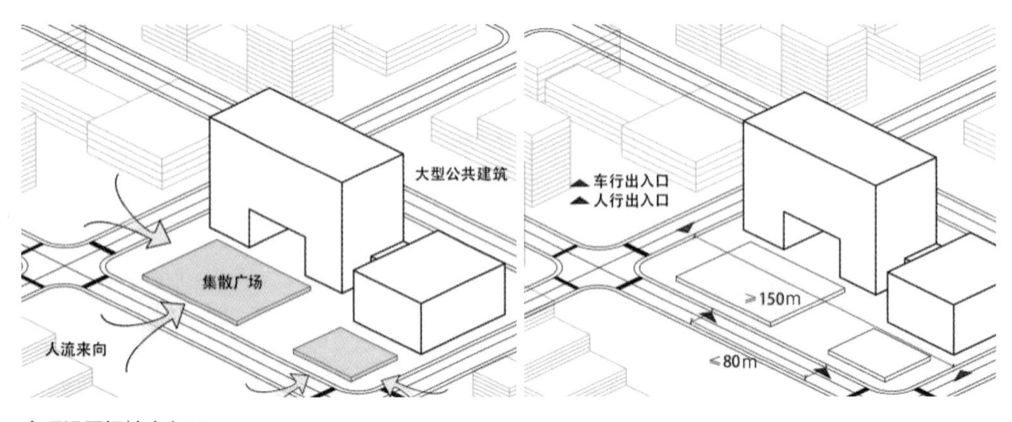

合理设置场地出入口

关键措施与指标

出入口个数；出入口距离

相关规范与研究

（1）《建筑设计防火规范》GB 50016—2014（2018年版）第5.5.19条的有关规定。

（2）《民用建筑设计统一标准》GB 50352—2019第4.2.5条，有关人员密集场所的公共建筑基地应符合下列规定：建筑物主要出入口前应设置人员集散场地，其面积和长宽尺寸应根据使用性质和人数确定。

（3）《民用建筑设计统一标准》GB 50352—2019第5.2.8条，室外非机动车停车场应设置在基地边界线以内，出入口不宜设置在交叉路口附近等相关规定。

典型案例 雄安新区临时办公室规划设计

（中国建筑设计研究院有限公司设计作品）

本项目充分协调场地内部交通与周围城市道路的关系，合理设置各方向出入口位置，有序组织人行流线与车行流线。

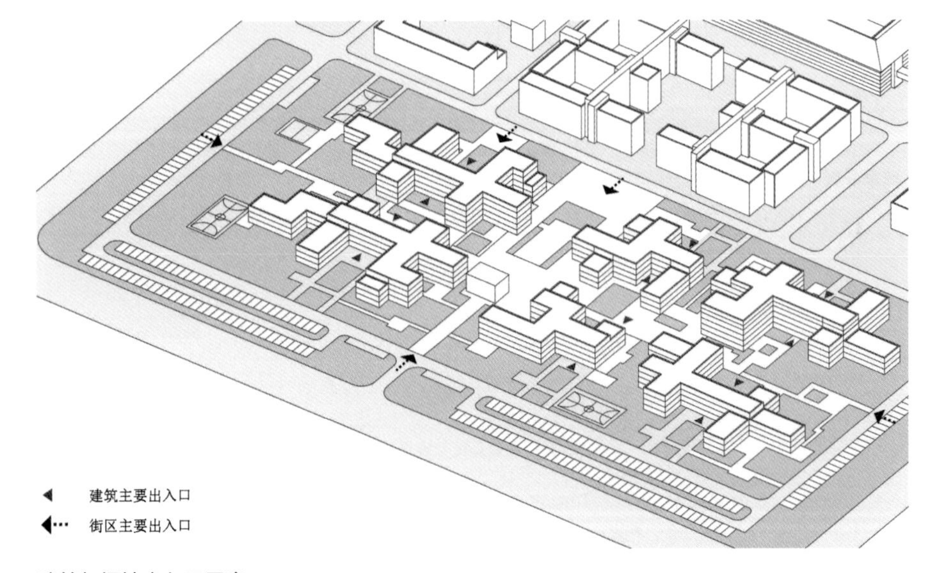

建筑与场地出入口示意

P2-1-2_2 道路组织

（1）基地内部道路组织应结合寒冷地区特色、建筑布局、基地出入口位置、各建筑出入口位置综合考虑。

（2）基地内部道路组织应分级别设置，人行流线与车行流线相互分离，避免交叉。

（3）道路组织还应考虑消防救援场地等安全防火的要求。

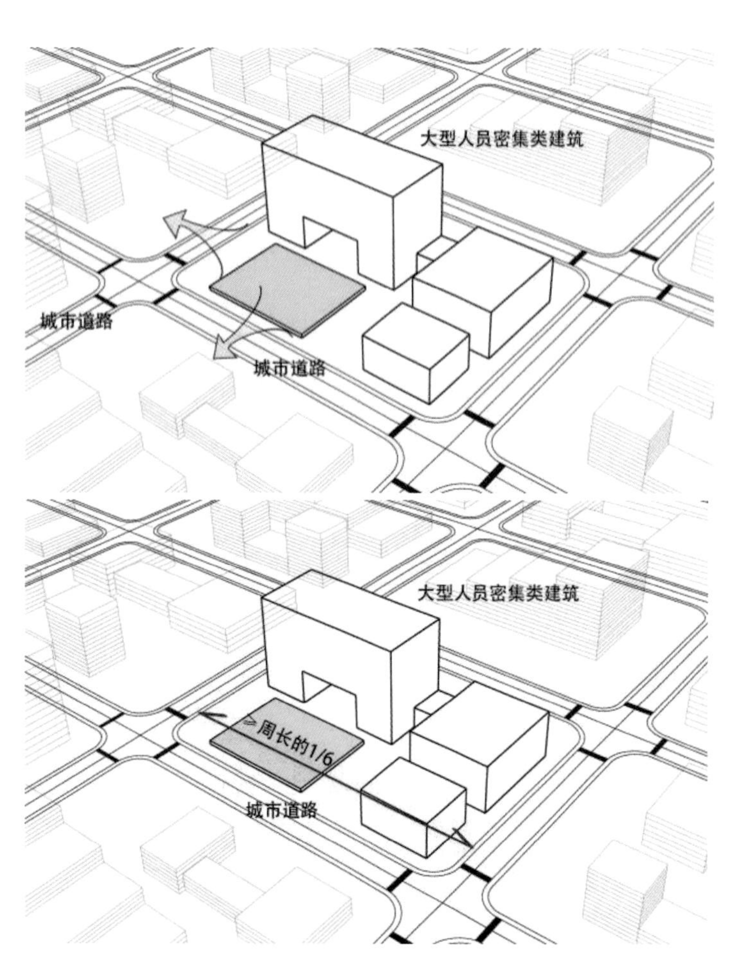

合理的道路组织

人员密集类建筑至少有一面临城市道路，临街长度宜大于等于基地周长的1/6。

关键措施与指标

基地周边交通站点数量与距离

相关规范与研究

（1）《全国民用建筑工程设计技术措施　规划·建筑·景观》（2009年版）第4.1.6条的相关规定。

（2）《建筑设计防火规范》GB 50016—2014（2018年版）条文说明第5.5.19条的相关规定。

（3）《民用建筑设计统一标准》GB 50352—2019第4.2.5条的相关规定。

（4）《剧场建筑设计规范》JGJ 57—2016第3.1.2条的相关规定。

典型案例　**雄安新区临时办公室规划设计**

（中国建筑设计研究院有限公司设计作品）

本项目在场地内部合理设置车行道路及人行步道，并在场地中心设置架空步道，满足人车分流及安全防火的要求。

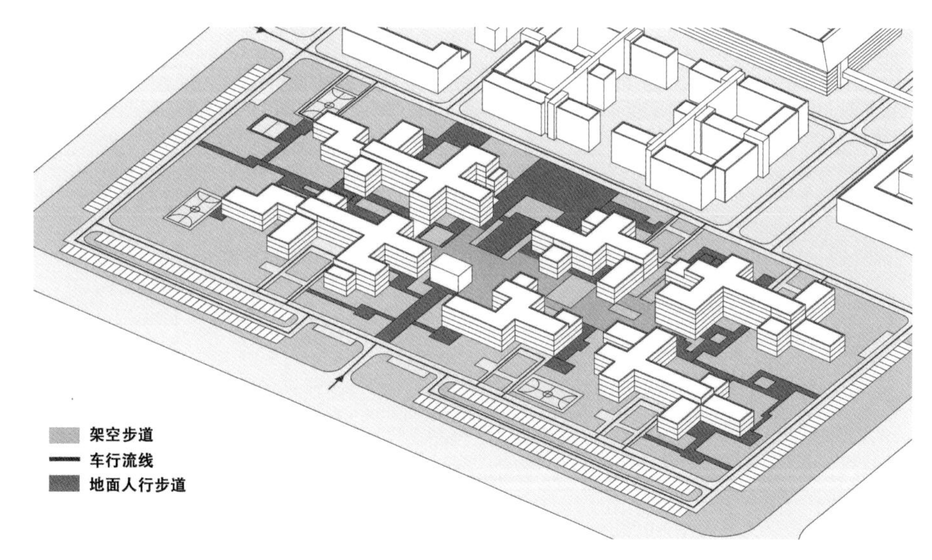

内部交通组织

Planning

P2-1-2_3 无障碍设计

（1）场地内应设有连续的无障碍人行道，不与车行道交叉，且与建筑场地外人行通道无障碍连通。

（2）场地内道路、停车场、通向公共建筑的主要通道、建筑物的主要出入口、水平通道、公共卫生间等应根据规范要求进行无障碍设计，并在满足规范要求的同时，努力营造一个人性化、便捷与舒适的公共环境。

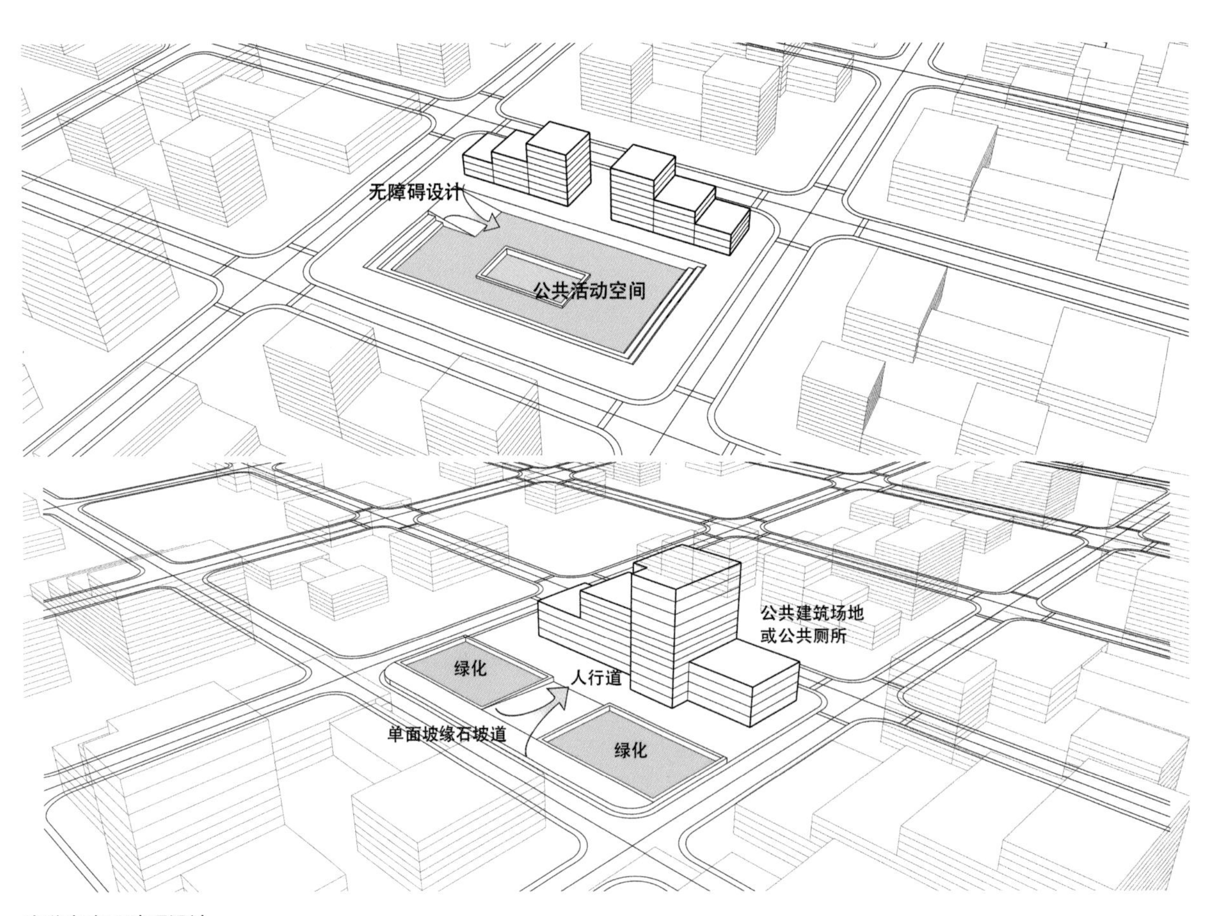

充分考虑无障碍设计

关键措施与指标

无障碍设计

相关规范与研究

（1）《北京市绿色建筑设计标准》DB 11/938—2012第12.4.3条，室外场所的无障碍设计应满足下列要求：

①《城市道路和建筑物无障碍设计规范》JGJ 50的规定；

②无障碍设施在满足功能的前提下，应根据人性化的原则设计；

③公共停车场的设计，应考虑在距离建筑主入口最近处安排残疾人专用停车位。

（2）《全国民用建筑工程设计技术措施　规划·建筑·景观》（2009年版）第14.1.1条，建筑物无障碍设计的基本原则是“对社会每一个人的关怀”，使所有的人包括弱势群体及使用各种助行器者，在安全通行和使用设施上没有任何不方便和障碍。

（3）《民用建筑设计统一标准》GB 50352—2019第5.3.2条，基地内人流活动的主要地段，应设置无障碍通道。

典型案例　雄安新区临时办公室规划设计

（中国建筑设计研究院有限公司设计作品）

本项目场地内设有连续的无障碍通道、无障碍停车位及无障碍卫生间，充分满足无障碍设计的要求，实现人性化设计。

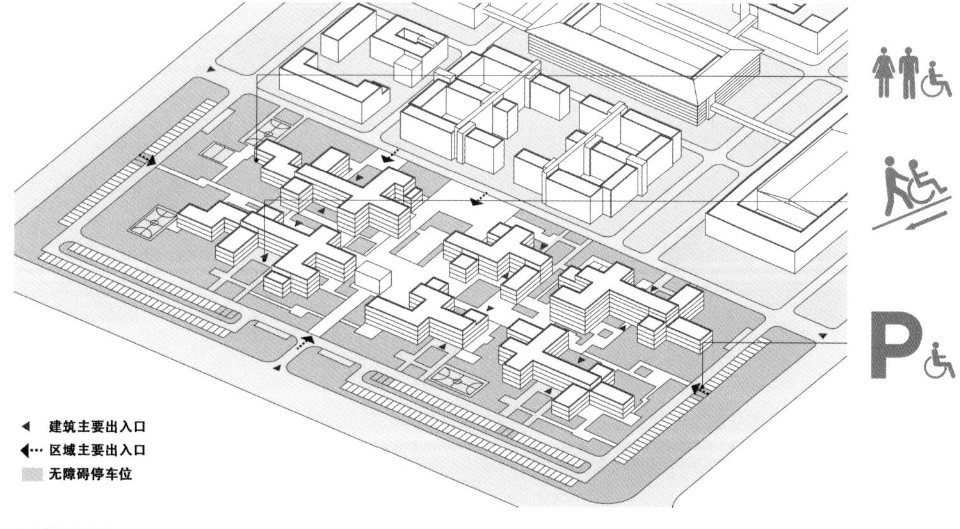

无障碍设计

P2-1-2_4 静态交通

（1）应根据建筑功能、使用人数计算出适宜的自行车、机动车停放数量，结合场地交通整体布局，布置适宜的停车场。

（2）大型自行车停车场和机动车停车场应分别布置，机动车与自行车流线不应交叉。设置便于停车的构筑物，如自行车车棚、车架设施。

（3）大型公共建筑的停车场应分组布置，便于管理，避免高峰期交通拥堵。

（4）机动车停放可采用停车楼或室外机械式立体停车装置以节省用地。

（5）增设充电设施和装置，或预留充电设施和装置安装空间。

（6）地上停车场应平整、坚实、防滑，并满足排水要求，应有树木或遮阳棚遮阳，宜铺设植草砖。

（7）公共停车场的设计，应考虑在距离建筑主入口最近处安排残疾人专用停车位。

（8）停车设施的设置应结合寒冷地区气候特色，适当考虑遮阳、挡雨、减噪、吸收有害气体排放等环境性能提升设计。

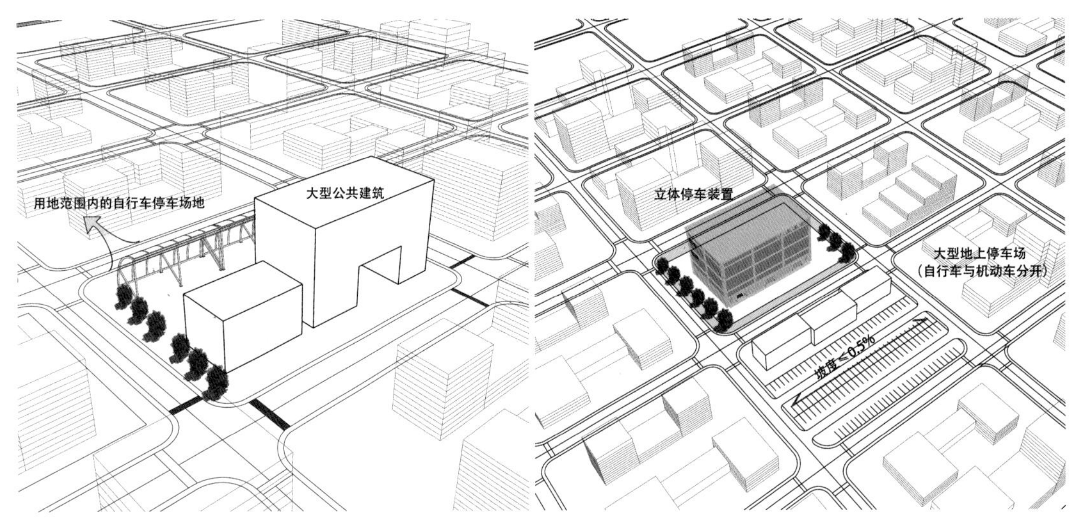

充分考虑静态交通

关键措施与指标

停车位数

相关规范与研究

（1）《北京市绿色建筑设计标准》DB 11/938—2012第6.3.3条，静态交通系统规划应符合的要求。

（2）《北京市绿色建筑设计标准》DB 11/938—2012第12.4.4条，室外停车场的设计应考虑遮阳、减噪、视觉效果等因素，宜种植乔木和灌木；室外停车场的地面铺装宜选择透水性好的生态环保材料。

（3）《民用建筑设计统一标准》GB 50352—2019第5.2.5条室外机动车停车场应符合的相关规定。

（4）《民用建筑设计统一标准》GB 50352—2019第5.2.6条、第5.2.8条室外机动车停车场的出入口的相关规定。

（5）《北京市绿色建筑设计标准》DB 11/938—2012第12.4.3条室外场所的无障碍设计的相关规定。

典型案例 雄安新区临时办公室规划设计

（中国建筑设计研究院有限公司设计作品）

本项目充分考虑静态交通的设置，满足人群的停车需求，场地内设有机动车、自行车及新能源车辆的充电车位。

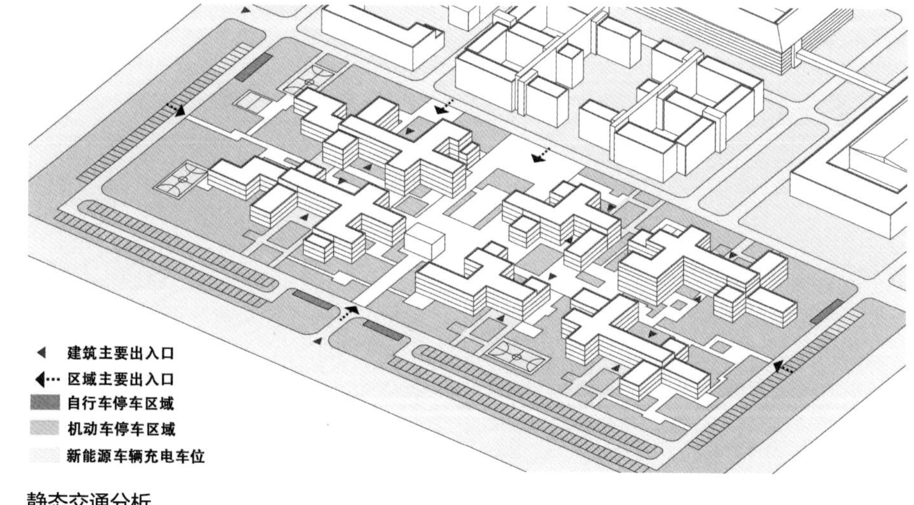

静态交通分析

[目的]

通过控制尺度与间距，合理布局空间形态设计以适应场地微气候，满足场地内各建筑日照、采光、通风及卫生要求，保证各项便利服务设施满足使用需求，营造舒适宜人的场地环境。

[设计控制]

合理控制地块尺度与间距，满足适当退让与预留条件，并充分利用地下空间。将城市开发强度与各类城市服务设施联系在一起，控制拟建建筑与周边已有建筑物的间距。

[设计要点]

P2-2-1_1 地块尺度

（1）城市新建区地块边长的尺度不宜大于150～250m。

（2）旧区改造时应采取人车分流，车行路集约高效布置并适当降低密度；非机动车和人行路网加密，打通更多非机动车道和人行道路以加强微循环，增强地块尺度的交通可达性，满足低碳健康出行要求。

（3）公共建筑集中布局的街道应根据寒冷地区气候特点，通过控制合理的建筑贴线率营造宜人的步行空间，建筑贴线率宜大于50%。

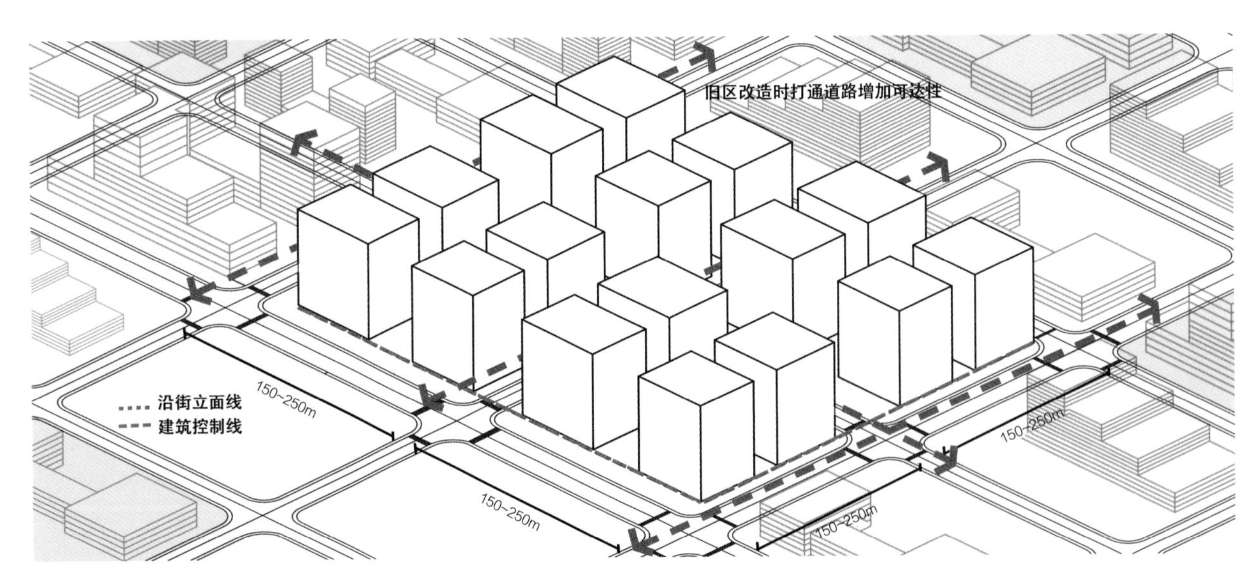

合理控制地块尺度

沿街立面线与建筑控制线完全重合为优。

关键措施与指标

贴线率P=街墙立面线长度B/建筑控制线长度$L\times100\%$

贴线率是衡量街道空间连续性的重要指标，对裙房贴线率的控制主要是保证街道裙房空间的连续性。

相关规范与研究

（1）《北京市绿色建筑设计标准》DB 11/938—2012第6.2.2条用地规划应符合的相关要求：规划地块尺度应适宜步行出行，城市新建区由城市支路围合的地块尺度不宜大于150～250m，旧区改造应通过路网加密、打通道路微循环等措施完善地块合理尺度。

（2）《北京市绿色建筑设计标准》DB 11/938—2012第6.3.1条，道路与公交系统规划应符合下列要求：应合理确定道路网密度和道路用地面积，合理规划城市支路系统布局与支路网密度。

典型案例　中国人民大学通州校区规划

（中国建筑设计研究院有限公司设计作品）

本项目中各地块尺度基本控制在250m以内，合适的地块尺度及道路网密度创造了舒适的步行环境。

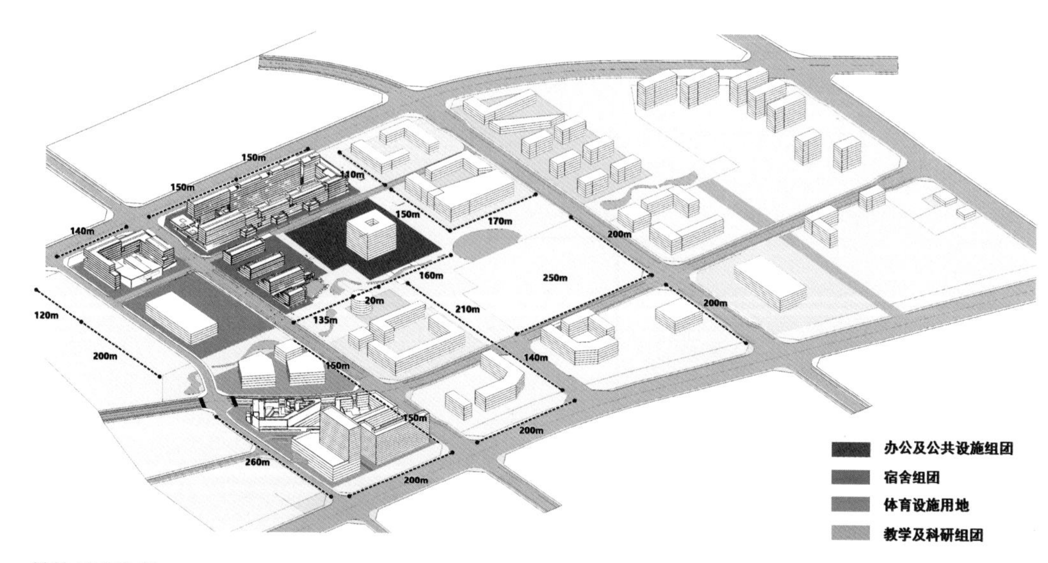

地块尺度分析

P2-2-1_2 退让和预留

（1）建筑退让距离应符合所在城市的城乡规划技术规定。

（2）城市规划控制线两侧新建、扩建建筑工程，其退让距离应满足消防、环保、安全、卫生等方面的要求。

（3）建筑物退让范围为人流集散、绿化及市政工程设施预留用地，不宜修建任何建筑物。

（4）建筑退让空间应与城市步行道路有机融合，构成完善的步行系统。

（5）应统筹城市建筑退让空间，更好地建设城市公共空间系统，为市民提供更多富有活力的活动场所。

（6）应结合寒冷地区气候特点综合考虑建筑退让与预留用地的尺度。

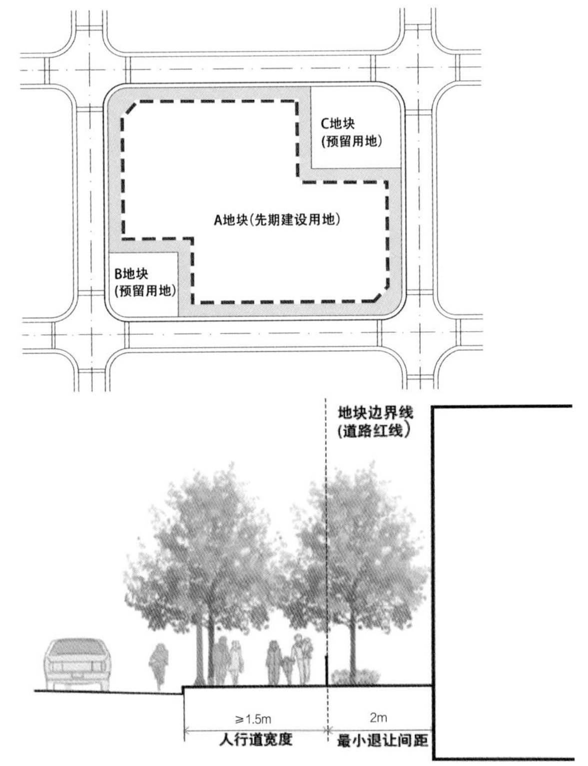

充分考虑退让与预留

关键措施与指标

分期建设；预留用地；建筑物退让距离

相关规范与研究

《民用建筑设计统一标准》GB 50352—2019条文说明第4.2.3条，明确了为避免相邻建筑基地因建筑物紧贴用地边界建造而造成各种有碍安全、卫生等后患和民事纠纷应遵守的基本规定，以保障建筑物之间的防火间距、消防通道以及通风、采光和日照等建设要求。明确了建筑物应布局在建筑控制线内。通常在控制性详细规划图则中，出于对区域整体空间的统筹以及安全、卫生的考虑会标定建设用地地块（建筑基地）的建筑控制线（如建筑后退红线、建筑后退线等，或因建筑界面连续性需求有时会有建筑贴线率等控制要求）以限定建筑的建造范围，建筑设计应满足这些规划控制要求。

典型案例 北京电影学院怀柔校区

（中国建筑设计研究院有限公司设计作品）

本项目退让道路红线，同时，不同建设时期的建筑之间保留一定的退让距离以满足后期扩建需要。

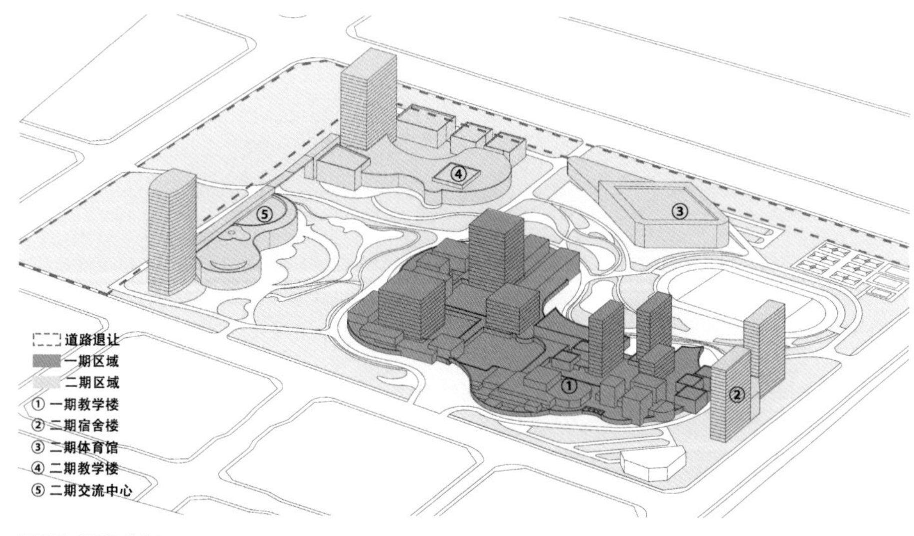

退线与预留分析

P2-2-1_3 建筑间距

（1）根据寒冷地区气候特点，宜采取规则性建筑，以降低体形系数、降低建筑高度或增大建筑间距的形式来减少阴影区的面积。

（2）建筑组团宜采用东西拉长的形态，其南北向的间距应确保室外人行区和活动场地有充足的太阳辐射量。

（3）应结合寒冷地区气候特点及当地冬至日有效日照时段太阳高度角综合分析得出，避免建筑物之间以及建筑物与场地之间的遮挡，以提升舒适度，同时降低冬季采暖能耗。

（4）建筑物的间距应满足自然采光的要求。当窗墙面积比为0.5时，建筑高度与街道宽度之比不宜高于1.5，以满足采光系数Ⅲ类要求（2%）。

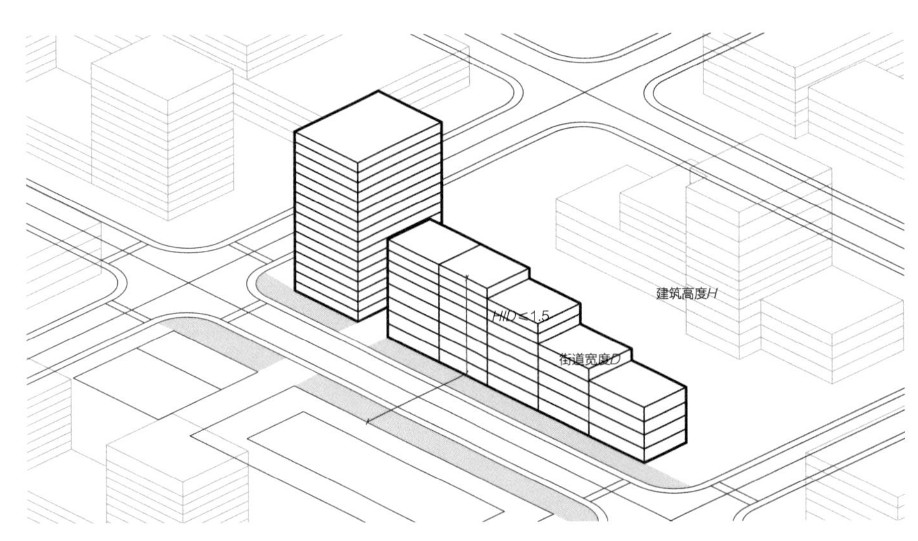

合理控制建筑间距

关键措施与指标

分期建设；预留用地；建筑物退让距离

相关规范与研究

（1）《全国民用建筑工程设计技术措施　规划·建筑·景观》（2009年版）第2.4.1条，总平面设计中，建筑间距应符合防火、日照、采光、通风、卫生、防视线干扰、防噪声等有关规定。

（2）《全国民用建筑工程设计技术措施　规划·建筑·景观》（2009年版）第2.4.2条有关日照间距的相关要求。

（3）《公共建筑节能设计标准》GB 50189—2015条文说明第3.2.1条，严寒和寒冷地区建筑体形的变化直接影响建筑供暖能耗的大小。建筑体形系数越大，单位建筑面积对应的外表面面积越大，热损失越大。因此根据建筑体形系数的实际分布情况，从降低建筑能耗的角度出发，对严寒和寒冷地区建筑的体形系数进行控制，制定本条文。

典型案例　北京理工大学良乡校区教学楼组团

（中国建筑设计研究院有限公司设计作品）

本项目建筑间距在满足防火要求的同时，以组团形式集中布置，并围合出多组庭院空间，适当增加建筑间距，满足学生课间活动需求。

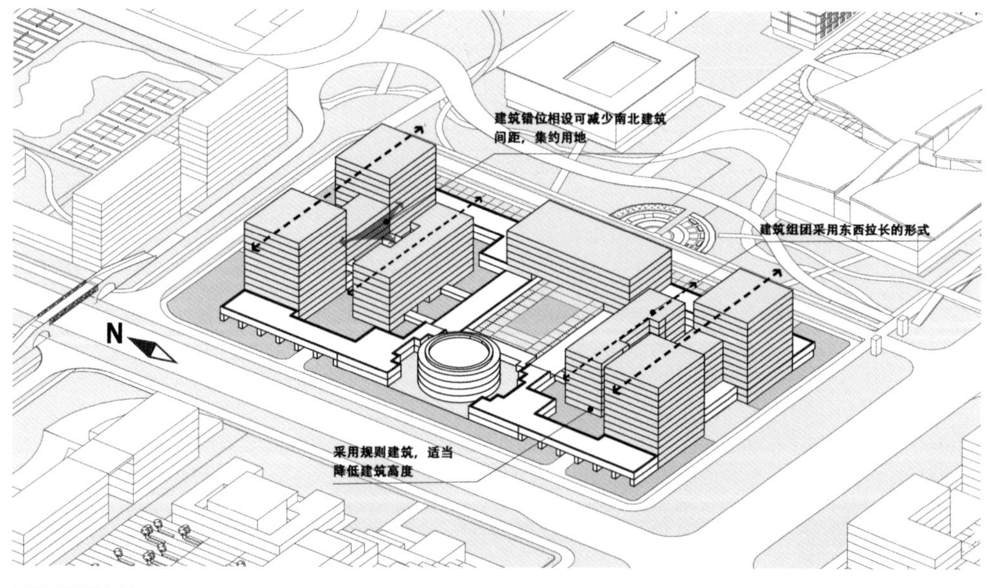

建筑间距控制

P2-2-1_4 场地集约利用

（1）尽可能避免超大尺度建筑体量，在满足建筑体形系数的基础上，通过体量消解及紧凑布局提高平面的使用效率，释放更多的绿地空间或开发场地，促进建筑与环境之间的友好关系。

（2）根据寒冷地区气候特点，充分利用地下空间，并适当引入天然采光和自然通风，提高土地综合利用效率及空间舒适度。

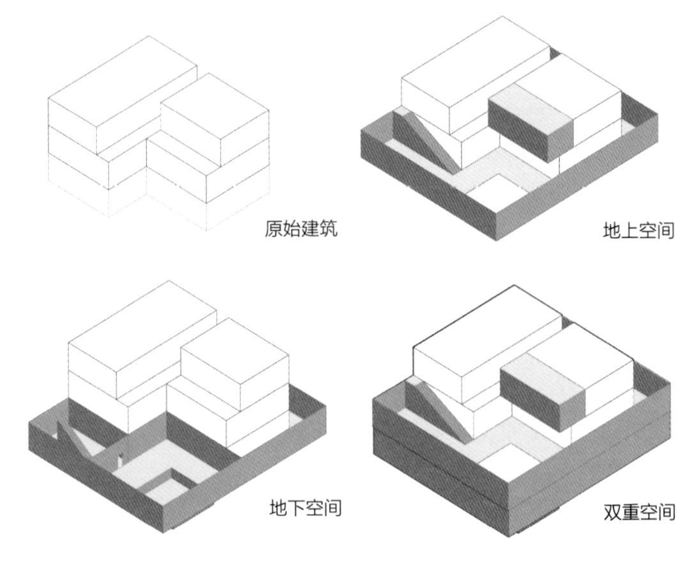

充分利用地下空间

关键措施与指标

地下空间开发利用指标

根据《绿色建筑评价标准》GB/T 50378—2019第7.2.2条，合理开发、利用地下空间，评价总分值为12分，根据地下空间开发利用指标，按表7.2.2的规则评分。

地下空间开发利用指标评分规则

建筑类型	地下空间开发利用指标		得分
住宅建筑	地下建筑面积与地上建筑面积的比率R_r地下一层建筑面积与总用地面积的比率R_p	$5\% \leqslant R_r < 20\%$	5
		$R_r \geqslant 20\%$	7
		$R_r \geqslant 35\%$且$R_p < 60\%$	12
公共建筑	地下建筑面积与总用地面积之比R_{p1}地下一层建筑面积与总用地面积的比率R_p	$R_{p1} \geqslant 0.5$	5
		$R_{p1} \geqslant 0.7$且$R_p < 70\%$	7
		$R_{p1} \geqslant 1.0$且$R_p < 60\%$	12

相关规范与研究

（1）《绿色建筑评价标准》GB/T 50378—2019第7.2.2条，开发利用地下空间是城市节约、集约用地的重要措施之一。地下空间的开发利用应与地上建筑及其他相关城市空间紧密结合、统一规划，但从雨水渗透及地下水补给、减少径流外排等生态环保要求出发，地下空间也应利用有度、科学合理。

（2）《北京市绿色建筑设计标准》DB 11/938—2012第6.2.5条，用地建设强度控制应符合下列要求：应合理规划设计地下空间，提高土地综合利用效率，多层建筑的地下建筑容积率不宜小于0.3，高层建筑不宜小于0.5。

典型案例 中国人民大学通州校区学部楼

（中国建筑设计研究院有限公司设计作品）

本项目地上5层，地下3层，建筑通过合理开发地下空间提高了土地利用效率及空间舒适度。

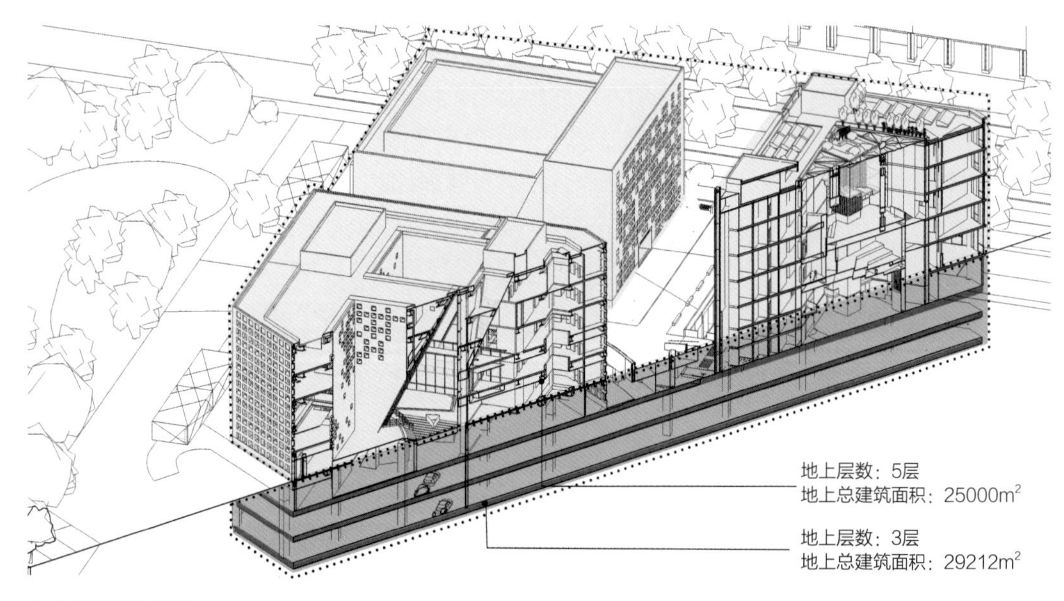

充分利用地下空间

[目的]

在场地布局中根据寒冷地区气候特色充分考虑建筑物的朝向，使场地中各建筑物获得充足的日照，舒适的风环境、声环境及良好的场地景观。

[设计控制]

（1）建筑朝向的选择涉及当地气候条件、地理环境、建筑用地情况等因素，应综合考虑。

（2）在节约用地的前提下，冬季应争取较多的日照，夏季避免过多的日照，并有利于形成自然通风。

（3）建筑朝向应结合各项设计条件，因地制宜地确定合理的范围，以满足生产和生活的需求。

[设计要点]

P2-2-2_1 日照朝向

（1）场地建筑的规划布局在满足日照标准的同时，不应降低周边有日照要求的建筑及场地的日照标准。

（2）应利用地形合理布局建筑朝向以获得最佳日照时间。

（3）建筑布局应有利于获得良好的日照，宜采用日照模拟分析确定最佳朝向。

（4）根据寒冷地区的特点，可采取规则性建筑，用降低建筑高度或北退台的形式来减少阴影区的面积，因为此地区太阳高度角小，同样高度的建筑阴影区较大。

（5）根据寒冷地区气候特点，建筑间距宜大，以争取日照，加大室内被动得热量。建筑体形系数宜小，避免热损失，并宜采用较宽的街道，建筑间采取较大间距以争取更多的路面日照，防止积雪。

（6）对于冬季寒冷地区而言，公共建筑在总图中的布局应考虑选取冬季日照充足的位置，或将日常高频率使用的空间放在该位置，增加内部太阳能得热，降低采暖能耗。

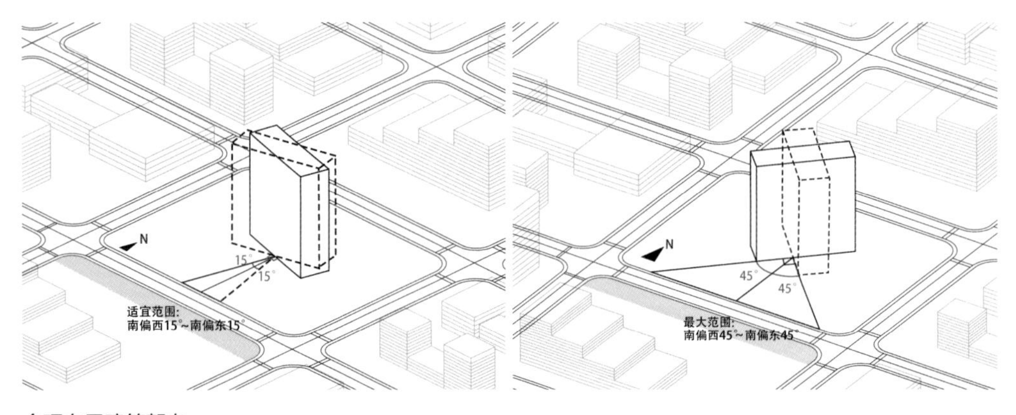

合理布局建筑朝向

关键措施与指标

太阳辐射强度

相关规范与研究

（1）《民用建筑设计统一标准》GB 50352—2019第7.3.3条，需要冬季保温的建筑应符合下列规定：建筑物宜布置在向阳、日照遮挡少、避风的地段。

（2）国家重点研发计划“地域气候适应型绿色公共建筑设计新方法与示范”课题三成果，寒冷地区：针对寒冷地区冬季昼短夜长的气候特点，南北朝向并不是最佳的建筑朝向选择，建筑群体布局应以东西为基准（0° 线），偏角度以 ± 15° 至 ± 90° 为宜。

（3）《北京市绿色建筑设计标准》DB 11/938—2012第6.5.5条，规划建设用地光环境设计应符合的相关要求。

（4）《公共建筑节能设计标准》GB 50189—2015第3.1.3条，建筑群的总体规划应考虑减轻热岛效应。建筑的总体规划和总平面设计应有利于自然通风和冬季日照。建筑的主朝向宜选择本地区最佳朝向或适宜朝向，且宜避开冬季主导风向。

（5）《绿色建筑评价标准》GB/T 50378—2019第1.0.4条，绿色建筑应结合地形地貌进行场地设计与建筑布局，且建筑布局应与场地的气候条件和地理环境相适应，并应对场地的风环境、光环境、热环境、声环境等加以组织和利用。

典型案例 北京理工大学良乡校区教学楼组团

（中国建筑设计研究院有限公司设计作品）

本项目各建筑均采用规则的建筑形态，主要教学用房为南北朝向，间距适宜，以争取更多的日照；东西朝向的建筑设置遮阳设施。

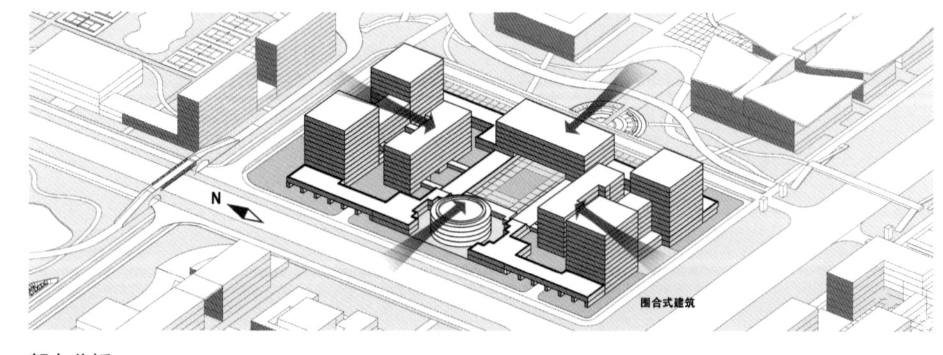

朝向分析

P2-2-2_2 风环境影响

（1）建筑规划布局应营造良好的风环境，保证舒适的室外活动空间和良好的自然通风条件，减少气流对区域微环境和建筑本身的不利影响，营造良好的夏季和过渡季自然通风条件。

（2）建筑的布局不宜形成完全封闭的围合空间，宜结合地形特点采用错列式、自由式、斜列式等排列方式。

（3）针对不同项目类型，宜进行典型气候条件下场地风环境的模拟分析，优化建筑功能布局。

（4）根据寒冷气候特点，场地空间宜采用密集式布局，建筑群体宜以围合式为主，确保建筑群体外部遮挡大部分的寒风，内部背风处形成避风、温暖的适合人们活动的室外场地。且周边辅以绿植，有助于冬季防风节能。

（5）可根据寒冷地区气候特点，在进行场地布局时搭配不同类型和体量的建筑，如在北部布置长且高的建筑物，形成冬季寒风的挡风屏障；在南侧布置低矮的小体量建筑，形成南侧开敞空间，以利于夏季自然通风。以此布局形成冬季阻挡北风、夏季引导南风流动的总体布局。

（6）根据寒冷地区气候特点，冬季风来流方向建筑体量宜紧凑，防止冷风进入室内造成热损失；夏季风来流方向体量宜松散，借用自然风提升夏季室外、半室外灰空间的热舒适度；过渡季节风可能有多个主频风向，在这些方向上宜设计进风开口，引入大量自然通风，带走室内热量并提升内部空气质量。

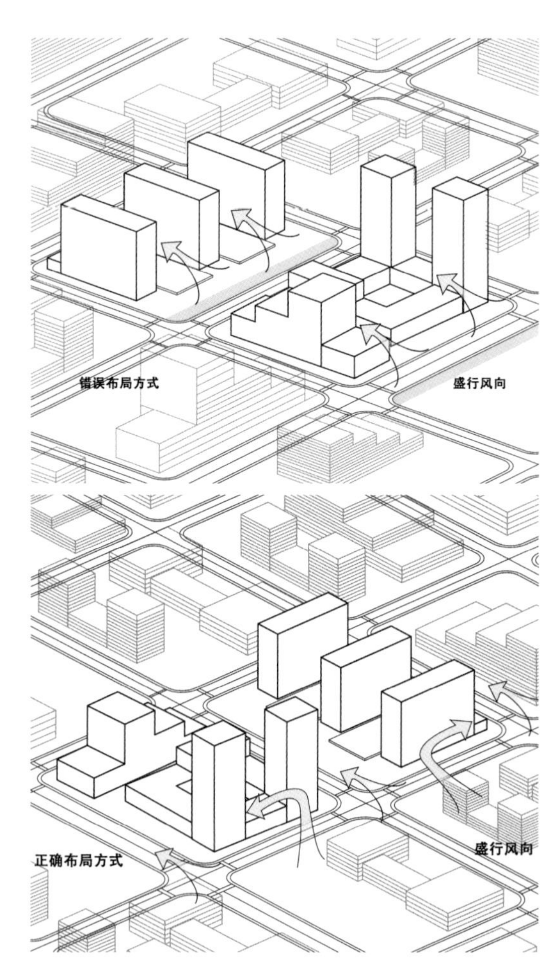

充分考虑风环境影响

关键措施与指标

人行区风速；主导风向

相关规范与研究

（1）《民用建筑设计统一标准》GB 50352—2019第5.1.3条，建筑布局应根据地域气候特征，防止和抵御寒冷、暑热、疾风、暴雨、积雪和沙尘等灾害侵袭，并应利用自然气流组织好通风，防止不良小气候产生。

（2）《民用建筑热工设计规范》GB 50176—2016第8.2.1条，建筑的总平面布置宜符合下列规定：建筑宜朝向夏季、过渡季节主导风向；建筑朝向与主导风向的夹角：条形建筑不宜大于30°，点式建筑宜在30°～60°之间。

（3）《北京市绿色建筑设计标准》DB 11/938—2012第6.5.3条规划建设用地风环境设计的相关要求。

（4）《民用建筑绿色设计规范》JGJ/T 229—2010第5.4.2条，场地风环境应符合下列要求：建筑布局宜避开冬季不利风向，并宜通过设置防风墙、板、防风林带、微地形等挡风措施阻隔冬季冷风。

（5）《绿色建筑评价标准》GB/T 50378—2019第1.0.4条，绿色建筑应结合地形地貌进行场地设计与建筑布局，且建筑布局应与场地的气候条件和地理环境相适应，并应对场地的风环境、光环境、热环境、声环境等加以组织和利用。

（6）国家重点研发计划“地域气候适应型绿色公共建筑设计新方法与示范”课题二，具有气候适应机制的绿色公共建筑设计新方法。

典型案例 北京电影学院怀柔校区

（中国建筑设计研究院有限公司设计作品）

本项目建筑布局采用组团围合式，并结合绿地景观适当种植高度适宜的树木，有利于夏季通风，冬季防风。

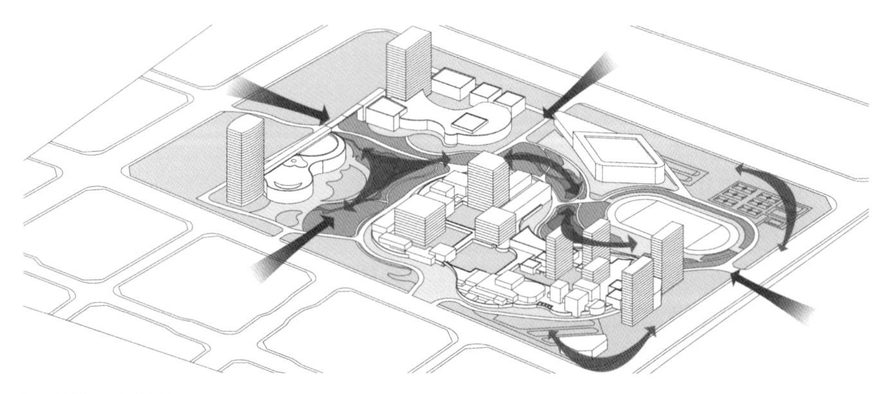

风环境影响分析

P2-2-2_3 声环境影响

（1）在用地布局中，可通过使建筑山墙一侧与街道相对，设置乔灌木绿化带、隔声高围墙等方法来阻隔噪声。

（2）建筑布局应注意后排建筑与绿化的影响，尽量避免后排建筑、绿化反射噪声到前排建筑，绿化可前移以阻隔噪声。

（3）当建筑与高速公路或快速路相邻时，宜进行噪声专项分析，除采取声屏障或降噪路面等措施外，还应符合相关规范的退让要求。

（4）应根据寒冷地区气候特点及本区域内主导风向进行场地布局，对隔声要求较高的建筑宜设置于本区域主要噪声源夏季主导风向的上风侧。

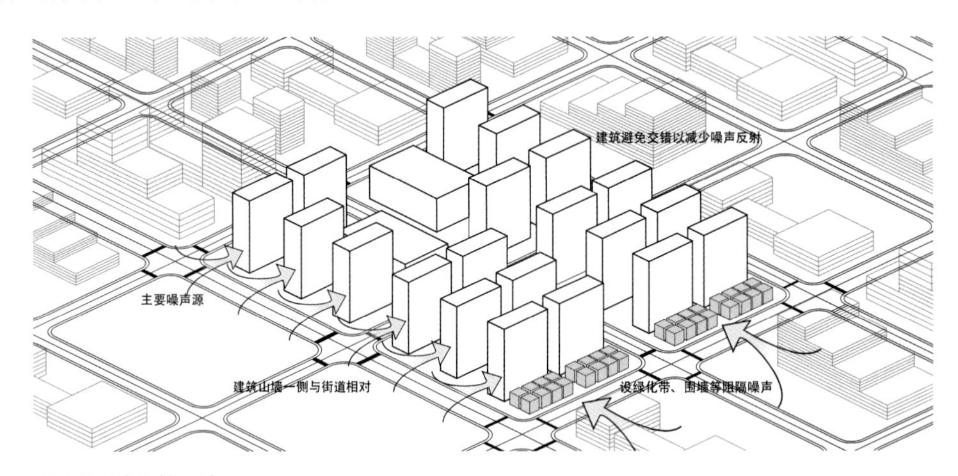

充分考虑声环境影响

关键措施与指标

环境噪声值

相关规范与研究

（1）《民用建筑隔声设计规范》GB 50118—2010第3.0.1条，在城市规划中，从功能区的划分、交通道路网的分布、绿化与隔离带的设置、有利地形和建筑物屏蔽的利用，均应符合防噪设计要求。

（2）《民用建筑隔声设计规范》GB 50118—2010第3.0.4条，在进行建筑设计前，应对环境及建筑物内外的噪声源作详细的调查与测定，并应对建筑物的防噪间距、朝向选择及平面布置等作综合考虑，仍不能达到室内安静要求时，应采取建筑构造上的防噪措施。

（3）《民用建筑隔声设计规范》GB 50118—2010第3.0.5条，安静要求较高的民用建筑，宜设置于本区域主要噪声源夏季主导风向的上风侧。

（4）《北京市绿色建筑设计标准》DB 11/938—2012第6.5.4条，规划建设用地声环境设计应符合下列要求：噪声敏感建筑物应远离噪声源；对固定噪声源，应采用适当的隔声、降噪措施和隔震措施；对交通干道的噪声，应采取设置声屏障或降噪路面等措施；应注重声环境的主动式设计，运用科技手段营造健康舒适的声环境；用地声环境设计应符合现行国家标准《声环境质量标准》GB 3096的规定。

（5）《北京市绿色建筑设计标准》DB 11/938—2012第12.2.7条，种植设计宜有利于改善场地声环境，宜在噪声源周围种植高大乔木及灌木，形成植物隔声屏障。

典型案例 **北京电影学院怀柔校区**

（中国建筑设计研究院有限公司设计作品）

本项目将代征绿地、校园主入口的西侧地块统一设计，形成整体环绕校园的绿色景观带，有效隔离主干道的交通噪声，保证校园内部安静的教学氛围。

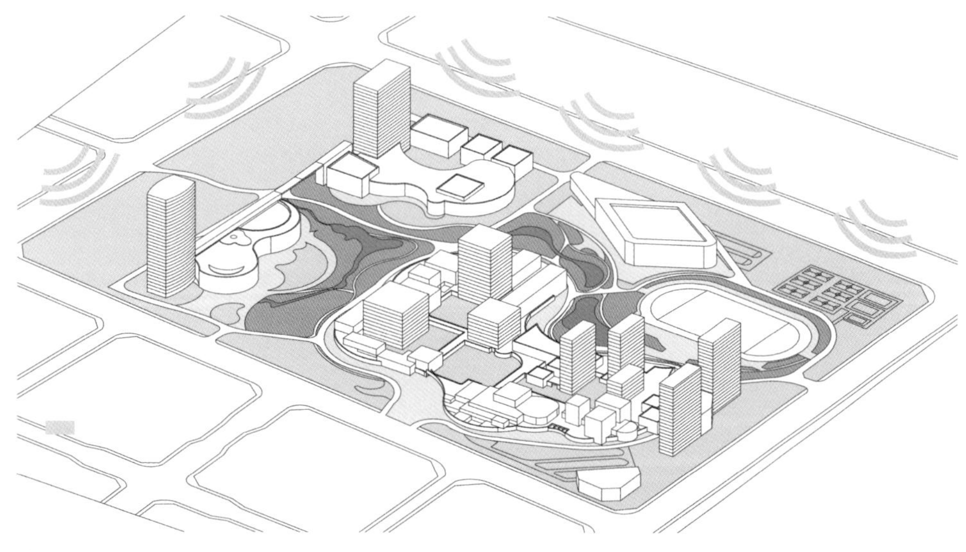

声环境影响分析

P2-2-2_4 景观朝向

（1）建筑采用院落式布局时，即建筑沿街坊或院落周边布置的形式。这种布置形式形成较为内向的院落景观空间，便于中央景观共享，组织休息园地，促进邻里交往。

（2）建筑采用行列式布局时，建筑之间布置景观能使各建筑较为均等地获得景观，但处理不好会造成景观呆板单调的感觉，可采用山墙错落、单元错开拼接及矮墙分隔等手法。

（3）建筑采用散点式布局时，即低层独立式建筑或多层高层塔式建筑成组成行的布局形式。这种布置手法空间自由度高，形成的空间多变化且日照通风较好，较适应地形变化，场地景观布置范围大且灵活，每栋建筑四周都有良好的景观。在布局时要注意建筑间距的把握，减少经济成本及避免视线干扰。

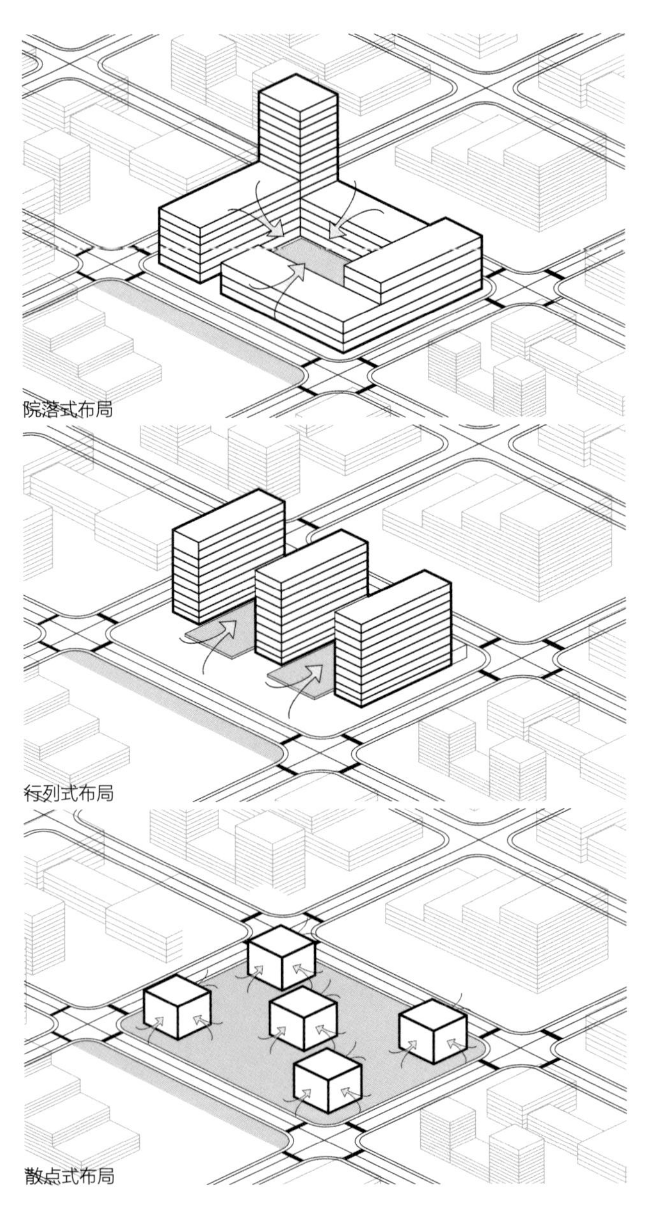

景观朝向示意

关键措施与指标

景观朝向率：通过场地布局，尽可能保证建筑中的功能房间都具有良好的景观视野。

景观朝向率

	建筑内功能房间总数	具有良好景观的房间数	景观朝向率
景观朝向率	X	Y	$X/Y \times 100\%$

相关规范与研究

《全国民用建筑工程设计技术措施　规划·建筑·景观》(2009年版)第2.9.1条，绿色建筑应充分利用建筑场地周边的自然条件，尽量保留和合理利用现有适宜的地形、地貌、植被和自然水系。

典型案例　天津大学新校区规划

（中国建筑设计研究院有限公司设计作品）

本项目充分考虑建筑布局与景观朝向的关系，校区以中央景观为中心，创造良好的景观视野。

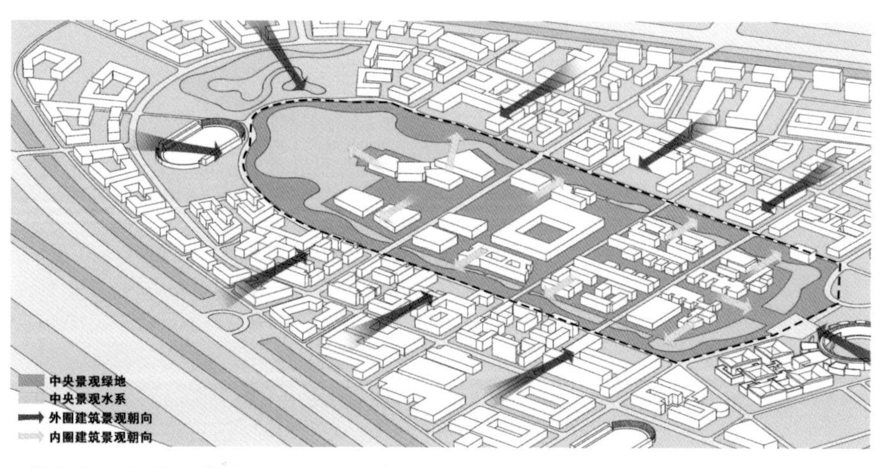

建筑布局与景观朝向分析

[目的]

结合寒冷地区气候特色，巧妙利用地形进行场地设计，有利于促进微气候生成，节约土地资源，减少土方工程量，同时也可获得独特的空间构成和良好的空间感受，并有利于场地排水。

[设计控制]

（1）地势平坦的场地设计应合理组织竖向设计，满足排水要求，并结合景观设计处理好排水点之间的相互关系，避免坡度过长。

（2）坡地及台地的场地应合理利用地形，减少土石方工程量，做好土方经济平衡。

[设计要点]

P2-2-3_1 平地

（1）对于存在微小的坡度或轻微起伏变化，但总体上坡度比较平缓的平地，应注重其排水的通畅且应避免单向坡面过长。

（2）基地地面坡度不宜小于0.2%；当坡度小于0.2%时，宜采用多坡向或特殊措施排水。

（3）应结合寒冷地区气候特点，综合考虑建筑布局，合理组织竖向设计。

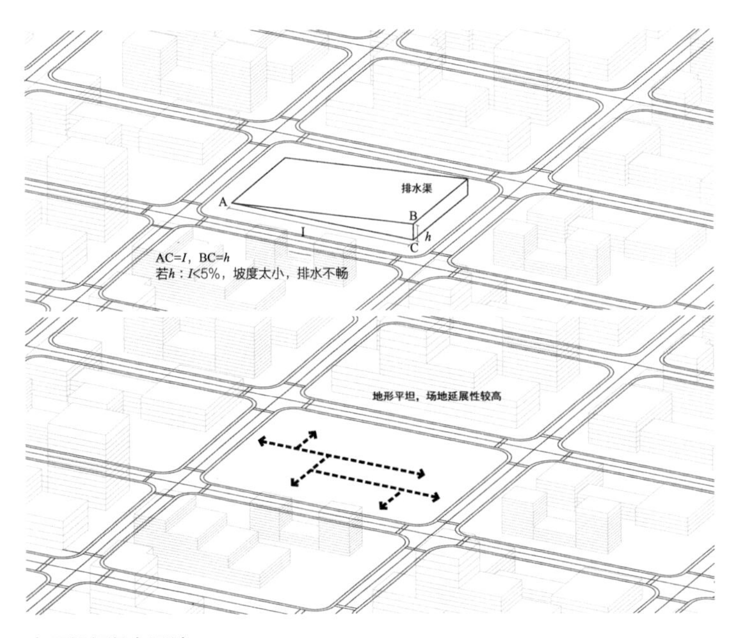

合理组织竖向设计

关键措施与指标

场地排水坡度

相关规范与研究

（1）《民用建筑设计统一标准》GB 50352—2019第5.3.1条，建筑基地场地设计应符合的相关规定。

（2）《民用建筑设计统一标准》GB 50352—2019第5.3.2条，建筑基地内道路设计坡度应符合的相关规定。

典型案例 **北京理工大学良乡校区教学楼组团**

（中国建筑设计研究院有限公司设计作品）

本项目结合气候特点综合布局各栋建筑，合理组织竖向排水。

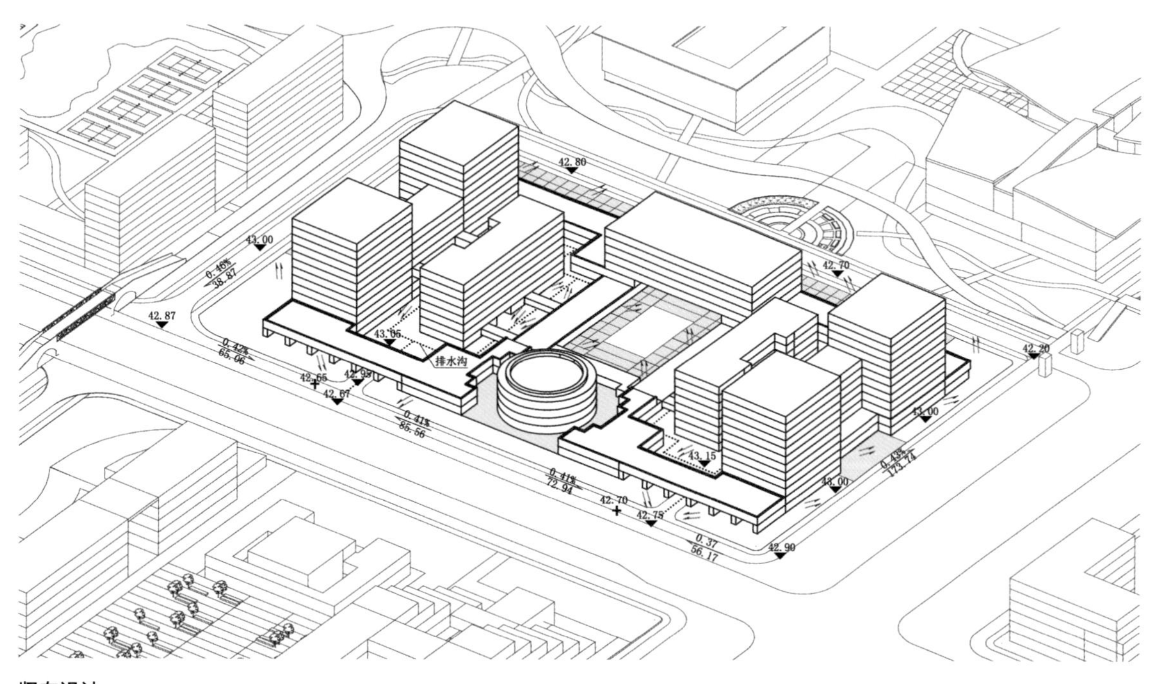

竖向设计

P2-2-3_2 坡地

根据倾斜的角度不同，可分为：缓坡、中坡、陡坡。

（1）缓坡：坡度在3%～10%之间，缓坡地可以作为活动场地、游憩场地、疏林草地、观叶观花风景林地等用地。布置道路和建筑不受约束，可在缓坡地上成群成片地栽植有叶树种和花木树种，可开辟不大的园林水体。

（2）中坡：坡度在10%～25%之间。可以做溪流水景，不适宜开辟湖、池等较宽的水体；对修建建筑限制较大，小型建筑可以顺着等高线布置；植物景观设计以风景为主，也可以像缓坡地一样进行植物造景。

（3）陡坡：坡度在25%以上。一般用作活动场地或水体造景地；可设置较陡的梯步道路、盘山道；陡坡地栽种植物以耐旱的灌木种类为主；在陡坡地的上部，适宜点缀少量占地宽度不大的亭、廊、轩等风景建筑。

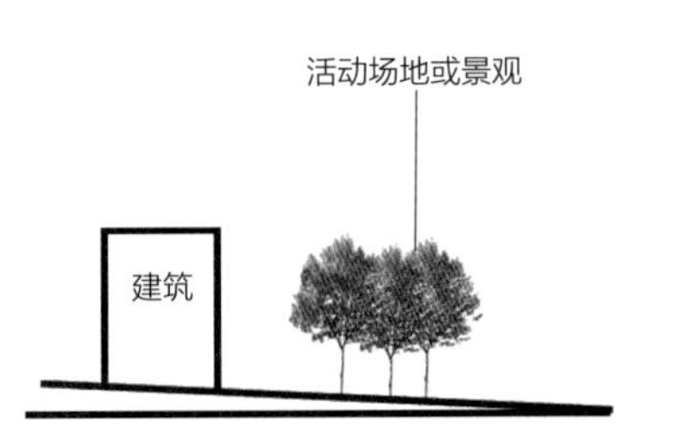

缓坡：3%~10%

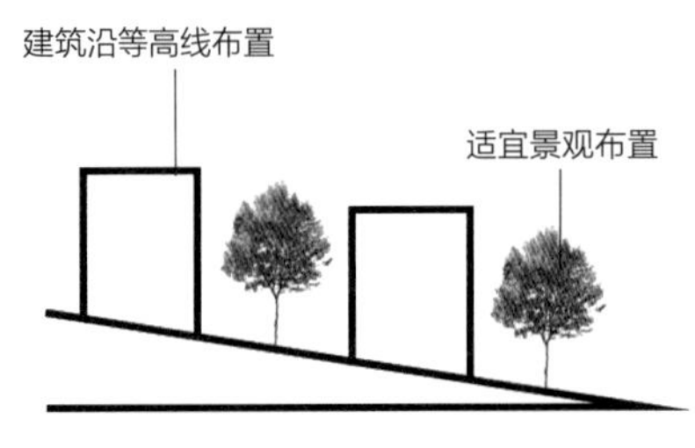

中坡：10%~25%

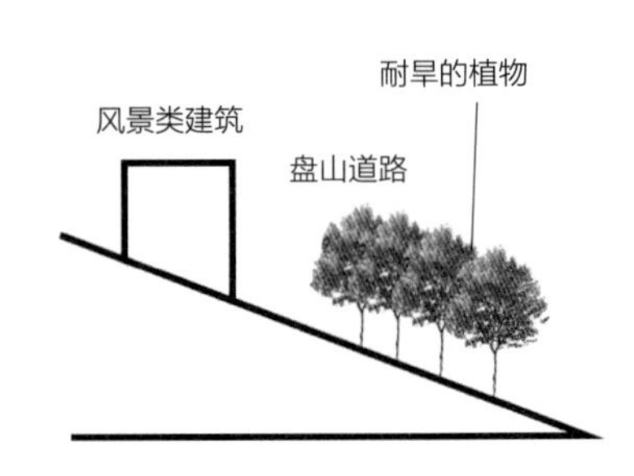

陡坡：25%以上

不同坡度坡地影响

关键措施与指标

控制土方平衡

相关规范与研究

（1）《全国民用建筑工程设计技术措施　规划·建筑·景观》（2009年版）第3.1.3条，地形复杂的场地，首先对场地地形进行分析，确定地形不同分类（如陡坡、中坡、缓坡等），以及各类用地的不同功能（如建筑用地、道路、绿地等），进行场地竖向设计，确定各地形高程与周边控制高程的联系。

（2）《北京市绿色建筑设计标准》DB 11/938—2012第6.2.2条，用地规划应符合的相关要求，应合理进行竖向设计，做好土方经济平衡。

（3）《民用建筑设计统一标准》GB 50352—2019第5.3.1条，建筑基地场地设计应符合的规定：面积较大或地形较复杂的基地，建筑布局应合理利用地形，减少土石方工程量，并使基地内填挖方量接近平衡。

（4）《北京市绿色建筑设计标准》DB 11/938—2012第6.5.1条，生态环境规划应符合的要求中提到：场地设计应与原有地形、地貌相适应，保护和提高土地的生态价值，场地内建筑布局应与现状保留树木有机结合。

典型案例　北京中信金陵酒店

（中国建筑设计研究院有限公司设计作品）

本项目根据场地现有条件，合理利用场地高差，形成多层次的空间效果。

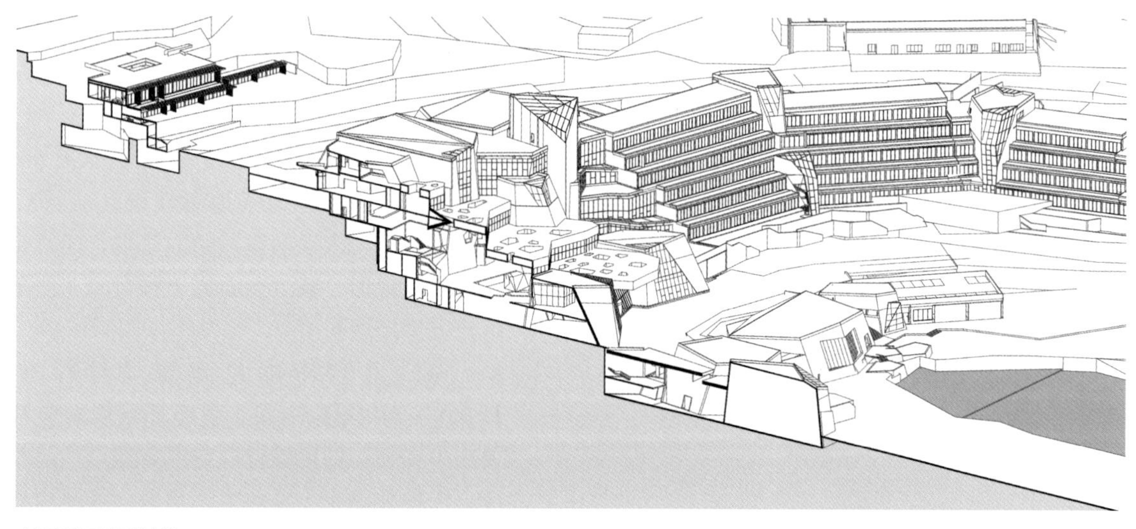

合理利用地形地势

P2-2-3_3 台地

（1）可运用挡土墙、梯田处理台地高差。小坡度梯田形成深远景观效果；大坡度高差采用连续台阶连接高差较大平台空间，形成高远的景观效果。

（2）运用叠水、叠级花坛、特色台阶等形式来处理高差，有利于将园林要素充分地融合到场地中来。

（3）运用坡面处理。在台地高差处理中，最直接的方式就是放坡形成坡面，坡面可以作为园林绿化用地，还可以作为行人可通过的坡道使用。对于坡道要求坡度能够满足无障碍设计的要求。

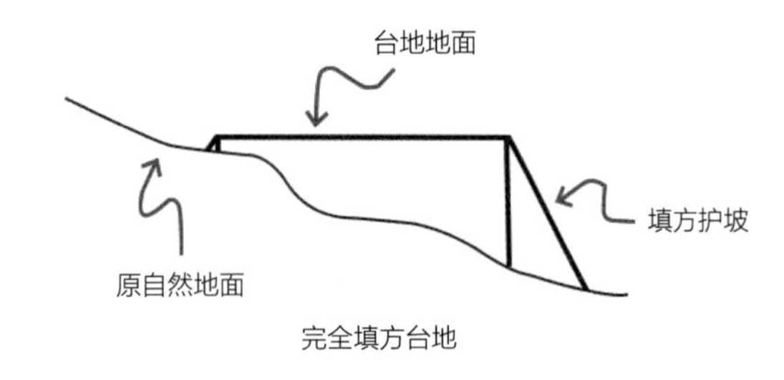

完全填方台地

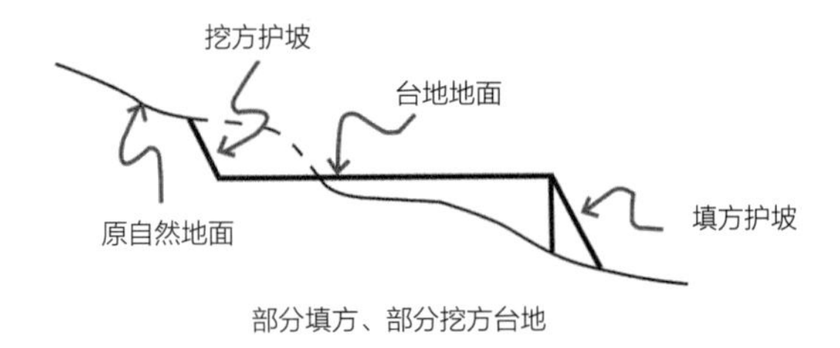

部分填方、部分挖方台地

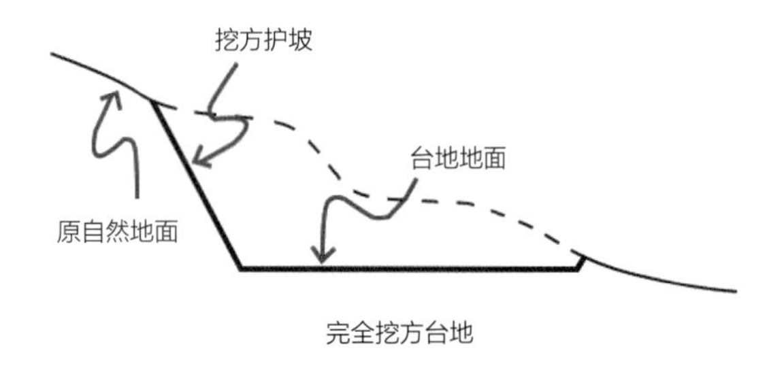

完全挖方台地

合理控制土方量

关键措施与指标

控制土方平衡

相关规范与研究

（1）《民用建筑设计统一标准》GB 50352—2019第6.7.2条，坡道设置应符合的相关规定。

（2）《北京市绿色建筑设计标准》DB 11/938—2012第6.2.2条，用地规划应符合的相关要求：应合理进行竖向设计，做好土方经济平衡。

（3）《民用建筑设计统一标准》GB 50352—2019第5.3.1条，建筑基地场地设计应符合的规定：面积较大或地形较复杂的基地，建筑布局应合理利用地形，减少土石方工程量，并使基地内填挖方量接近平衡。

（4）《北京市绿色建筑设计标准》DB 11/938—2012第6.5.1条，生态环境规划应符合的要求中提到：场地设计应与原有地形、地貌相适应，保护和提高土地的生态价值，场地内建筑布局应与现状保留树木有机结合。

典型案例 **铁道游击队纪念馆**

（中国建筑设计研究院有限公司设计作品）

本项目根据场地现状地形、地势采用台地的处理方式，并结合功能设计，合理设置台地位置，控制土方量。

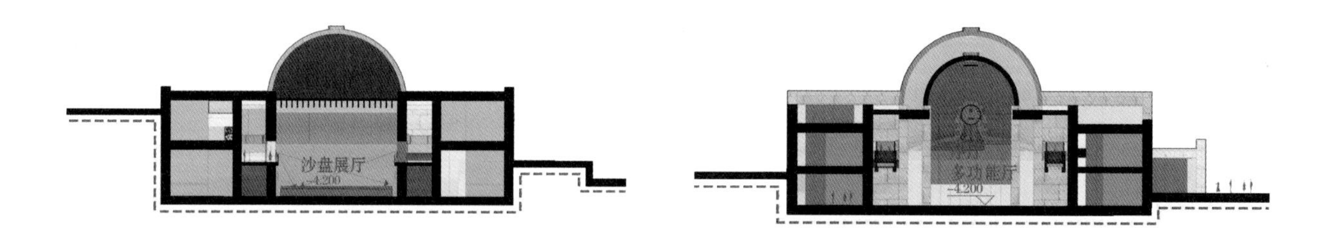

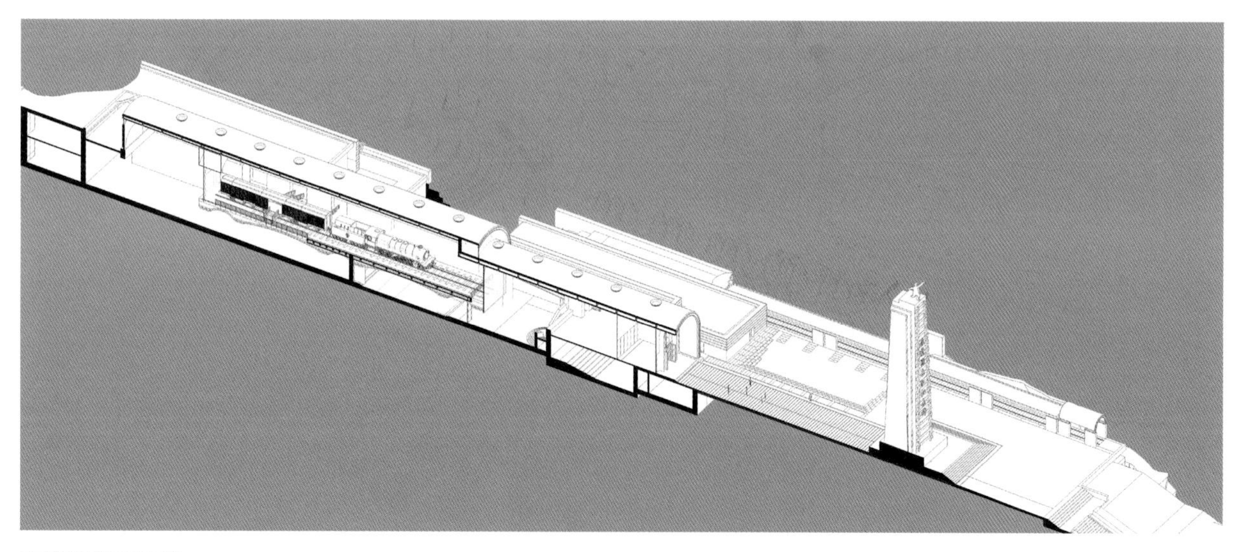

充分利用地形条件

[目的]

合理配置场地绿化，提高场地绿地率。根据寒冷地区的气候条件和植物自然分布特点，合理选择植物物种，设置立体型绿化；屋顶绿化和垂直绿化的布置有利于改善冬、夏季室内舒适度，同时起到改善城市热环境、降低城市热岛效应的作用。

[设计控制]

根据不同地域特点选择适宜的植物类型，进行合理搭配布局以发挥生态景观功能。按照规范标准设置相应的地面绿化配比，适当增加绿化率，布局相应规范的公共绿地。参照不同气候植物类型特性配置屋顶绿化或垂直绿化以改善生态质量。

[设计要点]

P2-3-1_1 植物选择

（1）根据寒冷地区气候特色，景观设计中宜选择常绿植物，并提高高大乔木的配置比例，在冬季季风期起到较好的防风作用。

（2）场地周边考虑栽植落叶阔叶型乔木，夏季可阻挡强烈的太阳辐射，冬季可使阳光透射。

（3）适当密集种植高大乔木和灌木，可有效减少噪声，并对噪声源设施起到美化和遮挡的作用。

（4）通过植物的遮荫、透阳和风向的导引及阻挡，降低建筑周边环境的热岛强度。

关键措施与指标

植物种类

相关规范与研究

（1）《北京市绿色建筑设计标准》DB 11/938—2012第12.2.1条，应充分保护和利用场地内现状树木。

（2）《北京市绿色建筑设计标准》DB 11/938—2012第12.2.2条，种植设计应选择适应区域气候和土壤条件的本地植物，本地植物指数不宜低于0.7。宜选择耐候性强、易养护、病

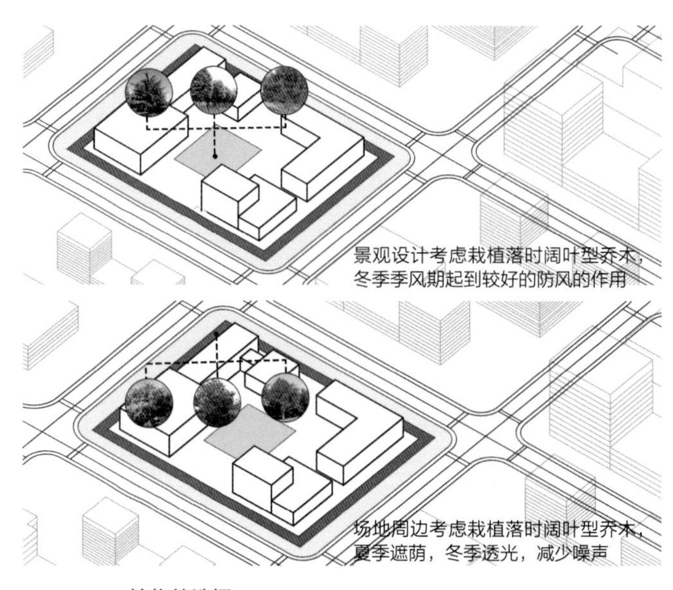

植物的选择

虫害少、对人体无害的植物。

（3）《北京市绿色建筑设计标准》DB 11/938—2012第12.2.3条，种植设计应根据植物的生态习性进行配植并宜满足相关要求。

（4）《全国民用建筑工程设计技术措施　规划·建筑·景观》（2009年版）第2.7.1条植物配置设计原则；第2.7.2条道路绿带设计相关规定；第2.7.3条，广场植物配置应考虑协调与四周建筑的关系，根据广场功能、规模和尺度，宜种植高大乔木，应考虑安全视距及人流通行要求，树木枝下净空应大于2.2m；第2.7.4条，停车场周边宜种植乔木，停车场内宜结合停车间隔种植乔木，树木枝下净空应符合停车位高度要求。

典型案例 北京电影学院怀柔校区

（中国建筑设计研究院有限公司设计作品）

本项目选用多种适合寒冷地区气候的植物类型，并对其进行合理搭配与布局以发挥生态景观功能。

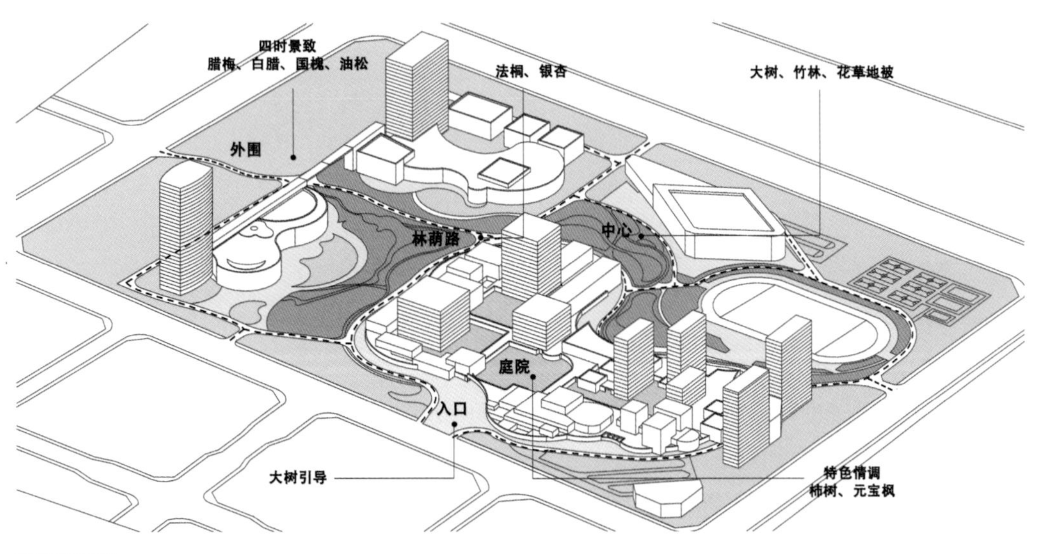

植物的选择

P2-3-1_2 地面绿化配比

（1）实土绿化场地宜根据寒冷地区气候特点，因地制宜地设置下凹式绿地。下凹式绿地内的种植设计宜选择耐水湿的植物。实土绿化下凹式绿地占总绿地的比例不宜低于50%。

（2）宜根据寒冷地区适宜种植的植物品种，结合本地植物，采用以植物群落为主，乔木、灌木、草坪、地被植物相结合的复层绿化方式。

（3）鼓励公共建筑设置雨水花园等有调蓄雨水功能的绿地，并向社会公众开放。

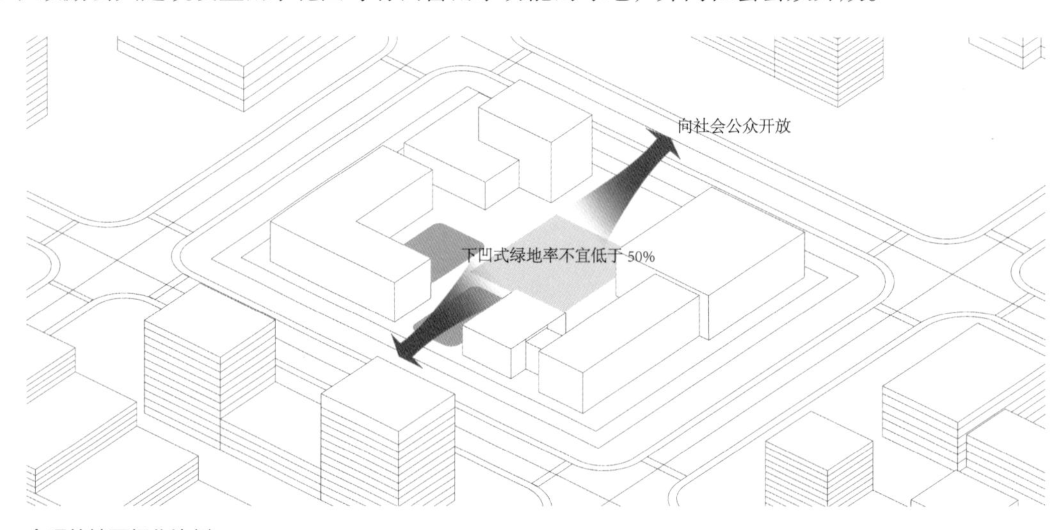

合理的地面绿化比例

关键措施与指标

下凹式绿地率；雨水花园

相关规范与研究

（1）《北京市绿色建筑设计标准》DB 11/938—2012第12.2.6条，实土绿化场地宜因地制宜地设置下凹式绿地。下凹式绿地内的种植设计宜选择耐水湿的植物。实土绿化下凹式绿地率不宜低于50%。

（2）《绿色建筑评价标准》GB/T 50378—2019第8.2.3条，绿地包括建设项目用地中各类用作绿化的用地。合理设置绿地可起到改善和美化环境、调节小气候、缓解城市热岛效应等作用。

（3）《绿色建筑评价标准》GB/T 50378—2019第8.1.3条，绿化是城市环境建设的重要内容。大面积的草坪不但维护费用昂贵，其生态效益也远远小于灌木、乔木。因此，合理搭配乔木、灌木和草坪，以乔木为主，能够提高绿地的空间利用率、增加绿量，使有限的绿地发挥更大的生态效益和景观效益。乔、灌、草组合配置，就是以乔木为主，灌木填补林下空间，地面栽花种草的种植模式，垂直面上形成乔、灌、草空间互补和重叠的效果。根据植物的不同特性（如高矮、冠幅大小、光及空间需求等）差异而取长补短，相互兼容，进行立体多层次种植，以求在单位面积内充分利用土地、阳光、空间、水分、养分而达到最大生长量的栽培方式。

（4）《绿色建筑评价标准》GB/T 50378—2019第8.2.5条，利用场地空间设置绿色雨水基础设施，评价总分值为15分，并按下列规则分别评分并累计：下凹式绿地、雨水花园等有调蓄雨水功能的绿地和水体的面积之和占绿地面积的比例达到40%，得3分；达到60%，得5分。

典型案例 **中国人民大学通州校区学部楼**

（中国建筑设计研究院有限公司设计作品）

本项目结合寒冷地区气候特点，合理搭配乔木、灌木及草坪，增加绿量，使有限的绿化发挥更大的生态和景观效应。

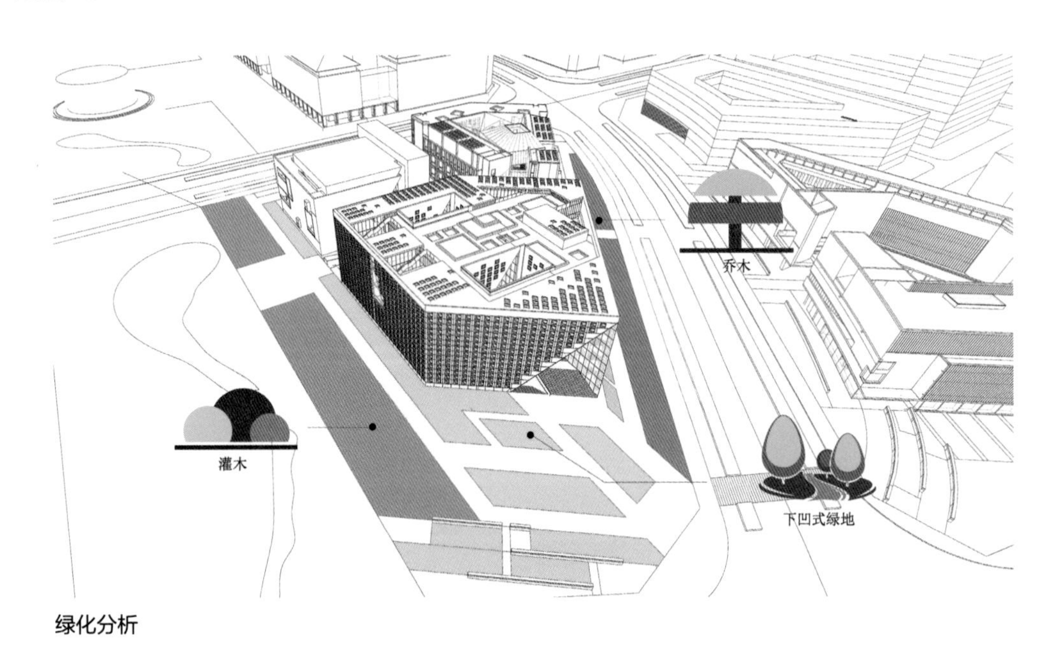

绿化分析

[目的]

水景能够在景观中发挥特殊作用，不仅能够给人带来美好的享受，更具有重要的生态价值。在设计中应充分利用水体组织，营造适于欣赏的水景，同时满足环境净化功能，并结合寒冷地区气候特点，满足可持续发展要求。

[设计控制]

（1）尽可能保护、利用场地内的原生生态水体。

（2）通过人工技术建设场地的水景或者建设部分水体利用设施。

（3）合理利用水体降低地表径流及热岛强度，同时达到美观、适用、合理等目的。

[设计要点]

P2-3-2_1 自然水体

（1）场地内原有自然水体如湖面、河流和湿地在满足规划设计要求的基础上应尽量保留。

（2）自然水体的改造宜进行生态化设计。

（3）应结合寒冷地区气候特点，在保护与观赏的同时，充分利用自然水体，提高场地舒适性。

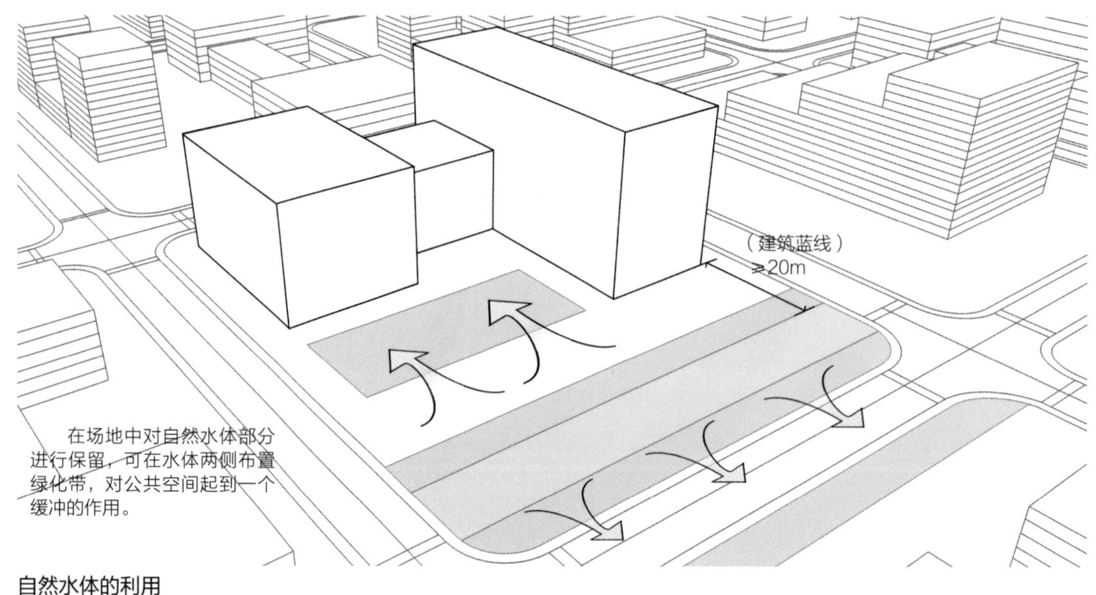

自然水体的利用

关键措施与指标

自然水体利用

相关规范与研究

（1）《北京市绿色建筑设计标准》DB 11/938—2012第12.3.1条，场地内原有自然水体如湖面、河流和湿地在满足规划设计要求的基础上宜完全保留，水体的改造应进行生态化设计。

（2）《北京市绿色建筑设计标准》DB 11/938—2012第12.3.2条，水景设计应结合场地的气候条件、地形地貌、水源条件、雨水利用方式、雨水调蓄要求等，综合考虑场地内水量平衡情况，结合雨水收集等设施确定合理的水景规模。

（3）《全国民用建筑工程设计技术措施　规划·建筑·景观》（2009年版）第2.6.1条，水景设计应充分利用自然水体，创造临水空间和设施，并加强沿岸防护安全措施。

（4）《绿色建筑评价标准》GB/T 50378—2019第8.2.1条，充分保护或修复场地生态环境，合理布局建筑及景观，保护场地内原有的自然水域、湿地、植被等，保持场地内的生态系统与场地外生态系统的连贯性。

典型案例　**北京中信金陵酒店**

（中国建筑设计研究院有限公司设计作品）

本项目背山面水，围绕水体修建以获得良好的自然景观。

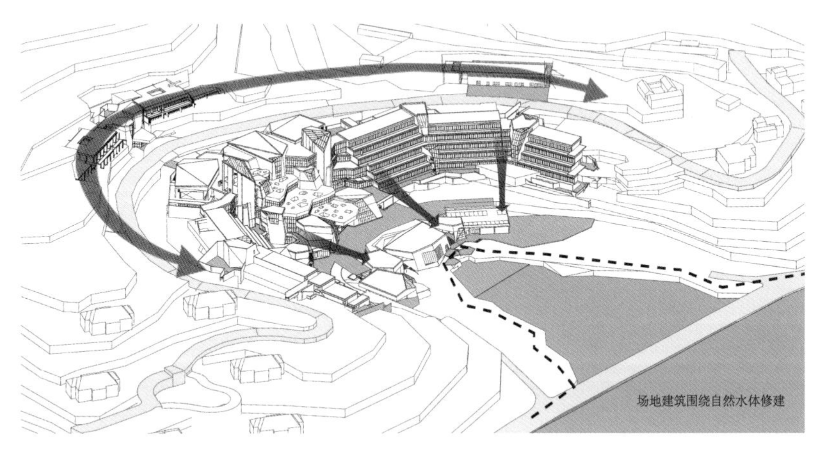

充分利用自然水体

P2-3-2_2 人工水体

（1）水景设计应结合寒冷地区气候特点、地形地貌、水源条件、雨水利用方式、雨水调蓄要求等，综合考虑场地内水量平衡情况，结合雨水收集等设施来确定合理的水景规模。

（2）寒冷地区人工水景设计应特别注重季节变化对水景效果的影响，充分考虑各季节水景的呈现状态及使用者的感受。

（3）人工水景应尽量避免使用市政水源，充分利用中水、雨水等，并采取循环方式。

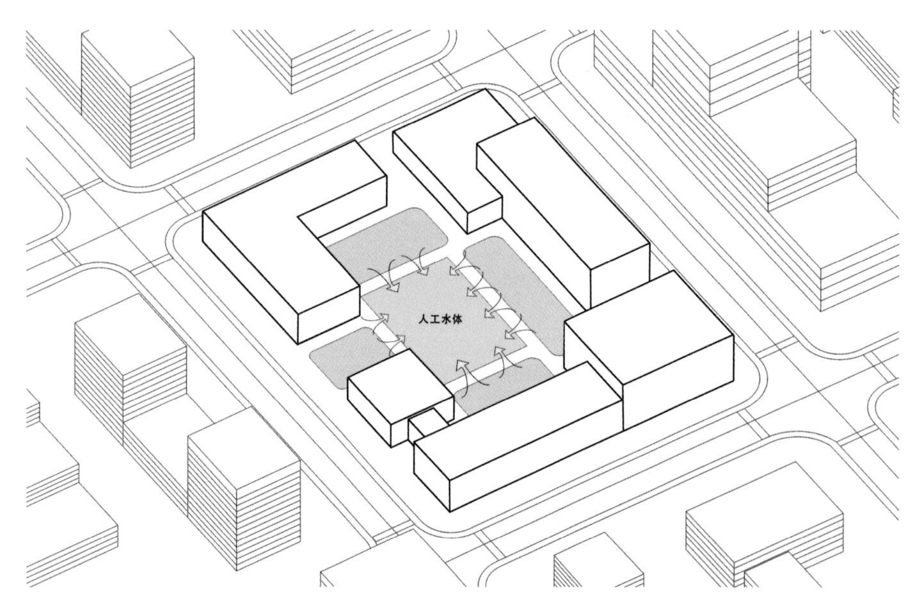

人工水体的利用

关键措施与指标

人工水体设计与利用

相关规范与研究

（1）《北京市绿色建筑设计标准》DB 11/938—2012第12.3.3条，在无法提供非传统水源的用地内不应设计人工水景。

（2）《北京市绿色建筑设计标准》DB 11/938—2012第12.3.4条，人工水景的设计应注重季节变化对水景效果的影响，充分考虑枯水期的效果。

（3）《北京市绿色建筑设计标准》DB 11/938—2012第12.3.5条，人工水景应采用过滤、循环、净化、充氧等技术措施。

（4）《民用建筑节水设计标准》GB 50555—2010第4.1.5条规定“景观用水水源不得采用市政自来水和地下井水”，应利用中水（优先利用市政中水）、雨水收集回用等措施，解决人工景观用水水源和补水等问题。

（5）《全国民用建筑工程设计技术措施　规划・建筑・景观》（2009年版）第2.6.2条有关人工水体的相关规定。

典型案例　北京电影学院怀柔校区

（中国建筑设计研究院有限公司设计作品）

本项目在场地中设置贯穿整体项目的雨水花园及生态草沟，起到调节校区内微气候的作用，也创造了良好的景观环境。

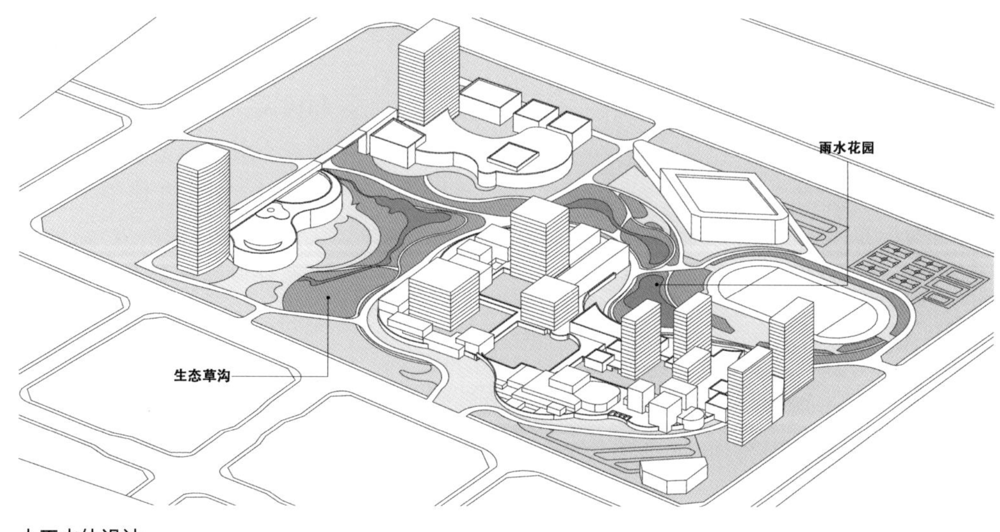

人工水体设计

P2-3-2_3 低影响开发

（1）在场地规划中应结合寒冷地区气候特点，以及不同区域水文地质、水资源等特点及技术经济分析，按照因地制宜和经济高效的原则选择低影响开发技术及其组合系统。

（2）根据用地的实际情况及寒冷地区气候特点选择不同的开发设施，主要有透水铺装、绿色屋顶、下沉式绿地、生物滞留设施、渗透塘、雨水花园、蓄水池、人工土壤渗滤等。

（3）低影响开发单项设施往往具有多个功能，应根据用地设计目标灵活选用低影响开发设施及组合系统，根据主要功能按相应的方法进行规模计算。

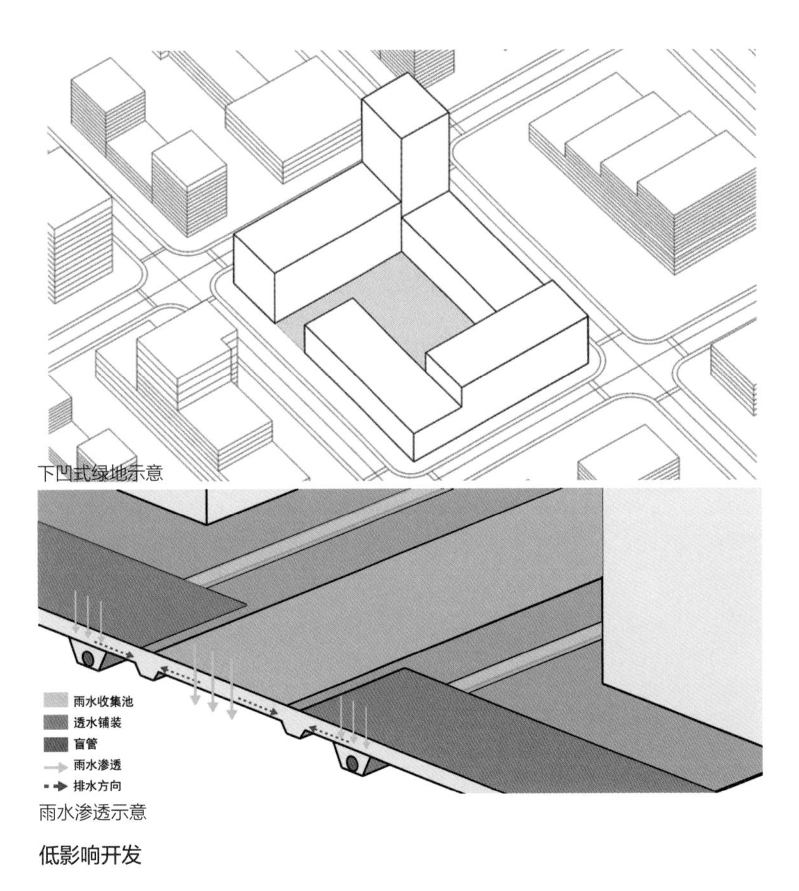

下凹式绿地示意

雨水渗透示意

低影响开发

关键措施与指标

下凹式绿地；雨水花园；雨水渗透

相关规范与研究

（1）《北京市绿色建筑设计标准》DB 11/938—2012第12.4.1条，合理规划地表与屋面雨水径流，采取有效措施对场地雨水进行入渗、滞留、调蓄和回用，对场地雨水实施径流总量控制并不对环境造成污染。

（2）《绿色建筑评价标准》GB/T 50378—2019条文说明第8.2.5条，场地开发应遵循低影响开发原则，合理利用场地空间设置绿色雨水基础设施。

（3）《民用建筑绿色设计规范》JGJ/T 229—2010第5.3.4条，场地规划与设计时应进行场地雨洪控制利用的评估和规划，减少场地雨水径流量及非点源污染物排放。

（4）《绿色建筑评价标准》GB/T 50378—2019第8.1.4条，场地的竖向设计应有利于雨水的收集或排放，应有效组织雨水的下渗、滞蓄或再利用；对大于10hm^{2}的场地应进行雨水控制利用专项设计。

（5）《民用建筑设计统一标准》GB 50352—2019条文说明第5.3.3条，绿色雨水设施是指低洼区域或采取承担部分调蓄功能的景观水体、下凹式绿地、干草塘等设施。大型场地或分期开发的场地应进行雨水控制与利用的专项设计。

典型案例 北京电影学院怀柔校区

（中国建筑设计研究院有限公司设计作品）

本项目设有下凹式绿地、透水铺装、绿色屋顶、植草沟等开发设施，有效组织雨水的下渗、滞蓄和再利用。

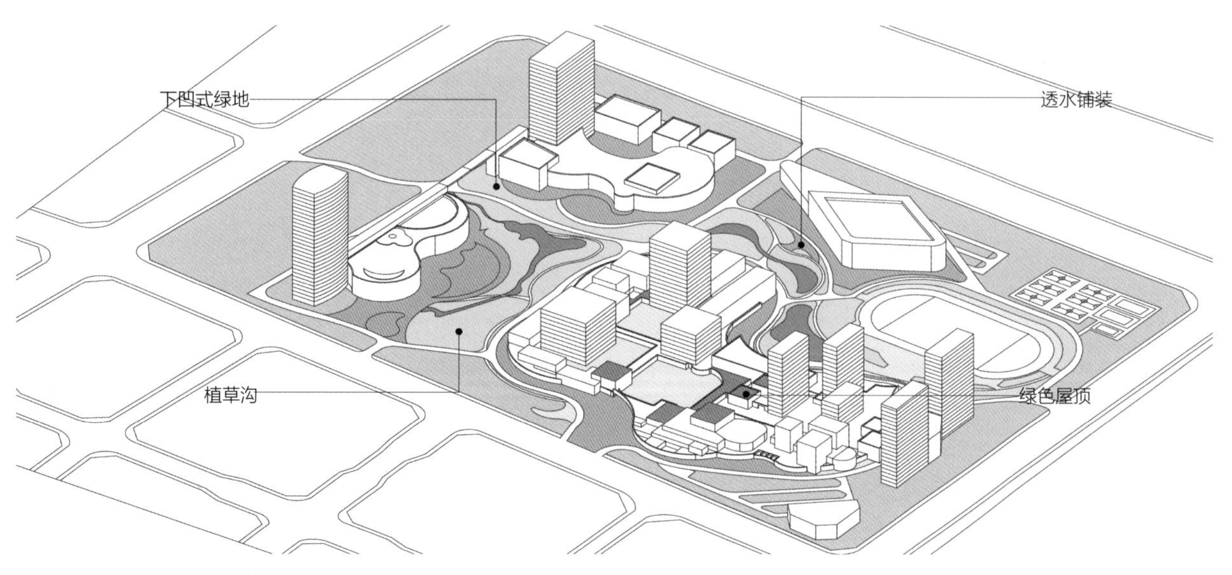

低影响开发技术及组合系统分析

[目的]

良好的公共开放空间能够提供适宜的休闲游憩空间并促进人与人之间的交往，进而提升用地内人群的工作与生活品质。

[设计控制]

通过对广场、绿地等重点公共空间的规划，以及提取场地的历史文化特色和对场地功能性构筑物的规划布置，塑造开放、舒适、有一定特色的公共空间。

[设计要点]

P2-3-3_1 室外公共空间

（1）公共开放空间应在一定程度上体现城市的自然地理和历史文化特征。

（2）广场、绿地等公共空间应当结合寒冷地区气候特点统筹规划、集中布局，保证室外公共空间的开敞性，符合服务半径要求。

（3）场地沿城市公共空间界面宜设置绿化围墙或空透围墙并与街道景观相协调，体现人文艺术特点。

（4）根据寒冷地区气候特点，优化室外空间设计，创造较舒适的室外微气候，能够在寒冷季节帮助建筑避风、集热并缓冲冷空气。

（5）结合寒冷地区气候特点，宜设计南向广场和大庭院，有助于建筑集热；北向广场宜减小与周边建筑的间距。

（6）公共建筑室外空间应面向公众开放。

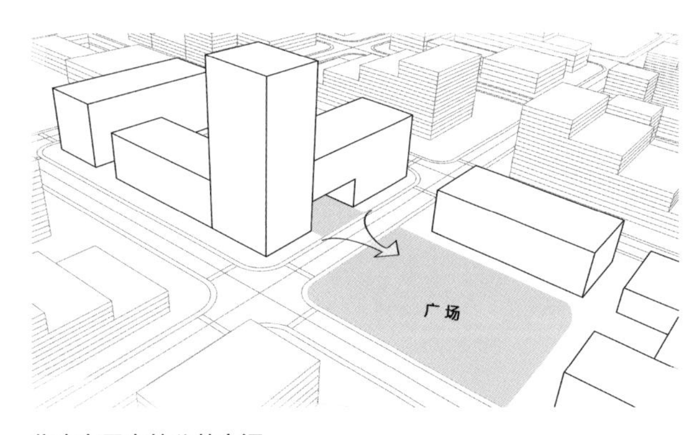

集中布局室外公共空间

关键措施与指标

室外空间；半室外空间

相关规范与研究

（1）《民用建筑设计统一标准》GB 50352—2019第4.1.3条，建筑设计应注重建筑群体空间与自然山水环境的融合与协调、历史文化与传统风貌特色的保护与发展、公共活动与公共空间的组织与塑造。

（2）《绿色建筑评价标准》GB/T 50378—2019第8.2.3条，本条鼓励公共建筑项目优化建筑布局，提供更多的绿化用地或绿化广场，创造更加宜人的公共空间；鼓励绿地或绿化广场设置休憩、娱乐等设施并定时向社会公众免费开放，以提供更多的公共活动空间。

（3）《北京市绿色建筑设计标准》DB 11/938—2012第12.2.9条，种植设计宜有利于优化场地热环境，宜满足下列要求：道路、广场和室外停车场周边，以及室外停车场内部宜种植高大落叶乔木，为场地遮荫。

（4）《北京市绿色建筑设计标准》DB 11/938—2012第12.4.2条，室外道路、广场设计应考虑设置遮阳、遮风、避雨等设施，室外硬质地面铺装材料的选择应遵循平整、浅色、耐磨、防滑、透水的原则。

（5）国家重点研发计划“地域气候适应型绿色公共建筑设计新方法与示范”课题二：具有气候适应机制的绿色公共建筑设计新方法。

典型案例 中国人民大学通州校区学部楼

（中国建筑设计研究院有限公司设计作品）

本项目场地内设有多层次的绿化景观，塑造了开放、舒适的室外空间，并创造出宜人的室外微气候。

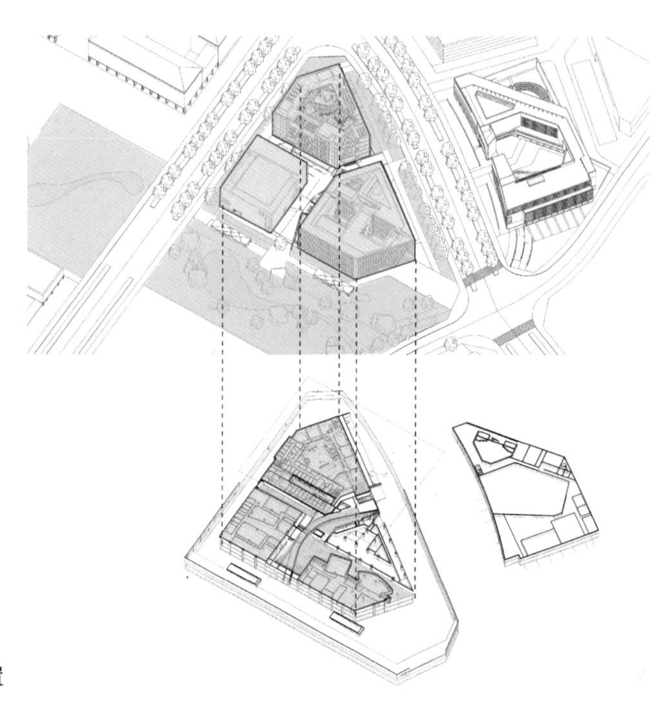

室外公共空间设置

P2-3-3_2 功能性构筑物

（1）根据寒冷地区的特点，公共空间适宜采用相对围合的半室内化的设计，冬季可相对封闭，有利于节能保温，夏季又能打开做到自然通风。

（2）室外道路、广场、活动场地设计应考虑设置遮阳、遮风、避雨等设施。户外活动场地超过50%的面积有遮荫措施。

（3）运用入口空间、院落空间、空中花园、生态表皮等灰空间。如院落空间具有良好的避雨和避风作用。

（4）亭榭、雕塑、艺术装置等小品的设计宜考虑其遮阳、遮风、噪声屏蔽等作用。

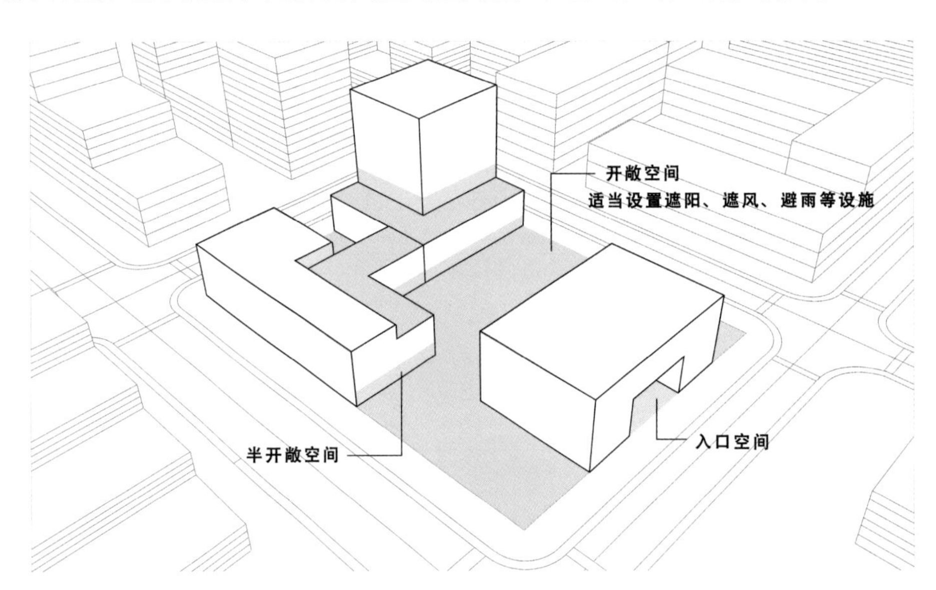

灰空间的利用

关键措施与指标

功能性构筑物

相关规范与研究

（1）《绿色建筑评价标准》GB/T 50378—2019第8.2.9条，采取措施降低热岛强度，场地中处于建筑阴影区外的步道、游憩场、庭院、广场等室外活动场地设有乔木、花架等遮荫措施。

（2）《北京市绿色建筑设计标准》DB 11/938—2012第12.4.4条，室外停车场的设计应考虑遮阳、减噪、视觉效果等因素，宜种植乔木和灌木；室外停车场的地面铺装宜选择透水性好的生态环保材料。

（3）《北京市绿色建筑设计标准》DB 11/938—2012第6.3.3条，静态交通系统规划应符合的要求：停车场地应考虑生态设计，利用植物或遮阳棚等设施提高室外停车位遮荫率。应百分之百满足绿化停车达标率。

（4）《北京市绿色建筑设计标准》DB 11/938—2012第12.2.8条，种植设计宜有利于提高场地光环境质量。

（5）《北京市绿色建筑设计标准》DB 11/938—2012第12.2.9条，种植设计宜有利于优化场地热环境，宜满足下列要求：道路、广场和室外停车场周边，以及室外停车场内部宜种植高大落叶乔木，为场地遮荫。住区内广场的遮荫率不小于40%，公共建筑周边广场遮荫率不小于20%，室外停车位遮荫率不小于30%，步行道和自行车道林荫率不小于75%。

典型案例 **廊坊临空服务中心**

（中国建筑设计研究院有限公司设计作品）

本项目充分利用建筑体量形成多层次的过渡空间，除遮阳避雨作用外，也创造了更加宜人与丰富的公共空间。

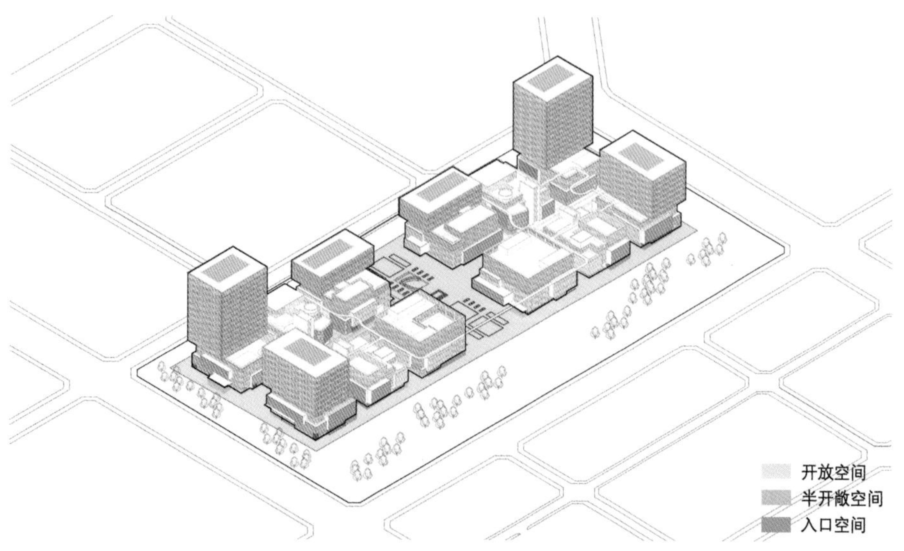

多层次空间分析

B 建筑设计 Building

建筑设计部分，根据寒冷地区气候特征和公共建筑类型特点，综合考虑不同设计阶段气候因素对建筑本体的影响，梳理气候性能规定的设计元素，通过对绿色设计技术的优化整合，以解决寒冷地区公共建筑受气候影响的关键问题为目标导向，为建筑师提供全方位、全周期、合理高效的绿色设计策略性指导。

B1功能，对建筑功能及气候性能进行分类，在满足基本功能前提下，拓展功能的附加价值，以使用者的行为需求为主导，建立人性化、绿色健康的生活理念和生活方式，同步减少建筑的整体能耗，实现绿色生态、节约能源的目标。

B2空间，基于空间的量、形、质，对单一空间不同性能的利用和优化，选择针对性的气候应对策略进行空间的合理分区和组织，赋予空间更灵活的拓展能力和可变能耗属性，以最小化主动式设备的使用，降低建筑物整体能耗。

B3形体，在建筑几何、体量、方位形式上融入绿色设计策略后，气候赋予建筑的形体生成。这种形体是生态的、非形式化和装饰性的，是对周边环境更包容、更友好的生态美学形态。

B4界面，针对气候对建筑的内、外界面的影响，结合界面的不同特征，通过对气候的吸纳、过滤、传导、阻隔等方面进行界面性能优化，实现具有气候调节、适应性的界面设计。界面对气候条件的适应性设计。

[目的]

建筑使用空间从与自然的关系看，可分为室外、室内和室内外过渡空间三种类型。就室内空间而言，又可分为自然气候主导的开放性空间和以人工气候为主的封闭性空间。前者对自然气候要素具有明显的选择性，而后者则往往是排斥性的。不同的使用功能对于气候具有不同的适应性，通过合理设置建筑功能空间与室外气候的联系关系可以最大限度地利用自然资源，提高建筑能效。

[设计控制]

建筑空间与室外气候的联系表现为四种不同的基本状态：融入、过渡、选择、排斥。应按照不同的建筑功能需求设置这四种状态，充分拓展融入和过渡状态，合理设置选择状态，严格控制排斥状态。

[设计要点]

B1-1-1_1 主体功能空间（从建筑功能空间类型到性能空间类型）

（1）通常公共建筑的空间可分为三类：①长期固定人员使用的空间及对温湿度要求较高的设备用房，比如超级计算机房或通信机房等；②非长期固定人员使用的空间；③储藏、交通等服务空间和低性能的设备机房。这三类空间对热工环境的要求是不同的：第一种要求最高，是相对高性能空间；第二种次之，是普通性能空间；最后一种要求最低，是低性能空间。

（2）公共建筑的主体功能空间是体现其主要使用功能的空间，区别于辅助空间，主体空间，例如观演厅、竞技厅、恒温恒湿实验室等，对风、光、热、声有较高要求的空间是高性能空间，这类空间大多无法通过对所在区域自然要素进行选择性引入、控制、补充来达到空间舒适性要求，往往需要借助主动式技术措施，会产生较高建筑能耗。

（3）在寒冷气候区，主体功能空间在冬季对冷空气的排斥性要求更高，过渡季户外的气温湿度较为舒适时，宜考虑利用过渡季的室内外交换辅助达到主体功能空间的舒适度要求，以减少对主动式设备的依赖，降低建筑使用能耗。

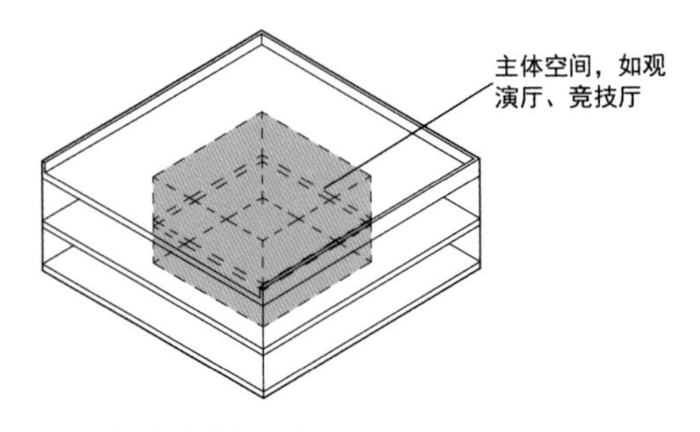

公共建筑主体空间示意
主体功能空间宜设置在外部影响低的位置。

关键措施与指标

主要功能；高性能空间；舒适性要求

典型案例 中央团校学术报告综合楼项目

（中国建筑设计研究院有限公司设计作品）

中央团校学术报告综合楼800人报告厅为相对高性能空间，将其放置在围护结构的中央位置，降低外部环境影响。

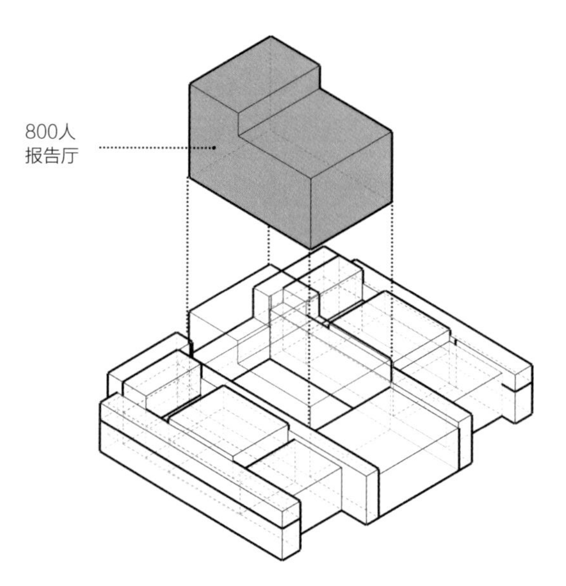

主体空间分析

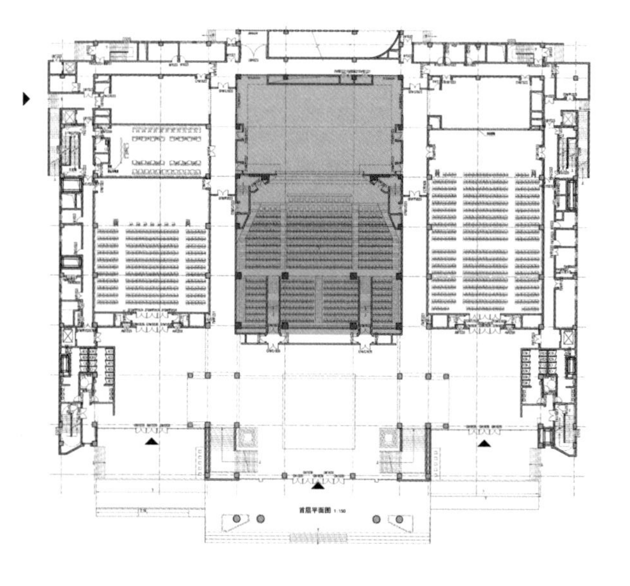

B1-1-1_2 过渡性与服务性空间

（1）过渡性空间位于需要局部补充人工气候的主体空间与自然环境之间，多作为气候缓冲带，是室内外气候转换和过渡的有效媒介，中庭、边庭，以及外廊、阳台等灰空间是其代表性的形式。

（2）这类空间虽然公共性强，人群多在此停留、聚集，但对舒适度要求不是很高，可以在利用建筑形体、墙体等建筑要素围合室外空间基础上，结合被动式设计来实现其空间舒适性，既满足开放性要求又可以减少建筑能耗。

（3）寒冷气候区的公共建筑，例如商场内的走廊、中庭，针对其过渡、服务的属性，应保证此类空间自然采光的适度摄入量、日晒方位的遮荫措施设置，增强过渡季的穿堂风、热压通风效能。

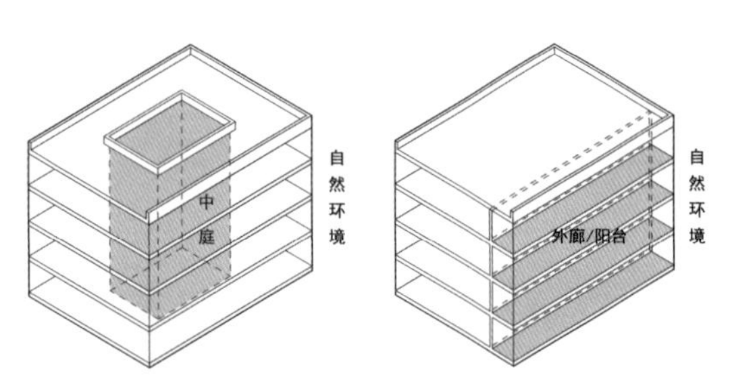

缓冲空间示意

过渡性空间通常作为环境与建筑间的气候缓冲带，其舒适性要求不高，可结合空间围合与被动式设计满足空间舒适性要求。

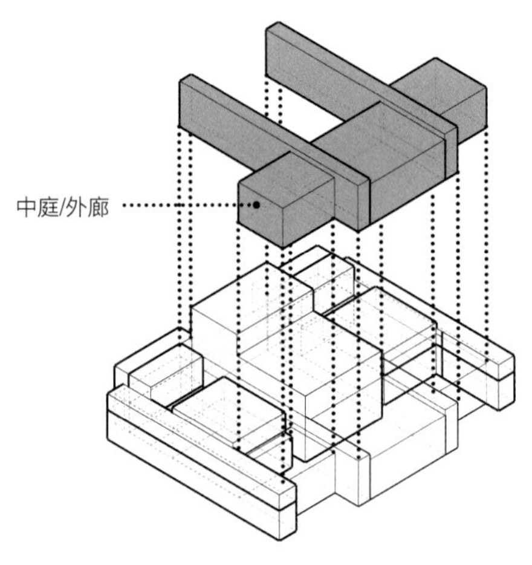

关键措施与指标

过渡空间、服务性空间、灰空间、气候缓冲空间

典型案例 中央团校学术报告综合楼项目

（中国建筑设计研究院有限公司设计作品）

中央团校学术报告综合楼内的中庭作为气候缓冲带，放置在建筑南侧，保证自然采光和过渡季通风。

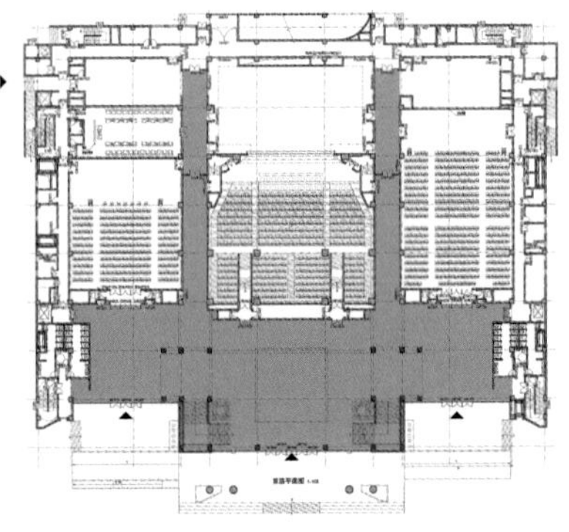

中庭服务空间分析

B1-1-1_3 用能时间分区

（1）基于人员使用活动变化因素考量的用能分区：包括日夜用能分区、季节用能分区及干湿用能分区等。

（2）基于使用活动变化因素考量的用能分区：包括长短用能时间分区（长时间用能区、短时间用能区），固定和不固定用能时间分区（固定用能时间区、弹性灵活用能区、临时性用能区等），以及间歇式用能时间分区（上下班、工作日和非工作日等）。

（3）综合考量上述各种用能时间分区的细化分类，包括气候变化与使用活动变化的影响因素，根据具体的公共建筑使用性质和状况，需要针对性地选取关键性因素，例如寒冷地区应着重考虑日夜温差，采取蓄热措施，冬季供暖加湿、夏季制冷用能，根据使用人员活动模式，进行用能时间分区，以获得最佳能效。

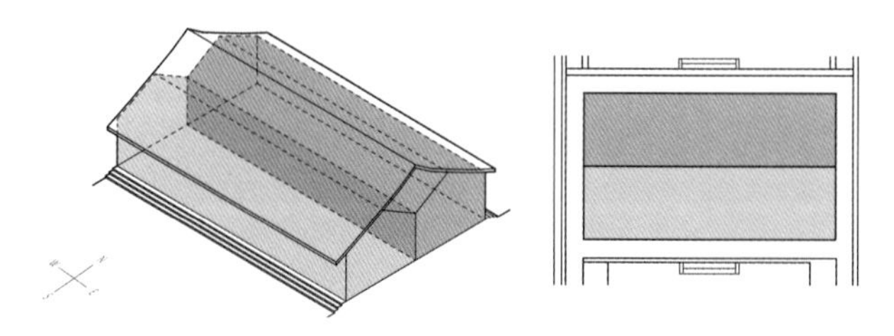

基于用能时间的建筑分区示意
利用平面朝向南北分区，室内分隔成南北两部分，南面宜冬，北面宜夏，以获得最佳能效。

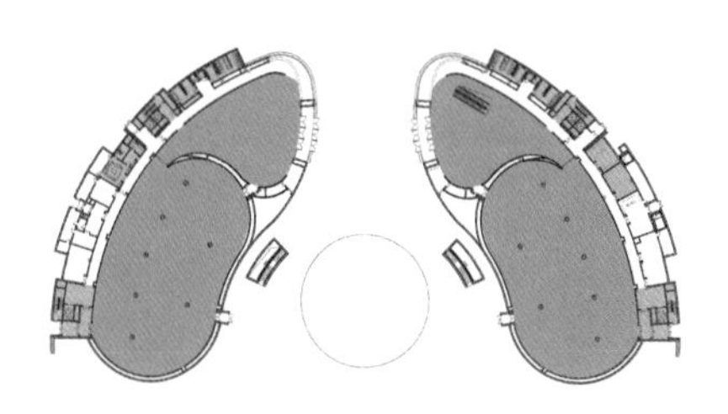

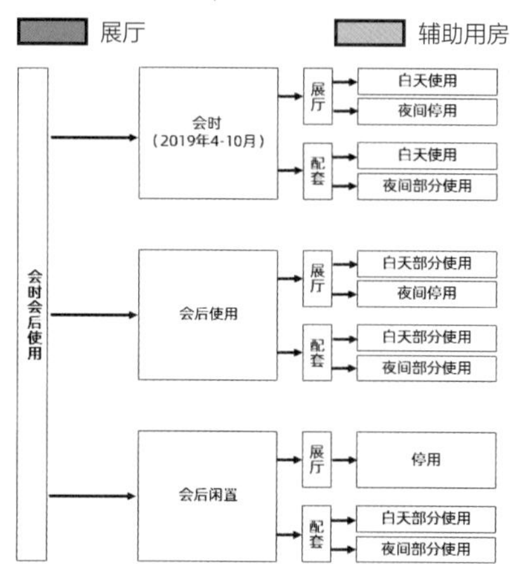

中国馆用能时间分区分析

关键措施与指标

日夜用能分区；季节用能分区；干湿用能分区；长短用能时间分区；固定用能时间区；弹性灵活用能区；临时性用能区

典型案例 北京世园会中国馆

（中国建筑设计研究院有限公司设计作品）

北京世园会中国馆展厅和配套设施在会议期间和会后使用中进行用能时间分区，以获得最佳能效。

B1-1-1_4 功能气候适应性分类

（1）充分拓展融入自然的开放性空间潜力。完全融入自然的室外空间和灰空间不需要额外的建筑耗能，可通过下沉庭院、内院、敞厅、敞廊等方式形成室外和半室外的功能空间。

（2）大力强化选择型空间的气候适应性设计。室内空间通常因空间或季节的变化而导致不能完全满足其风、光、热、湿等物理性能，需要采用主动式设备调节。设计中需要仔细分析空间的尺度、朝向、洞口以及与其他空间的相邻关系，以充分利用有利气候因素，将不利气候因素的影响降到最小。

（3）严格约束封闭性空间。与自然隔离的封闭空间需要能耗最多，建筑设计中对这类空间的设定需要极为慎重。对于可封闭可不封闭的功能空间应尽量采取措施避免完全封闭，如美术馆展厅可引入天窗采光。对于一定要封闭的功能空间应避免占据建筑中的最佳位置，如剧院的观众厅应避免紧邻建筑外墙。

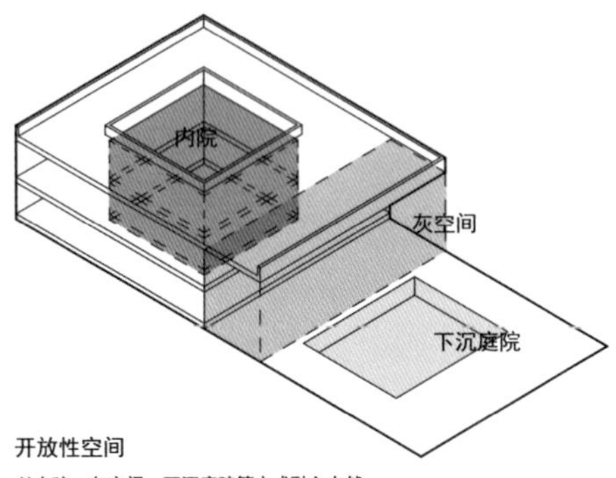

开放性空间
以内院、灰空间、下沉庭院等方式融入自然。

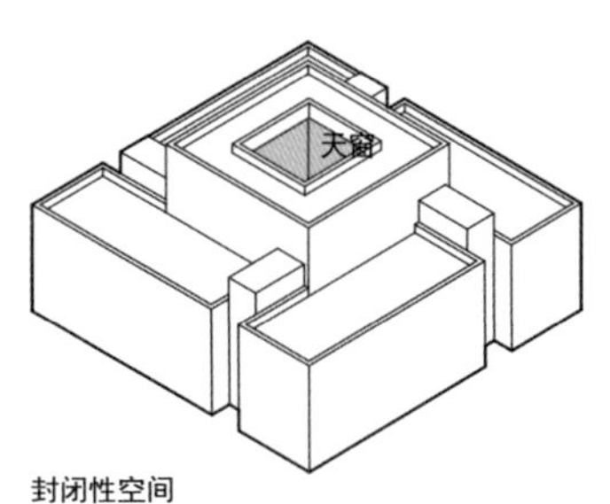

封闭性空间
尽量避免完全封闭，避免占据建筑中最佳位置。

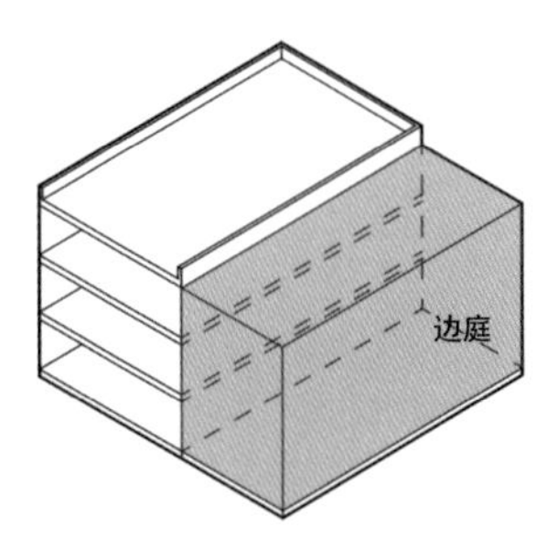

选择型空间
空间选址降低不利气候因素的影响，进行人工气候补足。

不同空间适应气候方式示意

关键措施与指标

开放性空间；封闭性空间；选择型空间

相关规范与研究

韩冬青，顾震弘，吴国栋. 以空间形态为核心的公共建筑气候适应性设计方法研究[J]. 建筑学报，2019（04）：78-84.

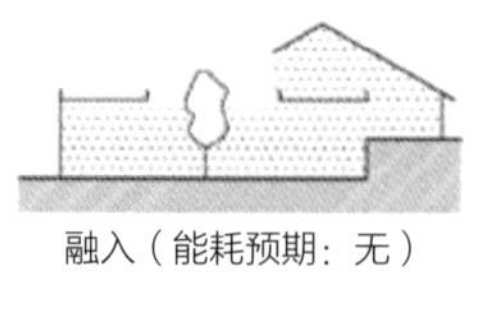

融入（能耗预期：无）

融入（能耗预期：无）

融入（能耗预期：无）

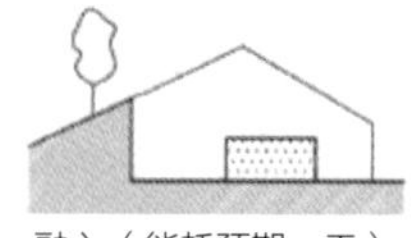

融入（能耗预期：无）

建筑空间与室外自然气候的联系类型及设计对策

典型案例 中国人民大学通州新校区西区学部楼

（中国建筑设计研究院有限公司设计作品）

建筑通过内庭和天井解决采光和通风问题，充分利用有利的气候条件，降低不利气候因素的影响。

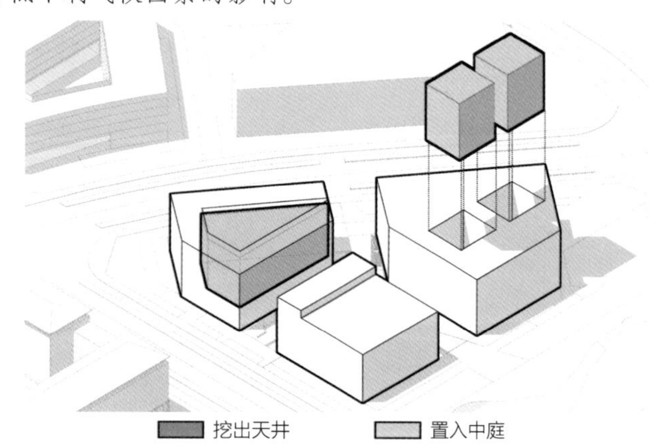

气候适应性空间分析

[目的]

建筑能耗产生的源头是空间的舒适性要求与室外气候的差异。使用空间因其不同功能而产生气候性能的等级差异，即对气候性能要素及其指标要求的严格程度。公共建筑空间据此可分为普通性能空间、低性能空间、高性能空间，根据不同性能特点对建筑进行合理的功能布局，以最大化地实现对气候的交换和利用，降低整体能耗。

[设计控制]

根据功能特征对性能要素进行差异化选择，利用低性能空间作为气候缓冲区，将普通性能空间置于气候优先位置，高性能空间占据建筑的内部纵深，建构普通性能空间、低性能空间、高性能空间之间的适宜性配置与组织关系。

[设计要点]

B1-1-2_1 高性能

（1）高性能空间是主动式技术调控或被动式技术适应的性能更强的空间。

（2）公共建筑的高性能空间通常依赖设备维持稳定的室内物理环境，在寒冷地区，以人工气候为主的高性能空间则需要考虑控制冬季冷空气的不利影响，往往布置在与自然环境相隔离的位置，因此应尽量设置于地下或不邻建筑外围护结构的内部。由于高性能空间能耗预期高，除了将其布置在合适位置外，一般也要依靠更多主动式技术措施。高性能空间规模宜适当控制，并小于普通性能空间。

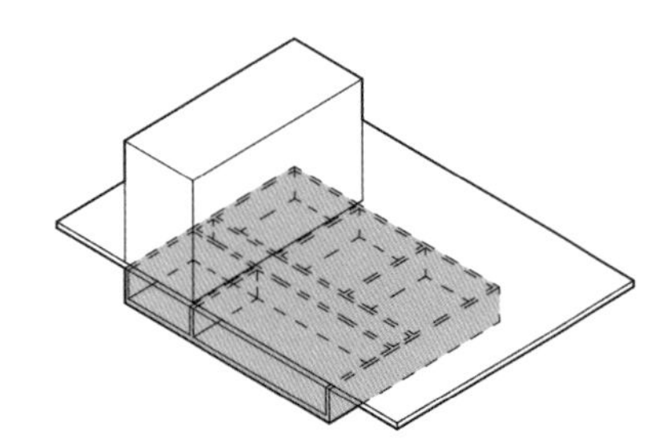

高性能空间远离自然气候环境，空间置于地下。

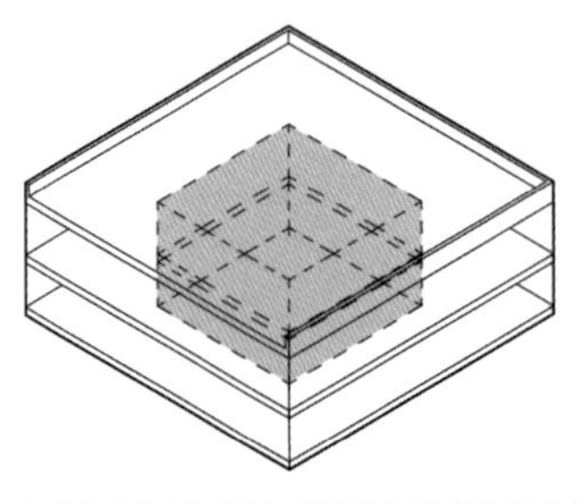

高性能空间置于不邻建筑外围护结构的内部。

高性能空间布置示意

关键措施与指标

稳定的室内物理环境

相关规范与研究

韩冬青，顾震弘，吴国栋．以空间形态为核心的公共建筑气候适应性设计方法研究[J]．建筑学报，2019（04）：78-84.

高性能空间例如观演、竞技比赛、恒温恒湿洁净空间等，能耗预期高。

典型案例 天津大学新校区主楼

（中国建筑设计研究院有限公司设计作品）

会堂位于天津大学新校区主楼内部，不邻建筑外围护结构，远离自然气候环境，以维持稳定的观演效果。

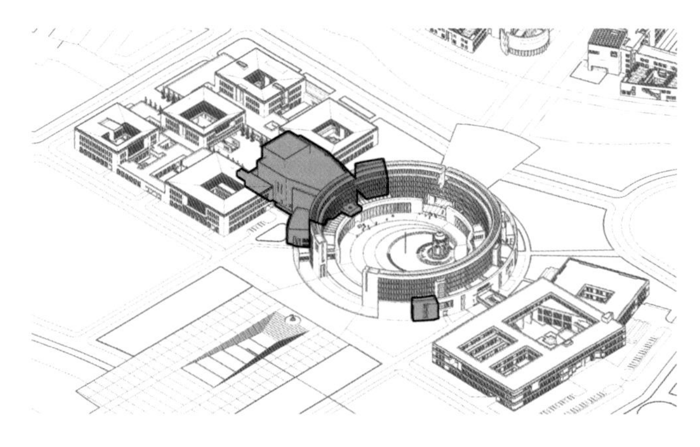

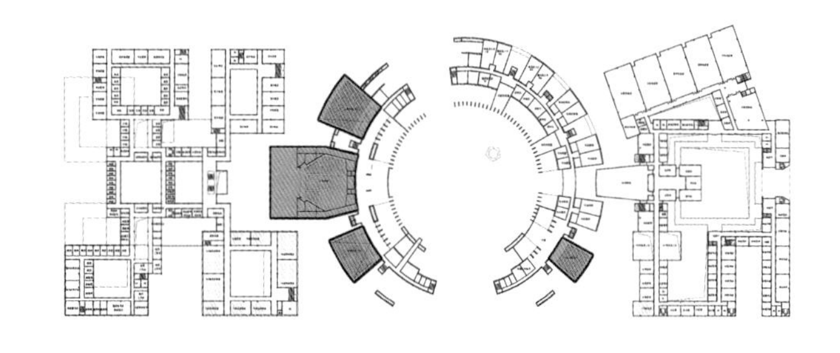

功能空间布置分析

B1-1-2_2 普通性能

（1）普通性能空间是物理环境参数可以有一定弹性波动范围的空间。

（2）使寒冷地区公共建筑内的普通性能空间置于气候优先位置。普通性能空间通常占据各类公共建筑使用空间的最大比例，其空间应布置在利于气候适应性设计的部位。对天然采光和自然通风要求较高的空间常置于建筑的外围，对性能要求较低的空间置于朝向不佳的位置。

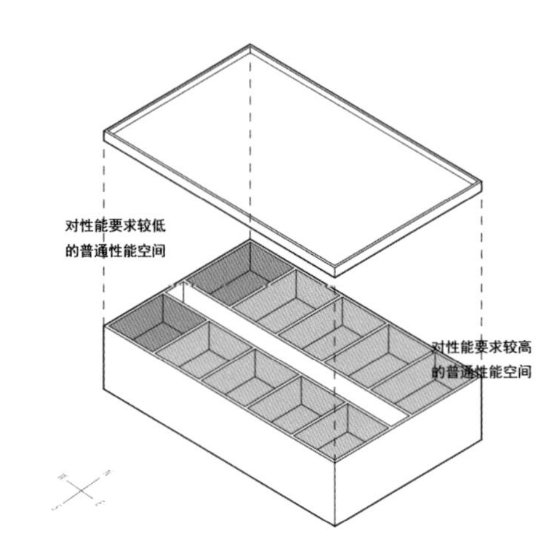

普通性能空间布置示意

关键措施与指标

弹性的室内物理环境

相关规范与研究

韩冬青，顾震弘，吴国栋. 以空间形态为核心的公共建筑气候适应性设计方法研究[J]. 建筑学报，2019（04）：78-84.

普通性能空间如办公室、教室、报告厅、会议室、商店及健身房等，能耗预期取决于设计。

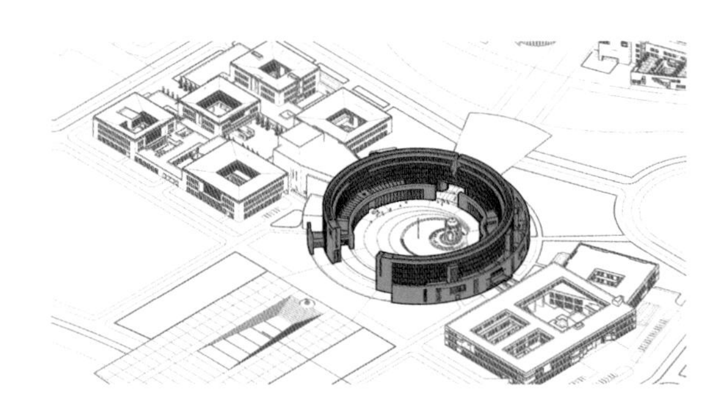

典型案例 天津大学新校区主楼

（中国建筑设计研究院有限公司设计作品）

天津大学新校区主楼中的办公室、教室等普通性能空间位于建筑外围气候优先位置，以获得良好的自然通风和采光。

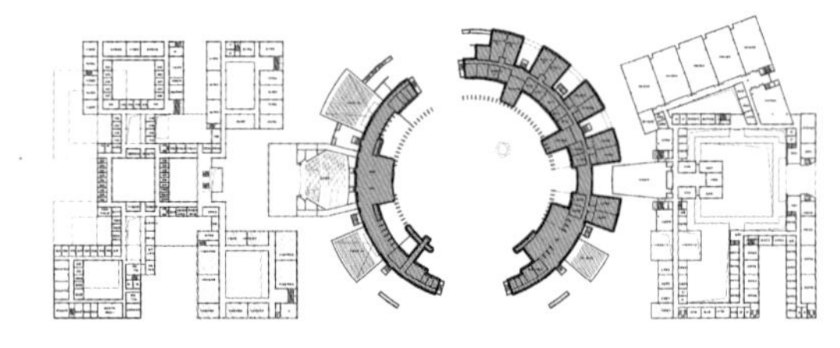

功能空间布置

B1-1-2_3 低性能

（1）低性能空间是相对不需要维持稳定物理环境的空间。

（2）利用公共建筑内的低性能空间作为气候缓冲区。低性能空间往往具有人员停留时间短、人员不固定的特征，如楼、电梯间、设备间等，可设置在气候条件最不利位置，如北方寒冷地区的建筑西北角，抵抗冬季主导风，成为阻挡室内外恶劣气候的屏障。

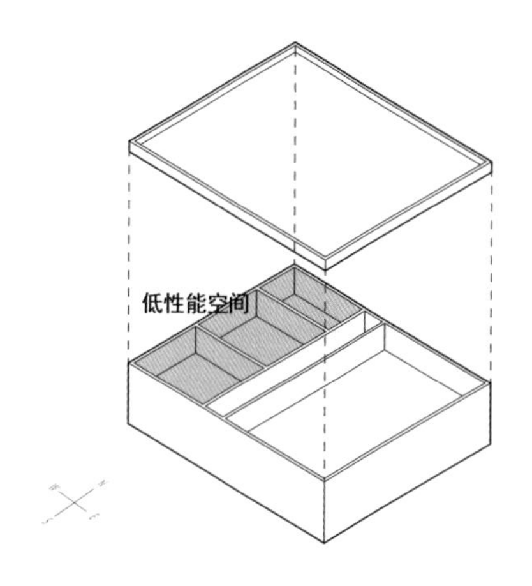

低性能空间布置方式示意

低性能空间设置在气候条件不利区域可阻挡室内外恶劣气候。

关键措施与指标

不需维持稳定的室内物理环境

相关规范与研究

韩冬青，顾震弘，吴国栋. 以空间形态为核心的公共建筑气候适应性设计方法研究[J]. 建筑学报，2019（04）：78-84.

低性能空间如设备空间、杂物储存室等，能耗预期低。

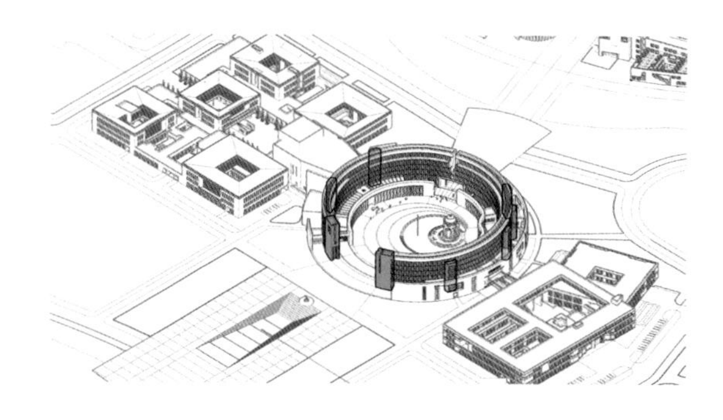

典型案例 **天津大学新校区主楼**

（中国建筑设计研究院有限公司设计作品）

天津大学新校区主楼中的垂直交通空间位于建筑内部气候条件最不利区域，作为建筑内部的气候缓冲区。

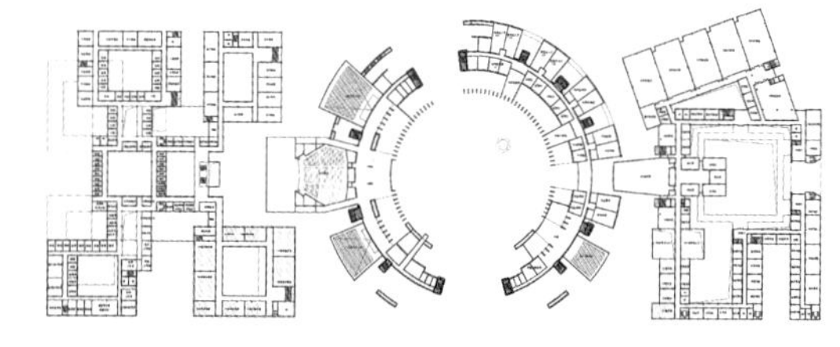

辅助空间布置分析

[目的]

基于使用者对与自然交互和使用行为的需求，通过对建筑功能的策划设计拓展空间的功能效能，从而在满足使用功能的前提下，满足使用者与自然接触的基本需求，让使用者在使用过程中感到舒适，同时减少建筑能耗，实现建筑的生态节能设计。

[设计控制]

（1）植入生态模块，促进自然采光和通风，同时满足使用者对自然接触的需求。

（2）引导绿色健康的出行方式，减少建筑能耗。

[设计要点]

B1-2-1_1 植入生态模块

（1）公共建筑应重视空间的社会化共享，根据使用者的行为需求，适当利用连廊、架空层、上人屋面等提供对外共享的公共步行通道、公共开放活动空间、运动场所等，并利用完善的无障碍设施，满足不同年龄层使用者的行为需求。

（2）根据建筑功能的动态、静态使用分区，结合交通流线的设计，将生态庭院空间、空中花园作为室内空间的延伸与扩展，植入建筑的功能空间布局，通过设置下沉式庭院增强内区空间的采光通风，弥补内区的景观缺乏，满足人们亲近自然的需求。

（3）在中庭、边庭空间营造室内庭院，在寒冷地区冬季或外部气候不舒适时，满足使用者对自然接触的需求。

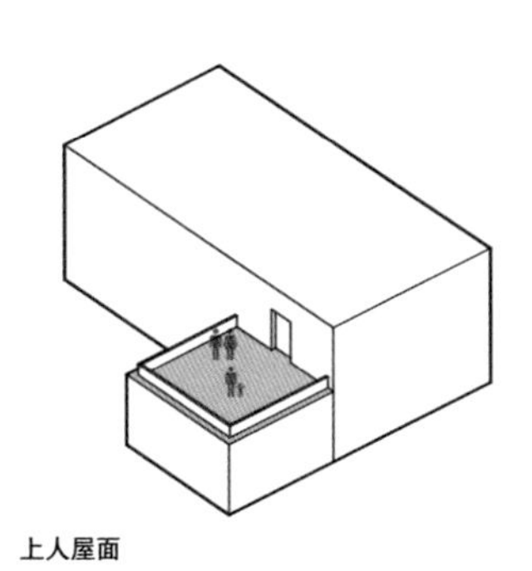

上人屋面

可上人屋面提供共享开放空间。

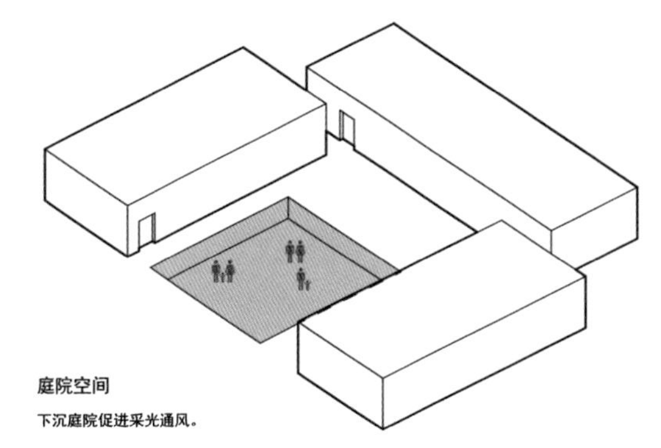

庭院空间

下沉庭院促进采光通风。

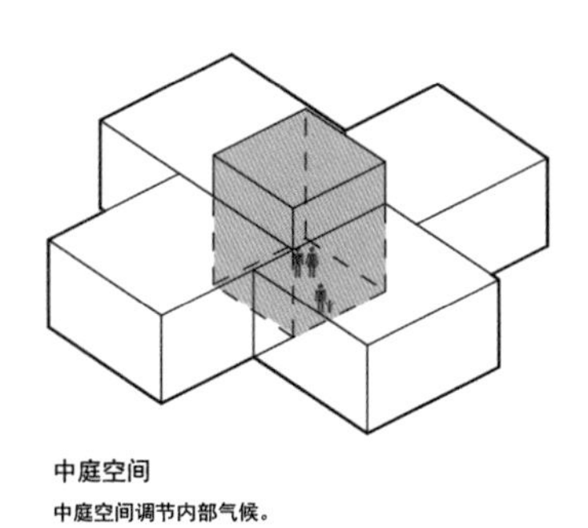

中庭空间

中庭空间调节内部气候。

生态模块植入方法示意

关键措施与指标

上人屋面空间；庭院空间；中庭空间

相关规范与研究

（1）《民用建筑绿色设计规范》JGJ/T 229—2010第6.2.9条文说明中有关开放空间给社会公众使用的相关要求。

（2）北京市勘察设计与测绘管理办公室. 北京市绿色建筑设计标准指南[M]. 北京：中国建筑工业出版社，2013.

有条件的建筑开放一些空间供社会公众享用，增加公众的活动与交流空间，使建筑服务于更多的人群，可以提高建筑的利用效率，节约社会资源，节约土地，为人们提供更多的沟通和休闲的机会。

（3）林波荣，李紫微. 气候适应型绿色公共建筑环境性能优化设计策略研究[J]. 南方建筑，2013（03）：17-21.

研究表明，这些绿色公共建筑都使用被动式策略强化室内自然通风，改善室外风环境。比较广泛的设计策略包括：

①中庭采用由下往上越来越小的剖面形式，有些在中庭天窗上设置拔风烟囱，通过风压、热压的耦合强化自然通风；

②通过设置内庭院或者下沉内庭院消除建筑内区，强化室内自然通风。

典型案例 **北京城市副中心行政办公区A2工程**

（中国建筑设计研究院有限公司设计作品）

北京城市副中心行政办公区A2工程中创造了一个多层级、亲切、实用的室外空间系统，包括4个不同朝向的广场、4个组团级院落、4个下沉庭院、中心园林以及包裹着整个A2的海绵绿地。在促进自然通风和采光的同时，为人们提供更多的沟通和休闲的机会。

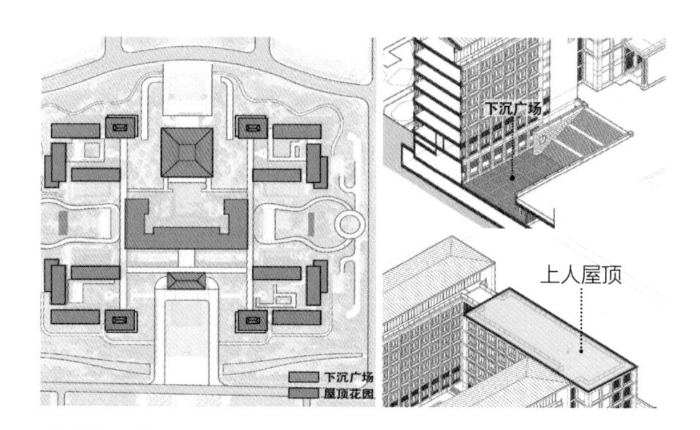

共享空间布置分析

B1-2-1_2 鼓励绿色出行

（1）公共建筑的交通流线设计，应考虑尽量将楼梯及坡道设置在靠近出入口及电梯的位置，尽量结合消防疏散楼梯，提高楼梯和坡道的使用效率和舒适度，增添趣味性设计以吸引人们使用，在健身的同时节约电梯能耗，引导绿色健康的交通方式。

（2）考虑在适宜的位置设置方便人们使用的开敞式楼梯。各层的垂直交通空间（例如封闭楼梯间等）宜借用通风塔做法，形成拔风楼梯间，尽量提高交通空间的自然通风、采光和景观视野的可能性，可结合庭院设计，减少机械通风、人工照明的能源消耗，同时提高使用者的舒适度体验。

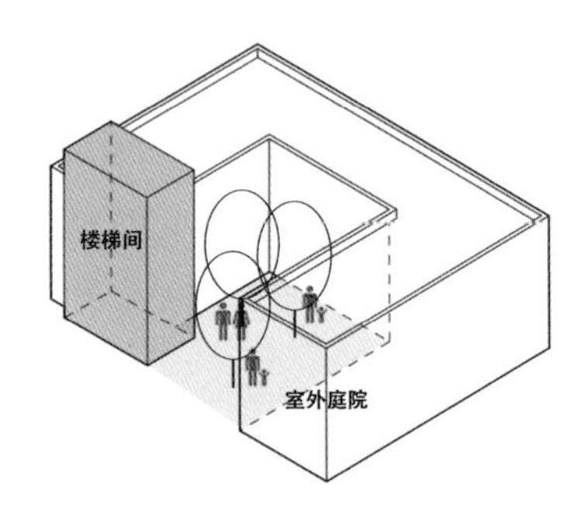

绿色交通设计示意
室外庭院与开敞式楼梯间结合可以增添趣味性，以提升楼梯使用率，减少能源消耗，引导绿色交通。

关键措施与指标

楼梯、坡道的使用效率和舒适度

相关规范与研究

（1）《民用建筑绿色设计规范》JGJ/T 229—2010第6.2.7条有关鼓励减少电梯使用等内容的相关要求。

（2）李珺杰．中介空间的被动式调节作用研究[D]．北京：清华大学，2015.

井道空间按照与井道体和井道端口与地面的关系可以分为垂直式、水平式及结合垂直和水平的复合式三种。垂直式的井道空间较为多见，空间形式包括风塔、采光井、捕风窗、拔风楼梯、导风墙等形式。

井道空间相对院落和中庭空间尺度相对狭小，空间内复合功能的能力较低。在功能方面，常有结合通风塔设置楼梯间的做法，称为拔风楼梯间。不仅实现交通空间的功能需求，而且在界面设计上借用通风塔的做法，促进室内空间的热压通风，带动空气流动降低室内空气温度。

典型案例 **中国建筑设计研究院创新科研示范中心**

（中国建筑设计研究院有限公司设计作品）

将IES软件中的疏散模拟转换为步行评测，电梯最长等候时间接近步行时间的40%，单从效率上讲，步行已经具备优势。而这些数据可作为将来高峰期电梯运营管理的依据。

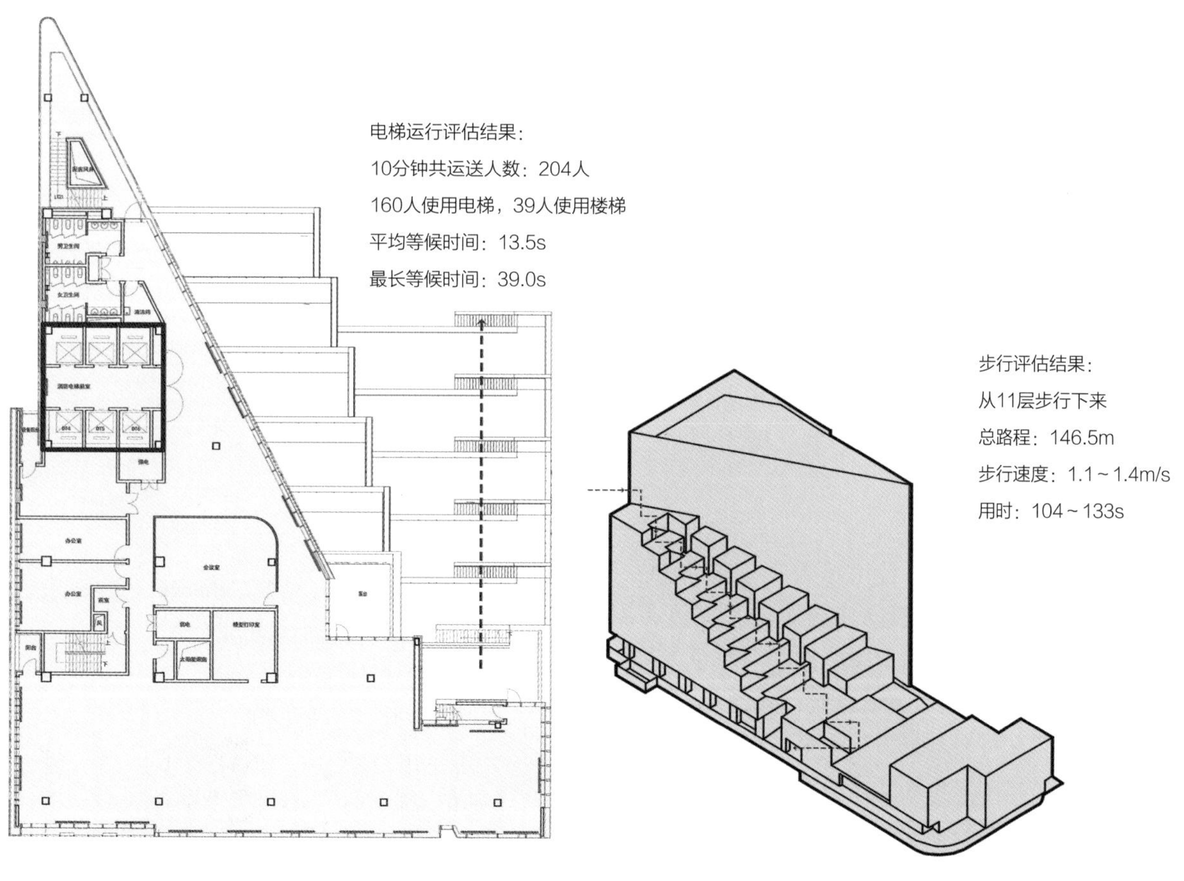

交通空间布置分析

[目的]

在满足基本建筑功能需求的基础上，为满足使用者行为、健康等需求，通过对功能空间的拓展，为使用者提供交流共享平台，促进使用者之间的交互。考虑未来使用人员及功能的变化需求，使功能空间更具发展潜力和可持续性。为功能空间提供更高品质的环境质量，鼓励更健康的生活方式。

[设计控制]

（1）拓展弹性功能，合理组织空间，使空间具有未来的可发展性、可持续性。

（2）鼓励健康行为，在建筑内适当设置休闲空间、公共健身空间等，提高室内环境质量。

[设计要点]

B1-2-2_1 弹性功能拓展

（1）共享公共功能

将公共建筑中的上人屋面、檐廊、露台或中庭设置为提供人们交流的公共空间，增加使用者的活动交流。寒冷地区的过渡季鼓励室外、半室外空间的使用，增加人们与自然的接触。提倡公共空间与设施的共享，在适合的位置集中设置共享空间，减少人均使用率低的场所，提高空间效率。

（2）灵活可变功能

①公共建筑宜考虑即时使用功能、使用人数和使用方式的未来变化。设计时应选择适宜的开间、进深及层高，尽可能采用可灵活移动的轻质内隔墙，以适应建筑空间使用功能的可变性。

②建筑内部空间不只是为某一单一或特定功能设计，在空间和结构无须变化的情况下其功能可以根据不同的使用需求而改变。如一个房间可根据使用者的不同需求用作办公室、储藏室等，这样，使用者能够有更多符合自身需求的功能组合方式可选择。

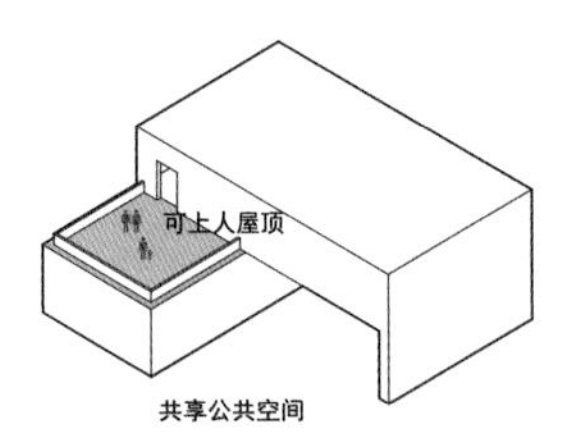

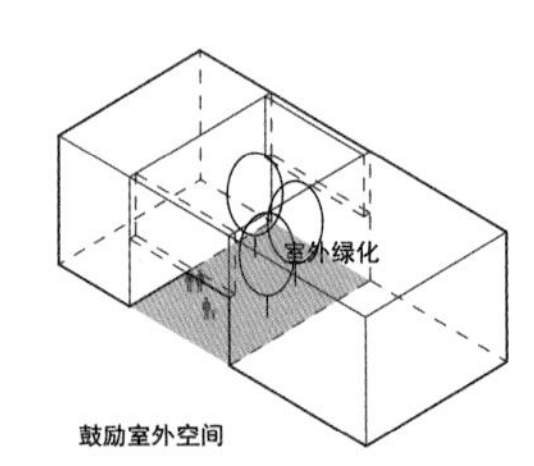

通过共享公共功能的布置增加使用者活动交流。

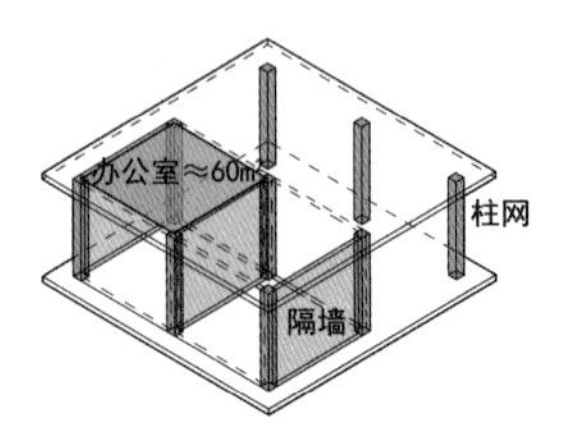

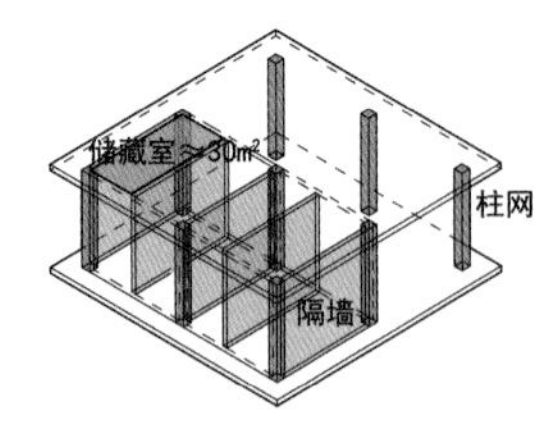

建筑内部空间可通过隔墙设置改变相应的需求。

弹性功能布置示意

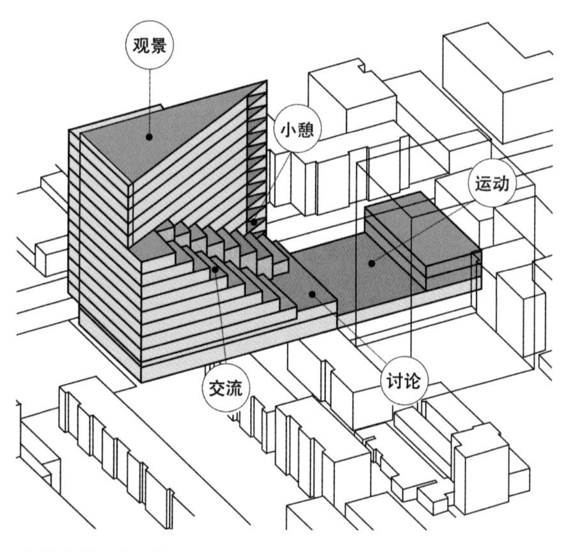

公共功能组织分析

关键措施与指标

共享公共空间；室外空间；灵活分隔空间；功能多变空间

相关规范与研究

（1）《民用建筑绿色设计规范》JGJ/T 229—2010第6.2.1条、第6.2.2条，有关共享空间、灵活可变性设计的相关要求。

（2）孔光燕. 基于WELL建筑标准的健康办公空间设计研究[D]. 南京：东南大学，2019.

健康办公理念，不仅仅停留在绿色技术层面，更重要的是建筑环境意识的更新。这需要建筑师在进行建筑设计时进行统筹性考虑，采用灵活性、适用性较强的办公空间布局。

典型案例 中国建筑设计研究院创新科研示范中心

（中国建筑设计研究院有限公司设计作品）

项目设置多层上人平台营造员工活动场所，增加使用者的活动交流。

B1-2-2_2 鼓励健康设计

（1）休闲健身空间

公共建筑内的办公空间宜提供可站立式的工作场所，以及设置一定配比面积的锻炼、健身空间，应设置于有良好的自然通风、采光并提供景观视野的位置以满足使用者的心理需求，宜配备简单健身器材的储存空间。

（2）室内环境质量

①声环境：功能空间宜动静分区，根据房间的声环境需求，选择满足空气声隔声量标准的隔声门窗，减少噪声干扰，应注重声环境的主动式设计，运用科技手段营造健康舒适的声环境。宜根据声环境的不同要求对各类房间进行区域划分；产生较大噪声的设备机房等噪声源空间宜集中布置，并远离工作、休息等有安静要求的房间，当受条件限制而紧邻布置时应采用有效的隔声减振措施。房间的隔声设计应满足《民用建筑隔声设计规范》GB 50118—2010中的要求。

②光环境：根据空间功能朝向采取遮阳措施，人工照明根据自然光照度变化自动调节。

③风环境：适当调整开窗位置及开启面积，优化有自然通风需求的功能房间。

④空气质量：室外环境空气质量较差的地区（京津冀受污染地区），室内新风系统宜采取必要的处理措施，例如空气净化系统及空气质量监控系统，以提高室内空气品质。产生异味或空气污染物的功能房间与其他功能房间分开设置，可避免其影响其他空间的室内空气品质，便于设置独立机械排风系统。公共建筑的主要出入口宜设置具有刮泥地垫、刮泥板等截尘功能的设施。空气的物理性、化学性、生物性、放射性参数应符合现行国家标准《室内空气质量标准》GB/T 18883—2002等标准的要求。

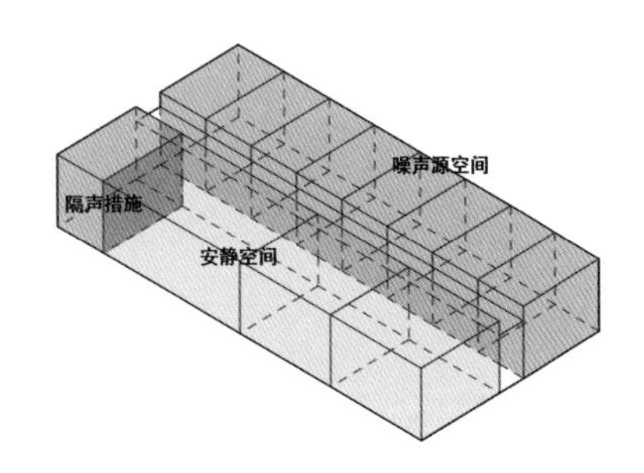

室内声环境控制示意
通过隔声措施划分动静分区，使用科技手段营造符合要求的室内声环境。

关键措施与指标

噪声值；照度；新风量；污染源浓度

相关规范与研究

（1）《北京市绿色建筑设计标准》DB 11/938—2012。

（2）孔光燕. 基于WELL建筑标准的健康办公空间设计研究[D]. 南京：东南大学，2019.

合理安排功能房间的分与合。动静分区，有效地控制噪声传播，保证会议室、行政办公室等的相对安静，处理好健身室、休息室、厨房等动态空间与办公主体空间的关系，与工作方式相协调，做出适宜的办公分区。公私分区，解决好空间的开放性与私密性平衡的问题，对办公空间进行分层次的序列布置，工作区的设计需考虑人的心理环境需求。

以人的行为方式为主要研究对象，从员工的心理和生理需求出发组织空间功能及形式，满足员工研讨、休憩、交流和活动的公共空间配置，这在健康办公空间设计中极为重要。公共空间按照功能主要分为交通、辅助、休闲和健康性空间。

健康性公共空间：健身空间和可站立式的工作场所。虽然许多鼓励身体健康的因素与个人选择有关，但可以通过构建多样的环境提供多种选择。健身空间的设置已成为现代办公的趋势。

办公空间的光照来源包括自然采光和人工照明两方面，需两方面措施的配合，以使办公室获得健康的视觉效果，也可满足人体对自然光的生理需求。通过控制建筑外墙开窗位置、大小、形状、透光率，来控制自然光线进入办公室内的数量。对于空间进深较大的情况，尽量保持办公建筑室内开放性，依靠家具布置进行合理安排或选择透明性隔断材质进行分割，同时配合导光管、导光玻璃等导光技术增加室内某些功能空间的采光量。同时也不可忽略外墙遮阳技术的利用，防止眩光的产生以保障室内环境的舒适度。

典型案例 **北京协和药厂西区工程**
（中国建筑设计研究院有限公司设计作品）

项目通过在不同楼层设置花园、平台等公共活动空间，满足用户的行为需求。

行政屋顶花园

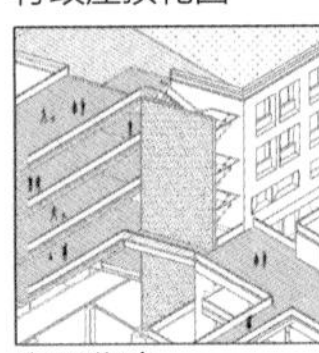
交通集会

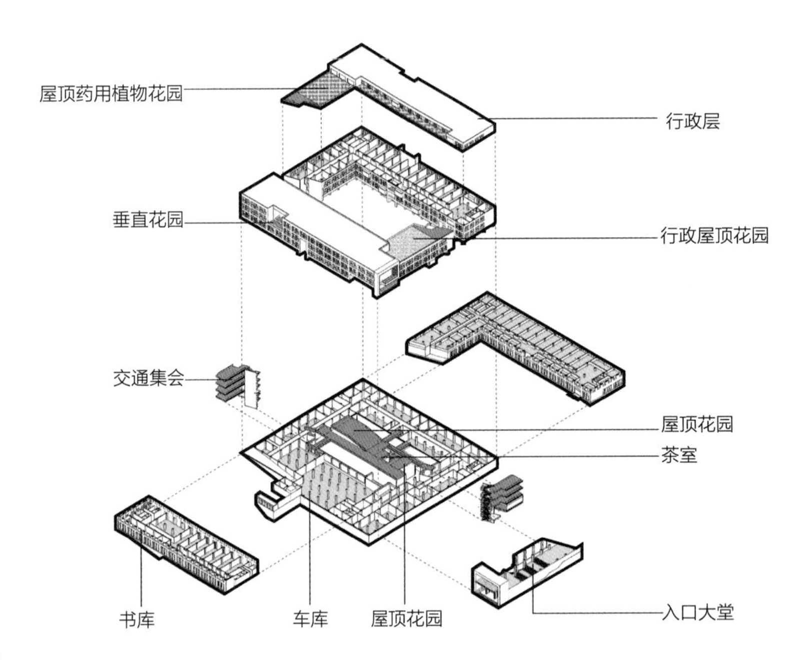

垂直花园

屋顶花园

入口大堂

公共空间布置分析

[目的]

寒冷地区建筑的空间布局应在结合地域气候与环境特征的前提下，根据空间的性能要求，合理布置空间，同时考虑提高地下空间利用效率。

[设计控制]

（1）根据热性能特点对空间合理分区，避免不必要的能量消耗。

（2）优先组织普通性能空间，布置在利于气候适应性设计的部位，利用自然要素满足空间舒适性要求，减少主动性技术措施的使用。

（3）针对主要功能空间的使用特点，在建筑设计中利用低性能和普通性能这类低能耗空间的组织，为主要功能空间创造更好的环境条件。

（4）总体空间形式包括走廊式、垂直式、中央围合式和分散式。不同类型的建筑应根据其功能及节能需要选择合适的总体空间形式。

（5）选择合理的建筑组织模式和建筑流线，合理减少交通空间的面积。

[设计要点]

B2-1-1_1 空间合理分区

（1）寒冷地区的空间分区设计原则主要考虑隔热保温，其策略除与严寒地区有一致之处以外，寒冷地区在夏季必须考虑隔热要求，可兼顾功能性要求适当安排。京津冀地区亦应考虑夏季得热高方位的隔热和防晒策略。

（2）建筑空间组织模式在满足功能需求基础上，应根据房间热性能特点，对空间进行合理分区，在保证主要功能空间舒适度的情况下，宜将室内热环境要求相同或相近的空间集中或邻近布置，减少不同热性能空间之间不必要的制热、制冷的能量消耗。

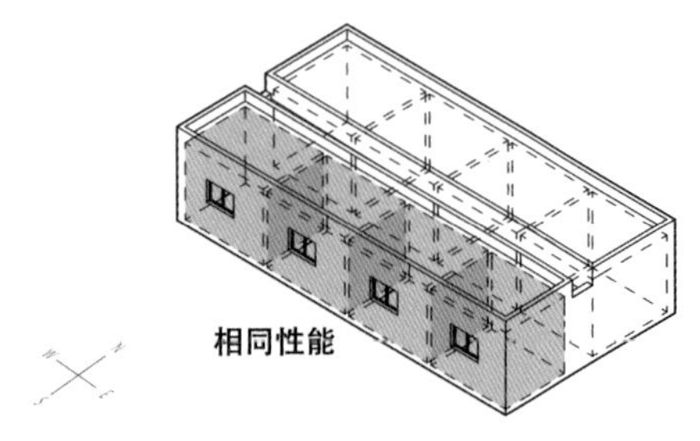

图中相同颜色空间为室内热环境要求相同或相近的空间。

室内热环境要求相同或相近的空间应集中或邻近布置，从而减少不同热性能空间之间的能源损耗，同时有利于统筹布置设备管线，减少管道材料的使用。

相同性能空间集中布置示意

关键措施与指标

空间的热性能特点；热环境要求相近的空间集中布置

相关规范与研究

安琪，黄琼，张颀. 基于能耗模拟分析的建筑空间组织被动设计研究[J]. 建筑节能，2019，47（01）：63-70.

基于区域气候环境的分析和焓湿图结论，内部空间组织的适应性被动式设计策略可包括：

①优先考虑冬季的建筑防寒和保暖。太阳是建筑所需光热能量的主要来源，应利用好太阳辐射能量。根据太阳辐射最佳朝向，建筑的东南向布置需要得热与采光的主要房间。开敞空间要避开冬季的西北风，西北侧的空间应较为封闭，适宜布置辅助房间。

②考虑夏季自然通风和降温除湿。开敞空间如门厅面向东南方向，创造导风空间。在过渡季西南风向上宜布置开放空间加强空气流通，提高舒适度。

合理的空间温度分区可以控制建筑内的温度、湿度、光照和空气流速等，有效地利用自然能量，降低建筑能耗。温度分区首先考虑设置温度阻尼区，把容许温度波动范围较大的房间如楼梯间、卫生间、库房等辅助空间作为温度缓冲区安排在建筑的不利朝向，把有利朝向留给主要功能空间。

典型案例 **北京世园会中国馆**

（中国建筑设计研究院有限公司设计作品）

世园会中国馆将室内热环境要求相同或相近的空间集中布置。

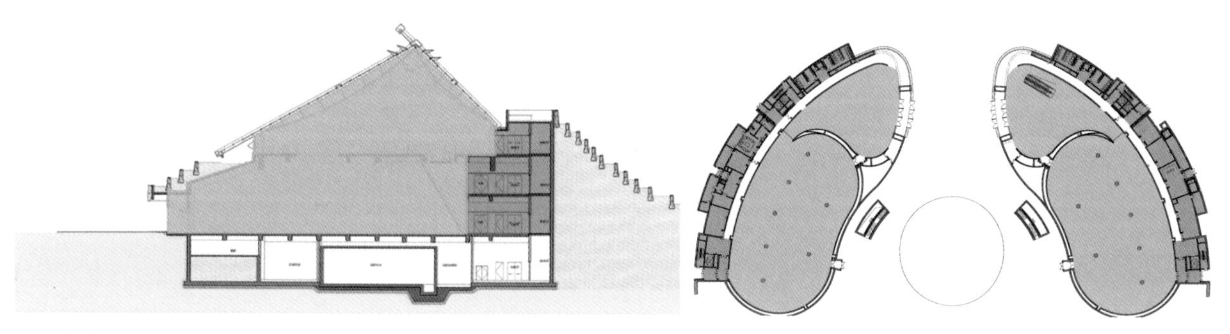

功能空间布置分析

B2-1-1_2 优先组织普通性能空间

（1）由于将普通性能空间布置在使用被动策略的气候适应性设计部位，能利用自然要素（风、光、热等）满足空间舒适性要求，减少主动性技术措施使用，有效降低建筑能耗。该类型空间应占建筑使用空间的最大比例。

（2）普通性能空间要优先利用自然通风与采光，在进深不超过层高2倍的进深较小的薄型平面中，多将普通性能空间布置在采光效果好的建筑外围及夏季迎风面，避免布置在背风面和朝向不佳的位置；在进深大于3倍层高的进深较大的建筑中，普通性能空间可以贯穿在一起形成开敞平面，自然通风靠温度不同形成的热压或气压不同形成的风压的原理促使空气流动，也可以靠近如中庭、边厅、天井等可以用太阳辐射热加强热压通风效果的垂直向流通空间，依靠烟囱效应实现普通性能空间内的通风采光要求。

（3）在寒冷地区，要满足冬季保温防寒，兼顾夏季隔热降温。一方面人员活动多的普通性能空间宜布置在南向，避免布置在东西向，保证冬季室内日照充足，减少冬季西北寒风侵袭，并利用夏季风实现自然通风；另一方面通过紧凑排布普通性能空间，利用人员不长时间停留的直接得热房间的开闭实现相邻房间的对流传热，以减少采暖能耗。所形成的建筑体量规则方正，体形系数小，也可有效减少冬季耗热量。

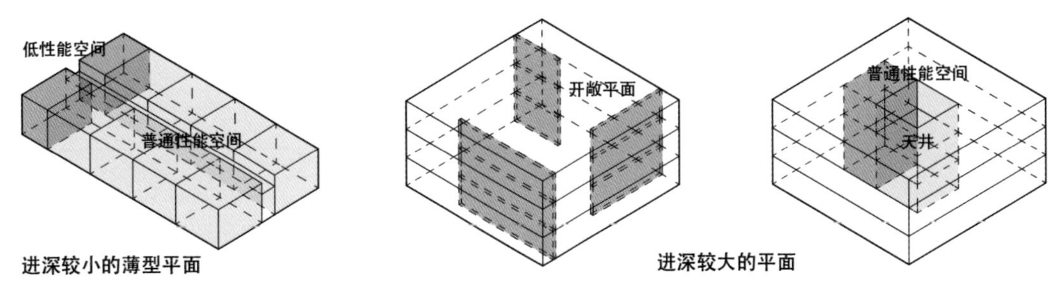

普通性能空间组织方式示意

不同进深的空间内，将普通性能空间布置于可利用自然要素满足其舒适度的位置。

关键措施与指标

优先利用普通性能空间

相关规范与研究

韩冬青，顾震弘，吴国栋. 以空间形态为核心的公共建筑气候适应性设计方法研究[J]. 建筑学报，2019（04）：78-84.

典型案例 中国建筑设计研究院创新科研示范中心

（中国建筑设计研究院有限公司设计作品）

平面布局结合日照，把电梯、楼梯间、卫生间等服务空间布置在西侧，以减少西晒对使用空间的影响，大开间办公区占据南向和东向，北侧一组连接的中庭空间为大进深的平面提供了更好的通风和采光条件。

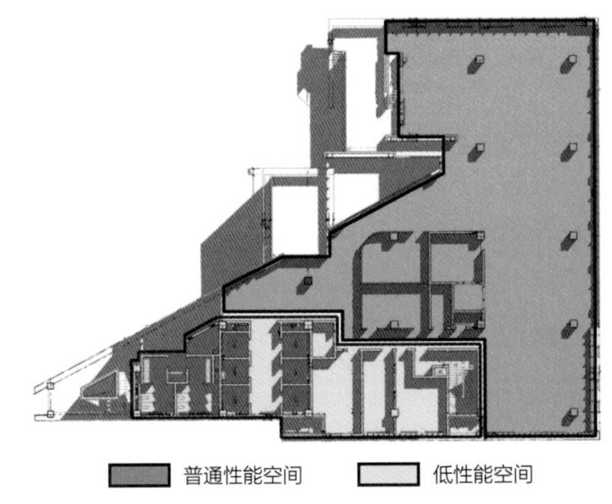

普通性能空间布置分析

B2-1-1_3 充分利用低能耗空间

低能耗空间是以被动式技术控制和实现室内舒适度的空间。根据寒冷地区的气候条件，针对主要功能空间的使用特点，在建筑设计中利用低性能和普通性能这类低能耗空间的组织，来为主要功能空间创造更好的环境条件。

公共建筑中室外空间例如庭院、开敞中庭、底层架空等可以在天气适宜时承担一些临时的功能活动。这些公共空间将服务更多的社会大众，拓展公共建筑的社会效益，减少服务人群的人均能耗。

开敞中庭和架空空间可以提供遮阳避雨的户外活动场地，因而能在更多的时段提供无能耗或低能耗的活动场地。在设计公共建筑时，应有提供户外活动空间的考量，以充分拓展室内功能至室外，减轻建筑功能空间和能耗压力，但需注意所在地的气候或季节是否适宜长时间的室外、半室外活动。

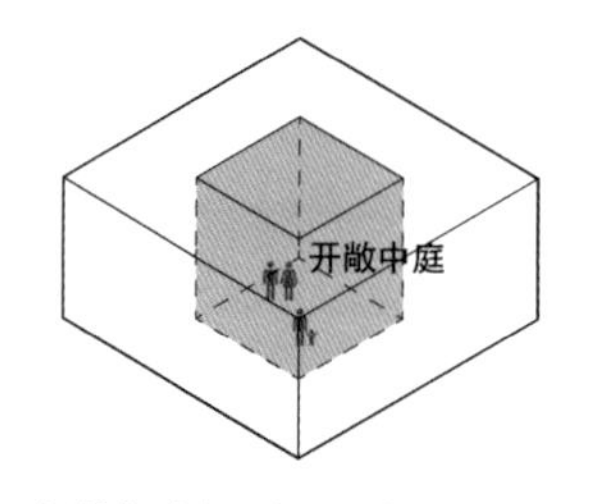

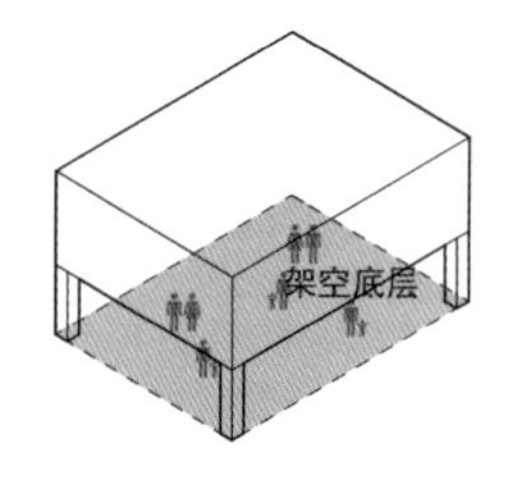

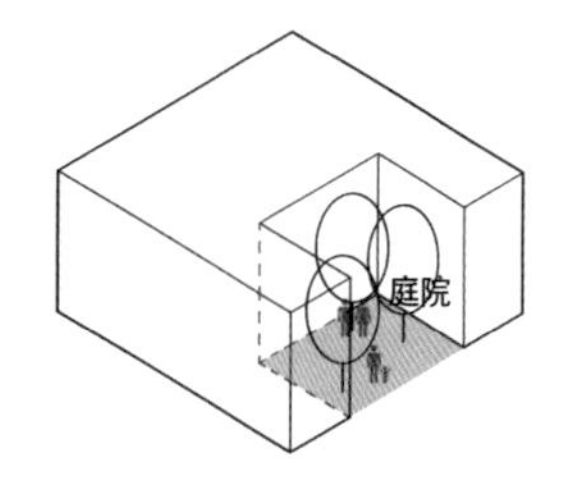

低能耗空间利用示意

在公共建筑中根据户外活动空间需求设置开敞中庭、架空底层、庭院等，能够提供低耗能的活动场地，拓展公共建筑的社会效益。

关键措施与指标

低能耗空间的组织利用

相关规范与研究

韩冬青，顾震弘，吴国栋. 以空间形态为核心的公共建筑气候适应性设计方法研究[J]. 建筑学报，2019（04）：78-84.

典型案例 河北省廊坊市文安文化艺术中心

（中国建筑设计研究院有限公司设计作品）

河北省廊坊市文安文化艺术中心的开敞中庭、底层架空和庭院等一起承担部分临时展览等活动，减轻建筑功能和能耗压力。

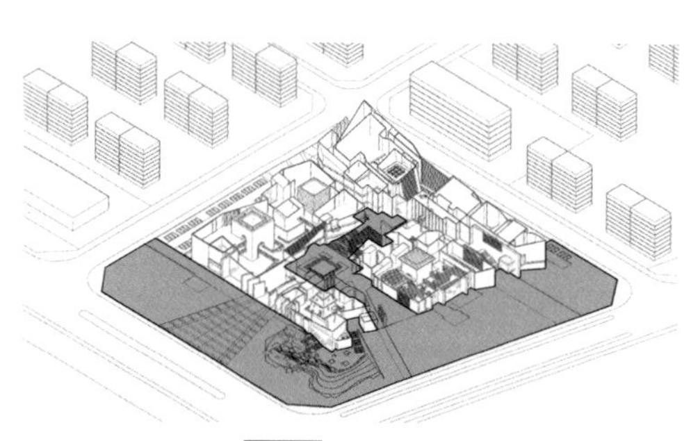

B2-1-1_4 组织模式的合理选择

（1）总体空间形式：

①在体形系数相差不大时，高层公共建筑总体空间形式选择走廊式最利于节能，可以更好地利用天然采光、自然通风，冬季采用太阳辐射被动式采暖，相对于垂直式和中央围合式有一定的节能优势。

②多层公共建筑宜选用分散式总体空间形式，引进更多太阳辐射与自然光，降低采暖照明能耗，其次考虑使用中央围合式。分散式总体空间形式的每个分散的体量体形系数不宜太大。分散的体量宜处于过渡

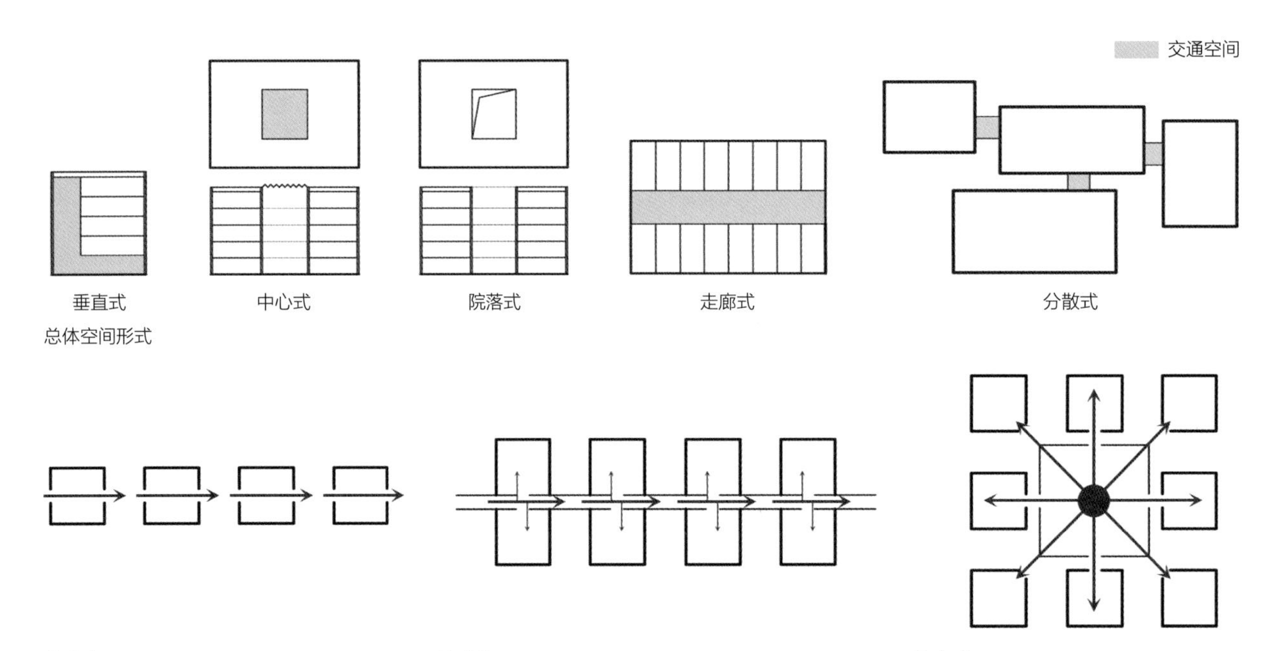

总体空间形式

串联式
各单元空间先后次序明确，形成序列空间。这类空间的组织通常是根据人在空间中的活动过程和时间的先后顺序，有目的地把各个空间组织为一组结构严谨、整体完整的序列。

并联式
并联空间的形态基本是近似的，相互之间也不易寻求次序关系，因此最方便的组合方式是利用“骨骼”和基本形的关系，骨骼的形式可以是线性、放射形或网格形。并联式组合常用于功能相同或功能虽不同却无主次关系的空间。

核心式
核心式空间的特点是以体量巨大的主体空间为中心，其他附属或辅助空间围绕其四周布置。主体空间十分突出，主从关系异常分明。同时，辅助空间都直接依附于主体空间，因而与主体空间关系极为紧密。

组织模式

建筑空间组织方式示意

空间，即半室内半室外空间，避免冬季直接向室外散热。

③在体形系数相差不大时，对于多层公共建筑，中央围合式的院落式布局优于中心式布局。

（2）组织模式：

建筑空间组织模式在满足功能流线的基础上，应选择有利于节能降耗的空间组织形式，根据情况选择串联式、并列式、核心式。

关键措施与指标

总体空间形式：走廊式、垂直式、中心式、院落式、分散式；组织模式：串联式、并联式、核心式

相关规范与研究

（1）《民用建筑绿色设计规范》JGJ/T 229—2010第6.2.4条文规定，将需求相同或相近的空间集中布置，有利于统筹布置设备管线，减少能源损耗，减少管道材料的使用。

（2）艾学明，季翔. 公共建筑设计[M]. 南京：东南大学出版社，2015：372.

3.2.1　平面组合的基本方式

①走廊式

各使用空间用墙隔开，独立设置，并以走廊相连，组成一幢完整的建筑，这种组合方式称为走廊式，又称走道式。走廊式是一种被广泛采用的空间组合方式。它特别适合于学校、办公楼、医院、疗养院、集体宿舍等建筑。这些建筑房间数量多，每个房间面积不大，相互间既需适当隔离，又要保持必要的联系。

走廊式组合又可分为内廊式、外廊式、连廊式三种。

②串联式

各使用空间依功能要求，按一定顺序，一个接一个地互相串通，甚至首尾相接。这种组合的优点是空间与空间关系紧密，并且具有明确的方向性和

连续性；缺点是活动路线不够灵活，不利于各使用空间的独立使用。规模较大的建筑，可在串联的各使用空间中插入过厅、休息厅、楼梯，以提高使用的灵活性。这种组合常见于展览馆。

典型案例 北京城市副中心行政办公区A2工程

（中国建筑设计研究院有限公司设计作品）

场地内的各建筑单体采取院落式布局形式，并结合连廊，在彼此之间形成公共院落。建筑群采取组团式布局方式，可分可合，有利于适应不同功能的分配方式。

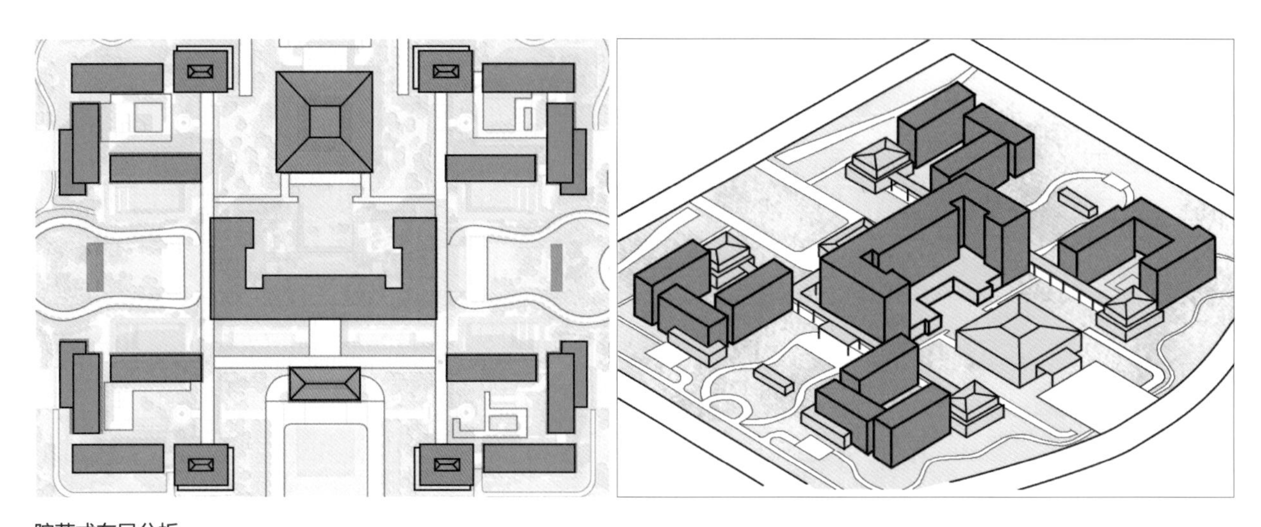

院落式布局分析

B2-1-1_5 交通流线的优化

（1）根据公共建筑内部空间人流密度变化特征合理布局交通、过渡空间。

（2）建筑空间组织应保证室内空间流线的紧凑连贯，合理减少交通空间的面积，交通流线高效便捷。水平交通布置应在满足功能要求的前提下，尽量减少通道、厅堂的面积和长度，使空间组合更紧凑。整体的空间组合中，适当缩小使用开间，加大进深，充分利用走道尽端作为较大房间，或在走道尽端安排辅助楼梯等，达到布局紧凑、缩短通道的目的。

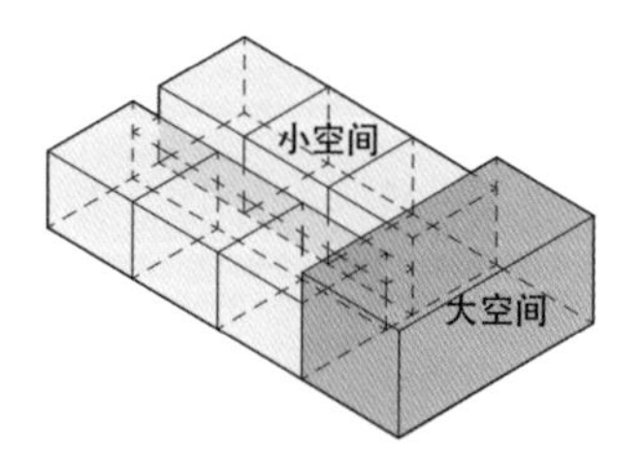

充分利用走道尽端做大空间

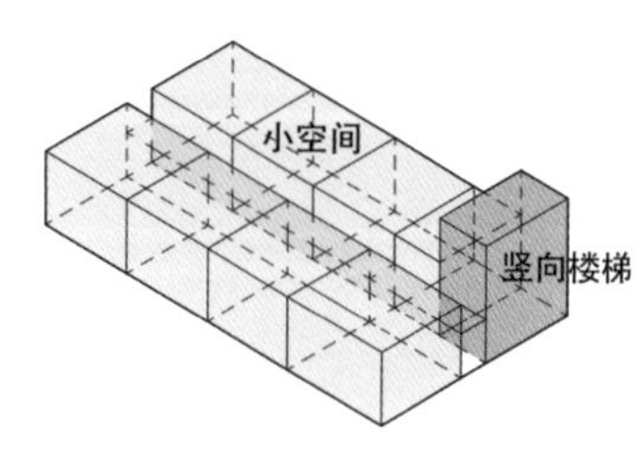

紧凑的交通流线布局

交通流线优化组织方法示意

关键措施与指标

单位时间内通过的总人数N；集群系数A；人体散热量Q_r；人体散热冷负荷系数

相关规范与研究

（1）《绿色办公建筑评价标准》GB/T 50908—2013条文说明第4.2.4条，有关交通辅助空间设计的相关要求。

（2）北京市勘察设计与测绘管理办公室．北京市绿色建筑设计标准指南[M]．北京：中国建筑工业出版社，2013．第7.2.3条文说明，有关交通辅助空间设计的相关要求。

（3）奚培锋，张少迪，赵建立，等．移动终端的建筑典型人流数据生成和在能耗模拟中的应用分析[J]．现代建筑电气，2019，10（01）：1-7.

针对现有人员作息时间表无法满足准确的建筑模拟、控制要求，准确的实时人流数据获取需要大量的监测计算工作且仅限于既有建筑的问题，参考典型气象年的概念，提出典型人流数据的概念及其提取方式，通过一组典型数据代替实际数据，在保证一定准确度的同时减小实际操作过程的工作量。

与传统的人员时间表相比，典型人流数据来自于移动终端，数据量大且数据类型较多，因对于人流数据的分类描述更细致，不仅可以覆盖7大类、19小类不同建筑类型，而且从地理环境、建筑面积及建成时间等方面对人流数据进行描述。随着数据采集点的增加，还可以对现有数据库进行不断扩充与更新。另外，基于聚类分析的方法对人流数据进行分类整理，从数据角度对人流进行聚类，因此会分析出没有考虑到的问题，如医院类型建筑人口数据具有一定季节性，流感高发季节明显比非流感季节人数多。对于实际人员数据无法采集的情况，采用典型人流数据可以有效提高建筑模型的准确度，简化模型参数校核过程，尤其是对于标准中也没有涉及的建筑类型。另外，从城市规划角度来看，了解区域内各类建筑的典型人流数据，以便进行合理的城市规划，包括交通规划、建筑规划以及用能规划等。

（4）李乐之. 一种通过人流模拟测算建筑空间活跃度的方法：CN103473114A[P]. 2013.

本发明公开了一种通过人流模拟测算建筑空间活跃度的方法，在待测空间中进行大量人流模拟，并在空间障碍物上设置测量体，测量体探测并累计周边指定范围内出现过的人数，根据累计的人数即时更新测量体的颜色，测量体探测并累计周边指定范围内出现过的人数越多，测量体的颜色越白，所在空间的空间活跃度越高。本发明相对于传统的方法更加准确且简单易行，突破性地创造了一种检测空间活跃度的机制，可视化地显示出空间中任意一点的活跃度值，为建筑空间布局的规划提供了明确而有力的指导。

典型案例 北京世园会中国馆

（中国建筑设计研究院有限公司设计作品）

北京世园会中国馆空间流线紧凑连贯，通过内部空间人流变化特征来组织，简洁流畅。

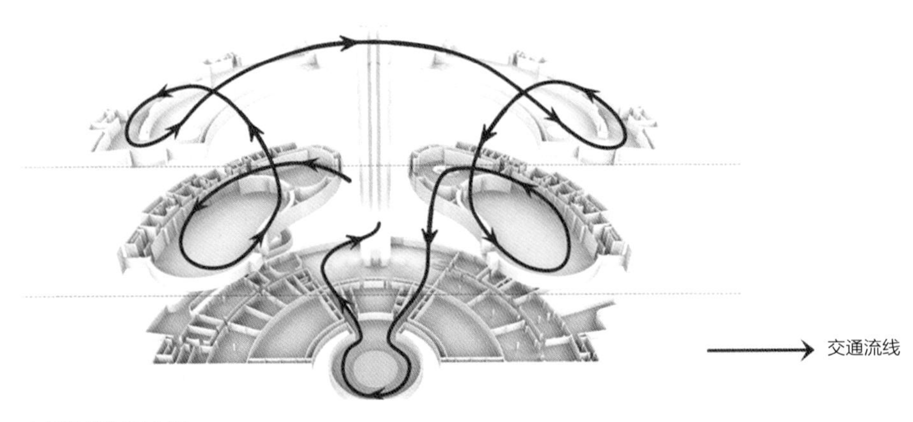

交通流线组织分析

[目的]

寒冷地区建筑的空间布局应在结合地域气候与环境特征的前提下，根据空间的性能要求，合理布置空间，同时考虑提高地下空间利用效率。

[设计控制]

（1）合理组织空间，根据功能特点与节能要求选择合理的空间组织模式。

（2）在合适位置设置气候缓冲腔体，降低冬季热量损失带来的能耗。

（3）充分利用中庭、灰空间等气候调节性模块以调节建筑风环境与光环境。

[设计要点]

B2-1-2_1 位置与气候的关系

（1）寒冷地区的公共建筑有更多防寒需求，在一般情况下，小空间更易于集热，应布置在气候边界处，而大空间应尽量位于内区。

（2）高性能空间应远离气候边界处，对性能要求较低的低性能空间应位于气候边界处作为气候缓冲空间。

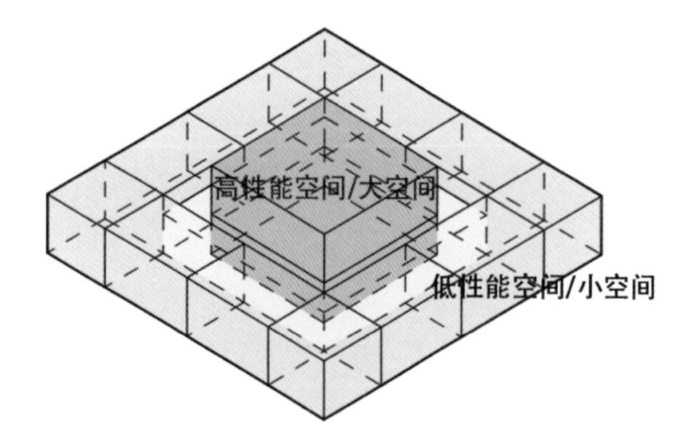

高性能与低性能空间的组合关系示意
空间组织过程中将低性能小空间布置在气候边界处，高性能大空间置于内部或地下。

关键措施与指标

低性能空间位于气候边界、高性能空间远离气候边界、缓冲空间

相关规范与研究

（1）《绿色办公建筑评价标准》GB/T 50908—2013条文说明第4.2.3条，有关充分开发利用地下空间、协调空间关系的相关定义及要求。

（2）安琪，黄琼，张颀．基于能耗模拟分析的建筑空间组织被动设计研究[J]．建筑节能，2019，47（01）：63-70.

温度分区首先考虑设置温度阻尼区，把容许温度波动范围较大的房间如楼梯间、卫生间、库房等辅助空间作为温度缓冲区安排在建筑的不利朝向，把有利朝向留给主要功能空间。

（3）韩冬青，顾震弘，吴国栋．以空间形态为核心的公共建筑气候适应性设计方法研究[J]．建筑学报，2019（04）：78-84.

使普通性能空间置于气候优先位置。根据气候性能要求的程度差异，严格约束高性能空间的规模，建构普通性能空间、低性能空间、高性能空间之间的适宜性配置与组织关系。普通性能空间通常占据各类公共建筑使用空间的最大比例，其空间应布置在利于气候适应性设计的部位。对自然通风和自然光要求较高的空间常置于建筑的外围。对性能要求较低的空间则时常置于朝向或部位不佳的位置。

典型案例 **中国建筑设计研究院创新科研示范中心**

（中国建筑设计研究院有限公司设计作品）

项目将低性能空间布置在气候边界处作为缓冲空间，将对自然通风和采光要求较高的普通性能空间置于建筑的外围，将高性能空间布置在远离气候边界处。

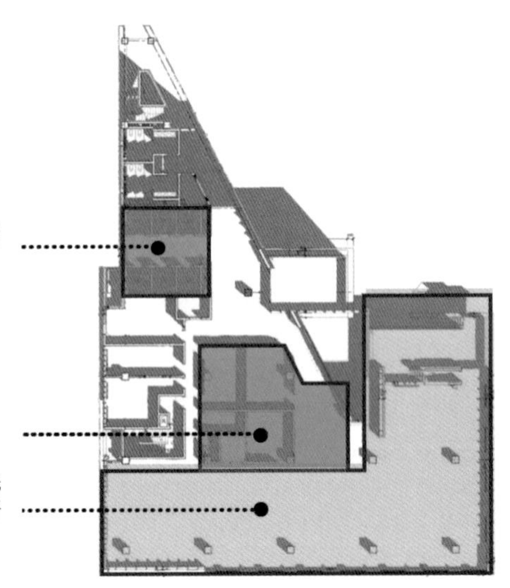

不同功能空间布局分析

B2-1-2_2 设置气候缓冲腔体

（1）连接各建筑主体的建筑连廊在起到交通联系、形体组织作用的基础上，可有机地设置局部放大的缓冲空间、屋顶天窗、通风塔等气候调节模块。

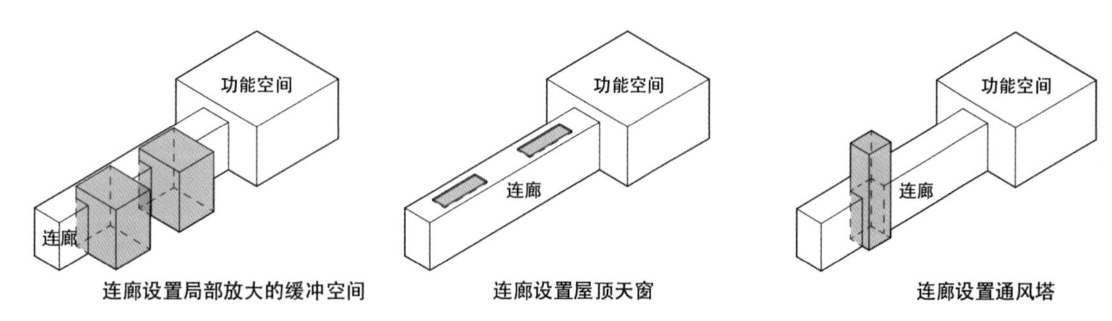

气候缓冲空间示意
连廊设置不同类型调节腔体以达到节能目的。

（2）在适当的位置置入玻璃中庭或者边庭等气候适应性调节模块，利用具有可调外遮阳百叶的玻璃空间的南界面和顶界面增加建筑物集热面积，产生“温室效应”。

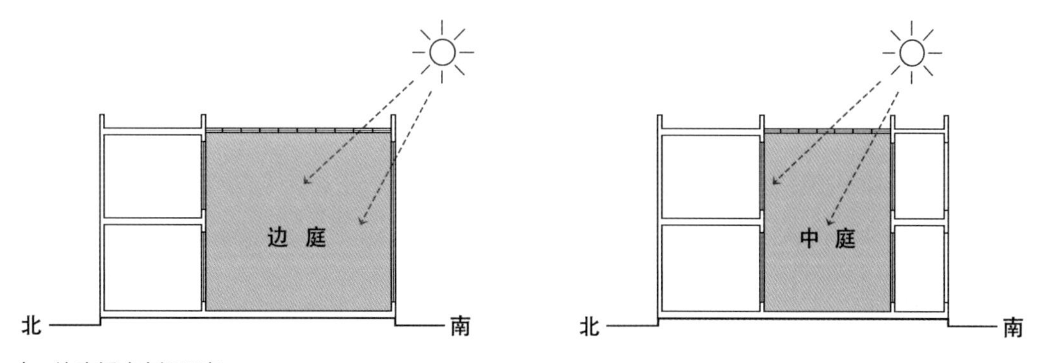

中、边庭缓冲空间示意
根据需求插入中、边庭空间，调节室内光、热环境。

（3）在相同面积的情况下，如果寒风已经进入室内，采取扩大前庭进深或使前庭与门斗高度不同的措施，可打破顶界面的连续性，均可有效减弱冷风入侵带来的影响。

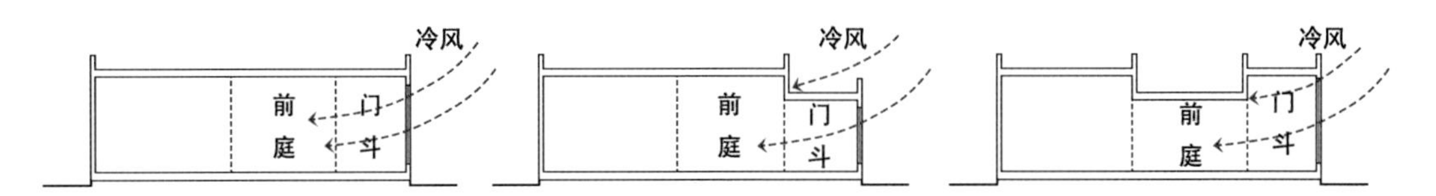

门斗设置方式示意

不同门斗的设置方法，改善冬季冷风对使用空间的影响。

（4）充分利用过渡灰空间的气候调节性作用，对建筑的环境进行调节。在寒冷地区，结合室外环境设计选择背离冬季主导风向的下沉式庭院入口可有效规避冷风倒灌的情况，形成气候过渡区。

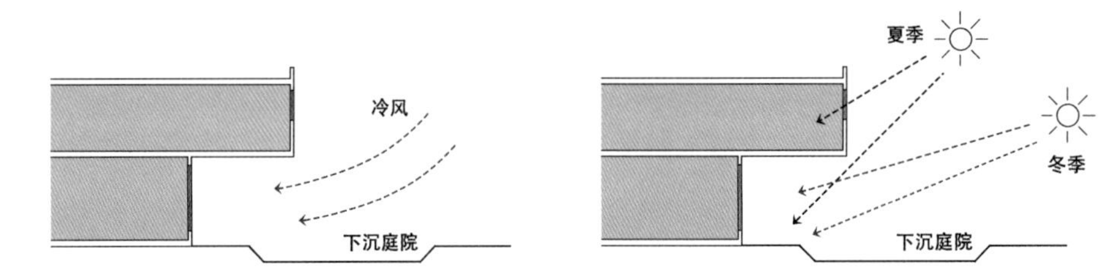

下沉庭院适应气候设计方法示意

设置下沉庭院进行气候调节，形成良好的局部微气候。

关键措施与指标

缓冲空间形式；缓冲空间位置

典型案例 天津大学综合实验楼

（中国建筑设计研究院有限公司设计作品）

天津属温带大陆性季风气候，四季分明，在合适位置设置气候缓冲腔体，通过院落、中庭、屋顶构架等方式形成采光通风和遮阳，尽可能不用人工空调，达到绿色节能的效果，大大降低运营成本。

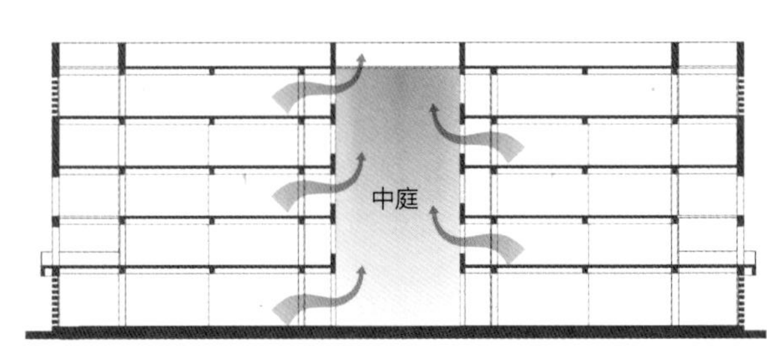

中庭通风设计分析

B2-1-2_3 植入气候适应调节性模块

（1）在公共建筑适当的位置植入气候适应与调节性模块，利用应对与适应气候的设计原理改善建筑空间的微环境。北方寒冷地区公共建筑高耸形体空间包括太阳能烟囱、楼梯间、中庭三个类型。

（2）在京津冀地区，冬季对太阳辐射的需求大，可在建筑本体中植入中庭空间以实现建筑的集热和保温。常用的气候调节性中庭/边庭的样式见下图，其中南向外廊式边厅嵌入式的中庭，兼顾建筑保温集热，同时作为热缓冲过渡空间，减少了室内热量的损失，提高了建筑保温性能；核心式中庭和内廊式中庭保温性能最好，同时改善大进深空间的采光性能。中庭顶部设计一字排开的烟囱提高出风口的高度或者采用无动力风帽和文丘里效应风帽，有助于中庭空间排风，加强热压通风作用。当建筑物采用中庭进行通风优化时，应根据采光效果动态调整中庭的高宽比、中庭顶部的开合、面向中庭房间的洞口的位置与面积，并合理确定房间的开间与进深。

（3）建筑创作时可根据空间组织，将非消防楼梯等竖向交通核的专用通风井或采光井设置在中庭或边庭等气候缓冲腔体空间的边界处，将其融合在气候调节空间中。在寒冷地区的冬季供暖期，可有效地将中庭或边庭等气候腔内的热能传递到竖向交通空间中，进而将热量通过与竖向交通核联系的水平交通空间传递到各个使用空间，使热量资源尽可能地最大化传递和利用。

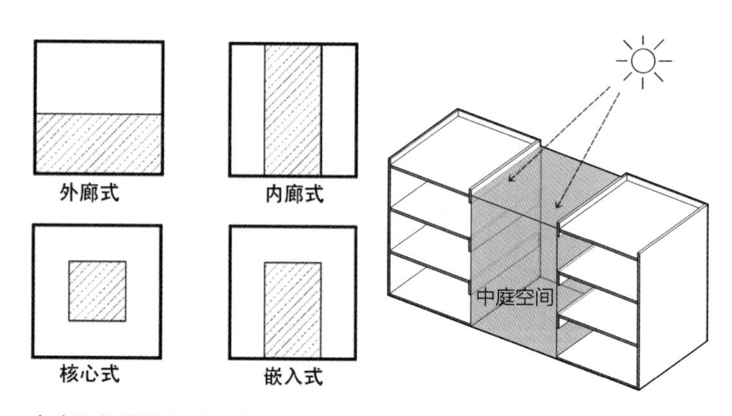

中庭调节模块类型示意

在寒冷地区，核心式中庭和内廊式中庭的保温性能最好。

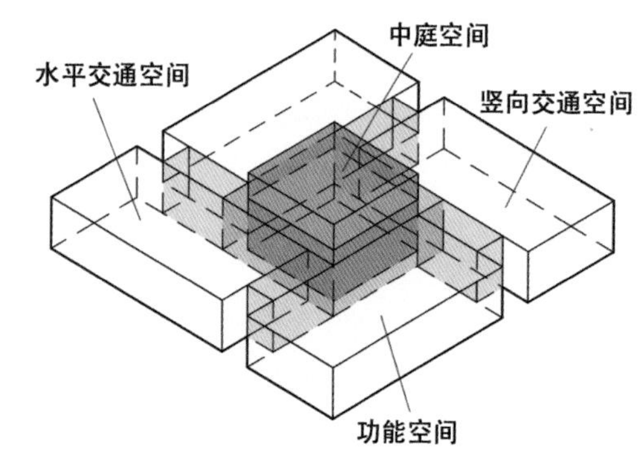

中庭的空间组织方式示意

将竖向交通核设置在中庭或边庭的边界处，传递热能到竖向交通空间。

关键措施与指标

气候适应与调节型空间；热压通风；集热保温；增强采光

相关规范与研究

（1）《民用建筑绿色设计规范》JGJ/T 229—2010第6.4.5条，有关中庭热压通风控制的相关定义及要求。

（2）王萌.现代建筑中庭节能设计方法的探索与研究[D]. 天津：天津大学，2014.

寒冷地区的建筑为了防止过度的通风量引发大量失热，通常仅仅需要满足该建筑的必要换气量，使其气密性与保温性得到保障。中庭通常利用热空气上升或者烟囱效应来进行热压通风。但这些地区往往还要通过温室效应采暖来加强得热，所以中庭的高宽比设计的较小。如何协调烟囱效应和温室效应的矛盾需要在具体设计中去精心推敲从而取得平衡。

（3）查新彧. 太阳能烟囱的通风效果与节能效果研究[D]. 南京：南京大学，2017.

从针对竖直式太阳能烟囱通风效果的数值模拟结果中可以看出，太阳能烟囱的结构尺寸与太阳能烟囱产生通风量的影响直接相关。随着太阳能烟囱高度的逐步增加，在相同太阳辐射强度与相同太阳能深度、宽度条件下，太阳能烟囱产生的通风量随之增加。可以看出太阳能烟囱产生的通风量与太阳能烟囱高度呈正相关，且增幅明显。由此可见，在实际工程中，增加太阳能烟囱的高度，可以有效增加太阳能烟囱产生的自然通风量。

在太阳能烟囱高度、深度、太阳辐射强度不变的情况下，太阳能烟囱通风量随着烟囱宽度变化的讨论中，结果显示通风量与太阳能烟囱宽度亦成正相关。可见在实际工程中，增加太阳能烟囱的宽度，同样可以有效增加太阳能烟囱产生的自然通风量。在保持太阳能烟囱宽度、太阳辐射强度不变的条件下，针对太阳能烟囱深高比对通风量影响的讨论中，结果显示太阳能烟囱产生的通风量随着深高比的增大先升高后降低，后趋于平缓。即存在着最佳深高比使得太阳能烟囱产生的通风量最大。在本研究范围内，这个最佳深高比值介于0.3～0.4之间。究其原因，可能是由于当太阳能烟囱的宽度增加时，烟囱通道内气体的阻力变小，从而可以显著增加通风量。但当烟囱的宽度增大到一定程度时，会在接近出风口处产生回流，此时通风量不增反减，不再随着太阳能烟囱深度增大而增大。

典型案例 天津大学综合实验楼

（中国建筑设计研究院有限公司设计作品）

综合实验楼的嵌入式中庭作为热缓冲空间，同时组织交通。

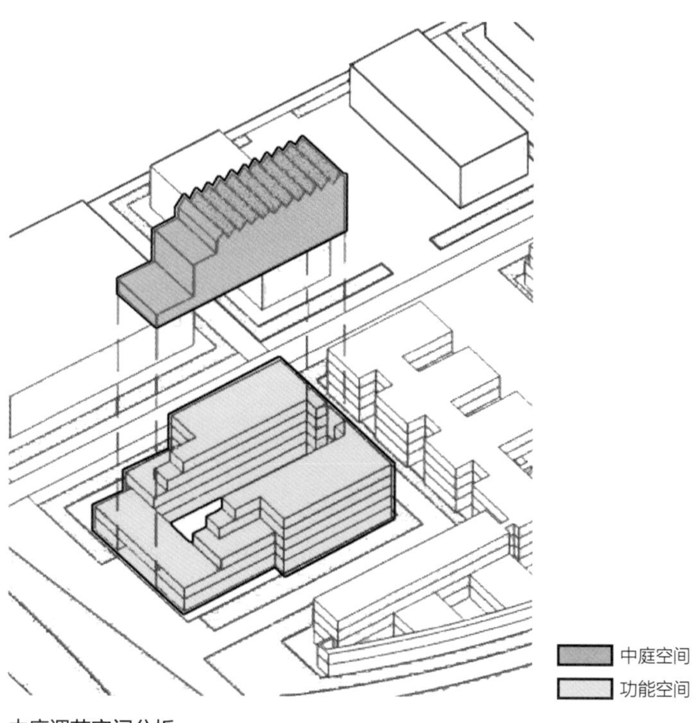

中庭调节空间分析

[目的]

通过控制空间的开间、进深、高度等规模和尺度，在其与气候交互时，获得更多采光、通风，并有利于空间的保温隔热，达到提高空间效能和节约能源的目的。

[设计控制]

（1）控制空间的开间和进深，使建筑室内获得良好的自然通风和采光。

（2）控制空间的高度，利用温差实现热压通风。

（3）对中庭空间等气候调节空间的规模尺度进行深化研究。

[设计要点]

B2-2-1_1 开间与进深

（1）在空间单元的开间方向有外窗、层高不变的前提下，空间面积占比增大时，更有利于节能；开间进深比应取相对适中的范围，更有利于节能。

（2）合理控制空间单元及建筑物的开间、进深与建筑层高。不仅利于天然采光和自然通风，还有利于冬季被动式太阳能采暖。单侧采光房间的进深不大于窗上口至地面距离的2.5倍时可以完全依靠自然采光通风，而进深过大会造成空间的里部采光通风条件过差，需要增加机械设备来补充调节，因此在没有特殊情况下，应尽量控制进深在合理范围内。一般情况下为保证房间充足的照度和均匀的光线分布，可采用模拟分析进行校核。

（3）建筑进深l宜小于5倍室内净高，以利于室内自然通风。通过合理控制建筑中庭与边庭空间的开间进深与朝向，使室内空间获得更多的自然通风。同时宜通过CFD模拟分析建筑空间的自然通风效果，优化设计方案。

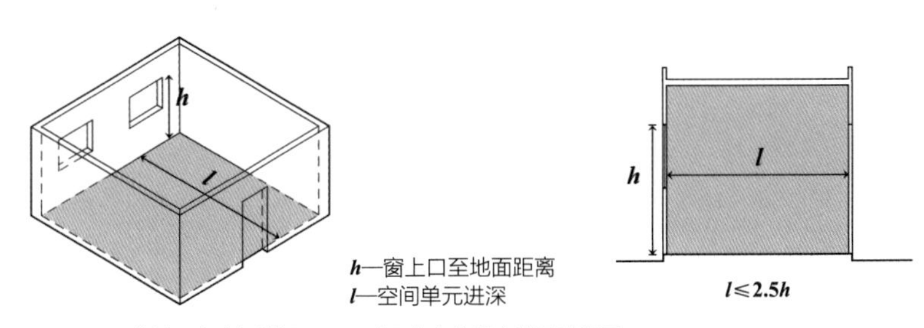

单侧采光房间进深 l<2.5h时可完全依靠自然采光通风。

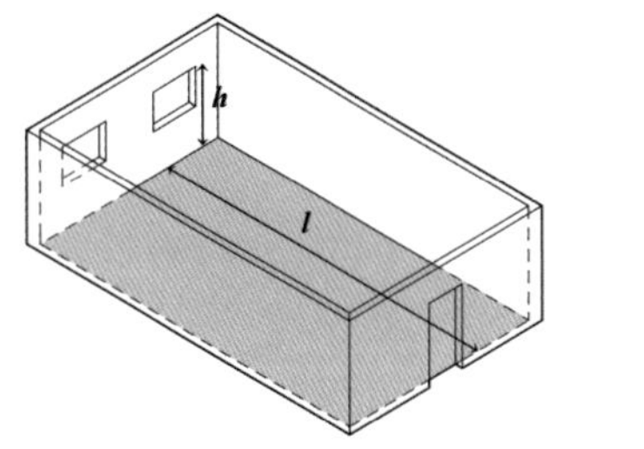

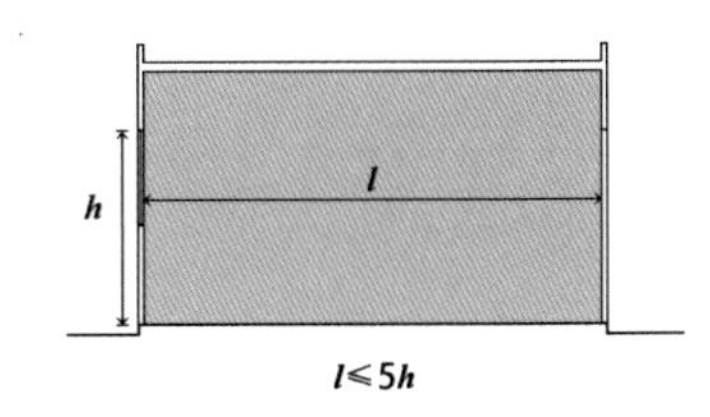

空间单元与建筑物开间、进深与建筑层高的关系示意 $l\leqslant 5h$时有利于室内通风。

空间单元与建筑物开间、进深及建筑层高的关系示意

关键措施与指标

空间面积占比；开间进深比适中

相关规范与研究

（1）《节能建筑评价标准》GB/T 50668—2011第4.1.6条，有关建筑物朝向设计的相关定义及要求。

（2）王萌．现代建筑中庭节能设计方法的探索与研究[D]．天津：天津大学，2014.

房间的通风效果与进深有密切的关系。一般而言，对单侧通风的建筑进深最好不超过净高的2.5倍；穿越式通风时，为了促进形成房间与房间之间的空气对流，房间平面进深一般不大于14m且要低于楼层净高的5倍。此时驱动力主要是风压，但进风口和出风口间有明显的高差时，热压也有较明显的作用。

典型案例 北京协和药厂西区工程

（中国建筑设计研究院有限公司设计作品）

北京协和药厂西区工程北侧实验室开间进深比为1：2。

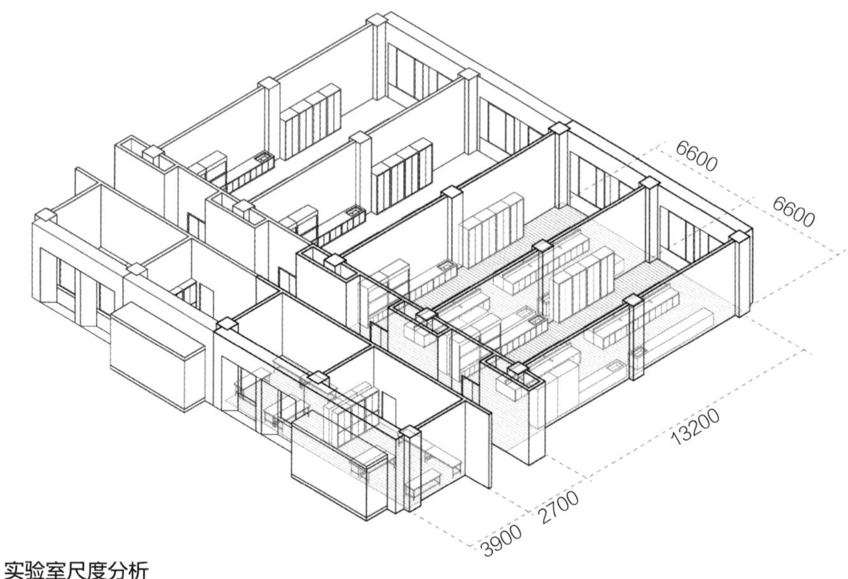

实验室尺度分析

B2-2-1_2 空间的高度

（1）对于普通人的使用来说，建筑室内空间高度达到3m左右即可满足要求，但公共建筑的空间除了满足基本使用，还要考虑使用者的心理需求，所以现实中建筑空间高度往往是一种心理、视觉舒适的空间高度。

（2）由于热空气上升，冷空气下沉，对于需要采暖的空间来说低矮空间热舒适性更优，可以保证热空气不会升到过高，对于需要制冷的空间来说高大空间热舒适性更优，热空气升到高处可以带走近地面的热量。因此北方地区建筑空间主要人员使用区域应尽量控制净高在3m以内，降低不必要的空间高度，以保证热空气不会因为集中在空间上部区域而浪费，减小采暖能耗。

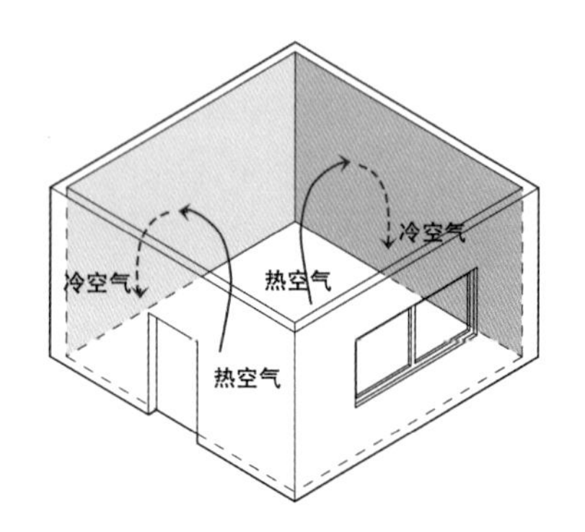

室内空气循环示意
控制空间高度，提高冷热空气循环舒适度。

关键措施与指标

控制空间高度；空间热舒适度

典型案例 中国建筑设计研究院创新科研示范中心
（中国建筑设计研究院有限公司设计作品）

主要人员使用区域净高小于3m，满足使用需求，减少能源浪费。

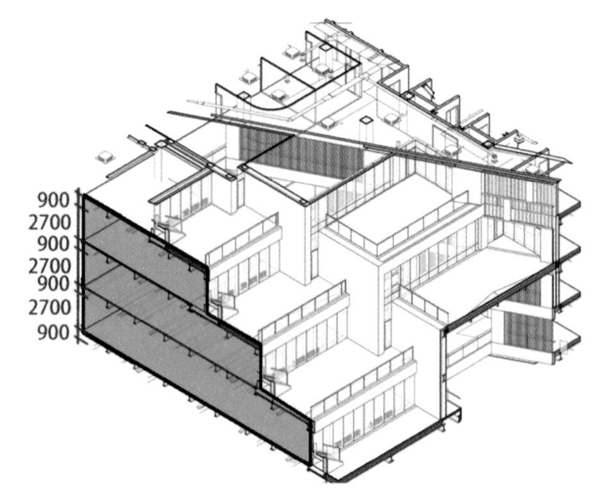

办公层高设计分析

B2-2-1_3 合理减少外露面积

合理控制空间单元的开间、进深与建筑层高，在争取采光的同时减少建筑空间外露面积，保证对室外传热面积减少，减少传热损失。为了减少冬季的热损失，应合理减少使用空间的外露面积，保证空间整体性、封闭性良好，防风避寒。

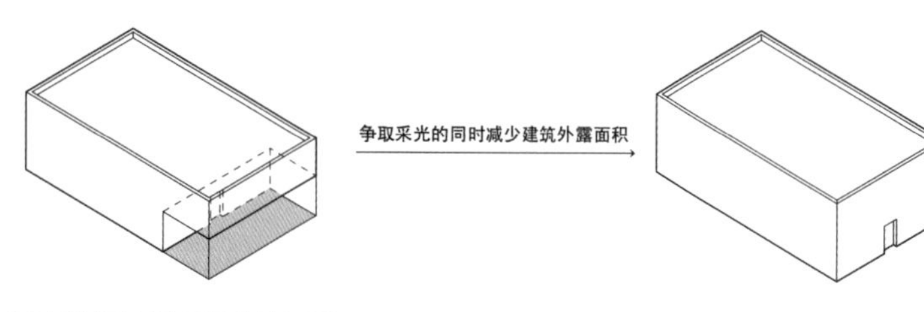

减少建筑外露面积方法示意

不减少采光的同时缩减建筑的外露面积。

关键措施与指标

使用空间外露面积、室外传热面积、空间整体封闭性

相关规范与研究

《民用建筑热工设计规范》GB 50176—2016条文规定第4.2.3条，建筑物宜朝向南北或接近朝向南北，体形设计应减少外表面积，平、立面的凹凸不宜过多。

典型案例 中国建筑设计研究院创新科研示范中心

（中国建筑设计研究院有限公司设计作品）

中国建筑设计研究院创新科研示范中心东、西、南三个方向立面完整，减少立面凹凸，尽可能减少建筑外表面积，利于节能。

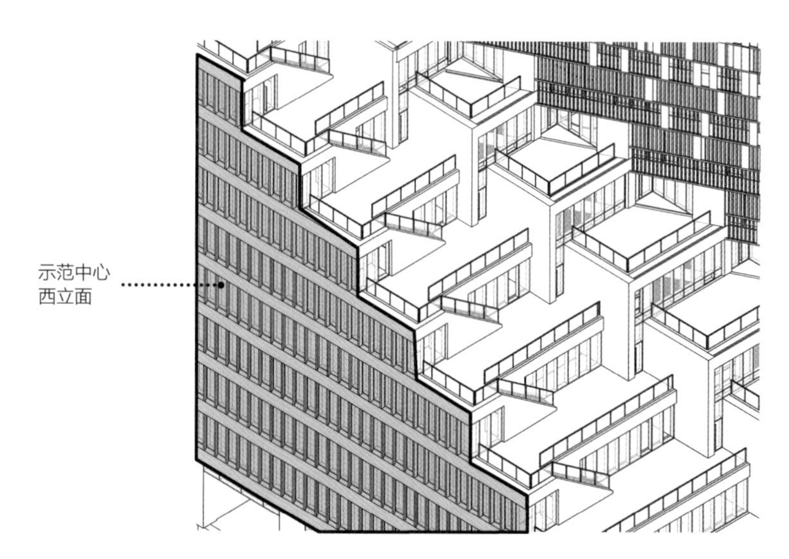

立面设计分析

B2-2-1_4 气候调节性空间的进深与朝向

（1）中庭进深不宜过长，可保证室内良好采光。在设计过程中应尽可能规避将中庭放于西侧，以减少西晒的影响；应考虑中庭设置对于采光的增益效果。将单向中庭置于北侧，双向中庭置于东北侧，相对于无中庭的建筑，对于能耗的减少有一定的效果。

（2）采用科学的分析工具合理控制建筑中庭等气候调节性节点空间的朝向位置与开间进深，合理控制建筑边庭气候调节性节点空间的朝向位置与外露面积，在保证获取天然采光、自然通风和适度太阳辐射的同时，争取被动式技术调节中庭内人行区的热舒适度，达到冬季避风防寒、夏季通风降温的作用。

（3）中庭空间尺度考量：

①高度：中庭空间宜设置合适高度，通风能力不宜过强；寒冷地区采暖能耗会随中庭高度的增加而增加，应尽可能减少中庭空间的垂直体量，降低中庭空间的通高层数。

②进深：中庭进深不宜过长，以保证室内良好采光。

③面积：中庭面积占比不宜过大，以减少采暖能耗的增加。

④长宽比：中庭平面长宽比不宜过大（宜为2：1～1.5：1）。

⑤高宽比：尽量降低中庭空间的高宽比，中庭空间低矮而宽敞，高宽比以适中（2.5：1）为佳。

在具体设计中宜按照天然采光、自然通风和建筑能耗模拟分析结果确定中庭的最佳面宽、进深和高度。

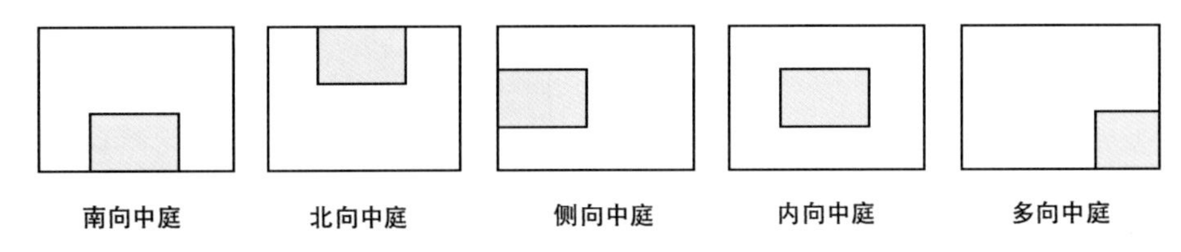

中庭调节空间布置示意
根据需求设置中庭，调节空间的朝向及尺度。

关键措施与指标

中庭空间进深；中庭面积；中庭长宽、高宽比；中庭朝向

相关规范与研究

（1）王萌．现代建筑中庭节能设计方法的探索与研究[D]．天津：天津大学，2014.

朝南对于中庭来说，可以得到更多的自然光和太阳辐射热，对于冬季的采暖是十分有利的，在冬天，中庭可以成为一个阳光室和暖房。但是在夏天，要注意采光面的遮阳，避免中庭室内温度过热。对于朝向的选择还应综合考虑主导风向等气候条件。中庭朝北，大部分直射阳光不能进入中庭，这样有利于热带气候区建筑的防暑降温，减少制冷系统的使用。然而对于寒冷地区，这样的设计无疑是不合理的。

中庭朝东或西都存在着明显的问题。根据太阳运行轨迹，这样朝向的中庭不但获得有效日照的时间短，还会产生长时间的遮阳问题。而且在冬天它只能得到有限的热量，丧失的热量却要大得多。因此，在设计中应尽量避免将中庭朝向这两个方向。

室内空间的良好采光和光线分配需要通过减少进深来实现。但随着电灯的出现，人类对自然光的需求明显降低了，因而建筑物的进深也随之增大。对中庭而言，在侧面可以直接采光的中庭中，设计师可以从侧面和屋顶同时引入自然光，一般足以解决采光问题，对进深一般没有特殊要求。

（2）衡贵猛．大型商业综合体中庭空间设计研究[D]．南京：南京工业大学，2018.

人们常用中庭剖面高度（H）和剖面侧界面的相对距离（W）的关系来讨论和研究SAR值，剖面比例的SAR值一般在1～3之间，这时阳光可以较好地进入中庭，中庭空间内部就可获得满足人们需要的照度。当W/H=1时是一个分界线，W/H增大，空间则会产生距离感；当W/H=2时，整个空间都能清晰可见；当W/H=3时，空间比较宽敞，且封闭感降低。当$W/H<1$时，空间就会产生接近感，逐渐变得狭窄，看起来比较高耸和封闭，这将不利于中庭空间的自然采光；当$W/H<0.8$时，空间比较高耸，如果此时平面较小，空间则会显得更为封闭，自然光线也不能很好地进入室内，需要借助一定的机械设备。

典型案例 **河北省廊坊市文安文化艺术中心**

（中国建筑设计研究院有限公司设计作品）

河北省廊坊市文安文化艺术中心中设有多个中心庭院、中庭及边庭，有利于增强建筑内部的自然采光及通风，对能耗的减少有一定的效果。

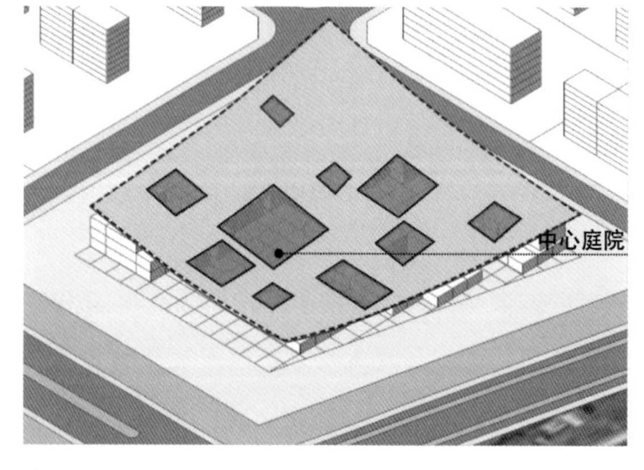

中庭分析

[目的]

通过合理的空间形态设计以适应场地的微气候，通过建筑单元空间的集中、狭长、引导形式，增强建筑的保温、采光和通风效果，通过空间形态并联合其他要素，营造出满足正常使用功能的宜居环境。

[设计控制]

（1）寒冷地区考虑保温问题，应尽量采用墙体长度较小的凸多边形。

（2）狭长空间增强采光通风。

（3）空间形态引导通风。

[设计要点]

B2-2-2_1 集中

（1）对于单一空间形状而言，向心集中的程度越高，其体表面积与体积比越小，其体形系数越小。建筑内部的热负荷相比于围护结构传热导致的负荷更大，而散热面积小则对外损失热量小。

（2）建筑单一空间最常见的平面形状为矩形，功能适应性强，利用率高，有利于多个空间在建筑中的无缝拼接，结构上也较为经济，同时也便于未来建筑的改造和重新划分空间。除了最常见的矩形平面，还会出现多边形甚至不规则形。这些更为复杂的平面形状通常会降低空间的使用效率，但也可能形成更有变化的空间效果，对于公共空间来说并不鲜见。寒冷地区考虑减少传热面，增强保温效果，利于保温层安装，应尽量采用平直的墙体。

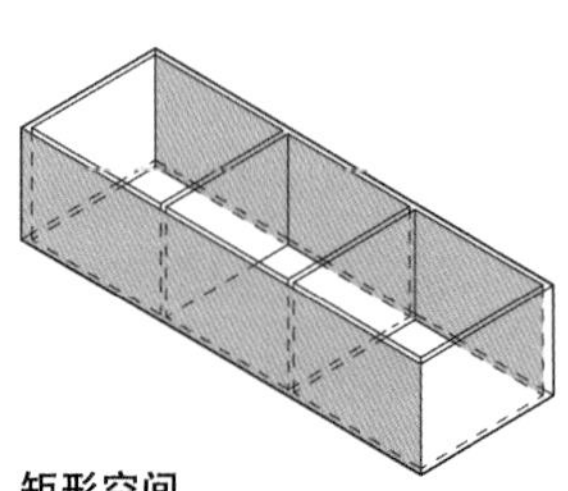

矩形空间

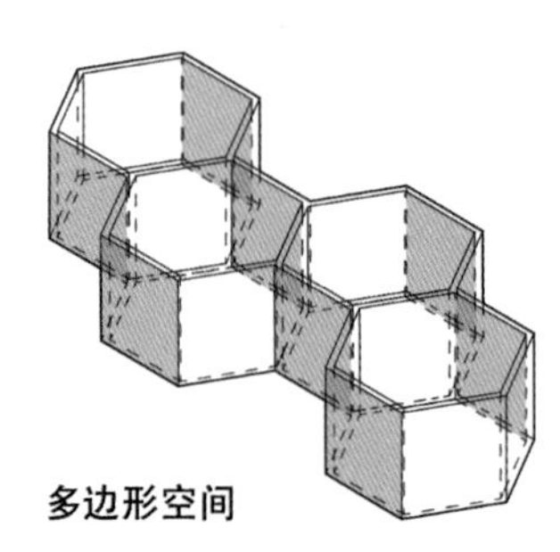

多边形空间

集中式空间形态示意

平面尽量布置成矩形等中心式形状，墙体尽量平直，增强保温效果。

关键措施与指标

减少传热面；空间利用率；体形系数

典型案例 **物理所科研楼**

（中国建筑设计研究院有限公司设计作品）

物理所科研楼平面造型规整，由方整体块组合而成，减少室外风环境对建筑的不良影响，同时减少建筑能耗。

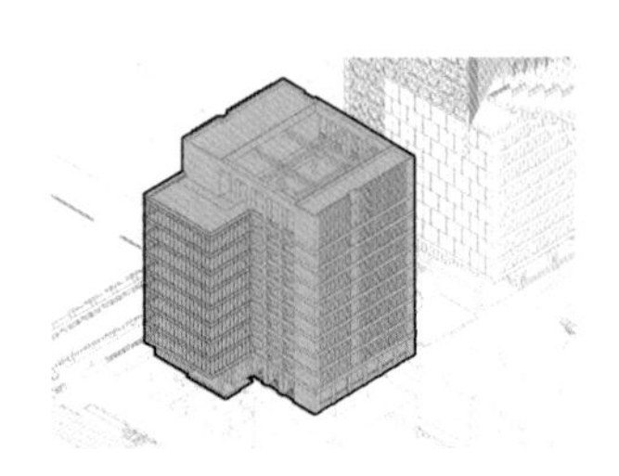

建筑形体分析

B2-2-2_2 分散

（1）在建筑单元空间平面形状上，如最常见的矩形平面，在其主要采光面朝向上增加面宽、减少进深后，这种短进深、大开间的狭长空间增加了采光面上的采光面积，有良好的自然采光，短进深缩短穿堂风风道，最大限度地通风透气。但房间面宽的增加意味着增加更多外表面积，即建筑与室外环境的接触面积。因此在寒冷地区，增加建筑开间的同时需要考虑建筑保温问题，空间尺寸的选择要做到采光通风效果与保温两者间的平衡。

（2）相对于单一空间形状的集中而言，单一空间形状的分散指空间形状呈离心或不规则分离的状态。

（3）在线性的一维尺度上，分离表现为狭长的形状，如扁长矩形；在平面的二维尺度上，分离表现为离心的形状，如风车形；在立体的三维尺度上，分离表现为在高度方向的离心分散，如树形空间。

（4）分散的形状表现为体表面积大，体形系数大。对于低性能需求、低耗能空间，可采用分散的形式。

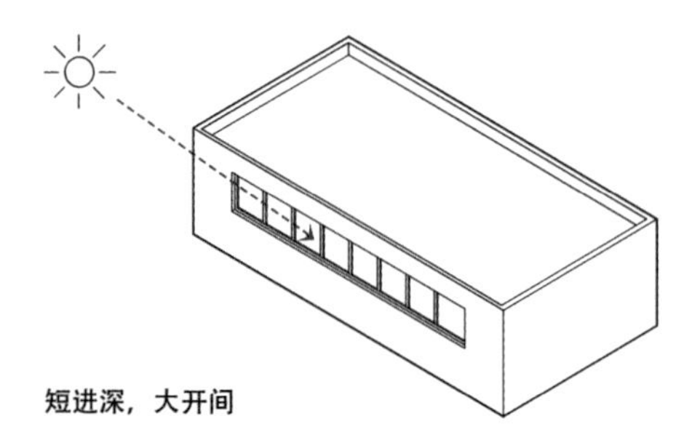

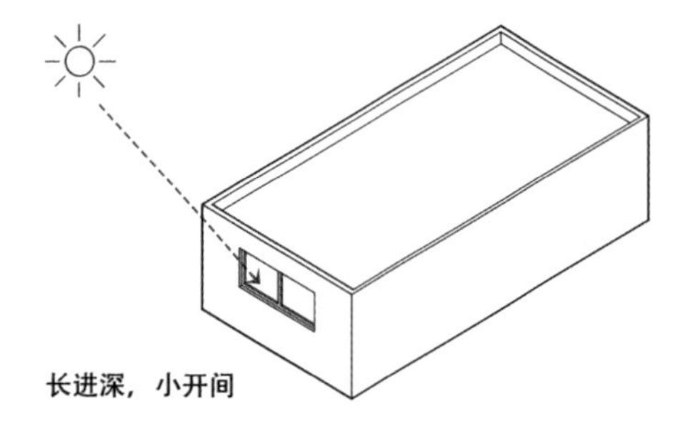

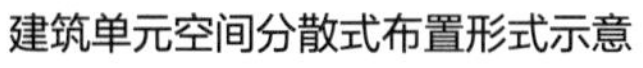
建筑单元空间分散式布置形式示意

关键措施与指标

狭长空间；线性空间形体；离心分散空间

典型案例 雄安市民服务中心企业临时办公区

（中国建筑设计研究院有限公司设计作品）

建筑采用十字单元布局，向四周开放，有良好的天然采光和自然通风，最大限度地与环境共融。

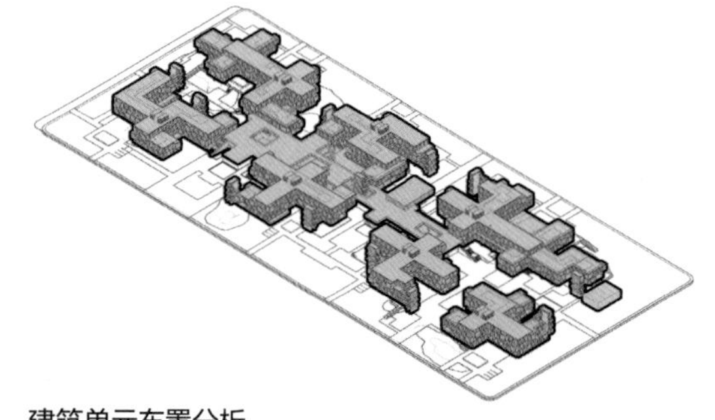
建筑单元布置分析

B2-2-2_3 引导

（1）寒冷地区建筑在夏季通过自然通风排出室内湿热可以大幅降低建筑空间能耗。针对不容易实现自然通风的区域（例如大进深内区、由于别的原因不能保证开窗通风面积满足自然通风要求的区域），应进行自然通风优化设计。建筑中采用挑檐、导风墙等构造方式可以改变风向，诱导气流进入室内，有效改善室内自然通风。另外，寒冷地区建筑还可以通过设置可控制开关的拔风井、风帽或中庭等气候缓冲空间，用太阳能烟囱引导室内气流流动。

（2）在集中或分散的空间形状中辅助以热力学引导形式，完善或加强能量流动的趋势。当空间需要增强换热时，采用传导、辐射或对流增强换热；需要热稳定时增强蓄热，增强保温隔热。

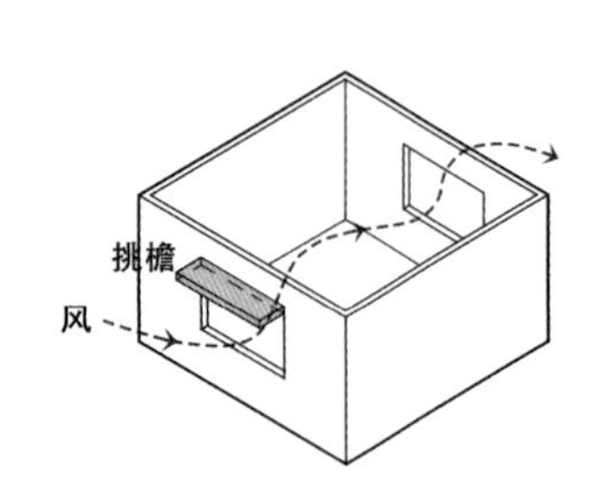

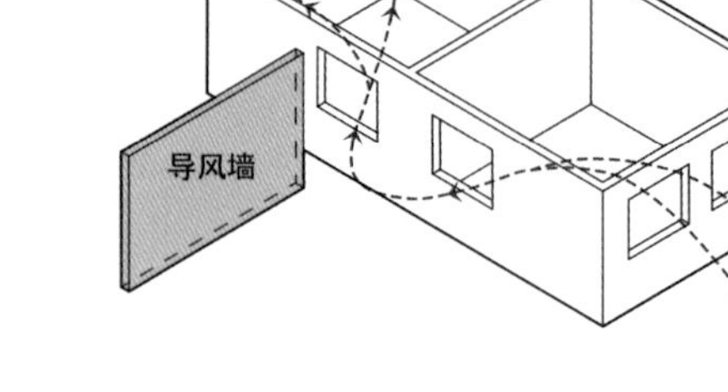

室内自然通风优化设计示意
通过挑檐和导风墙引导风向，改善室内自然通风。

关键措施与指标

导风墙；挑檐；自然通风

相关规范与研究

（1）《民用建筑绿色设计规范》JGJ/T 229—2010第6.4.5条，有关诱导气流措施、烟囱效应引导热压通风、通风器引导自然通风的相关要求。

（2）刘旸，吴琦．运动的空气：自然通风与热力学引导在公共建筑设计中的运用[J]．建设科技，2017,（20）：110-113.

热力学将建筑看作能量转换的机器，以生态学中的自组织系统和生成设计为依据，以参数化技术为计算工具，生成可视化的环境参数，在环境响应、性能、能量、物质、形态、体验之间建立联系，从通风、日照、外部幕墙体系、内部流动空间等方面，对建筑空间进行重新塑形。

建筑系统建构首先需要充分了解并利用建筑外环境中的能量，这种能量包括风能、光能、热能。通过辐射、传导、对流、渗透等方式获取能量，将这种能量转化成形态语言，通过朝向、表皮、立面角度引导空气运动，优化通风效果，获得最佳的光照，充分回应环境。

引导：关注建筑单体内部的空气运动，涉及空气流动、能源共享和日照分布等多重因素，协同的总体空间系统布局可以优化和平衡能量分布，使建筑有最佳日照，同时有效阻挡冬季寒风并促进夏季的自然通风。

典型案例 **中国建筑设计研究院创新科研示范中心**

（中国建筑设计研究院有限公司设计作品）

加入中庭，增强各层通风，引导各层空间空气流动。

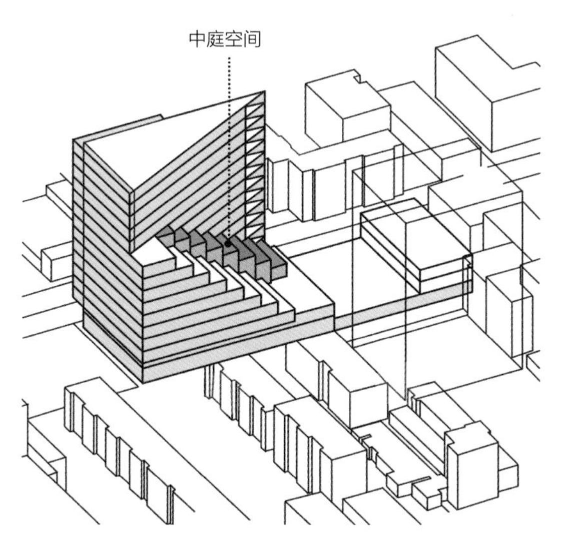

中庭布置分析

[目的]

建筑内外空间应结合功能及节能需求合理布置位置和朝向。在建筑设计中，应根据建筑所在地区的气候条件，争取较好的朝向，获得较多日照和较好的通风环境，利用自然通风有效地改善室内环境质量和卫生状况。

[设计控制]

（1）根据房间的重要程度与功能性质按向阳避风原则布置空间，主要空间及人员长期停留的空间应在保证良好通风采光的同时注重防风遮阳，营造舒适的室内环境。

（2）人员频繁活动的公共空间（如入口、通道、露台等）不得设置在强风区，否则会让使用者感觉不舒适，甚至产生风灾。

[设计要点]

B2-2-3_1 冬季避风纳阳

（1）寒冷地区的建筑朝向应尽量争取更多的太阳辐射，同时避免冬季主导风向，按照主次房间、功能重要程度不同，建筑空间根据向阳避风原则布置：主要功能房间或大进深空间（如教室、活动室）宜布置在南向或东南向，次要功能空间、小进深空间或产热量较大的房间（如计算机机房、设备间、实验室等）宜布置在北向。

（2）主要房间宜避开冬季最多频率风向（北向、西北向）。如果主要房间无法避开冬季盛行风向，则建筑的入口避开冬季盛行风向，同时宜在冬季盛行风向采用挡风墙等挡风设施。

（3）人员长期停留的房间宜布置在有良好日照、采光、自然通风和视野的位置。

（4）根据风环境，合理设置建筑主入口位置。建筑主入口宜位于夏季盛行风向方位以利于自然通风，同时避免冬季盛行风向方位以防止冬季寒风侵入。

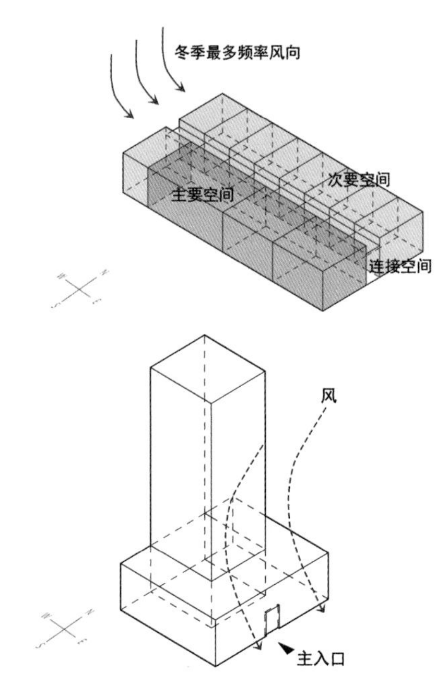

避风纳阳方法示意

主要房间避开冬季最多频率风向，建筑主入口位于夏季盛行风方位以利于自然通风。

关键措施与指标

主要功能空间朝向；主入口位置

相关规范与研究

（1）《公共建筑节能设计标准》GB 50189—2015条文说明第3.1.3条，有关总平面布置和设计的相关定义及要求。

（2）景云峰．西安办公建筑室内物理环境现状及优化设计研究[D]．西安：西安建筑科技大学，2019.

通过南北向办公空间的对比发现，南向办公室冬季全天平均温度比北向高2%，自然采光照度高达50%。在平面布局上尽量把次要的功能房间布置在西向，加大东西向的进深，降低西晒的影响。

（3）李晓俊，刘丛红．基于能耗模拟的建筑节能整合设计方法研究[J]．西部人居环境学刊，2016，31（04）：118.

主要房间应集中布置，不仅可以减少空调或采暖房间的传热面积，减少不利的得失热传导，还便于集中供冷或供暖，以减少管道损失。

典型案例 北京世园会中国馆

（中国建筑设计研究院有限公司设计作品）

北京世园会中国馆次要功能空间包裹主要功能空间，使主要功能空间避开主导风向与夏季最大日射朝向，获得舒适的热环境。次要功能空间与主要功能空间集中布置，减少空调或采暖房间的传热面积，减少不利的热传导；同时也便于集中供冷或供暖，以减少管道损失。

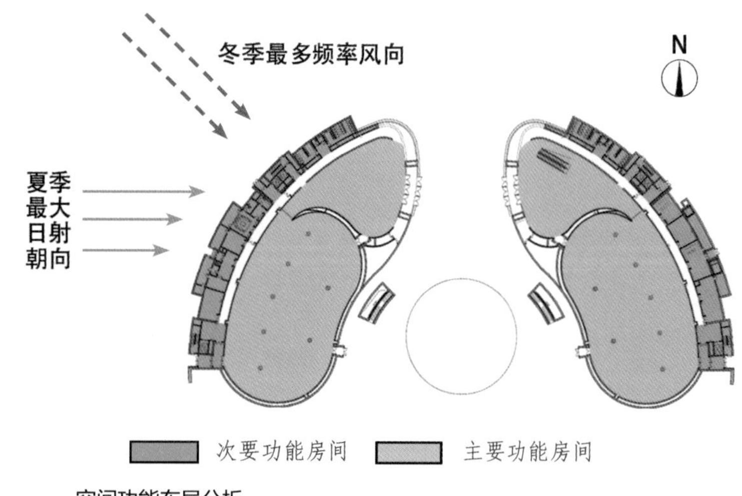

空间功能布局分析

B2-2-3_2 夏季促风防晒

（1）寒冷地区的建筑空间除了向阳避风的布置原则外，也应考虑夏季应对太阳辐射和利用自然通风。考虑京津冀地区西向外墙在夏季得到的太阳辐射热较多，西晒导致室内空间舒适度降低和空调能耗升高，主要功能房间宜避开西侧，辅助空间或非长时间逗留的空间考虑布置在西侧。

（2）夏季和过渡季应充分利用过渡季的自然通风提升室内舒适度，降低空调能耗，宜在主要使用空间的适宜位置设通风窗或通风口，并朝向于夏季主导风向。在非夏季主导风向也开设辅助通风窗或辅助通风口，以利于形成穿堂风。

夏日最大日射方向
次要空间
主要空间
连接空间

主次空间朝向布置示意

主要功能房间避开西侧，更换为辅助空间或非长时间逗留空间。

关键措施与指标

夏季利用自然通风；防止西晒

典型案例 中国建筑设计研究院创新科研示范中心

（中国建筑设计研究院有限公司设计作品）

充分利用东南向布置高效开敞的办公空间。将核心筒等辅助空间布置在西侧，减少西晒造成的能耗。

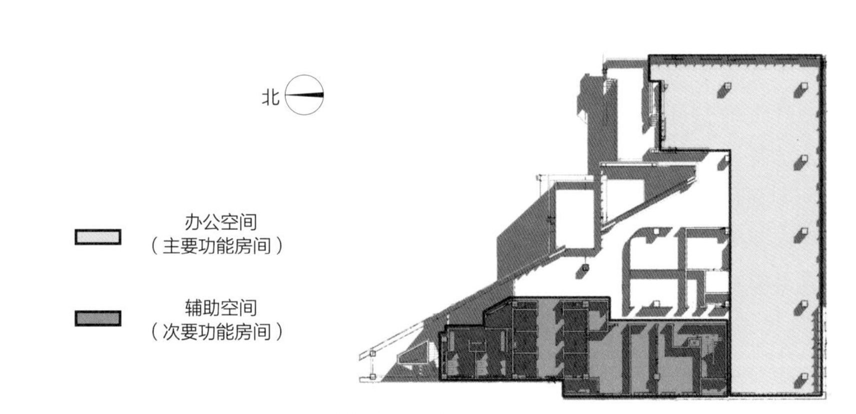

功能空间布置分析

[目的]

建筑空间应满足兼容拓展的需求，具备一定的可变性和适应性。建筑内部墙体等构件可以根据功能需求改变形态、位置和尺寸，从而根据动态的发展进行调整以适应变化，提高建筑寿命，节约资源。

[设计控制]

（1）采用开放结构体系，采用大开间剪力墙布置。

（2）在“低能耗空间—普通能耗空间—高能耗空间”的分类区间可变，以此应对时间变化，适应气候调节。

[设计要点]

B2-3-1_1 开放结构体系

（1）公共建筑例如办公、大型场馆等需要考虑使用人数、方式和预留使用功能转变的可能性。大空间结构体系具有较强的灵活可变性，如框架剪力墙、框架核心筒等强度较高的结构形式有利于分隔墙的改动。在满足结构承重要求的基础上，优化平面布局和柱网，尽量采用大开间剪力墙的布置模式，经济合理地布置剪力墙。同时充分考虑楼板厚度和承载力，使用户可灵活分隔室内空间，为使用需求改变、空间功能灵活转换提供便利条件。

（2）在具有较强可变性的结构体系中，可运用轻质隔墙来对空间进行灵活分隔以形成不同的空间组合。在同一个结构框架中，内部隔墙的不同设置可形成截然不同的室内空间，从而适应不同人群的需要。在寒冷地区的冬季，可根据用时用能的需求不同，对空间进行分隔或组合。用时用能接近的空间宜组合在一起，用时用能显著不同的空间宜用保温隔墙分隔，以形成优化的热工分区，提升空间的用能效率。

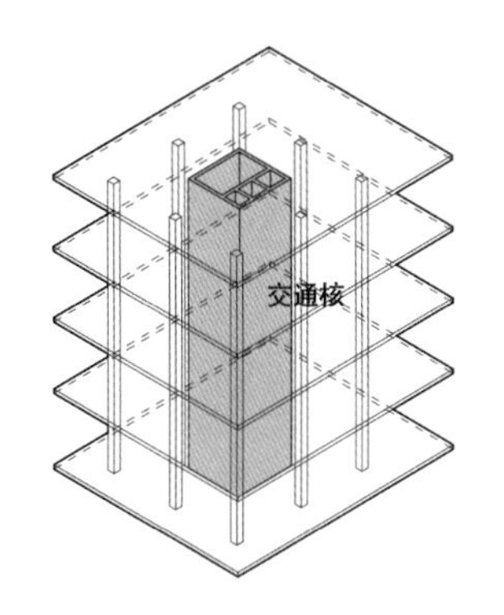

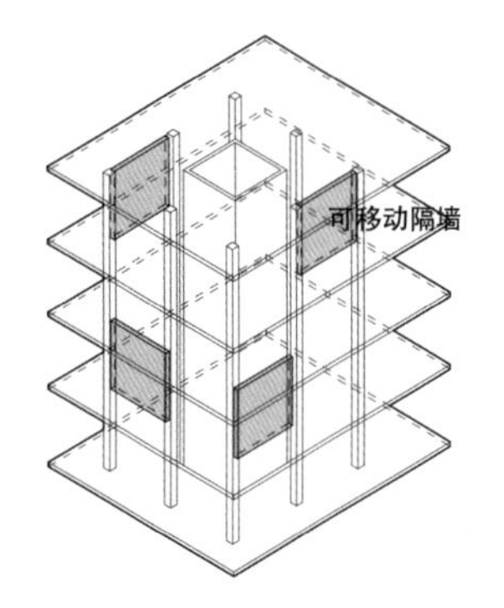

开放结构体系示意

优化平面布局和柱网，采用大开间剪力墙，根据需求灵活布置室内空间。

关键措施与指标

大空间结构体系；大开间剪力墙布置；采用轻质隔墙；热工分区

相关规范与研究

（1）《民用建筑绿色设计规范》JGJ/T 229—2010条文说明第6.2.2条，为适应预期的功能变化，设计时应选择适宜的开间和层高，并应尽可能采用轻质内隔墙。公共建筑宜考虑使用功能、使用人数和使用方式的未来变化。

（2）《民用建筑设计统一标准》GB 50352—2019条文说明第6.2.1条，建筑的使用寿命较长，在设计时无法预见今后的变化，若平面布置具有灵活性和可变性，可为今后的改扩建提供条件。

（3）董莉莉，魏晓．建筑设计原理[M]．武汉：华中科技大学出版社，2017：253.

采用框架结构的近现代建筑，由于荷重的传递完全集中在立柱上，为内部空间的灵活分隔创造了十分有利的条件。现代西方建筑打破了传统六面体空间观念的束缚，以各种方法对空间进行灵活的分隔，不仅适应了复杂多变的近现代建筑的功能要求，还极大地丰富了空间的变化，所谓“流动空间”正是对传统空间观念的一种突破。

剪力墙结构把承重结构和分隔空间的结构合二为一，内部空间组合会因为受到结构要求的限制而失去灵活性。为了克服这种矛盾，近年来人们又试图采用井筒结构，用刚度极大的核心体系来加强抗侧向荷载能力。把分散布置在各处的剪力墙相对集中于核心井筒，并利用它设置电梯、楼梯和各种设备管道，从而使平面布局具有更大的灵活性。有些超高层建筑甚至把外墙也设计成井筒，于是就出现了内、外两层井筒。

钢筋混凝土框架结构在层数不多的情况下具有优势，它能提供较大的室内空间，而且平面布置灵活，还可以利用悬挑部分创造极为丰富的空间及外观效果；当建筑物层数在15层以上时，则宜采用剪力墙结构。框架—剪力墙结构既克服了框架结构抗侧向荷载能力差的缺点，又弥补了剪力墙结构平面分隔不灵活的不足，因此被广泛应用于各类高层建筑。

（4）李嘉成．高层建筑标准层办公空间优化设计研究[D]．广州：华南理工大学，2019.

首先，考虑到高层建筑的使用性质，办公空间后期使用过程中的功能高度复合化，办公空间需要极大的空间整体灵活度可兼容各式各样的活动。其次，考虑到高层建筑办公空间的放租性质，其在后期多次的二次装修过程中会对室内空间进行多次改造，故而从建筑设计伊始至室内设计皆应在平面设计、室内界面设计、设备组织等方面考虑空间灵活性的要求，从而尽可能地规避后期改造中对建筑本体造成的破坏，有效地延长建筑寿命。

典型案例 **中国建筑设计研究院创新科研示范中心**

（中国建筑设计研究院有限公司设计作品）

中国建筑设计研究院创新科研示范中心采用开放的结构体系，建筑结构稳定，用可移动隔墙分隔空间，为空间的功能需求转换提供条件。

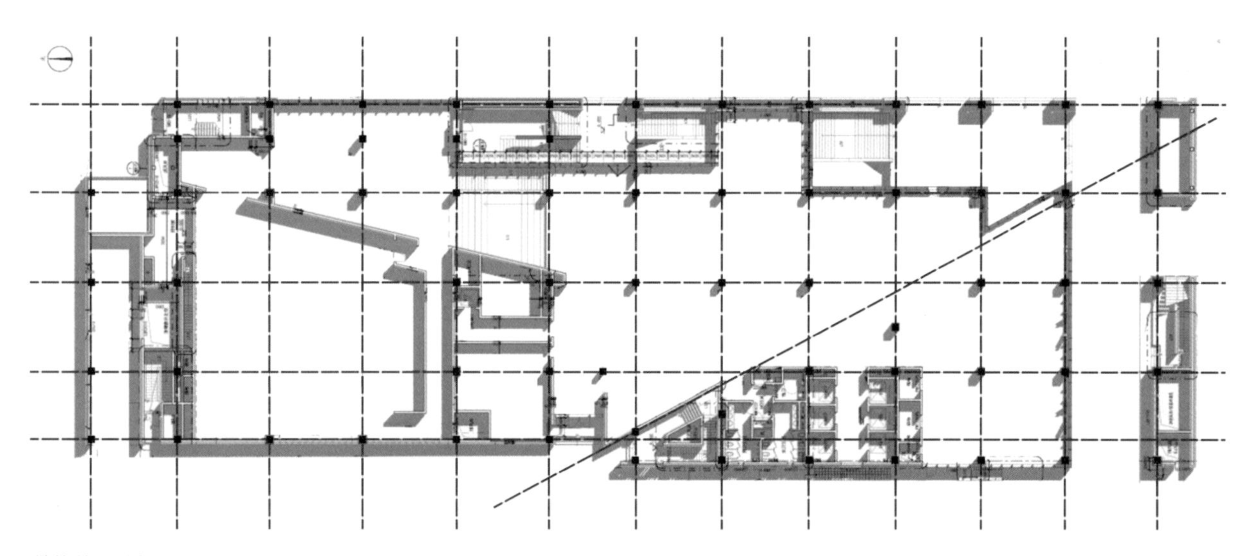

结构体系分析

B2-3-1_2 可变能耗空间

根据公共建筑不同空间使用特性及相关用能需求差异，可区分出“低能耗空间、普通能耗空间、高能耗空间”三种空间能耗类型。

在上述空间能耗分类的基础上，加入时间因素的考量，包括气候变化因素和使用活动变化因素，可进一步提出“可变能耗空间”的概念，即“低能耗空间—普通能耗空间—高能耗空间”的分类区间可变，以此应对时间变化，适应气候调节。对于高能耗空间，以大型的厅堂空间为代表，诸如影剧院、音乐厅或展演厅等，需要相对封闭的室内空间，以创造完全独立可控的人工环境，是一般意义上的高能耗空间。可打破这种封闭性，将更多的内外互动引入，如引入外界环境的天然光、自然通风、景观元素。

同时也避免这种单一功能的高能耗空间闲置所造成的空间资源浪费。一种方式是设计在夏季和过渡季节可以打开的舞台或观演厅，将其从高能耗空间变为低能耗空间；另一种方式是通过界面性能和透明度的变化，适应厅堂空间内部多种功能的转换利用，从高性能空间转换为普通性能空间甚至低能耗空间。同样，对于普通能耗空间，也可以利用界面变化等方法，应对不同的使用方式，将其转为低能耗空间。

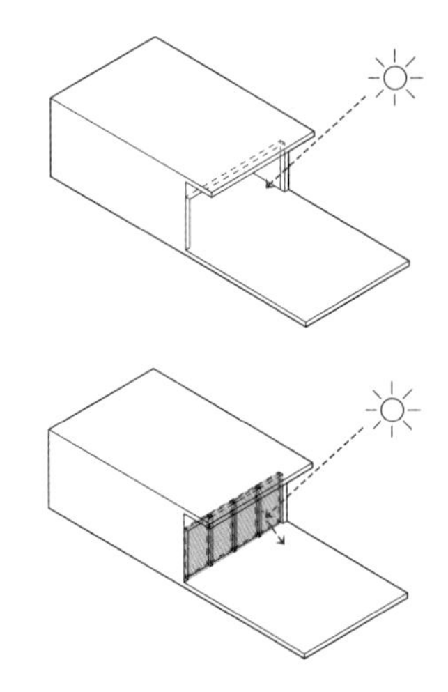

可变能耗空间设计方法示意
可变界面设计将低耗能空间转化为高耗能空间。

关键措施与指标

可变能耗空间；时间因素；气候变化因素；使用活动变化因素

典型案例 **中央团校学术报告楼**

（中国建筑设计研究院有限公司设计作品）

800人报告厅在举行重要活动时，关闭可变界面。在过渡季上集体课时，打开可变界面，使其从高能耗空间变为低能耗空间。

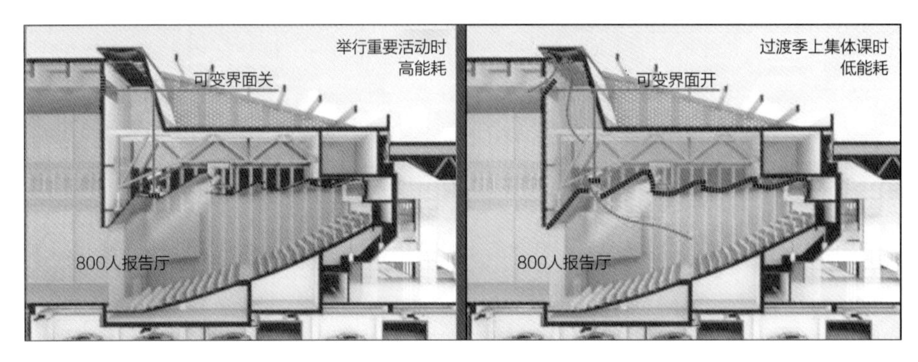

主要功能空间界面设计分析

[目的]

建筑要满足可灵活划分空间的需求，建筑内部空间可以根据不同的功能需求进行转换，而不是为了某一特定功能而设计，从而创造出具有良好可变性和适应性的使用空间。

[设计控制]

（1）内部空间可以根据不同功能需求转换。

（2）开放建筑体系，预留门洞和灵活可移动轻质隔墙使室内空间分隔更易变化。

[设计要点]

B2-3-2_1 灵活适应空间

（1）结合建筑功能和要求，在满足现有空间使用要求的同时，合理组织空间，使空间具有未来的可发展性、可持续性。

（2）开放建筑体系，在满足方案设计基本条件的同时，为使用者后期对建筑灵活调整预留足够的空间。建筑内部空间关系应多向联系，这样，空间与空间之间的关系改变可引起空间功能的改变。例如分隔墙中的预留门洞就是一种空间和空间的联系。通过开关门洞，两个小空间可合为一个大空间，或一个大空间可分隔成两个小空间，只需通过开关门就可形成各自独立或相关的功能，增强空间的可变性。宜采用轻钢龙骨石膏板墙等轻质隔墙，使室内空间分隔更容易变化。

分隔墙中的预留门洞创造多向联系

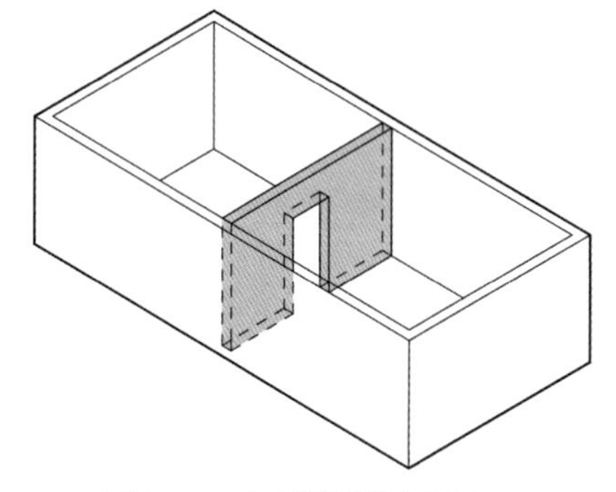

开门—— 一个功能相同的大空间

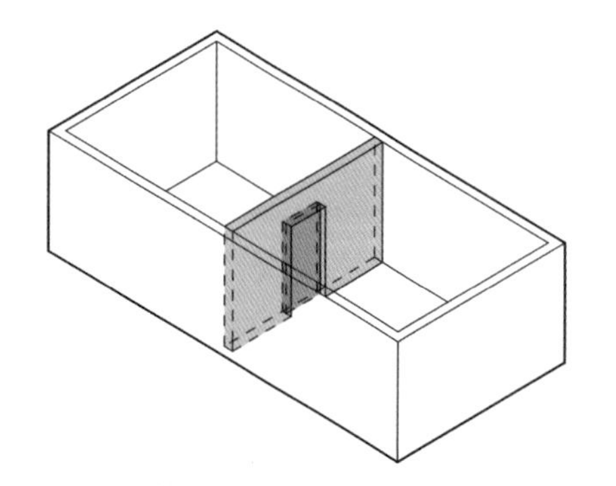

关门—— 两个功能不同的小空间

灵活空间布置示意

选择性开合门洞，增强空间的可变性，改变空间功能。

关键措施与指标

开放建筑体系；可变空间；灵活划分空间

相关规范与研究

（1）《民用建筑绿色设计规范》JGJ/T 229—2010第6.2.2条，为适应预期的功能变化，设计时应选择适宜的开间和层高，并应尽可能采用轻质内隔墙。公共建筑宜考虑使用功能、使用人数和使用方式的未来变化。

（2）《民用建筑设计统一标准》GB 50352—2019条文说明第6.2.1条，建筑的使用寿命较长，在设计时无法预见今后的变化，若平面布置具有灵活性和可变性，可为今后的改扩建提供条件。

（3）李嘉成. 高层建筑标准层办公空间优化设计研究[D]. 广州：华南理工大学，2019.

传统标准层办公空间中，由于受高度与平面形态的限制，形成的空间多为长条形带状空间，各个功能空间往往使用硬质且不可移动的隔断进行划分，功能组织往往采用连续的长条形走廊串联起各不同功能空间，界定明确。但后期使用上无法根据具体的使用需求进行变动，使得部分空间利用率低下。提升隔断的灵活性将赋予使用者更多的空间使用自主性，可根据使用需求进行空间利用，空间使用率提升且更具灵活度和层次感，体验性更佳。

使用可移动硬质隔断的主要方法是指为原本分隔空间用的隔墙安装可移动轨道带，使得各个原本相互独立或分隔的小空间可以在需要时合为一个完整的大空间，或让各个不同功能的空间通过隔断的打开进行交流与渗透。同一空间内涵盖多种功能，空间复合性、可体验性提升。对空间面积限制较大的标准层办公空间而言，提升空间灵活度是极为有效的。

可移动轻质隔断主要指类似幕布、纱布等轻质材料做成的隔断。同样通过轨道带将其进行移动可以限定出大小不同的功能空间，空间自由而流动，富有韵律感。与硬质隔断相比，其所限定出的空间隔声性与私密性不佳，但其移动更加方便，形成的空间公共性与灵活性更强，且更容易彰显空间性格，较适合有特殊设计主题的办公空间。

典型案例 **中央团校学术报告楼**

（中国建筑设计研究院有限公司设计作品）

500人多功能报告厅主席台在需要时可作为800人报告厅侧台。

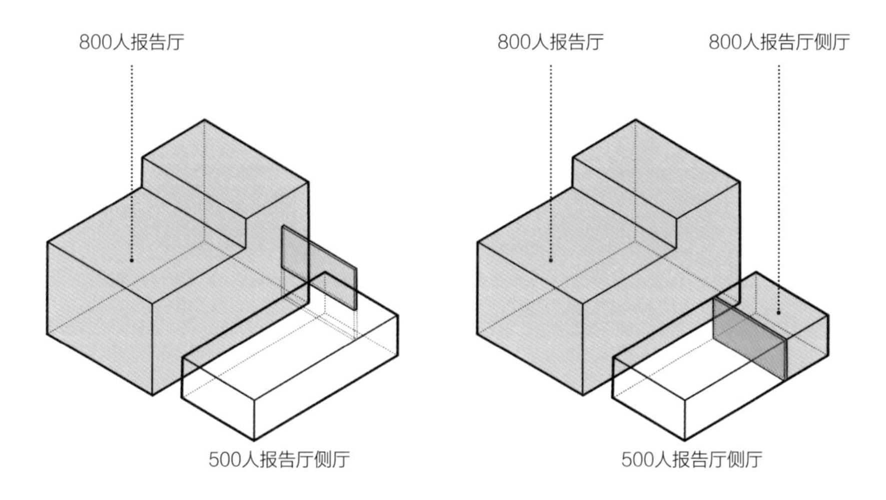

弹性空间设计分析

[目的]

建筑要满足可灵活划分空间的需求，建筑内外部空间可以根据不同的功能需求进行转换，而不是为了某一特定功能而设计，从而创造出具有良好可变性和适应性的使用空间。

[设计控制]

（1）开放建筑体系，预留门洞、灵活可移动轻质隔墙使室内空间分隔更易变化。

（2）根据需求将室外环境引入室内，或室内空间延伸到室外。

[设计要点]

B2-3-2_2 室内外空间结合

（1）公共建筑室内空间设计不仅要满足使用者生理上的需求，还需要综合考虑人对室外空间的向往心态，空间模式组织的室内空间应朝着室外化的方向发展，并通过室外化的室内空间满足使用者各方面的需求，体现更加人性化的设计。通过可开合的外围护结构，将室外环境引入公共建筑的室内空间，或者室内空间延伸到室外，实现室内外的相互渗透，室内空间室外化使室内外空间界限变得模糊，人的感官能够和室外环境融合到一起。

（2）直接调用室外环境中的要素到室内空间中，可以调用山石、流水等景观元素，同时也可以调用建筑外部的材料装饰等要素。需要综合考虑色彩尺度及材质等多方面因素，最终使这些因素和室内环境达成完美的统一。

（3）当建筑周边地理环境优良时，利用建筑结构空间设计，将室外的自然景观或人工景观间接引入室内空间中，例如采用园林设计中的借景手法，可利用玻璃幕墙将室外环境引入室内，使室内享受到室外的阳光和风景，避开不利天气因素。优化室外局部气候便于室内外贯通融合。

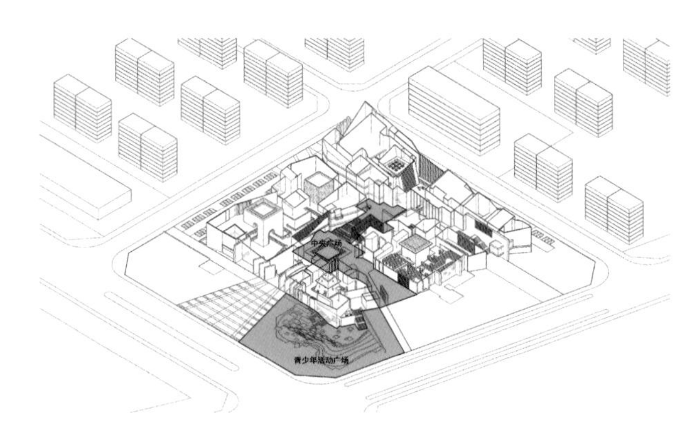

室内外空间结合

关键措施与指标

室内外空间渗透；直接调用室外环境要素；间接引入室外景观；优化室外微气候

相关规范与研究

庄华. 公共建筑室内空间的室外化设计研究[J]. 低碳世界，2016，132（30）：157-158.

典型案例 **文安文化艺术中心**

（中国建筑设计研究院有限公司设计作品）

通过位于建筑中央的广场连接建筑外围的青少年活动广场，使艺术中心的内、外部空间相互渗透；通过对室外局部微气候空间的环境控制，提高使用者的生理及心理舒适度。

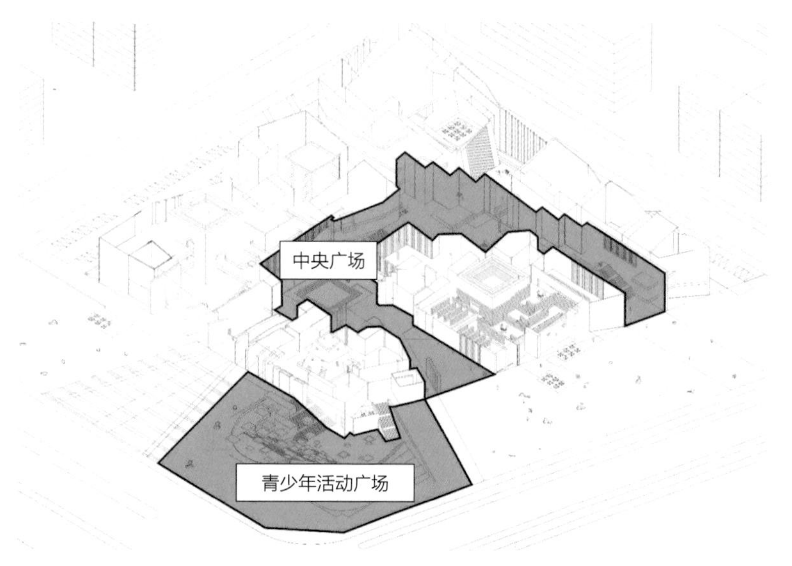

室内外空间结合分析

[目的]

寒冷地区建筑在满足建筑功能与美观的基础上，通过建筑形体的优化，形成较为规整的建筑形体，减少室外风环境对建筑的不良影响，防止冷风汇聚，并减少建筑能源消耗，从而达到节约能源、提升建筑微环境品质的目标。

[设计控制]

（1）建筑形体在迎风面外凸，可以有效缓解高层建筑室外下冲涡流效应。

（2）寒冷地区建筑平面宜避免过多的凹凸变化，空间形体规整。

（3）寒冷地区建筑可采用围合或者半围合的建筑形体布局，防止寒风汇聚。

[设计要点]

B3-1-1_1 平面造型规整

在满足建筑使用要求与建筑美观的前提下，根据寒冷地区的气候条件，尤其是冬、夏季的太阳辐射强度，建筑平面宜适当控制进深，避免过多凹凸变化，使平面布局紧凑、空间形体规整。

关键措施与指标

避免过多凹凸变化；平面布局规整紧凑

相关规范与研究

（1）《民用建筑热工设计规范》GB 50176—2016第4.2.3条，建筑物宜朝向南北或接近朝向南北，体形设计应减少外表面积，平、立面的凹凸不宜过多。

（2）《公共建筑节能设计标准》GB 50189—2015第3.1.5条，有关合理确定建筑形状的设计相关要求。

①合理控制建筑面宽，采用适宜的面宽与进深比例；②增加建筑层数以减小平面展开；③合理控制建筑体形及立面变化。

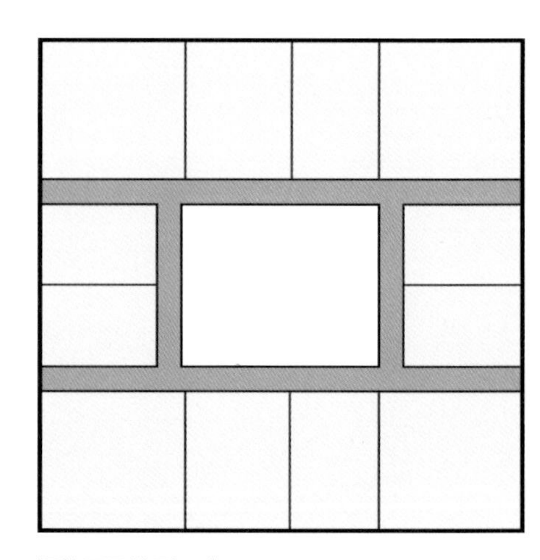

规整平面造型示意

寒冷地区建筑平面应避免过多凹凸变化，空间宜规整紧凑。

（3）王超，张伶伶，吕宵．低能耗目标下的北方高大空间公共建筑形体导控研究[J]．建筑学报，2020（S01）：38-43.

根据设计实践的需要，将空间容积不变作为形体节能的限定条件，通过对高大空间建筑形体能耗的最低极值分析，得出形体越接近同体积所形成的球缺形态时，其能耗就越接近最低限值的结论。

（4）张荣冰．北方寒冷地区公共建筑形体被动式设计研究[D]．济南：山东建筑大学，2017.

北方寒冷地区冬天北风寒冷干燥，风速较大，建筑保温性能要求较高，建筑的热工能耗较大，特别是采暖能耗格外大。如果要保持室内舒适气温的恒定，应尽可能防止冷风的侵袭，所以北方寒冷地区建筑呈紧凑集中的布局，减少建筑与环境接触的外表面面积，实现建筑保温。

典型案例 雄安站综合交通枢纽

（中国建筑设计研究院有限公司设计作品）

雄安站综合交通枢纽平面造型方正，体块近圆，减少室外风环境对建筑的不良影响，同时减少建筑能耗。

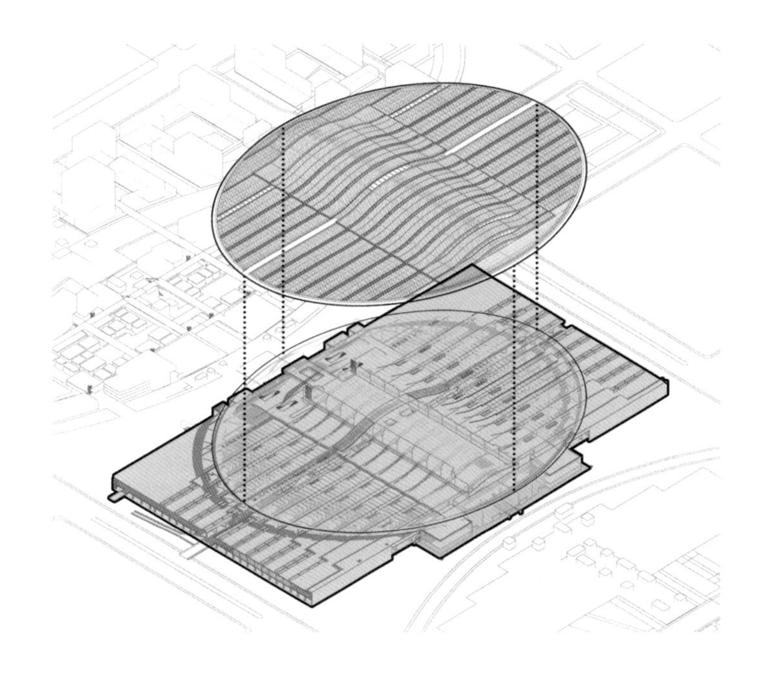

平面造型设计分析

B3-1-1_2 形体外凸缓解涡流效应

（1）建筑形体在迎风面外凸，可以有效缓解高层建筑室外下冲涡流效应。具体项目中宜采用CFD模拟风环境确定优化的建筑抗风形体；重要建筑应采用CFD模拟风环境结合风洞实验确定优化的建筑抗风形体。

（2）迎风面外凸有台阶状和倾斜状两种类型，即建筑形体呈逐渐向上收缩、尺度逐渐减小的形式。底层裙房的外凸亦可以减少下冲涡流效应。

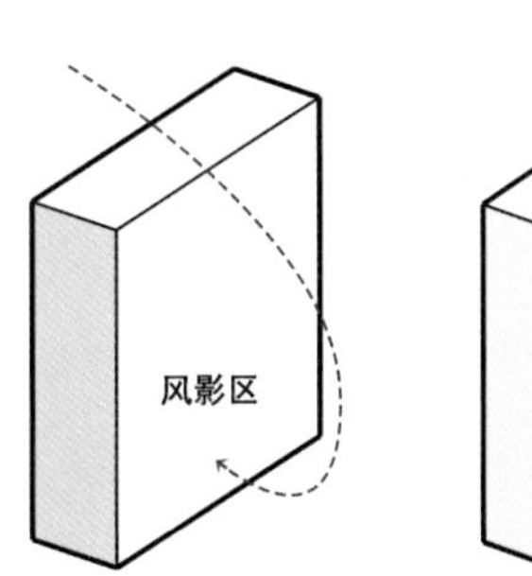

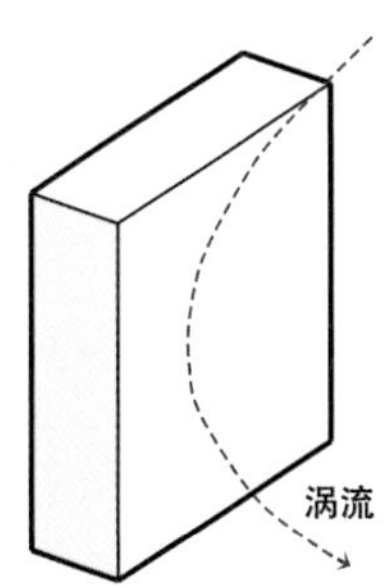

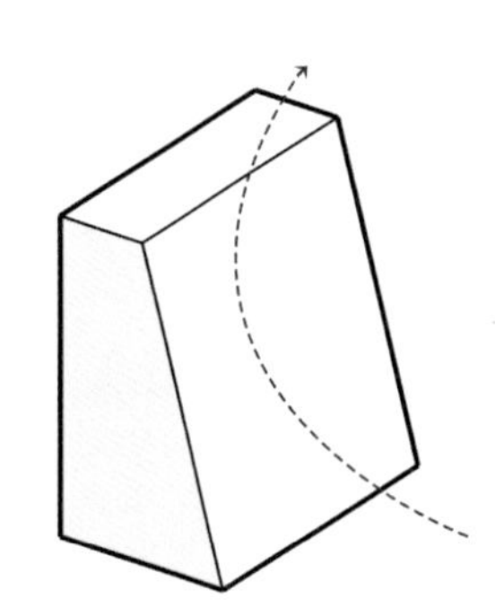
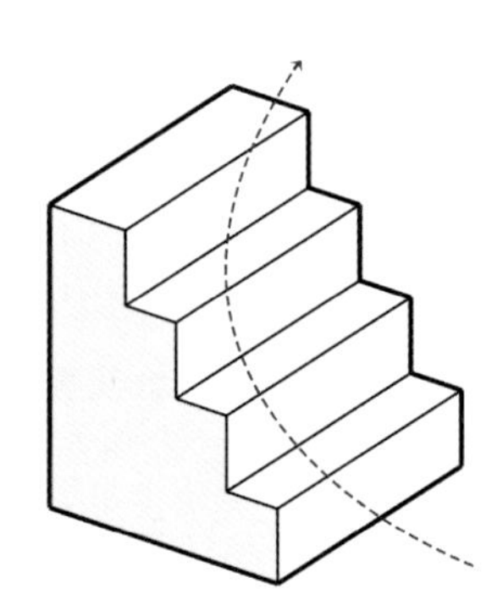

形体控制缓解不良风环境示意
通过设置台阶和倾斜界面优化建筑抗风形体。

关键措施与指标

CFD模拟风环境、迎风面形体外凸

相关规范与研究

（1）《民用建筑绿色设计规范》JGJ/T 299—2010第6.1.3条，关于建筑形体与日照、通风及噪声等因素的关系等设计相关要求。

（2）张荣冰．北方寒冷地区公共建筑形体被动式设计研究[D]．济南：山东建筑大学，2017.

建筑迎风面外凸可以有效地缓解高体量建筑室外风环境的下冲涡流效应。下冲涡流效应是指随着建筑高度的增加，建筑高处的风速会增大并产生较高的风压，增加了和建筑底部的风压差，于是大量气流会快速涌向地面的现象。建筑的迎风面外凸可以将高速的气流进行转移，降低风速。迎风面外凸有台阶状和倾斜状两种类型。

典型案例 **徐州建筑职业技术学院图书馆**

（中国建筑设计研究院有限公司设计作品）

徐州建筑职业技术学院图书馆建筑形体化整为零，形体自由，边界多变。外凸的建筑形体缓解涡流效应，营造了舒适的室外风环境。

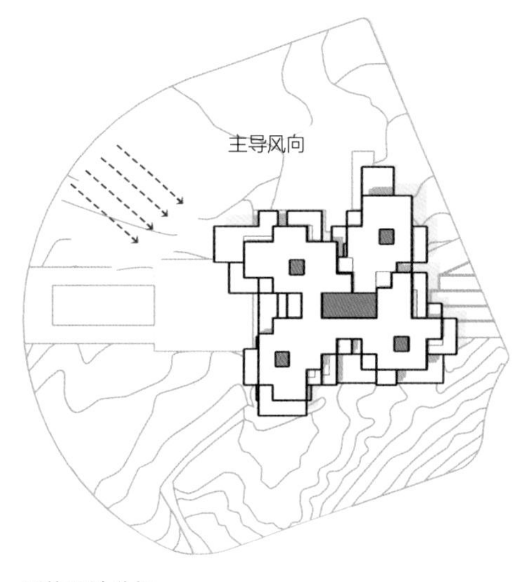

形体设计分析

B3-1-1_3 平面围合形式防风

（1）在北方寒冷地区，可采用围合或者半围合的建筑形体布局，并使建筑物的出入口或开口背离冬季主导风向，防止冷风侵入。

（2）当建筑物采用U形、L形或T形等平面形式时，应注意减少凹口部位形成涡流和二次回风的影响，避免在这些区域的墙面上开窗；同时,建筑物凹口应面向冬季主导风的下风向，以增加挡风区域的面积，塑造建筑外部空间的良好微环境。

（3）建筑洞口应避免朝向冬季主导风，尽量面对夏季主导风向。

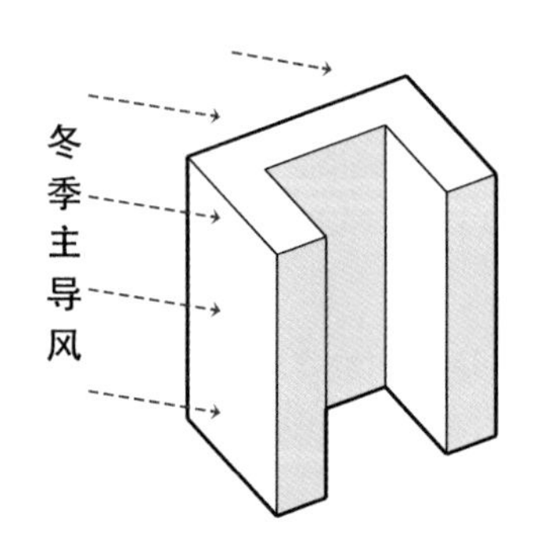

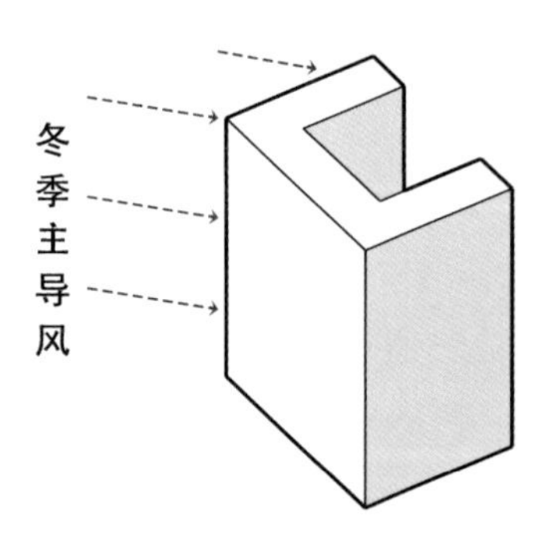

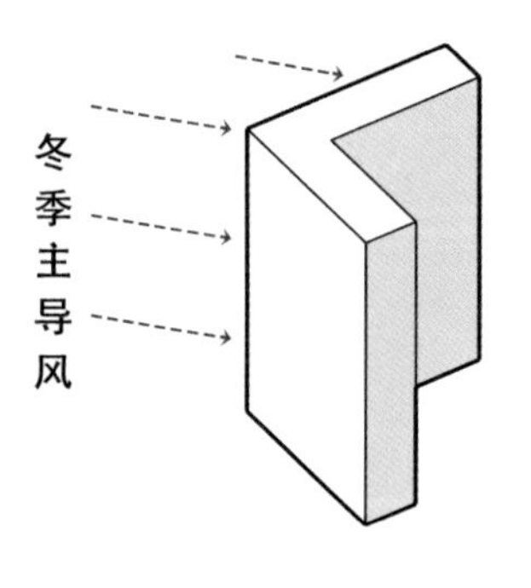

平面围合防风形式示意

对于U形建筑平面，应将凹口部位朝向夏季主导风同时避开冬季主导风。

关键措施与指标

半围合的形体；避免涡流；避免二次回风；洞口朝向

相关规范与研究

（1）《民用建筑绿色设计规范》JGJ/T 299—2010第5.4.2条，有关避免二次回风的设计相关规定。

（2）张荣冰．北方寒冷地区公共建筑形体被动式设计研究[D]．济南：山东建筑大学，2017.

我国北方寒冷地区冬季来自北方的风寒冷干燥，不利于建筑保温，所以为了减少热量的散失，相较于南方开敞通透的架空形式，北方寒冷地区建筑呈现出空间封闭的特征，表现在以下几个方面：第一，北方寒冷地区建筑的密闭性比较好，尽量不开口，尤其是建筑北向，朝向室外的门窗开口较小，数量较少；第二，形体组织多为围合型或者半围合型，有效阻挡西北寒风；第三，注重窗户的密闭性和保暖性，采用封闭式的围护结构手法。

典型案例 **北京世园会中国馆**

（中国建筑设计研究院有限公司设计作品）

中国馆将弧线形的体量设计分为东西两个部分，在冬季，西北风被西侧体量阻挡，使建筑南侧的半围合空间不受寒风侵袭。

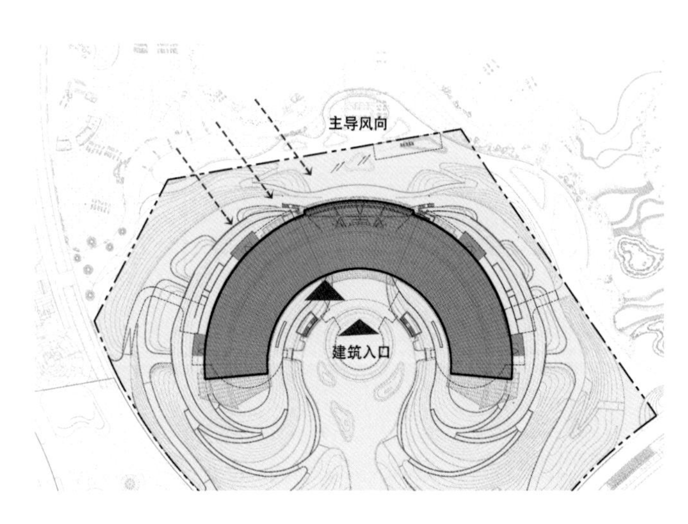

适应风环境的形体设计分析

[目的]

通过优化建筑边角，减少不规则、凹凸边角形成的气流影响，防止不良风环境的产生。透过边角形态的优化设计，促进雨水收集利用。

[设计控制]

（1）建筑边部和角部应采用适于空气流动的圆弧形，以防止转角部位产生不良风环境。

（2）设置雨水收集利用系统对雨水进行收集利用。

[设计要点]

B3-1-2_1 边角圆润优化风环境

有条件时，在建筑上留出泄风口，或建筑的边部和角部转角处采用圆弧形，防止转角部位产生不良风环境。高层建筑形体设计宜有弧形的、适于空气流动的外形，并使其窄端的立面朝向冬季主导风或与风向成不大的斜角，以减少高层建筑风荷载，同时减少近地面涡流区，改善街道和开敞空间冬季风环境。

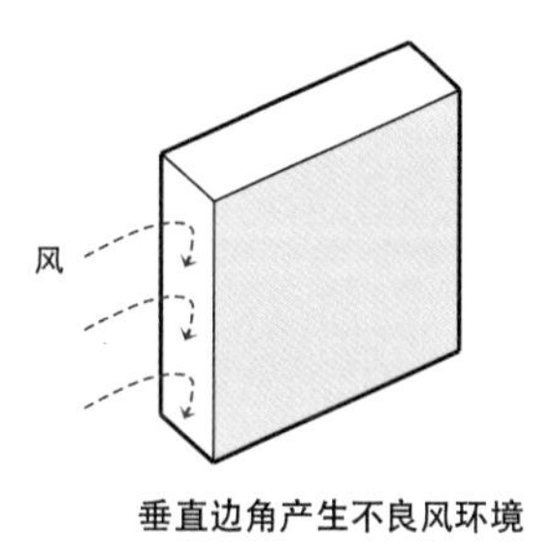

垂直边角产生不良风环境

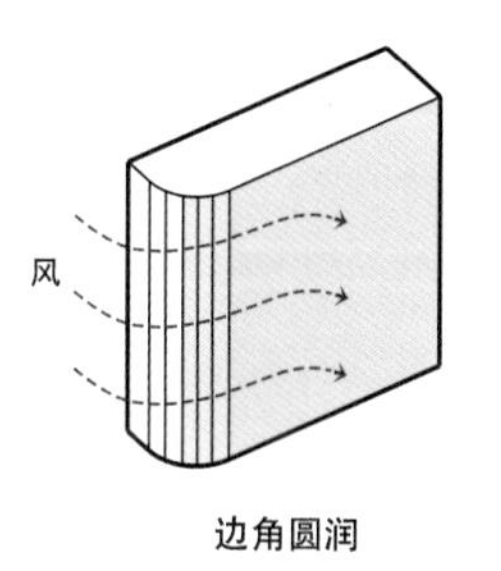

边角圆润

风环境优化方法示意
圆润的建筑边角设计有助于改善不良风环境。

关键措施与指标

建筑角部圆润、保留泄风口、减少近地面涡流区

相关规范与研究

（1）谢振宇，杨讷. 改善室外风环境的高层建筑形态优化设计策略[J]. 建筑学报，2013（02）：76–81.

从弱化气流的角度，并且外界微气候环境影响程度最小来说，建筑边界越是圆润、光滑，建筑背风向形成的压力越趋于稳定，边角强风影响程度也就越小。

高层建筑应具有符合空气动力学的圆弧状轮廓，并尽可能将窄边面向冬季的主导风向或与其成一定的角度。

（2）张荣冰. 北方寒冷地区公共建筑形体被动式设计研究[D]. 济南：山东建筑大学，2017.

北方寒冷地区冬季风速较大，在建筑的边角容易产生转角效应，即建筑边角风速过高。应对转角效应的方法是使建筑边角圆润化，其防风原理是：风通过光滑的建筑界面以使建筑背风向的压力较为稳定，进

而削弱边角强风，降低气流速度。北方寒冷地区公共建筑应该通过优化建筑边角形体的方式增加建筑表面阻力，降低气流速度，比如将面向冬季主导风向的建筑短界面设计为圆弧形外轮廓，减弱高速边角风对室外风环境的影响。

典型案例 天津大学综合实验楼

（中国建筑设计研究院有限公司设计作品）

天津大学综合实验楼建筑边部和角部采用适于空气流动的圆弧形，以塑造舒适的室外风环境。

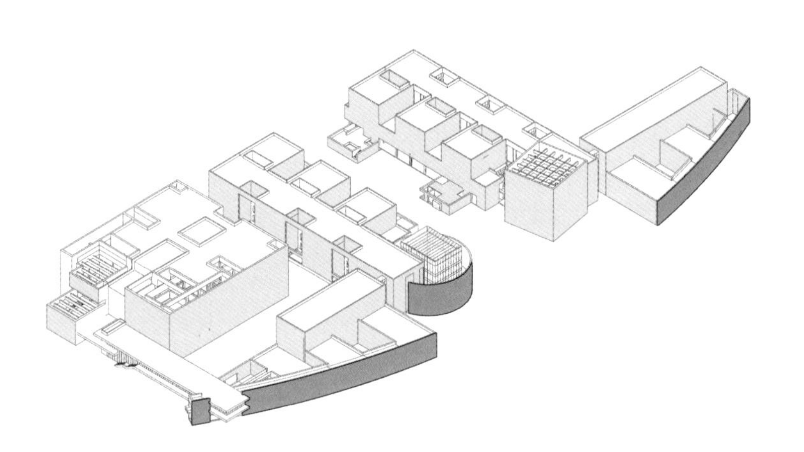

边角设计分析

B3-1-2_2 坡屋顶雨水收集

在夏季降水充沛的气候下，设置雨水收集利用系统，坡屋面的设计有利于雨水沿屋面自然流下，雨水进入雨水收集系统后排入雨水罐暂时蓄存，供冲洗厕所、绿化灌溉使用；或通过排水沟排入场地内部绿地自然下渗；或排入场地内水面形成景观水体。

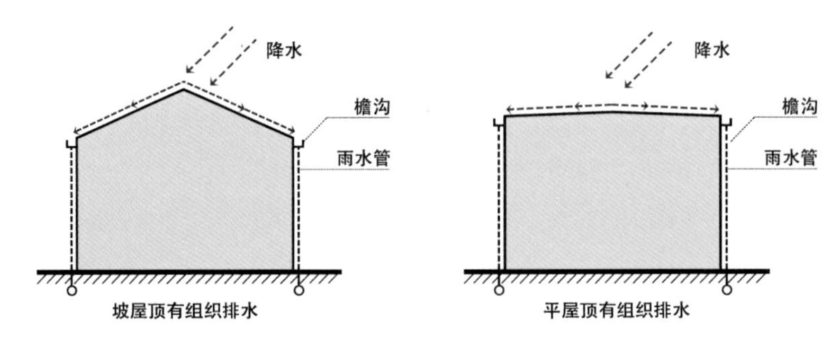

屋顶雨水组织示意

坡屋面设计利于雨水自然下流，进入雨水收集系统。

关键措施与指标

坡屋面倾斜角度；雨水收集系统

相关规范与研究

（1）《民用建筑绿色设计规范》JGJ/T 229—2010第5.3.1条、第5.3.4条，有关充分利用自然资源的设计相关要求。

（2）李林蔚. 我国当代建筑设计中斜坡屋顶的建筑价值再生[D]. 西安：西安建筑科技大学，2017.

屋面雨水收集装置包括集雨面、集雨槽、落地管、蓄水池等。斜坡屋面由于其坡度影响不仅集雨面相较平屋顶要大，还容易通过檐口的檐沟收集雨水，雨水流进排水管，汇集于有一定间距的处置落地管，排入地下蓄水池。在通过蓄水池过滤系统将雨水净化后，回收的雨水可用于多种用途，如补给人工水面、补给地下水、冲洗厕所、灌溉绿地等。

典型案例 北京世园会中国馆

（中国建筑设计研究院有限公司设计作品）

坡屋顶有利于雨水自由流下，流入排水沟后，进入梯田并最终回收利用。

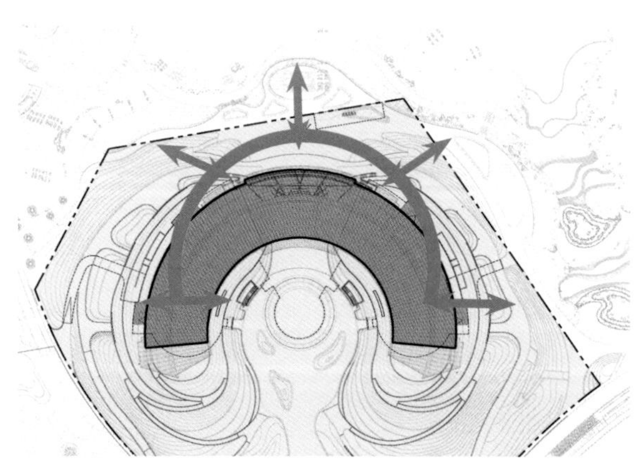

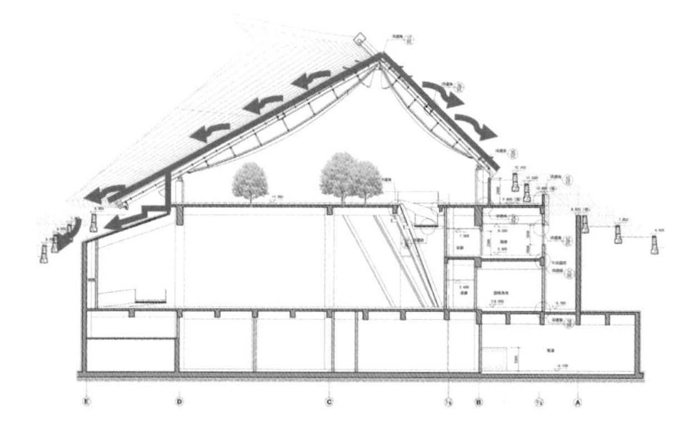

屋面雨水收集分析

[目的]

寒冷地区组合建筑形态在符合单体建筑形态要求的基础上，通过合理的体块组织与形体优化，采用气候适应性的设计策略与技术，实现建筑组合形体和组团内良好的微气候。

[设计控制]

（1）增加建筑在夏季主导风向的透风度，使风可顺利通过，增强自然通风。

（2）新建建筑应考虑与相邻建筑高度上的相互关系，以防止街道和开放空间不良风环境的产生。

（3）建筑群体组合时可利用建筑形体的高低错动交错排列，塑造良好的室外风环境，有利于自然通风。

（4）减少裙房的覆盖面积，减少裙房对风的阻挡作用。

（5）建筑群体组合时应考虑形体组合对日照的影响，相邻建筑布置时应考虑符合日照间距的要求，避免过多遮挡，使建筑获得更多的日照，创造舒适的室内环境。

（6）建筑可利用自身的形体变化，遮阳防风。

[设计要点]

B3-2-1_1 增加夏季主导风向上的透风度

（1）为增加建筑物在夏季主导风向上的透风程度，寒冷地区在建筑创作时可根据当地气象数据，在建筑组合形态的盛行风向上，将建筑物之间、平台与其上层楼宇之间，以及在同座建筑物的不同楼层之间保留空间。

（2）为了保证夏季主导风向贯穿基地，在建筑组合形体创作时，在夏季风来流方向应确保不会出现体量庞大与过分连续的建筑体量，以促进夏季自然通风，并形成视觉通廊，条形建筑朝向与主导风向夹角不宜大于30°，点式建筑与主导风向夹角宜为30°～60°。

（3）地块内的间口率（建筑宽度与基地宽度的比值）不宜大于70%，不满足时宜设置底层架空或空中花园，在寒冷地区夏季主导风向上的建筑物迎风面宽度超过80m时，该建筑底层的通风架空率不应小于10%。具体项目中应采用CFD模拟风环境以确定合适的通风架空面积或比例。

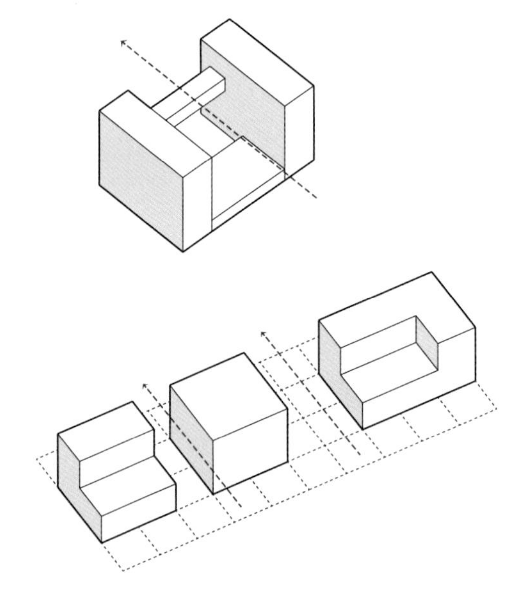

增加建筑透风度方法示意

建筑宽度与基地宽度的比值不宜大于70%，不满足时需设置底层架空或空中花园。

关键措施与指标

空间透风度：（建筑进深×0.1×建筑内隔墙长度）/建筑面积×100%；间口率；建筑宽度与基地宽度的比值，建议不大于70%；建筑朝向与主导风夹角

相关规范与研究

（1）《民用建筑热工设计规范》GB 50176—2016第8.2.1条，有关总平面布置利于自然通风的设计相关要求。

（2）《城市居住区热环境设计标准》JGJ 286—2013条文说明第4.1.4条，有关自然通风的设计相关要求。

（3）张涛. 城市中心区风环境与空间形态耦合研究[D]. 南京：东南大学, 2015.

在低围合的散点式高层建筑群单元中，街区内高层建筑在夏季主导风向下的迎风面一侧布局相对开敞错落，而在冬季主导风向下的迎风面一侧布局相对紧密，有利于街区的夏季通风和冬季防风。

在半围合的高层建筑群单元中，街区沿夏季盛行风向的迎风面建筑布局相对开敞，而沿冬季盛行风向的迎风面建筑布局相对围合，利于街区的夏季通风和冬季防风；同时街区内高层建筑也应尽量沿夏季盛行风向错落布局，以利于高层建筑间的空气流动，街区内夏季背风一侧的建筑也应适当留出通道空间，以形成风渗透，改善背风街巷的风环境。

在半围合的板式高层建筑群单元中，街区内建筑应沿夏季盛行风向迎风面相对开敞、沿冬季盛行风向迎风面相对围合，起到夏季通风和冬季防风的目的，同时板式高层建筑应错落布局，形成顺应夏季主导风向的通风道，并沿夏季盛行风向成阶梯式的高度变化，以促进夏季街区内的空气渗透，提升夏季行人高度处风环境的舒适度。

在半围合的行列式多层或低层建筑群单元中，建筑宜在满足日照及室内通风的条件下，尽量使建筑的长边与夏季盛行风向平行或交角在30°以内，成行列式布局，促使夏季风能够渗入建筑间的空间内，同时应避免在夏季迎风面一侧设置连续、过长或过高的裙房阻碍气流渗透。

（4）刘少瑜，林萍英，秦浩. 香港《可持续建筑设计指引》剖析及应用[J]. 建筑学报，2013（07）：65-69.

《可持续建筑设计指引》APP152首先对大型发展项目建筑之间的间距进行了规定，即楼宇之间的空隙必须满足一定的透风度。这一规定主要针对用地面积为2hm²以上，或少于2hm²而拟建的任何建筑物或建筑群的连续投影立面长度为60m或以上的地盘。

楼宇透风度的计算主要通过平面投影的方式获得在计算时将建筑由低到高分成低层区（0～20m）、中层区（20～60m）和高层区（60m以上），每一个层面的透风度都必须满足下表的规定。这样就可以避免统一计算造成的整体透风度满足要求而低层透风度不达标的情况。此外，建筑边界必须退让共同用地边界或者街道中线7.5m以上，以满足建设用地与城市直接的通风。

不同高度楼宇的通风度百分比

最高楼宇的高度（H）	楼宇透风度	
	地盘面积＜$2hm^2$及楼宇的连续投影立面长度≥60m	地盘面积≥$2hm^2$
H≤60m	20%（某一面）； 20%（相应的侧面）	20%（某一面）； 25%（相应的侧面）
H＞60m	20%（某一面）； 20%（相应的侧面）	20%（某一面）； 33.3%（相应的侧面）

典型案例 徐州建筑职业技术学院图书馆

（中国建筑设计研究院有限公司设计作品）

建筑底层采用架空方式促进气流流动。

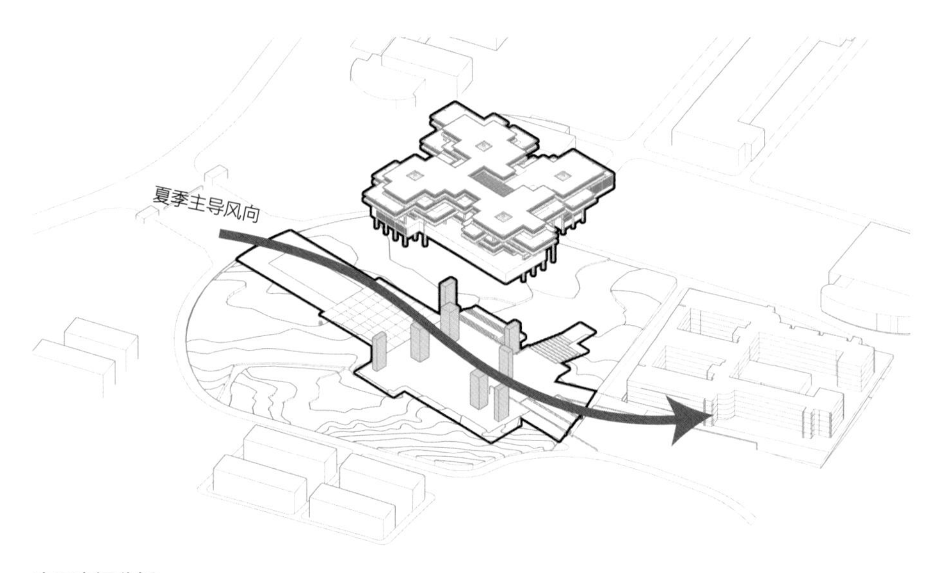

底层空间分析

B3-2-1_2 相邻建筑的形体高度控制

（1）当建筑比位于其冬季主导风上风向的相邻建筑高出1倍以上时，宜采用阶梯、退台状，阶梯或退台应从距离街道上方6～10m处开始，从建筑沿街的墙到建筑高层塔楼部分的墙之间的退台距离不应少于6m。

（2）两个建筑之间的高度渐变不应超过100%，以防止街道和开放空间不良风环境的产生。如果两个建筑高差较大，较高的高层建筑下宜设置顶棚、柱廊、挡风墙、浓密常绿绿植等挡风设施，以避免人行区不良风环境。

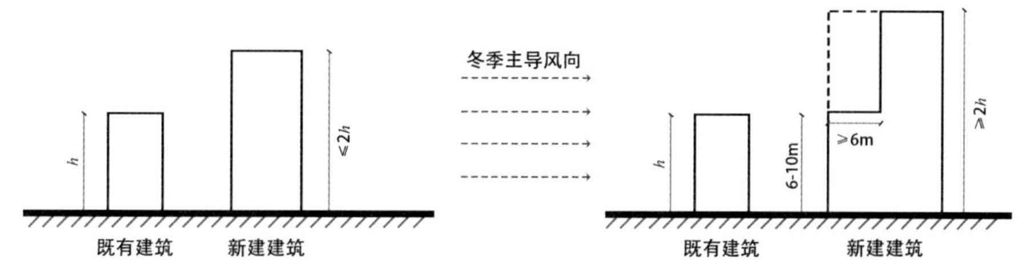

建筑高度控制示意
相邻建筑高出一倍以上时，建筑沿街墙到建筑塔楼部分应设置退台。

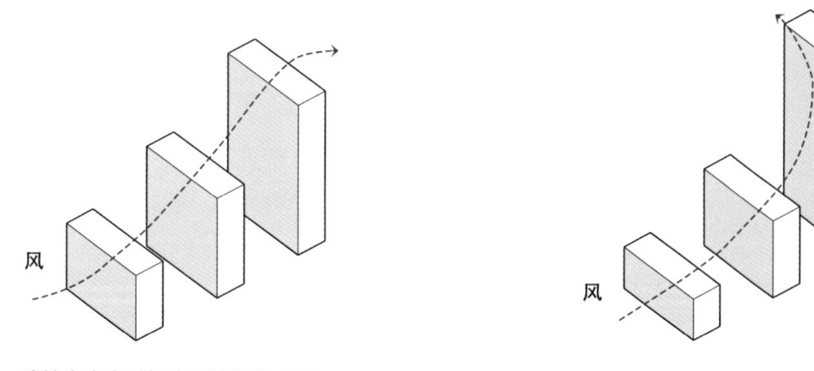

建筑高度应对气流设计方法示意
相邻建筑高度相差不大时，气流可顺畅通过，相差过大时，应设置挡风措施减少不良风环境。

关键措施与指标

相邻建筑高度差、相邻建筑高度渐变（不宜超过100%）

相关规范与研究

（1）谢振宇，杨讷. 改善室外风环境的高层建筑形态优化设计策略[J]. 建筑学报，2013,（02）：76–81.

在群体布局中，“遮蔽效应”和“街道峡谷效应”也会造成混乱的气流。“遮蔽效应”指近似高度与规模的建筑群相邻时，对于迎风而来的气流产生遮蔽作用，迫使气流由建筑群上方越过及侧边绕过，没有明显的下冲气流。反之，若建筑物的前方为低矮建筑物，后面建筑高度远远高于前面建筑的时候，高层建筑前部会有下冲气流与附近水平方向的气流形成高速风及涡流，从而加大风压，造成热损失加大，并且两建筑物之间会有较强的涡旋发生。

为了减小上部风受到高层建筑界面阻挡后下行、对地面及街道造成的影响，高层建筑的形体还可以依据高度作退台处理。这种退台处理缓解了高层建筑迎风面涡漩气流，下风向的能量在退台处风力不断受阻，进而能量不断衰竭。高层上部退台后，街道底部峡谷风力有所减弱，并化解了街道上不利的风环境状况。

（2）王凯. 城市绿色开放空间风环境设计和风造景策略研究[D]. 北京：北京林业大学，2016.

从理论上来说，若风向和街区峡谷垂直，为避免前面的建筑对后方建筑的通风产生影响，后方建筑应该在前方建筑的风影区范围以外，即前后建筑之间的楼间距要达到前方建筑高度的3.5～5H。以往的城市规划和建筑设计并没有以通风作为建筑间距的决定因素，而仅仅是出于节约土地的目的，以日照采光来决定建筑建筑间距，导致街区峡谷不能导入高空气流，内部污染加重。

典型案例 **中国建筑设计研究院创新科研示范中心**

（中国建筑设计研究院设计作品）

创新中心高出周边建筑一倍以上，采用阶梯状形体回应周边建筑。

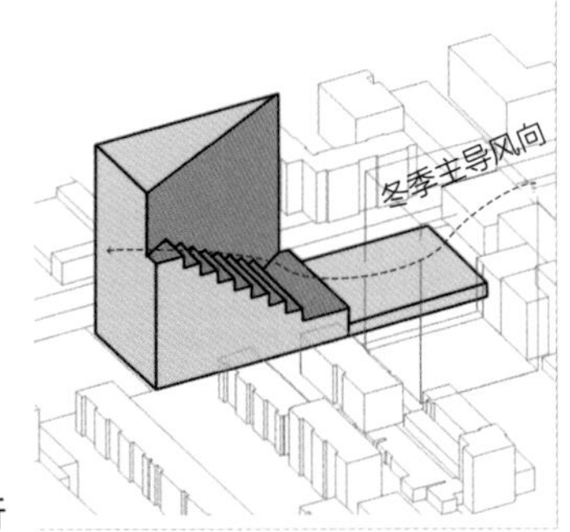

迎风面形体设计分析

B3-2-1_3 形体高低错动交错排列

（1）建筑创作中，有高低错落、形体变化的造型需求时，可利用建筑形体的高低错动、围合形态、体形优化等设计策略，采取气候适应性的防风策略。

（2）在北方寒冷地区，根据风向特点将高体量形体朝向冬季主导风向来流处，利用形体布局设置风障，可有效屏蔽西北寒风对前部低体量建筑的影响。

（3）将低体量形体朝向夏季主导风向（东南方向）的迎风面，可利用台阶式跌落形式，防止其背面产生较大风影区，建筑布局高度轮廓的差异可促进空气的流动，使得低体量建筑可以获得较多的迎风面。

（4）建筑群体组合时应交错排列，顺应夏季主导风向布置建筑，使建筑呈错动关系，在夏季形成风道，不阻碍穿堂风形成。

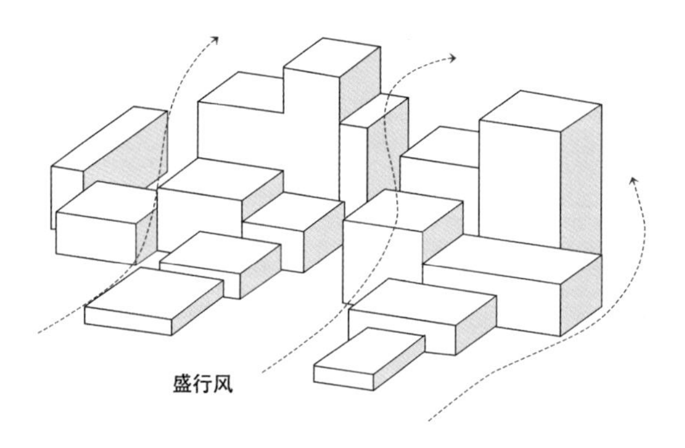

建筑组合形体布置示意

低体量建筑朝向夏季主导风向，增加空气流动，高体量建筑朝向冬季主导风向，阻挡冷空气。

（5）迎向冬季风方向的交通空间应避免采用开放的南北向空间，避免形成贯通的通风走廊，宜错位排列或用封闭式室内步行街。

关键措施与指标

形体高低错落；不同体量建筑朝向；建筑组合交错排列；避免通风走廊

相关规范与研究

（1）《民用建筑绿色设计规范》JGJ/T 229—2010条文说明第5.4.2条，有关避免不良风及高低错落布局的设计相关要求。

（2）张荣冰．北方寒冷地区公共建筑形体被动式设计研究[D]．济南：山东建筑大学，2017.

北方寒冷地区公共建筑利于自然通风的形体组织方式有平面错动和高度错动两种。高度错动是将低体量建筑朝向夏季主导风向，使其背面无法产生较大的风影区，使得低体量建筑可以获得较多的迎风风面，容易实现穿堂风。平面错动是指顺应夏季主导向布置建筑呈错动关系，建筑之间互相不阻碍穿堂风的形成，类似“街巷体系”的原理，建筑之间的空间在夏季形成风道，加强了穿堂风的作用。

（3）张涛．城市中心区风环境与空间形态耦合研究[D]．南京：东南大学，2015.

在密集的城市中心区中，应策略性地分布高矮不同的建筑物，利用高度轮廓的变化带来的气压差异来引动气流，促进空气流通，提供风的渗透性。一般而言，建筑群高度的错落变化有助于改变风向，避免气流滞留不动，在可行的情况下，区域内建筑群的高度应朝着夏季盛行风的方向逐级降低，这种阶梯型建筑高度变化的设计概念，能够大大改善建筑群的通风情况。

（4）曾穗平．基于“源-流-汇”理论的城市风环境优化与CFD分析方法[D]．天津：天津大学，2016.

在城市结构方面，为了避免城市热量的散失，避风防寒主导型的城市可以发展“单中心—层圈式”的空间结构节约采暖的能源消耗。在城市的形态方面，可以考虑内向封闭的城市形态，具体措施如在城市冬季主导风的上风向，布置高大、封闭、高密度的建筑，使寒冷的西北风绕过城市，尽量减少对城市内部空间的“侵入”。同时采用均匀的城市天际线，形成具有“防护性”的城市空间形态，有效防止冬季冷风。

典型案例 **中国建筑设计研究院创新科研示范中心**

（中国建筑设计研究院有限公司设计作品）

建筑形体自北向南逐渐升高，高低错动，促进空气流动，有利于自然风通过。

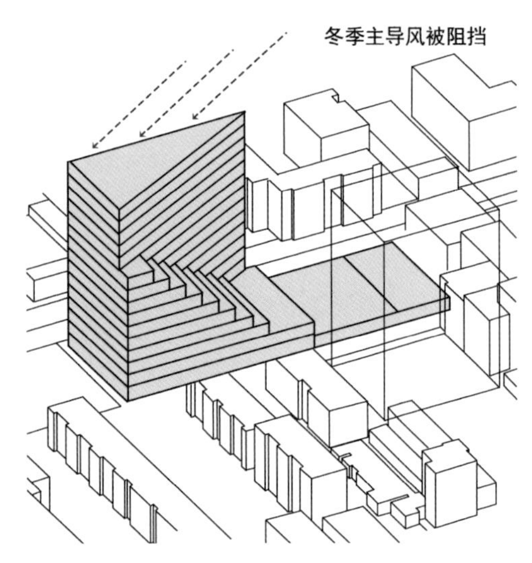

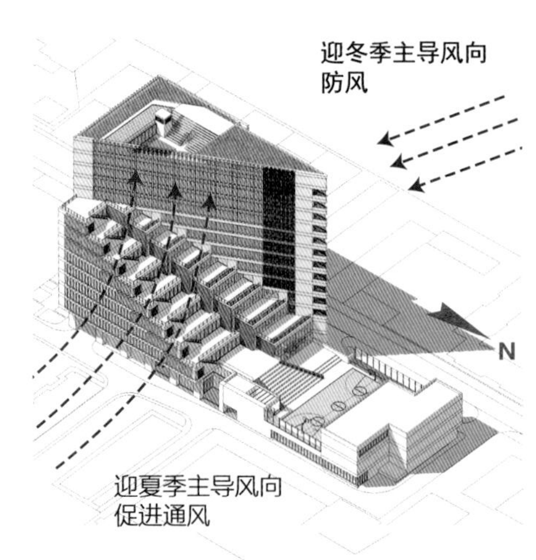

应对风环境形体设计分析

B3-2-1_4 裙房减少覆盖面积

在建筑群体密度高的地区，从提高有效通风路径面积的角度，宜将城市综合体的大体量裙房分割成若干小型裙房，减少对空气流通造成的阻挡，以改善地面层的自然通风效果。

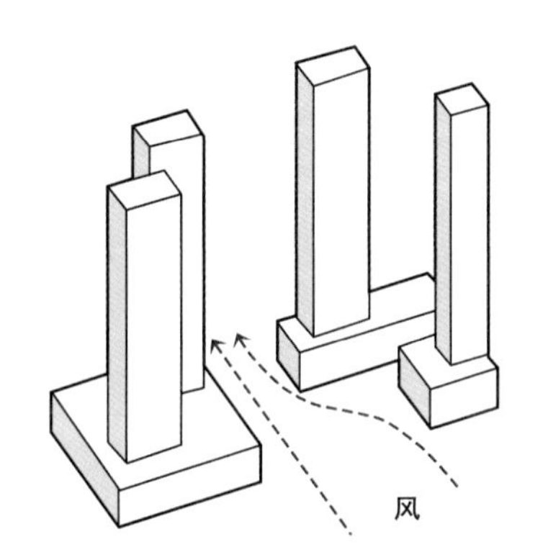

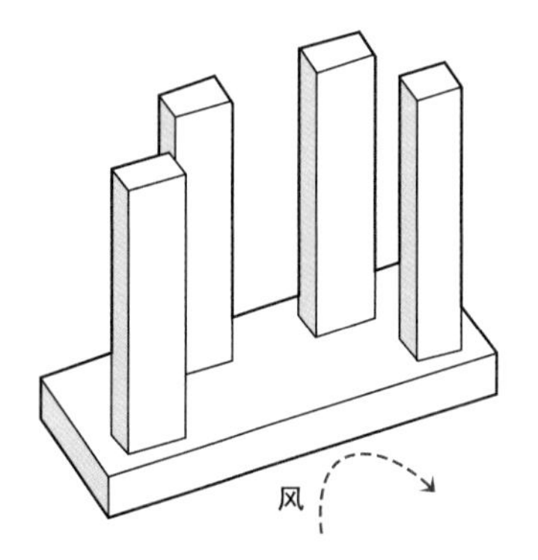

裙房设计示意
高密度建筑区应减少或分散裙房占地面积，从而改善地面层自然通风效果。

关键措施与指标

裙房覆盖面积；减少空气流通阻挡

相关规范与研究

（1）《民用建筑热工设计规范》GB 50176—2016条文说明第8.2.1.3条，建筑之间不宜相互遮挡，在主导风向上游的建筑底层宜架空。

（2）张涛. 城市中心区风环境与空间形态耦合研究[D]. 南京：东南大学，2015.

在无围合的大体量多层建筑单元中，大体量的多层建筑会对空气流通产生较大的阻碍，易在背风空间内形成大面积的风影区，因此应尽可能地控制建筑体体量，减小建筑迎风面尺度，通过建筑形态的优化、将大体量建筑化整为零或者开发地下空间来减少地上建筑层数等设计策略，降低对通风的影响。

背风街道两侧高层建筑的裙房也建议尽量采用阶梯型的设计，能够有效地改善大体量裙房对街道近地面通风度的影响，并且有益于驱散街道内的空气污染物。

典型案例 **中国建筑设计研究院有限公司创新科研示范中心**

（中国建筑设计研究院有限公司设计作品）

建筑一层由一个完整体量分割成三个较小体量，形成风的通廊，减少对风的阻挡，使自然风可以顺利通过，改善室外地面通风效果。

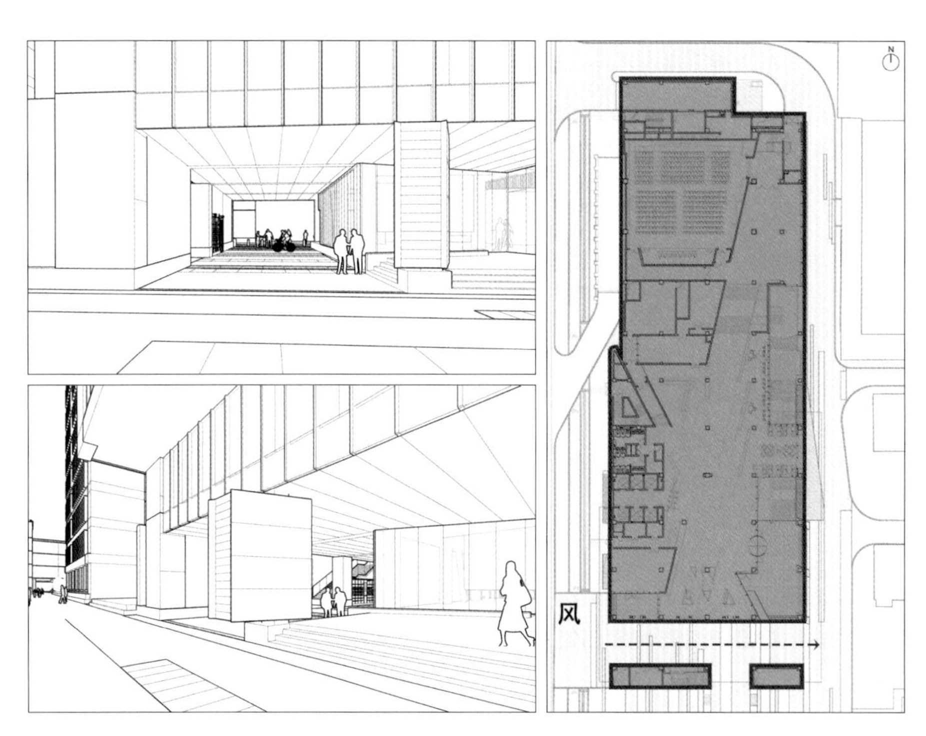

体量分割设计分析

B3-2-1_5 体型变化增强日照

寒冷地区的公共建筑有高低错落、形体变化的造型需求时，可利用建筑形体的高低错动、围合形态、体形优化等设计策略，使东西获得更多的日照。同时，根据太阳运行轨迹和方位，将高大体量建筑布置于场地北侧，低矮体量建筑布置于场地南侧，形成错落有致的建筑群，使建筑形体在冬季获得更多的日照。

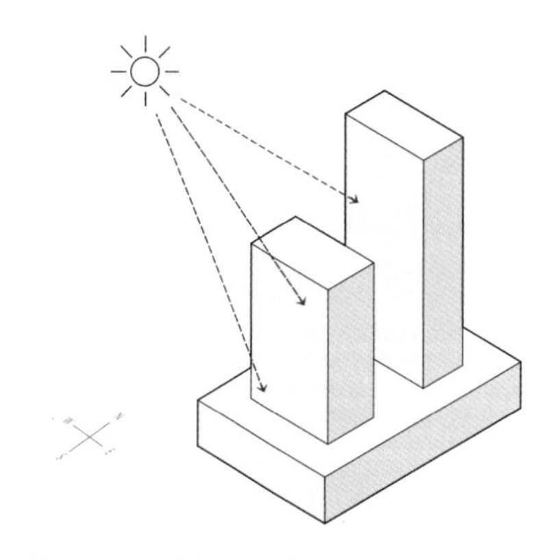

基于日照需求的体形变化示意
将较高的形体安排在北侧，而较低的形体安排在南侧，有利于阳光的获取。

关键措施与指标

形体高低错动增强日照

典型案例 中国人民大学通州新校区北区学生宿舍

（中国建筑设计研究院有限公司设计作品）

按照北京对于集体宿舍类建筑的设计要求，通过模拟软件计算日照间距，削减遮挡后排建筑的体量，局部形成退台，以供学生活动。

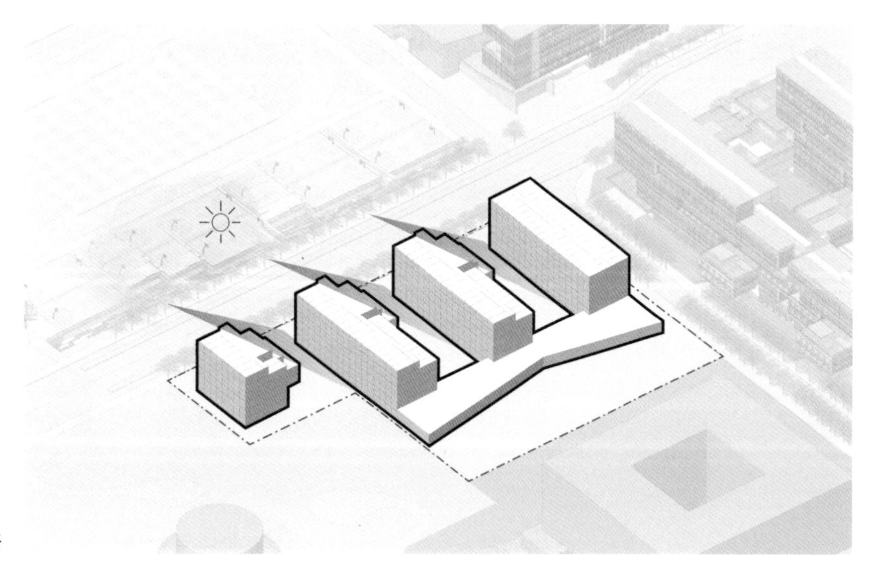

体量设计分析

B3-2-1_6 形体自遮阳

（1）形体自遮阳是指不采用遮阳构件，只根据太阳高度角和方位角变化范围，通过建筑自身形体体量的扭转、倾斜及方位设置、高低错落、立面体量凹凸等建筑体量变化，在有遮阳需求的方位形成阴影区，达到遮阳效果的遮阳模式。

（2）寒冷地区公共建筑的形体遮阳，可以是在太阳辐射量大的方位采用部分缩进的窗户，也可以是局部的厚墙体、檐口、阳台或建筑本身的凹凸变化，还可以是整体上的遮阳形体。采用遮阳形体的建筑立面往往有深凹的洞口、突兀的体块，使建筑的立面形态呈现出一定的光影效果。

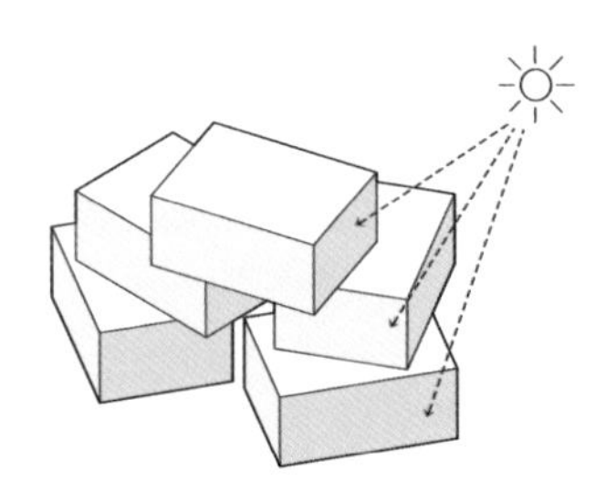

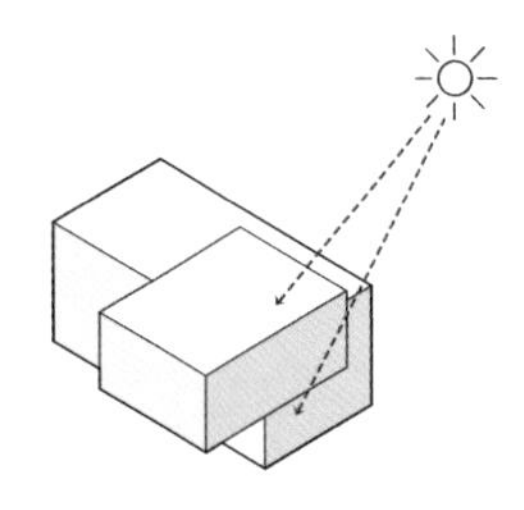

建筑形体自遮阳示意

通过建筑形体的变化，在有遮阳需求的区域形成阴影区，同时呈现光影效果。

关键措施与指标

遮阳形体

相关规范与研究

《公共建筑节能设计标准》GB 50189—2015第3.1.5条，可以利用建筑的凹凸变化实现建筑的自身遮阳，以达到节能的目的。

典型案例 神华集团办公楼改扩建

（中国建筑设计研究院有限公司设计作品）

神华集团办公楼通过体块自身的凹凸变化，形成阴影区，实现建筑的自身遮阳。

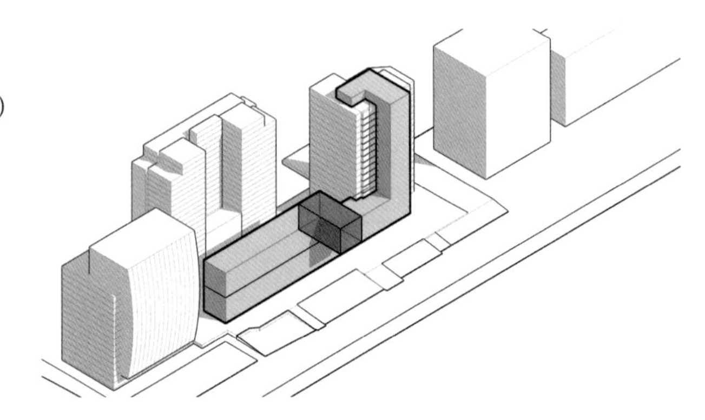

形体设计分析

[目的]

寒冷地区建筑单体形式应简洁方正，空间布局紧凑规整，平、立面不宜出现过多的凹凸面。通过控制建筑体形系数和建筑体量减少建筑与室外环境接触的外表面积，并采取合适的设计手法防水避潮，从而减少建筑冬季能耗，调节室内热环境。

[设计控制]

（1）合理控制建筑体形系数，减少建筑外表面积，减少建筑冬季热损失。

（2）建筑底层架空，营造开放的公共活动空间。

（3）根据太阳入射角的特点采用合适尺度的檐廊。

（4）寒冷地区建筑宜在满足功能要求的前提下减少建筑体量。

[设计要点]

B3-2-2_1 合理控制体形系数

（1）对于寒冷地区的公共建筑，建筑形态宜紧凑集中，通过合理控制建筑的体形系数，减少建筑与环境接触的外表面积，减少建筑冬季的热损失。

（2）在考虑经济美观适用的基础上，合理控制建筑的体形系数：建筑面积$A \leqslant 800m^2$时，体形系数$S \leqslant 0.50$；建筑面积$A > 800m^2$时，体形系数$S \leqslant 0.40$。

从外界对建筑物能耗的影响来讲，日辐射得热量是一个重要因素。从节能的角度而言，合理的体形系数设计应该基于这一原理：使建筑物能在夏季得热少，冬季得热多。

将同体积的立方体建筑模型按不同的方式排列成各种体形和朝向，从日辐射得热多少的角度来研究建筑体形对节能的影响。由图可知：

立方体A是冬季日辐射得热量最少的建筑体形；

立方体D是夏季得热最多的体形；

立方体E、C两种体形的全年日辐射得热量较为均衡；

立方体B长、宽、高比例较为适宜的，在冬季得热较多，在夏季则得热最少。

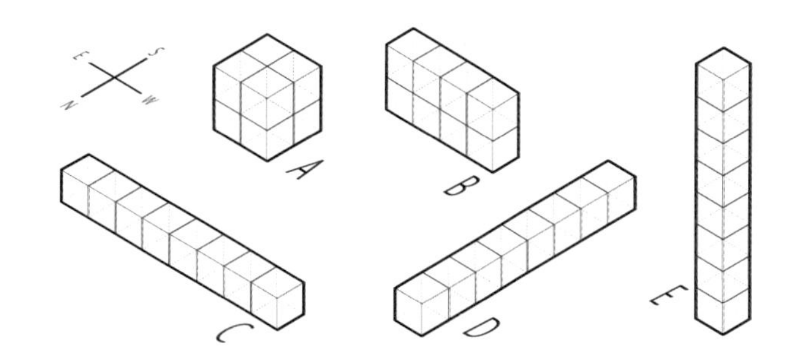

不同形体得热比较示意

关键措施与指标

体形系数控制

相关规范与研究

（1）《公共建筑节能设计标准》GB 50189—2015第3.2.1条，有关体形系数控制的相关定义及要求。

（2）张荣冰. 北方寒冷地区公共建筑形体被动式设计研究[D]. 济南：山东建筑大学，2017.

北方寒冷地区冬天北风寒冷干燥，风速较大，建筑保温性能要求较高，建筑的热工能耗较大，特别是采暖能耗格外大。控制体形系数是通过被动策略适应北方寒冷地区气候特点的重要途径之一。为了保持室内温度的恒定，降低热损耗，建筑的体形系数应该尽量减小。所以，北方寒冷地区建筑形体简单规则，无过多变化，建筑凹凸较少，平面布局简洁规整，形体变化呈现一定的规则性。

（3）景云峰. 西安办公建筑室内物理环境现状及优化设计研究[D]. 西安：西安建筑科技大学，2019.

判断建筑体形对室内物理环境的影响常用体形系数这一参数。体形系数是指建筑外表面积之和与所包围的体积之比，体形系数越大，建筑与室外接触的面积越大，热交换越多，越不利于室内热环境和建筑节能。影响体形系数的两个关键因素是建筑平面和建筑高度。建筑平面凹凸变化大，则外表面积之和大，体形系数就大，通过外围护结构与室外的换热量增加。建筑空调和采暖能耗增加。建筑高度增加，体形系数减少，但降低幅度并不明显；空调能耗减小，但同时采暖能耗增加，因此对建筑节能的总体影响不大。

典型案例 中国人民大学通州新校区西区学部楼

（中国建筑设计研究院有限公司设计作品）

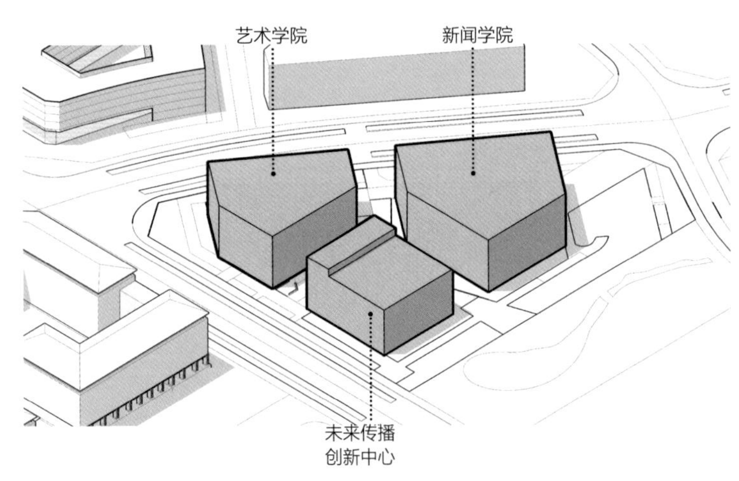

体量设计分析

中国人民大学通州新校区西区学部楼建筑形态为紧凑的几何形体，减少形体的凹凸，进而减少建筑表面积，降低建筑与外界的热交换，有利于建筑节能。

B3-2-2_2 架空开放空间

（1）建筑体块部分架空，创造遮雨遮阳的积极灰空间，鼓励自然环境、社交活动、静态休憩和参观活动之间的互动，使建筑更开放的同时，增加无能耗空间。同时架空部分面积增大了体形系数，宜将架空部分面积控制在合理范围内，同时架空部分楼板按室外楼板保温标准做好保温。

（2）寒冷地区的架空开放空间可以表现为底层或屋面的架空，因架空空间会形成气流加速，应注意架空空间的朝向布局，避免架空空间的开口朝向冬季盛行风向，同时在夏季、过渡季宜利用架空空间促进空气流动。

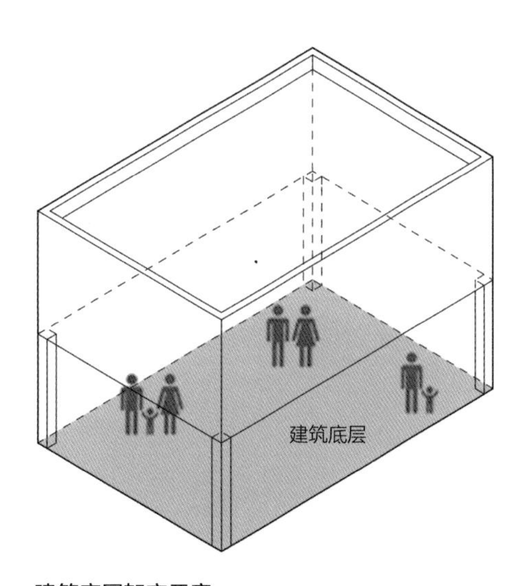

建筑底层架空示意

通过底层架空调节气流，开口避开冬季盛行风，同时增加无能耗空间。

关键措施与指标

建筑体块部分架空；灰空间；开放空间

典型案例 **北京外国语大学宿舍楼**

（中国建筑设计研究院有限公司设计作品）

北京外国语大学南北宿舍楼间架空，创造公共活动空间。

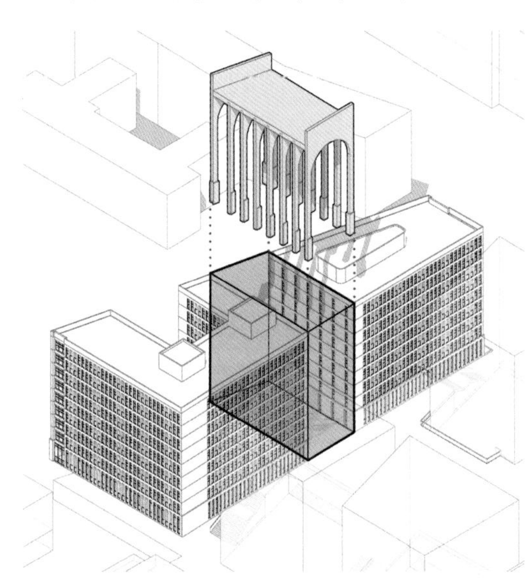

架空设计分析

B3-2-2_3 采用合适尺度的廊檐

根据北方寒冷地区当地太阳入射角的特点，采用合适尺度的廊檐，保证冬季较小的入射角不会阻挡光线的射入，夏季可遮挡住部分进入室内的日光照射，通过廊檐等灰空间降低太阳辐射以调节室内热环境。

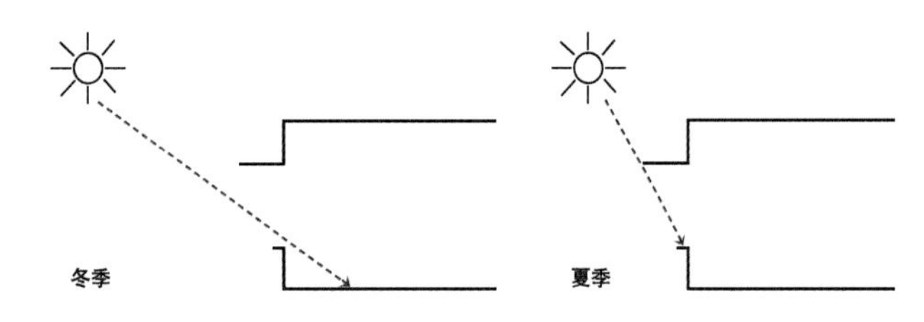

廊檐设计示意
通过廊檐减少夏季采光，同时保证冬季采光。合适尺度的廊檐；灰空间

关键措施与指标

合适尺度的廊檐；灰空间

相关规范与研究

《民用建筑热工设计规范》GB 50176—2016第4.3.8条，建筑设计应综合考虑外廊、阳台、挑檐等的遮阳作用。建筑物的向阳面，东、西向外窗(透光幕墙)，应采取有效的遮阳措施。第4.3.8条，有关外遮阳形式的设计相关要求。

典型案例 北京城市副中心行政办公区A2工程

（中国建筑设计研究院有限公司设计作品）

副中心办公楼屋顶采用符合美学的挑檐遮阳，入口及建筑间设置门廊及连廊，利用灰空间降低太阳辐射，调节局部热环境。

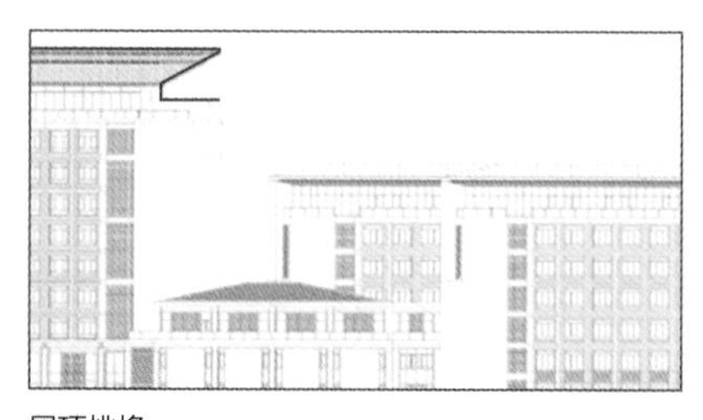

屋顶挑檐

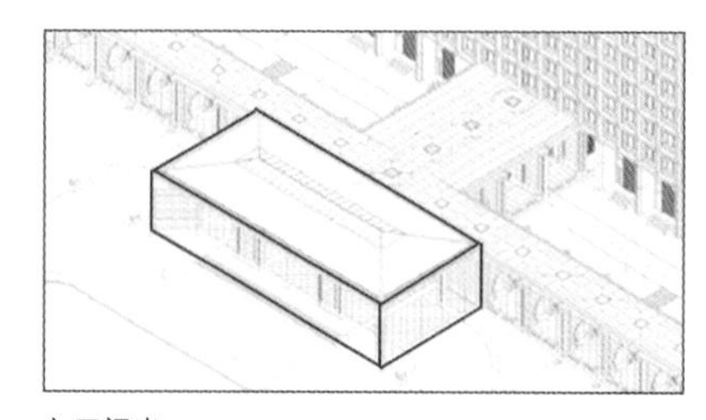

入口门廊

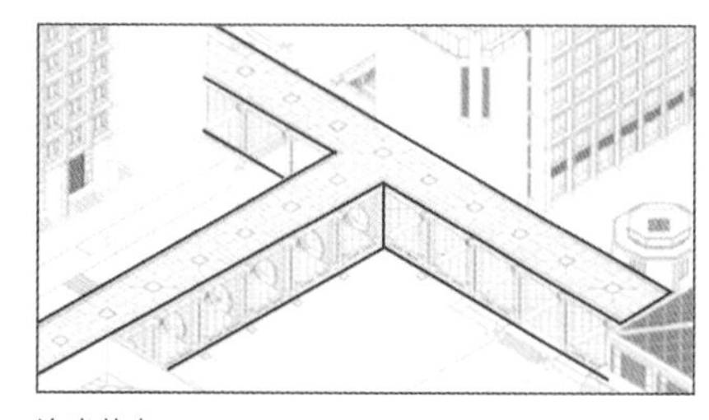

连廊节点

廊檐空间分析

B3-2-2_4 合理控制体量

寒冷地区建筑创作时，应在满足功能条件下，控制建筑高度，适度减小建筑体量，避免设置多余的超出需求的空间，不设置无功能的空间。

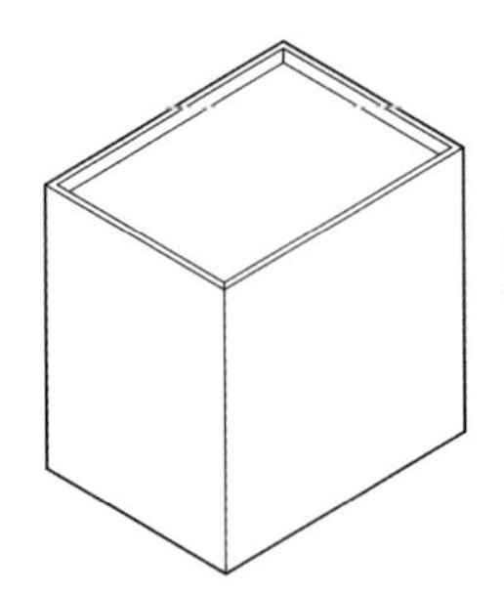

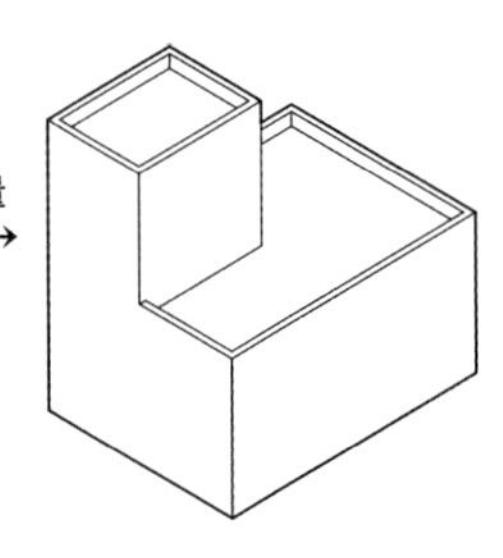

建筑体量控制示意

关键措施与指标

建筑体量

相关规范与研究

（1）《民用建筑绿色设计规范》JGJ/T 229—2010条文说明第7.2.1条，有关建筑体量控制的设计相关要求。

（2）《公共建筑节能设计标准》GB 50189—2015条文说明第3.1.6条，有关体形系数的相关定义及要求。

（3）刘立．基于能耗模拟的寒冷地区高层办公建筑节能整合设计研究[D]．天津：天津大学，2017.

从单位面积建筑能耗的角度分析，平面体量对能耗的影响分为室内光环境和热工性能两方面。体量增大，办公空间的进深增加：标准层面积分别为1250、1500、1750、2000m^{2}时，办公区进深为8.7、9.5、10.3、11m。虽然大进深平面便于更加灵活地安排室内功能、布置办公家具，但同时伴随着天然采光和通风的恶化。从热工性能来看，建筑平面体量增大，则体形系数减小，围护结构传热量降低，对于冬季采暖而言非常有利。

（4）王兰，黄琼，徐虹，等. 酒店中庭空间体量对热环境和能耗的影响研究——以京津地区带天窗酒店建筑中庭为例[J]. 建筑节能，2015(11)：66-73.

中庭空间上部相对更易受到室外环境的影响，空间高度变化会影响中庭对太阳辐射热的利用情况。对于低矮中庭，较多的太阳辐射热有利于冬季保温，不利于夏季隔热；对于高大中庭，较少的太阳辐射热不利于冬季保温，有利于夏季隔热。

要合理降低中庭能耗，首先应考虑在满足酒店建筑整体设计要求和空间视觉效果的前提下，尽量减小中庭体量，控制中庭高度。

典型案例 中央财经大学沙河校区图书馆

（中国建筑设计研究院设计作品）

中央财经大学沙河校区图书馆建筑形态为紧凑的方形，避免了体量过凸或过凹，减少了建筑表皮面积，降低了建筑热辐射获得与流失的速率，有效控制了能量的流失，因而减少了通过机械途径维护室内热环境平衡的能耗。

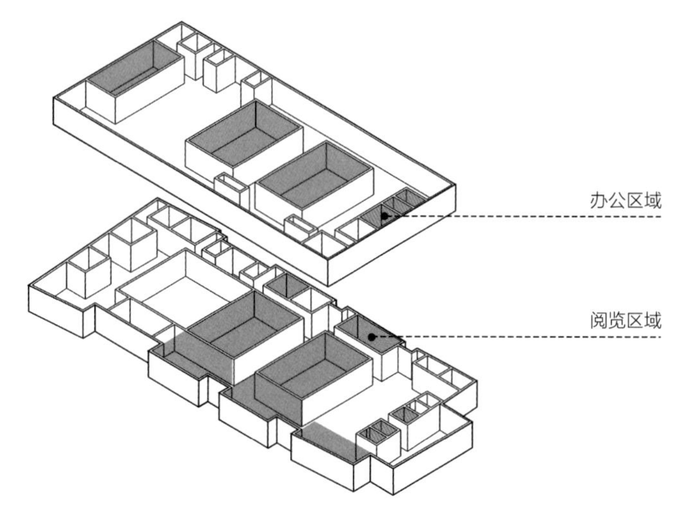

功能空间体量分析

[目的]

建筑方位对得热、采光和季节性风向作出积极响应，对于建筑的整体节能具有重要意义。

[设计控制]

（1）明确满足得热要求的建筑朝向。根据寒冷各地区夏季的最多频率风向，建筑物的主体朝向为南北向，有利于自然通风。

（2）建筑朝向应满足不同功能房间的采光需求。

[设计要点]

B3-3-1_1 日照得热对方位的影响

（1）建筑朝向明确，确定建筑最佳朝向和不利朝向；寒冷地区建筑物的适宜朝向是南偏西15°到南偏东30°范围内，最佳朝向是南偏东18°，不利朝向是东偏北18°。

（2）在节约用地的前提下，冬季争取较多的日照，夏季避免过多的日照，并有利于形成自然通风。建筑朝向应结合各种设计条件，因地制宜地确定合理的范围，以满足生产和生活的需求。

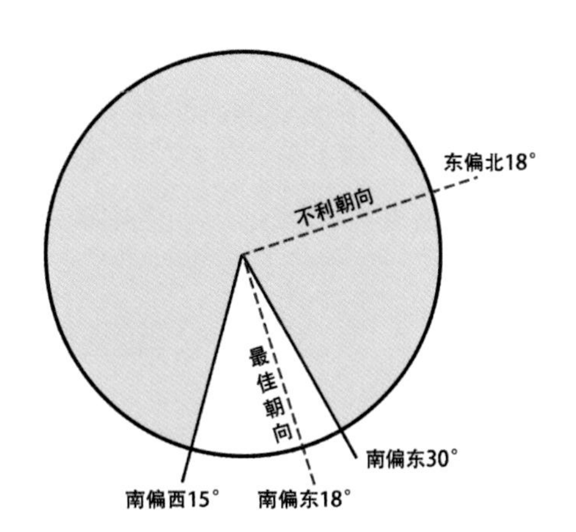

寒冷地区建筑方位示意

我国部分地区建议建筑朝向表

地区	最佳朝向	适宜朝向	不利朝向
北京地区	南至南偏东30°	南至南偏东45°范围内 南至南偏西35°范围内	北偏西30°～60°
石家庄地区	南偏东15°	南至南偏东30°	西
济南地区	南、南偏东10°～15°	南偏东30°	西偏北5°～10°
郑州地区	南偏东15°	南偏东25°	西北

关键措施与指标

最佳朝向；不利朝向；季节性风向响应

相关规范与研究

（1）《民用建筑绿色设计规范》JGJ/T 229—2010条文说明第6.1.2条，有关建筑朝向选择的设计相关要求。

（2）张荣冰．北方寒冷地区公共建筑形体被动式设计研究[D]．济南：山东建筑大学，2017.

北方寒冷地区建筑多为正南正北，目的是要利用太阳辐射在冬季获得足够多的热量，提高建筑室内温度，营造良好的室内热环境。

北方四合院多采用坐北朝南的布局，原因有以下几个方面：首先，北方寒冷地区冬季风为寒冷的北风，坐北朝南的布局可以有效屏蔽西北寒风对室内的不利影响。其次，南外墙开大窗，北墙不开窗或小窗，不仅可以增加采光集热面积，获取尽可能多的太阳辐射，封闭的北墙设计还阻挡了寒冷的北风。综上，这种坐北朝南的合院式布局方式，有效地起到了调节室内热环境的作用，非常适合北方寒冷地区自然环境特点。

典型案例 北京城市副中心行政办公区A2工程

（中国建筑设计研究院有限公司设计作品）

项目所在地太阳能资源丰富，南侧外墙加大开窗面积，增加建筑的采光集热面积，获取更多太阳辐射；同时在屋顶设置太阳能板。

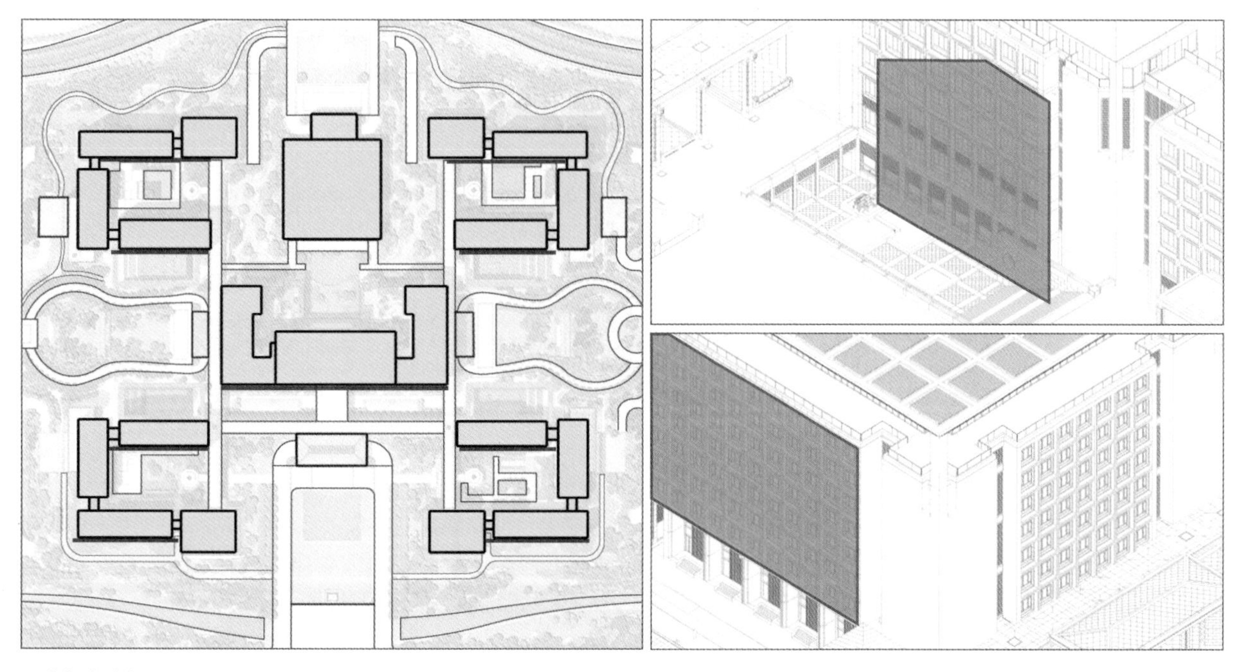

开窗朝向分析

[目的]

建筑方位对得热、采光和季节性风向作出积极响应，对于建筑的整体节能具有重要意义。

[设计控制]

（1）明确满足得热要求的建筑朝向。根据寒冷各地区夏季的最多频率风向，建筑物的主体朝向为南北向有利于自然通风。

（2)建筑朝向应满足不同功能房间的采光需求。

[设计要点]

B3-3-1_2 天然采光对方位的影响

（1）建筑朝向应根据内部空间功能的采光需求合理设置。不同类型的公共建筑对采光的需求不同，某些大型公共建筑中，除了满足基本需求以外，由于空间跨度大，应注意防止过强的光线照射，形成极端亮度对比，引起用户的视觉不舒适。某些有特殊采光要求的功能房间，宜在整体建筑布局时考虑朝向影响，利用不同朝向的自然采光达到不同功能空间的使用需求。

（2）建筑的位置选择以最大限度地提高自然采光的可用性为优，决定能进入的自然光亮最大值。南向日照最大化，优化北向的采光，北面白天获得的日照量少，但这种日照的衡量适合使用漫反射天窗，而使其成为第二种令人满意的建筑朝向。最小化东西向的光照，因这些方位只提供半天的光照量，日光变化性高，易产生眩光等不良光。

（3）公共建筑内的工作区域应避免朝西而发生的眩光现象。西面可作为太阳能的收集面。

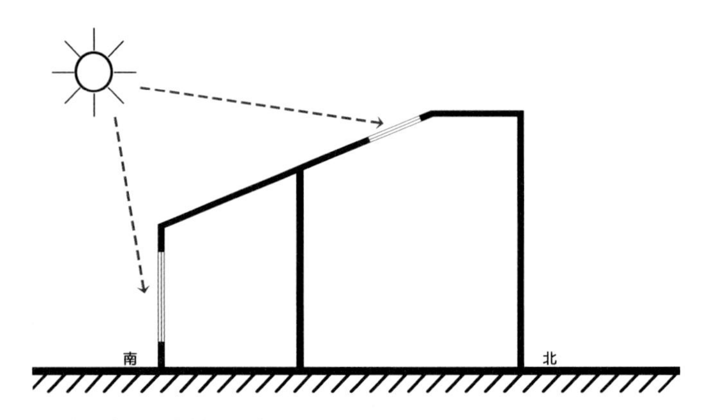

不同方位房间采光剖面示意
优化朝向，满足不同空间采光需求

关键措施与指标

最佳朝向；不利朝向；季节性风向响应

相关规范与研究

毙楠. 大型公共建筑自然采光设计研究[D]. 长沙：中南大学，2011.

典型案例 **北京协和药厂西区工程**

（中国建筑设计研究院有限公司设计作品）

围合式布局提供了更多的采光通风界面，符合现代实验建筑高效率、低能耗的需求。建筑一层为网络机房、大型仪器室等，二层以上为更需要采光的空间。东西两侧建筑体量低于南北建筑体量，有利于院落内房间采光。

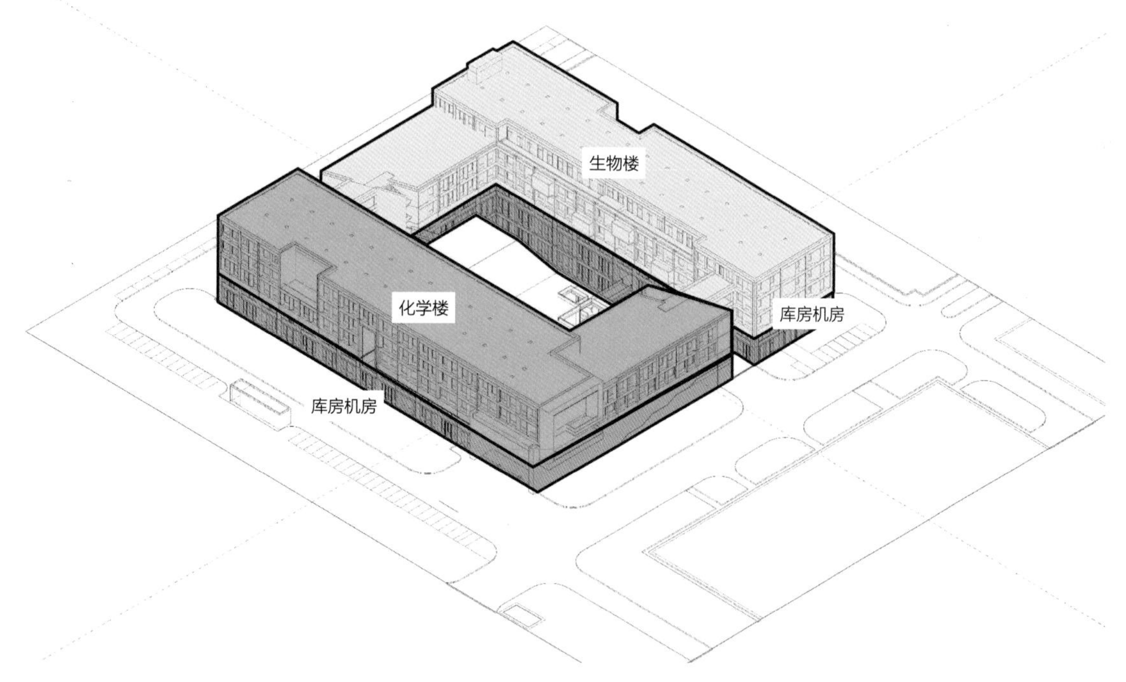

采光与空间方位的关系分析

[目的]

寒冷地区建筑设计要考虑室外风环境的影响，选择合适的方位形态。同时在建筑单体设计和群体组合时要考虑建筑自身对风环境的影响，避免建筑对周围风环境产生不良影响。应根据环境合适的引导风向，形成舒适的室外环境。

[设计控制]

（1）设计时考虑主导风向的影响，满足自然通风需求的同时降低建筑能耗，避免有害物的影响。

（2）建筑设计时应考虑建筑自身对周围风环境的影响。应根据周围环境需求合理地设计建筑形态，引导风向，形成舒适的室外环境。

[设计要点]

B3-3-2_1 主导风向的影响

（1）根据主导风向设置建筑的方位形态。主导风向对冬季室内热损耗程度及夏季室内自然通风影响很大，因此选择建筑朝向，应在考虑日照的同时注重主导风向。

（2）在北方寒冷地区，冬季为了建筑防寒，大部分主要居室的布置应避免对着冬季主导风向，以免热损耗过大，影响室内温度。如北京地区，冬季主导风向是北风和西北风，从南偏东60°到南偏西60°朝向的范围内，处于背风面，是冬季建筑物防寒的适宜朝向。

（3）把对清洁度有较高要求的建筑物布置在主导风向的上风向，把噪声源、产生空气污染物或不良气味的建筑物布置在主导风向的下风向，以免受污染建筑散发的有害物的影响。

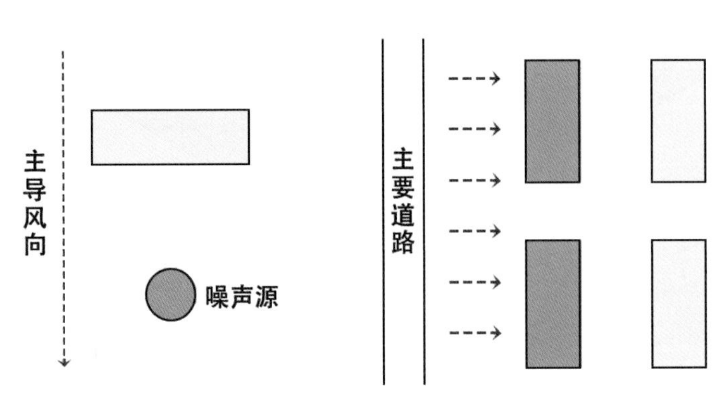

主导风对建筑布局影响示意

产生无污染物的建筑宜布置在主导风向下风向，居住建筑应避免正对冬季主导风向。

关键措施与指标

迎风面积比：过渡季主导风向投影面积/总建筑面积×100%；建筑方位形态

相关规范与研究

（1）《民用建筑热工设计规范》GB 50176—2016条文说明第4.2.3条，建筑物的总平面布置、平面和立面设计、门窗洞口设置应考虑冬季利用日照并避开冬季主导风向。第8.2.1条文说明，有关建筑总平面布置的设计相关要求。

（2）《民用建筑设计统一标准》GB 50352—2019条文说明第8.1.7条，污水处理站、中水处理站的设置应符合下列规定：建筑小区污水处理站、中水处理站宜布置在基地主导风向的下风向处，且宜在地下独立设置。以生活污水为原水的地面处理站与公共建筑和住宅距离不宜小于15.0m。

（3）《公共建筑节能设计标准》GB 50189—2015条文说明第3.1.3条，有关建筑总平面布置的设计相关说明。

（4）张涛．城市中心区风环境与空间形态耦合研究[D]．南京：东南大学，2015.

单体高层建筑在满足日照及室内通风的条件下，应尽量使建筑的长边与盛行风向平行或交角在30°以内，以此来减小建筑的迎风面尺度，以避免在行人高度处形成强风区。

在围合式的多层及高层建筑群单元中，高层建筑布局于夏季盛行风向的下风向位置、冬季盛行风向的上风向位置，利于在夏季将高空气流引导向下至围合街区内地面，同时也能起到一定的冬季防风作用，而若将高层建筑布局于夏季盛行风向的上风向位置、冬季盛行风向的下风向位置，夏季则可能在围合街区内形成风影区，冬季则可能在围合街区内形成大量下沉气流，不利于夏季通风和冬季防风；同时围合街区的入口空间应避免紧邻高层建筑设置，易形成角流区造成风速过大，影响舒适度。

（5）曾穗平．基于“源–流–汇”理论的城市风环境优化与CFD分析方法[D]．天津：天津大学，2016.

根据不同的风向格局，朱瑞兆先生提出如下城市规划的基本布局原则。

A．季风气候区：该区的冬夏两季风向变化一般在135°～180°之间，因此应根据当地1月份和7月份的风向，将工业区布置在最小风频的风向，将居住区布置在最大风频上风向。

B．主导风向区：主导风向区风向稳定，由于污染源污染的区域在下风方向，且该方向的风频越高，下风侧所受到的污染机会就越大。因此，在进行城市规划时，为防控大气污染，往往将居住和商业等功能区布置在常年主导风的上风侧，而有污染物排放可能性的企业布置在下风侧。

除在城市总体用地布局上，街区和建筑层面的规划布局也与主导风和盛行风风向、风频等特点有很大的关系。例如，当城市的主要道路走向与主导风向一致时，就更有利于排除污染的空气，且更有利于夏季防热。

典型案例 **雄安市民服务中心**

（中国建筑设计研究院设计作品）

市民服务中心围合式街区入口避免朝向冬季主导风向，利于冬季防风。

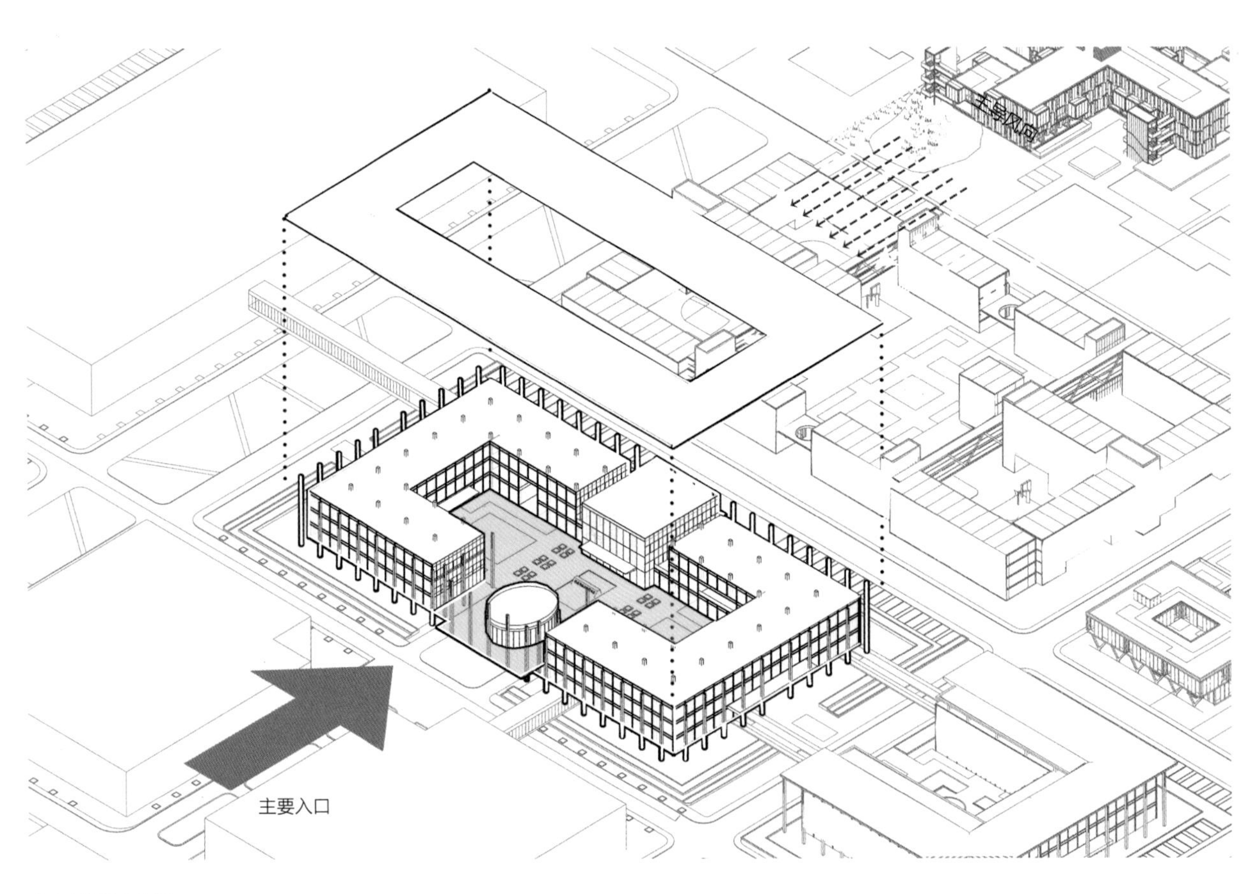

主入口设置分析

B3-3-2_2 建筑单体对街道的影响

需要引风进入的步行道两侧的建筑应尽量采用梯级式的平台，将气流从上空引导至地面的行人路。在需要引风进入的步行道，在面向与风向成直角的主要行人区／街道的一方，平台上的高楼应与平台边缘贴齐，将风引导向下吹至路面；在需要避风的步行道两侧，高楼位置由平台挡风的边缘往后移。

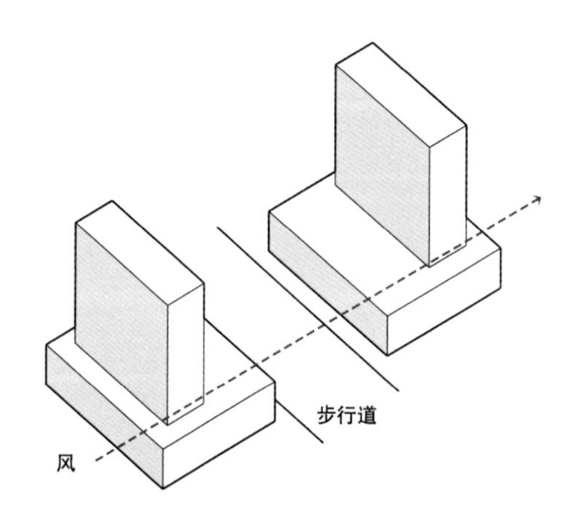

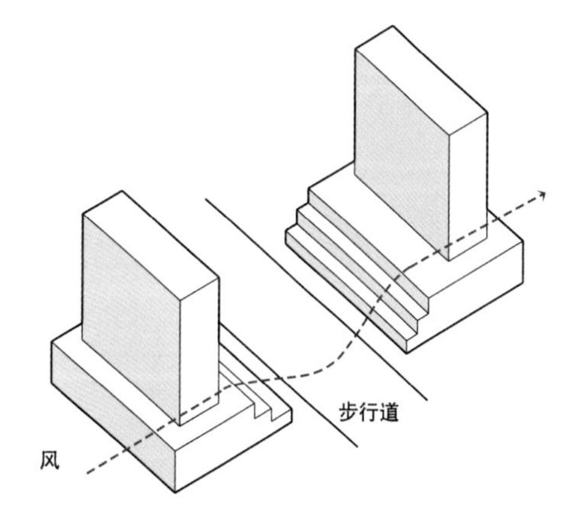

建筑体形影响街道风环境示意

步道两侧建筑增加退台可将气流引入行人路，以增加空气流通。

关键措施与指标

阶梯式平台；形体气流引导

相关规范与研究

（1）《民用建筑绿色设计规范》JGJ/T 229—2010第5.4.2条，有关营造良好风环境的设计相关要求。

（2）张涛．城市中心区风环境与空间形态耦合研究[D]．南京：东南大学，2015.

线性布局的高层建筑间应尽可能保持足够的距离，减少对气流的阻碍，并且高层建筑的裙房间也应留出足够宽度的供近地面空气流通的通道，以改善背风空间的风环境；同时在平行情况下，还可使高层建筑沿风向成错落布局及阶梯式的变化来促进气流渗入建筑间及背风空间内，并可形成下沉气流来减少行人高度处风影区的影响范围。

在主要行人区或街道与风向成直角的情况下，可将面向行人区或街道的高层建筑与裙房边缘贴齐，将风引导向下吹至地面，避免气流下沉至裙房屋顶而无法到达地面。

在围合式的高层建筑群单元中，高层建筑群宜沿夏季盛行风向成阶梯式的高度变化形态，以促使高处的气流下沉至地面，弥补街区内近地面渗入气流的不足，改善行人高度处的风环境。一般而言，建筑群高度的错落变化有助于改变风向，避免气流滞留不动，在可行的情况下，区域建筑群的高度应朝着盛行风的方向逐级降低，以促进空气流通；同时围合式的高层建筑群单元也应尽量减小冬季迎风面的尺度，避免角流区的风速增大而形成强风区。

（3）曾穗平. 基于“源-流-汇”理论的城市风环境优化与CFD分析方法[D]. 天津：天津大学，2016.

典型案例 **中国建筑设计研究院创新科研示范中心**

（中国建筑设计研究院有限公司设计作品）

建筑采用阶梯式平台，将气流引导至街道，创造舒适的室外风环境；同时逐步升高的平台减少对街道行人的压迫感。

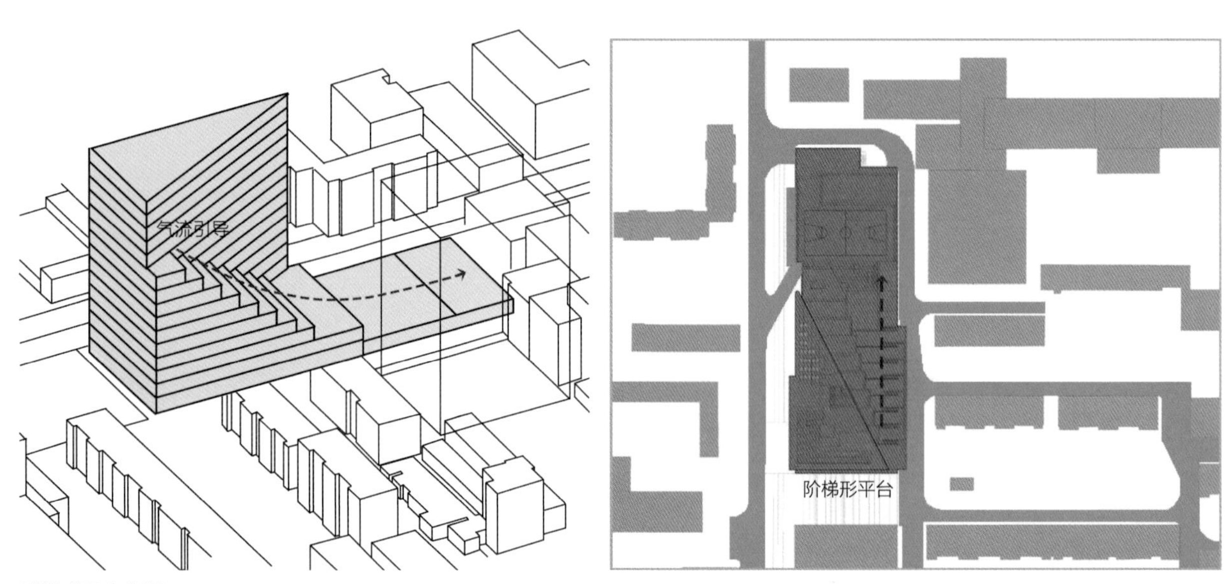

阶梯式平台分析

[目的]

建筑外围护界面应在满足建筑功能和使用的前提下优化采光口的采光性能，利用导光、反光等技术手段，增强室内自然采光。

[设计控制]

（1）优化天窗设计，根据建筑功能需求选择合适的采光口形状和尺寸，改善建筑室内环境质量。

（2）无自然采光的室内空间可使用导光管技术，间接利用自然光照明，节约能源，提高效益。

（3）在满足建筑功能和使用的前提下，控制建筑屋面透光比例和绿化比例。

（4）结合反光板、散光板等构件将室外光线反射到进深较大的室内空间。

[设计要点]

B4-1-1_1 天窗优化采光

（1）天窗的采光效率是侧窗的三倍，是大进深空间常见的天然采光手段。通过屋顶天窗的优化，结合建筑屋顶设计，改善室内自然采光和通风效果；同时在天窗井或天窗附近顶棚的适当位置设置反光板或散光板，将室外光线反射或散射到室内进深较大的空间。

（2）宜用锯齿形、矩形、斜坡形、拱形或者弯顶形天窗代替平天窗，以保证室内光线均匀。在玻璃选用时，室外侧天窗玻璃应采用钢化夹膜安全玻璃或聚碳酸酯材料，寒冷地区宜采用双层中空玻璃或双层透明结构提升节能性，且有防止天窗玻璃离框脱落的安全措施，具有天窗内表面凝结水收集措施。优先考虑磨砂玻璃、透明膜结构等表面粗糙的透光材料，或采用与光伏电池组件一体化设计的天窗（光伏玻璃）。

（3）室内采光有眩光控制要求的空间，可将采光口设置成喇叭口形状且采光口边缘采用浅色漫反射涂料面层，如美术馆、展览馆的展厅。

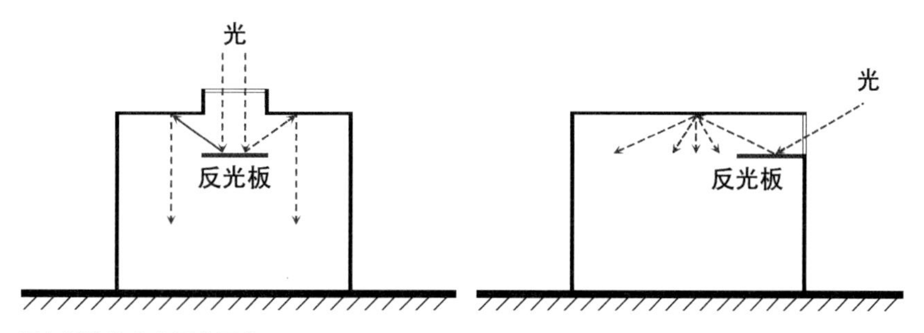

反光板优化室内采光示意

通过在天窗增设反光板等构件减少眩光，实现采光效率的提升。

关键措施与指标

天窗优化；反光板；散光板

相关规范与研究

（1）《民用建筑绿色设计规范》JGJ/T 229—2010第6.3.3条，有关改善室内采光的设计相关要求。

（2）张荣冰．北方寒冷地区公共建筑形体被动式设计研究[D]．济南：山东建筑大学，2017.

太阳辐射角度在很大程度上可以影响水平天窗的采光效率，北方寒冷地区采用水平天窗的采光效果非常不稳定，因为北方寒冷地区冬季太阳高度角较低，直射阳光无法最大程度地射入建筑室内，建筑无法获得足够的光照，水平天窗和顶棚之间的空隙还不利于冬季建筑的保温，增加建筑采暖能耗。北方寒冷地区夏季太阳高度角较高，直射阳光大量进入建筑室内，虽然建筑获得了足够的光照，但是提高了建筑内部的温度，增加了建筑的降温能耗。所以在建筑顶界面采用水平天窗不仅不能实现冬季对太阳辐射利用的最大化，还会在夏季获得过多的热量，以及容易产生眩光现象，所以北方寒冷地区公共建筑顶界面采用水平天窗的局限性较大。优化的办法是将水平天窗改为斜坡形、拱形或者弯顶形。

在建筑顶界面采用矩形天窗是北方寒冷地区常用的采光方式之一，相较于水平天窗采光不稳定的现象，矩形天窗在北方寒冷地区更为适用。其实，矩形天窗是被架高的高侧窗，它同时也具备了侧界面采光的优势，有以下三个方面：首先，矩形天窗可以缓解因北方寒冷地区冬季高度角较低所带来的无法获得充足日照的问题，实现太阳辐射所带来的光效应和热效应的统一；其次，矩形天窗不仅有利于提高室内采光效率，还可以结合建筑底部窗洞和门洞促进风压通风和热压通风；最后，矩形天窗的倾斜屋面可以屏蔽一部分直射阳光，避免了建筑室内眩光现象的发生。虽然矩形天窗比水平天窗采光效果更好，但是也存在一定的采光效率低的问题，优化方法是将部分屋面倾斜，成为锯齿形天窗。经过倾斜屋面顶棚的反射，建筑室内的采光效率有所提高，并且当矩形天窗朝向北侧时，进入室内的光照完全是来自北向的稳定的漫射光，不会引起室内眩光。有研究显示，多跨的锯齿形天窗间距不应超过天窗下沿高度的2～2.2倍。

（3）潘玥．北京建筑大学图书馆学习空间物理环境现状及设计策略研究[D]．北京：北京建筑大学，2017.

图书馆学习空间常用的采光口方式为天窗采光和侧窗采光，其优化方案各有不同。

天窗优化设计：天窗采光是获得充足自然采光的有效手段，其光照均匀度也相对更好，是学习空间比较理想的采光形式。但是，晴天光线透过天窗很容易对工作面形成直射，产生一定的眩光。所以优化主要是防止眩光的产生。

设置遮阳设施：在天窗处用透光幕布对直射光进行遮挡，减少阳光的入射量，避免强光对工作面的眩光。

棱镜天窗：棱镜的折射作用可以改变阳光的入射方向。用棱镜窗作透光材质，可以形成近似漫反射的效果，有效地减少直射光的眩光现象，让光线均匀。

典型案例 **天津大学综合实验楼**

（中国建筑设计研究院有限公司设计作品）

天津大学综合实验楼通过共享中庭顶部锯齿形的采光天窗，有效引入了室外的自然光，满足了中庭白天日常的采光需求。

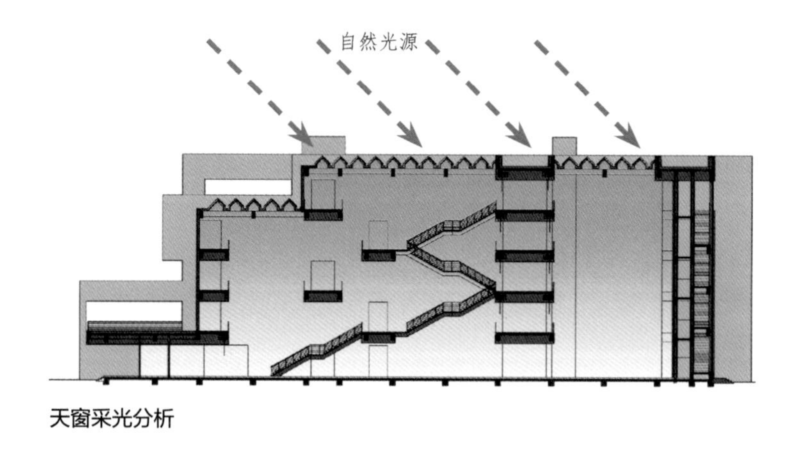

天窗采光分析

B4-1-1_2 设置导光管

无天然采光的大空间室内，例如公共建筑内的儿童活动区域、走廊、公共活动空间，可使用导光管或反光装置、日光追踪聚光器加光纤等技术，将阳光从屋顶界面引入室内。

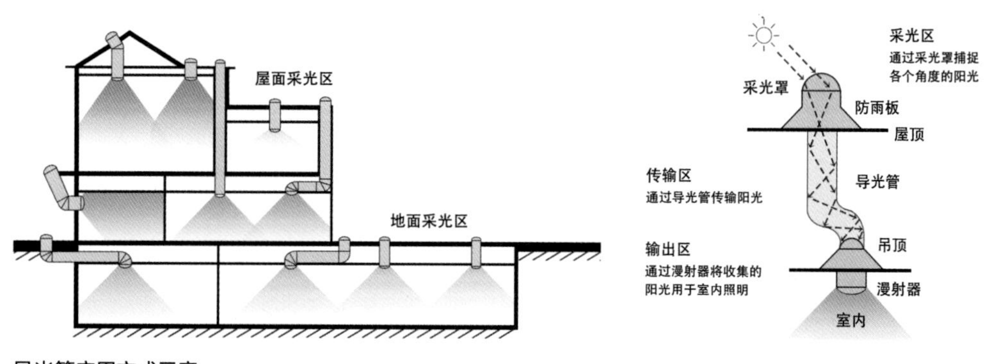

导光管应用方式示意

关键措施与指标

导光管；反光装置等技术

相关规范与研究

（1）《公共建筑节能设计标准》GB 50189—2015第3.2.1.2条，有关优先利用建筑设计实现天然采光的设计相关要求。

（2）《民用建筑绿色设计规范》JGJ/T 229—2010第6.3.3条，有关改善室内采光效果的设计相关要求。

（3）郑岩，吴江．导光管与采光天窗在建筑设计过程中的应用辨析[J]．山西建筑，2019，45（06）：17-19.

体育馆、展馆、厂房一类高大空间中，日间照明能耗较大，采光天窗会被其结构层遮挡，而导光管系统可以缓解这一矛盾，同时还可以避免眩光。导光管系统可以应用在大型展馆中，以其柔和的效果，代替传统灯具作为展陈设计中的重点照明，突出展品或建筑造型细节等。利用其可以改变光线方向和远距离传输的特性，导光管系统还可以将光线引入原本无采光条件件的内部空间。

在某些情况下，导光管系统取代了采光天窗，解决需要采光但可开洞面积小、需要均匀采光效果，或覆土较深不利于采用天窗等一系列问题。

（4）张佳岩．导光管在建筑中的采光应用效果研究[D]．北京：北京建筑大学，2016.

导光管应用于体育场馆不仅能满足天然光的需求，同时通过其合理的设计可以有效避免眩光的产生、光照不均匀，也避免了天窗那种直射阳光带来的室内温度的提升。

典型案例 北京城市副中心行政办公区A2工程

（中国建筑设计研究院有限公司设计作品）

北京城市副中心行政办公区通过导光管将自然光源引入地下，改善室内照明舒适度，节约人工照明能耗。

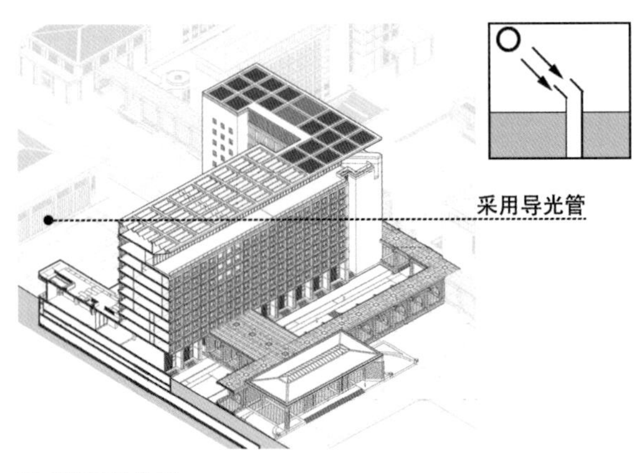

导光管设计分析

B4-1-1_3 屋面透光面积

在夏季，寒冷地区公共建筑，屋顶水平面的太阳辐射强度较大，应对屋顶透光面积进行控制，透光部位的面积（S_0）与屋面总面积（S）的比例不宜大于20%。

关键措施与指标

屋面透光面积

相关规范与研究

《公共建筑节能设计标准》GB 50189—2015第3.2.7条，有关屋顶透光面积的设计相关要求。

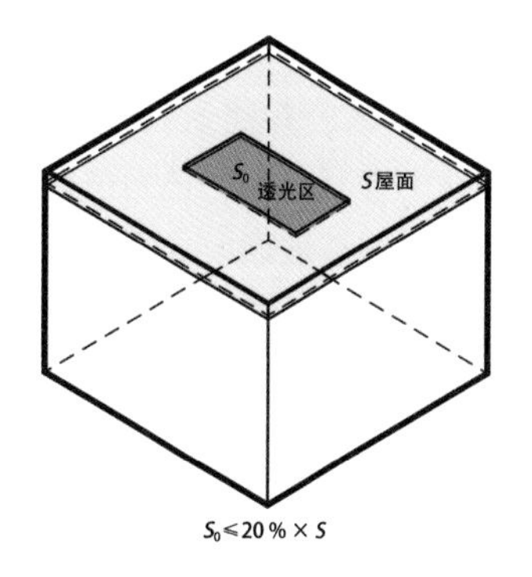

屋面透光比示意

典型案例 徐州建筑职业技术学院图书馆

（中国建筑设计研究院有限公司设计作品）

图书馆在中庭部分采用透光屋面，增强自然采光。

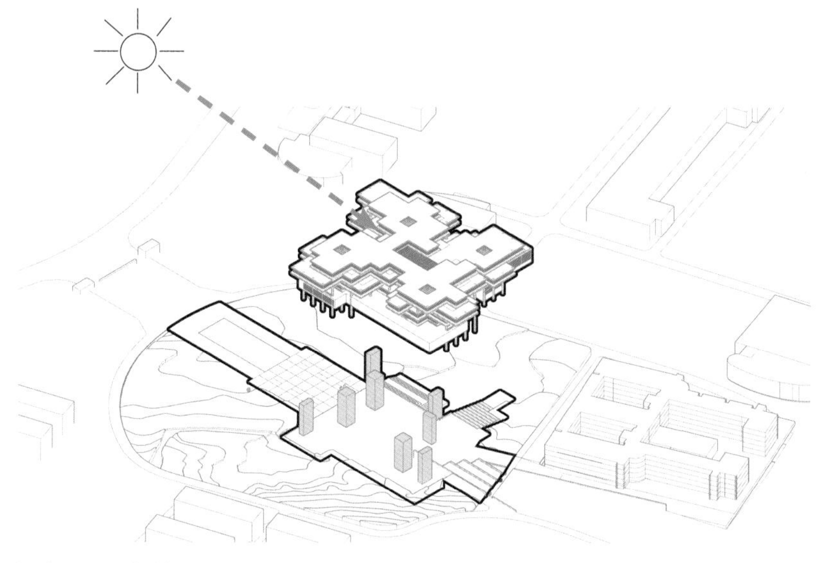

透光屋面设计分析

B4-1-1_4 增强大进深室内空间的采光

对于寒冷地区公共建筑内的大进深空间，例如进深大的办公建筑，在其外窗的适当位置可设置反光板、散光板、反光百叶、棱镜玻璃或导光装置，将室外光线反射到进深较大的室内空间，增加房间深处的采光量。

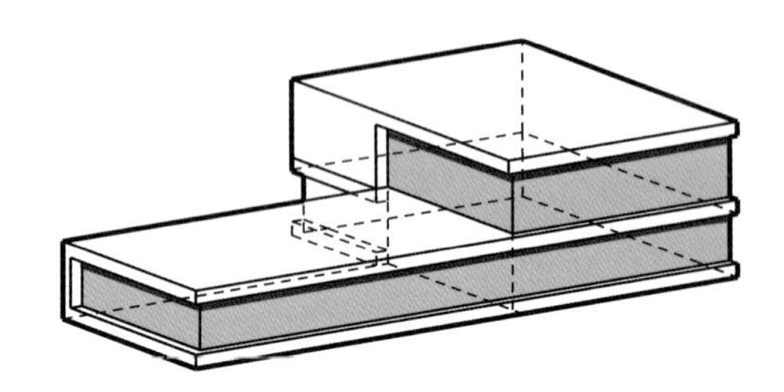

大进深空间增加采光方法示意
设置反光板、散光板，反射室外光线，引入自然光

关键措施与指标

反光板；散光板；导光装置

相关规范与研究

（1）《建筑采光设计标准》GB 50033—2013第7.0.4条，有关改善空间采光质量的设计相关要求。

（2）景云峰. 西安办公建筑室内物理环境现状及优化设计研究[D]. 西安：西安建筑科技大学，2019.

当办公室进深较大时，仅靠侧窗采光无法满足内部的采光需求，可以设置导光装置来进行改善，本文主要介绍阳光反射板和地面透光系统。一般情况下，反光板被水平或者倾斜安装在高侧窗的下方，同时还可在高侧窗的下方布置观景窗。为使更多的光线被反射到室内，高侧窗应采用透光率高的玻璃；若设置有观景窗，为防止临窗处产生眩光，观景窗应采用透光率较小的玻璃，以降低临窗处的照度。另外，为提高反光板的反射率，其表面应使用浅色涂料，为避免顶部产生大量的光斑，反光板表面的光滑程度要适当，不宜过高。

典型案例 中国建筑设计研究院创新科研示范中心

（中国建筑设计研究院有限公司设计作品）

本方案对大空间办公自然采光进行分析，进深较大带来的采光不足问题得以量化，通过设置立面反光板缓解这一问题，并且指导了室内工位的布置方式。

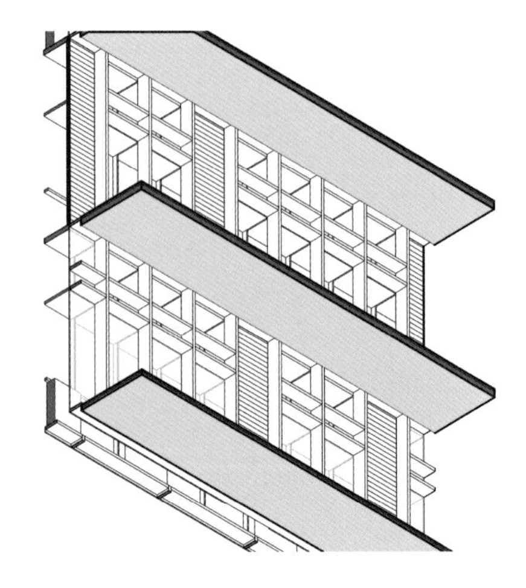

反光板设计分析

[目的]

建筑外围护界面应在满足建筑功能和使用的前提下，过滤不必要的强光和冷风，从而降低建筑能耗，改善室内热舒适状况。

[设计控制]

（1）建筑内部空间根据自然通风的需求合理设置建筑洞口的位置和尺寸，建筑窗墙比和有效通风面积要满足规范要求。

（2）建筑遮阳是为了避免阳光直射室内，防止建筑物的外围护结构被阳光过分加热，从而防止局部过热和眩光的产生，它的合理设计是改善夏季室内热舒适状况和降低建筑物能耗的重要因素。

（3）建筑外围护界面同样需要考虑界面自身对周围环境的影响。建筑应避免对周围环境产生光污染，如使用低反射玻璃或增加幕墙弧面半径。

[设计要点]

B4-1-2_1 窗墙比和有效通风换气面积

（1）不同朝向窗墙比的增大导致建筑冷负荷有不同程度的增加。对于建筑热负荷，南向窗墙比增大导致建筑热负荷有一定程度的下降，其他朝向窗墙比增大会导致建筑热负荷上升。随着玻璃热工性能的提升，东西向和北向窗墙比的增加对建筑热负荷影响有所降低，但是即使采用高性能玻璃，北向窗墙比增大依然会使建筑热负荷显著增加，应按照建筑节能标准严格控制北向窗墙比。

（2）建筑窗墙比和有效通风换气面积要满足《公共建筑节能设计标准》GB 50189—2015中的相关规定，寒冷地区甲类公共建筑各单一立面窗墙比（包括透光幕墙）不宜大于0.70，外窗有效通风面积不宜小于房间外墙面积的10%。乙类公共建筑外窗通风面积不宜小于窗面积的30%。

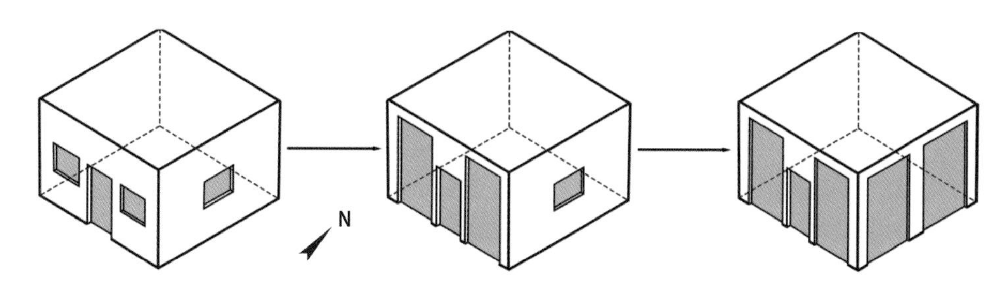

不同方位窗墙比设计示意

对不同朝向的窗墙比进行控制，降低建筑热负荷。

关键措施与指标

窗墙比；有效通风换气面积

相关规范与研究

（1）《公共建筑节能设计标准》GB 50189—2015第3.2.2条，有关窗墙面积比的设计相关定义及要求。第3.2.8条，有关建筑通风开口面积设计相关规定。

（2）景云峰．西安办公建筑室内物理环境现状及优化设计研究[D]．西安：西安建筑科技大学，2019.

利用Ecotect模拟软件对西安地区东、南、西、北四个朝向的办公空间窗墙比变化对能耗的影响进行模拟分析，从结果可以看出西安地区不同朝向的房间窗墙比对建筑能耗的影响并不相同，西向和北向窗墙比的增加会明显导致建筑能耗的升高，西向主要是西晒现象引起的空调能耗增加，可以在西向窗口设置固定式垂直遮阳。对于北向，窗墙比的增加对建筑能耗的影响十分明显，应严格控制北向窗墙比，可以减少开窗面积，采用热工性能好的Low-E玻璃。东向主要是早晨的直射阳光，可以采取自遮阳短时间使用。南向窗墙比对能耗的影响最小，因此可以在南向多开窗，控制在0.4～0.5范围内能耗效果最佳且提升室内自然采光和通风。

（3）胡达明．公共建筑节能设计中外窗自然通风设计指标的简化与应用[J]．建筑节能，2020，48（01）：68-71.

室内的自然通风与建筑围护结构窗洞口及建筑内部的平面布局等因素有关。因此建筑外窗具备良好的通风能力是建筑能够有效自然通风的先决条件。

依据“通风开口面积”和“有效通风换气面积”的物理意义，二者的区别和联系如下：1）当外窗为推拉窗时，有效通风换气面积与通风开口面积在数值上是相等的，均等于开启面积；2）当外窗开启扇为平开或旋转方式开启且开启角度从大于或等于90°时，有效通风换气面积与通风开口面积在数值上是相等的，均等于开启面积；3）当开启扇的开启角度大于或等于45°时，有效通风换气面积有可能是开启扇面积，也可能是空气流通界面面积；通风开口面积等于开启面积；4）当开启扇的开启角度小于45°时，有效通风换气面积有可能是开启扇面积，也可能是空气流通界面面积；通风开口面积等于开启面积的1/2。

（4）刘立. 基于能耗模拟的寒冷地区高层办公建筑节能整合设计研究[D]. 天津：天津大学，2017.

南向窗墙比由0.3逐渐增加到0.7，将产生一定的节能效果。南向窗墙比与能耗之间呈现线性关系。在天津、济南两个城市，南向窗墙比的敏感度分析结果一致。在郑州、西安两个城市，总能耗对南向窗墙比的敏感度均降低（IC=–0.09），南向窗墙比在0.4的基础上增加时，节能效果十分微弱。对于郑州而言，原因在于夏季太阳辐射得热多、制冷能耗的增量更为明显（IC=1.65）；对于西安而言，原因在于冬季太阳辐射得热量少，采暖能耗反而继续增加（IC=0.44）。对于点式典型模型而言，东西向窗墙比由0.3逐渐增加到0.7，导致总能耗增加。东西向窗墙比与能耗之间呈现线性关系。控制东西向窗墙比作为一项有利的节能设计措施，在天津、济南和郑州显得更加明显，分析结果相同。对于西安而言，典型模型总能耗对东西向窗墙比的敏感度降低（IC=2.78），这是由于西安本地的太阳辐射量少，制冷能耗的敏感度降低（IC=3.64），东西向窗墙比变化对应的节能率分布区间为0.3%～2.7%。

北向窗墙比由0.3逐渐增加到0.7，总能耗先降低后增加，北向窗墙比为0.4～0.5时，总能耗最低，过低或过高的北向窗墙比均不利于节能。随着北向窗墙比的增加，照明能耗降低，采暖和制冷能耗均增加。在天津、济南、西安三个城市，北向窗墙比的敏感度分析结果一致。对于郑州而言，控制北向窗墙比以免过大对于节能而言显得更为必要，北向窗墙比为0.7时，与本地典型模型相比，节能率为–1.2%，原因在于夏季外窗太阳辐射得热量增加，制冷能耗的增量更明显。

典型案例 中央财经大学沙河校区图书馆

（中国建筑设计研究院有限公司设计作品）

中央财经大学沙河校区图书馆南、北向两个侧立面使用竖向线条分割的玻璃幕墙，使室内获得良好的日照、采光和视野；南向幕墙竖向分割的竖梃和顶板的悬挑结构兼具遮阳作用。同时，直射光线经过玻璃格栅的散射，为室内阅览区塑造了明亮、舒适的光环境。东西向预制混凝土墙面采用竖向细条窗，有效避免了夏季日晒。此外，幕墙采用五种不同反光率的低辐射玻璃，在满足室内采光的需求下有效调节了室内热舒适度。

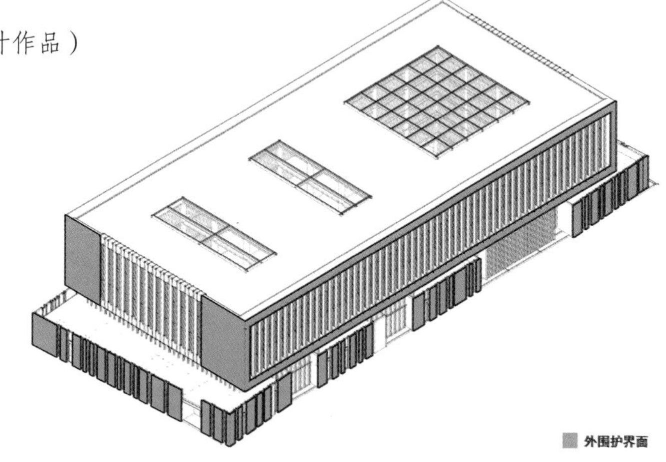

外界面设计分析

B4-1-2_2 不同朝向设置不同遮阳方式

（1）设置有效的遮阳设施，是降低空调能耗、实现建筑节能的重要措施，根据不同的朝向选择合适的遮阳方式，同时可以利用当地落叶乔木为室内提供一定的夏季遮阳。

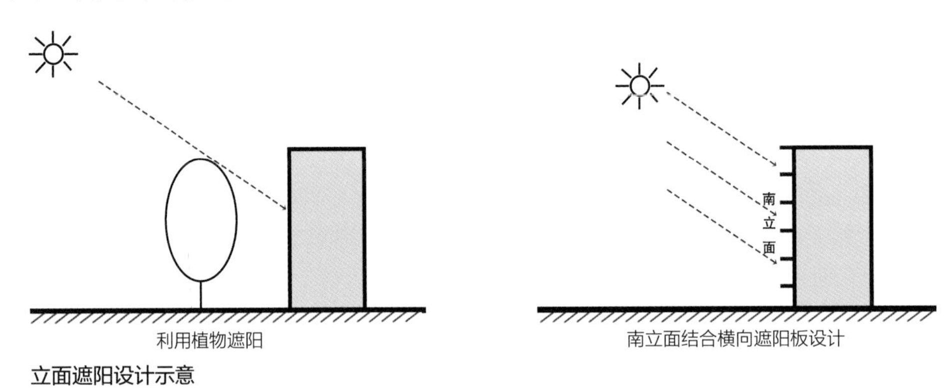

立面遮阳设计示意

（2）寒冷地区公共建筑西向和南向的外窗及玻璃幕墙应采用外遮阳措施，西向以百叶式遮阳或挡板式遮阳为宜，南向以水平式遮阳或百叶式遮阳为宜，最佳出挑距离及百叶大小间距应根据模拟分析计算确定。

不同朝向适宜的遮阳形式

朝向	适宜的遮阳形式
北向和南向	固定或可调节的水平遮阳
东向和西向	窗外可调节的垂直卷帘或百叶遮阳
东北向和西北向	垂直遮阳
东南向和西南向	可调节式垂直遮阳和植物遮阳

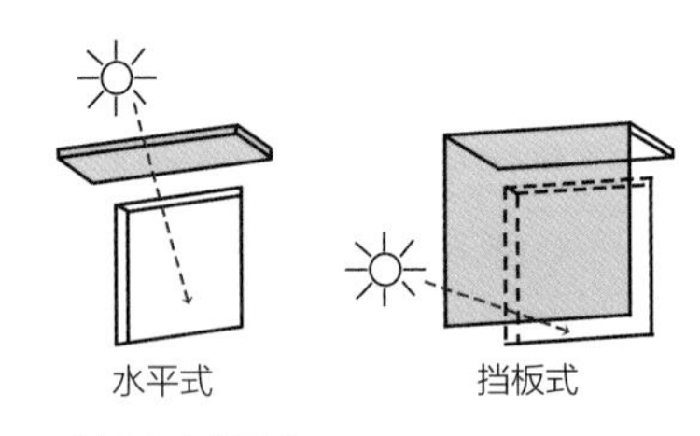

不同遮阳形式示意
寒冷地区南向可采用水平式遮阳，西向适宜挡板式遮阳。

（3）西向和南向外窗及玻璃幕墙、玻璃采光顶优先采用可调节式外遮阳。

（4）当选用织物型外遮阳时，宜选用浅色材质耐候性的外遮阳织物；当采用内遮阳形式时，宜根据室内装修色彩选择合适色彩的内遮阳织物或内遮阳百叶。

（5）采用内夹可调百叶的中空玻璃窗、低辐射镀膜（Low-E）玻璃、热反射膜玻璃、电致变色玻璃、中间遮阳中空玻璃等，可提高玻璃的遮阳性能。

（6）对于寒冷地区，水平遮阳板长度从0增加到1m，建筑空调采暖总能耗升高，变化率1.3%左右。

关键措施与指标

植物遮阳；挡板式遮阳；水平式遮阳；遮阳板长度

相关规范与研究

（1）《民用建筑绿色设计规范》JGJ/T 229—2010第6.5.2条，有关外窗遮阳的设计相关要求。

（2）《民用建筑热工设计规范》GB 50176—2016第9.2.1条，有关遮阳设计的相关要求。

（3）《公共建筑节能设计标准》GB 50189—2015第3.2.5条，有关遮阳设计的相关定义及要求。

（4）张荣冰．北方寒冷地区公共建筑形体被动式设计研究[D]．济南：山东建筑大学，2017.

北方寒冷地区夏季正午太阳位于正南方附近，太阳高度角很高，在建筑南界面采用水平遮阳板可以有效阻挡太阳照射。

当建筑选用面积较大的侧窗时，单一的实体水平遮阳板无法满足遮阳的需求；当太阳入射角度比较低时，单一的实体水平遮阳板无法阻挡全部的直射光线进入室内，此时可以将水平遮阳板进行优化，将多层条形的遮阳板按照一定规律排列，形成格栅式水平遮阳板。

垂直遮阳板可以用在建筑的北向窗口和东西向窗口。因为北方寒冷地区夏季傍晚时的太阳高度角特别低，而且太阳方位角为西偏北，不会有过多的光照通过北向窗口射入室内，所以可以利用垂直遮阳板遮挡射入北向窗口的光线。北方寒冷地区公共建筑对西立面遮阳较为重视，同样的原理，垂直遮阳板可以遮挡高度角较小的射入西向窗口的阳光。

北方寒冷地区公共建筑的东西立面还可以采用挡板式的遮阳方式，因为挡板式遮阳板同样可以遮挡高度角较小的阳光。建筑的东南向和西南向的窗户可以采用综合式的遮阳方式，因为综合式遮阳板可以遮挡高度角中等的阳光。

典型案例 **中国建筑设计研究院创新科研示范中心**

（中国建筑设计研究院有限公司设计作品）

根据朝向推敲立面遮阳形式。其中西立面采用遮阳陶板构件，减少西晒造成的影响；南立面采用反光板，改善室内采光条件。

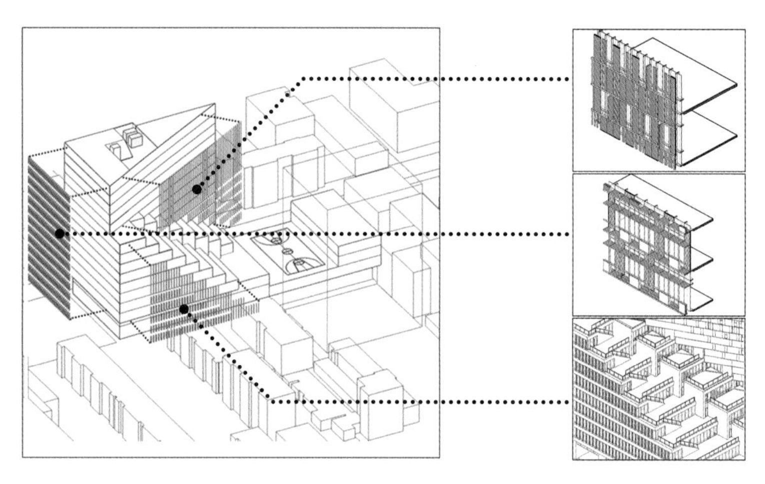

不同朝向立面设计分析

B4-1-2_3 降低光污染

公共建筑的外立面设计应避免大面积玻璃幕墙对周围环境造成光污染，可采用以下措施：

（1）在居住区、商业区等密度较大的环境敏感区域内，应尽量减少使用大面积玻璃幕墙对周围环境产生影响，尤其在南向、南偏东、南偏西、西偏北的朝向上减少玻璃幕墙和表面光滑且反光的金属幕墙的使用。

（2）对于弧形的建筑要注意避免凹形玻璃幕墙反射光的“聚焦”效应，要求幕墙弧面半径大于幕墙至对面建筑立面的最大距离。

（3）采取措施对大面积玻璃幕墙进行划分：一是可应用玻璃和石材、金属的组合幕墙，减小玻璃的连续总面积；二是可采用外遮阳，将大块面的玻璃幕墙分隔开。

（4）不应采用镜面玻璃或抛光金属板等材料；玻璃幕墙应采用反射比不大于0.30的幕墙玻璃；在城市主干道、立交桥、高架桥两侧如使用玻璃幕墙，应采用反射比不大于0.16的低反射玻璃或者采用降低定向反射强度的措施，如采用彩釉玻璃、磨砂玻璃、后贴膜等增大漫反射的技术措施。

关键措施与指标

减少大面积玻璃幕墙使用；幕墙弧面半径；玻璃反射比

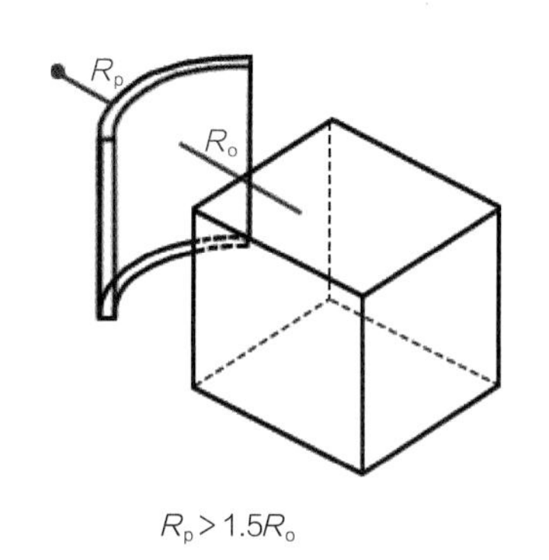

玻璃幕墙做成向后倾斜某一角度时，当离地高度$H \leqslant 36$m时，其向后与垂直面的倾角θ应大于$H/2$。

玻璃幕墙弧度与角度示意

相关规范与研究

（1）《玻璃幕墙光热性能》GB/T 18091—2015第4.4～4.8条、第4.11条、第4.12条，有关玻璃幕墙设计控制的相关规定。

（2）郑耿涛．遮阳板在玻璃幕墙光污染防治中的应用研究[J]．中国资源综合利用，2020，38（07）：53-56.

竖向遮阳板光污染防治效果要优于横向遮阳板；遮阳板遮阳率随季节、时间及玻璃幕墙建筑朝向变化而变化，总的来说，南立面和北立面对光污染的遮挡效果要优于东立面和西立面。实际案例表明，不同构造及尺寸的遮阳板设计在建筑设计中灵活应用，可以有效减轻甚至消除玻璃幕墙反射光可能带来的光污染。

（3）杨侦．玻璃幕墙建筑反射眩光防控设计策略研究[D]．天津：天津大学，2016.

对于南向玻璃幕墙，由于凸形平面会扩大反射眩光的影响范围，而凹形平面会缩小反射眩光的影响范围。所以在幕墙平面设计时，南向平面可以根据需求将平面进行适当的凹折处理，并控制凹折的弧度，以达到产生反射眩光影响范围最少为宜；同时，在南向幕墙应限制使用凸形平面的玻璃幕墙。

对于东西向玻璃幕墙，无论凸形平面还是凹形平面，均会明显缩小反射眩光的影响范围。所以在东、西向幕墙平面设计时，可以根据需求将平面整体进行适当的凸（凹）折处理，在合理范围内将弧度控制到最大，使反射眩光影响范围最小。

凹形平面的玻璃幕墙会将反射光线汇聚，所汇聚的区域在空间上呈现竖向凹形带状形态。当反射光线在焦点区域之内，反射眩光将会累积叠加，则会大大增加眩光的影响程度；当反射光线远离焦点区域时，反射光线又呈现发散形态，则会减弱眩光的影响程度，应在设计时特别注意凹形平面的焦点位置。

将建筑立面大面积的玻璃幕墙进行分隔处理，可以改变反射眩光的影响形态，将完整而连续的反射眩光碎片化，长时间的连续的影响间断化，从而较大程度地减少有害反射眩光的影响范围和影响程度。常见的玻璃幕墙立面划分方式有三种：竖向带窗、横向带窗和网格形分隔。

不同立面形式减少反射眩光的能力排序（从左到右依次降低）

朝向	减少反射眩光能力排序		
南立面	竖向带窗	网格带窗	横向分隔
东、西立面	网格分隔	横向带窗	竖向带窗

典型案例 中国建筑设计研究院创新科研示范中心

（中国建筑设计研究院有限公司设计作品）

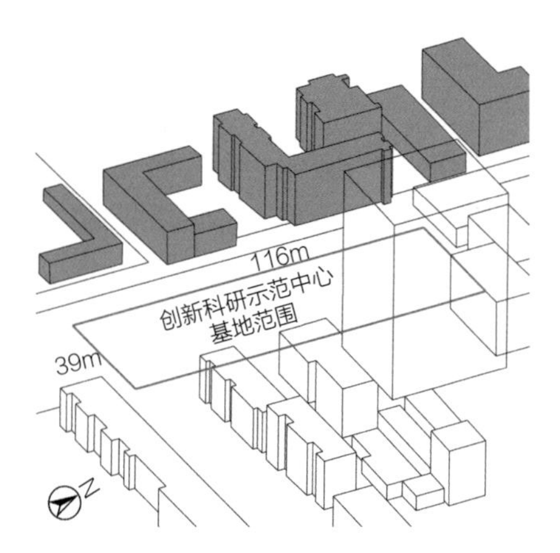

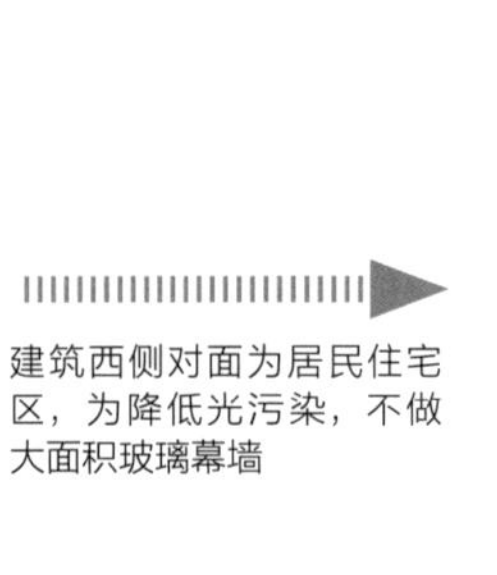

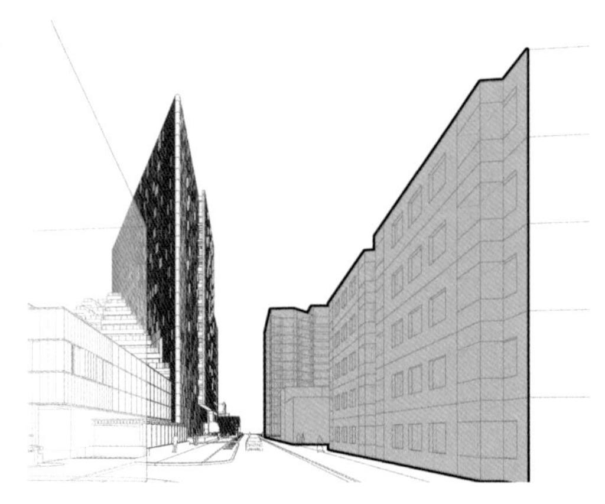

立面设计分析

[目的]

寒冷地区公共建筑设计应根据自然通风的需求合理设置建筑洞口位置与尺寸，同时选择可灵活调节的开闭系统，从而增强室内自然通风，改善室内通风效果。

[设计控制]

（1）公共建筑的中庭可结合天窗促进烟囱效应通风。

（2）采用可灵活调节的开闭系统。

（3）合理选择窗户的位置、面积及开启方式，使其有利于自然通风。

（4）在寒冷地区建筑设计中应采用改善住宅单侧通风状况的优化设计方法。

[设计要点]

B4-1-3_1 天窗优化通风

天窗分为平天窗、矩形天窗、锯齿形天窗等类型。公共建筑的中庭等气候缓冲空间宜结合天窗设计，内廊式中庭突出建筑屋面，中庭顶部设置可开启的矩形天窗和太阳能光伏发电模块，或采用光伏玻璃。在寒冷地区的冬季关闭天窗，过渡季开启天窗，使室内冷空气下沉，热空气上升，加强烟囱效应通风，改善室内通风效果。

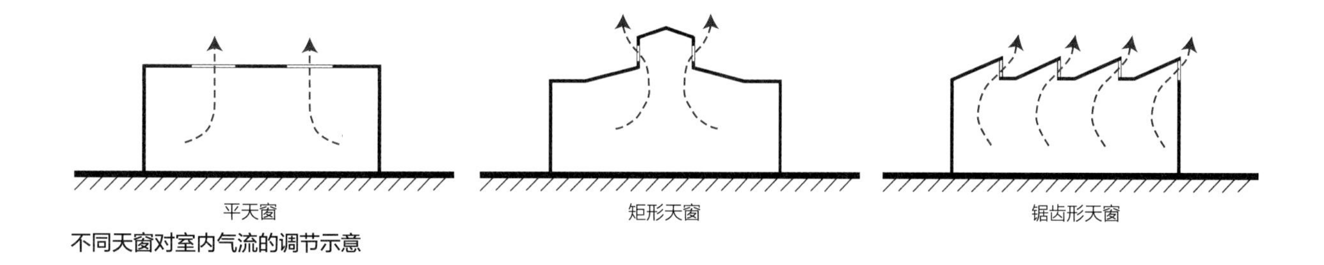

不同天窗对室内气流的调节示意

关键措施与指标

矩形天窗；锯齿形天窗；平天窗

相关规范与研究

《民用建筑热工设计规范》GB 50176—2016第6.4.5条、第6.5.1条，有关中庭热压通风及屋顶天窗开启扇的设计相关要求。

典型案例 **中国建筑设计研究院创新科研示范中心**
（中国建筑设计研究院有限公司设计作品）

中庭的屋顶为跌落的平台，为使用者提供了室外活动的场所。中庭上下贯通、逐渐缩小，促进了办公楼的自然通风。

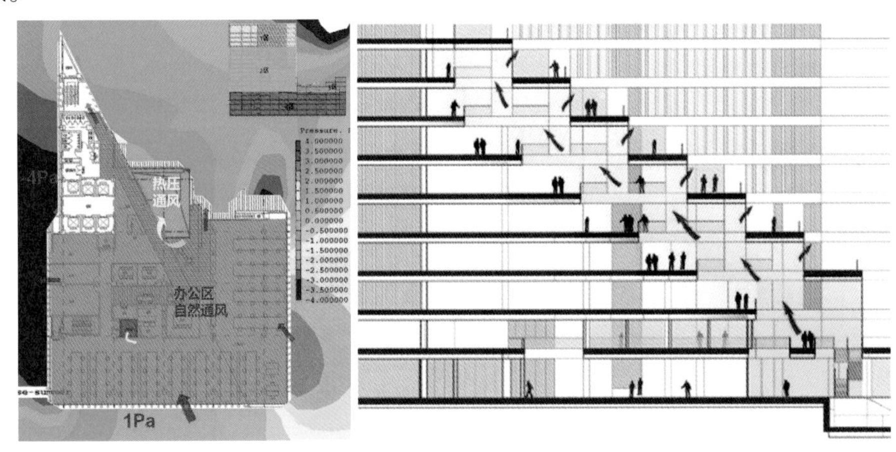

自然通风设计分析

B4-1-3_2 灵活调节开闭系统

中庭或边庭等气候调节性节点空间，推荐选用可灵活调节开闭的系统，例如可开合屋面、可开闭的天窗、可开闭的遮阳帘等，冬季形成封闭空间减少室内热损失，夏季形成开放空间增强室内通风散热，形成调温、调风、调光的气候缓冲空间。

关键措施与指标

开合屋面、可开闭天窗、可开闭遮阳帘、热压通风

相关规范与研究

（1）《民用建筑热工设计规范》GB 50176—2016第8.2.3条、第8.2.4条，有关排风窗（口）的设计相关规定。

（2）《被动式太阳能建筑技术规范》JGJ/T 267—2012第7.2.1.4条，有关可调节天窗的设计相关要求。

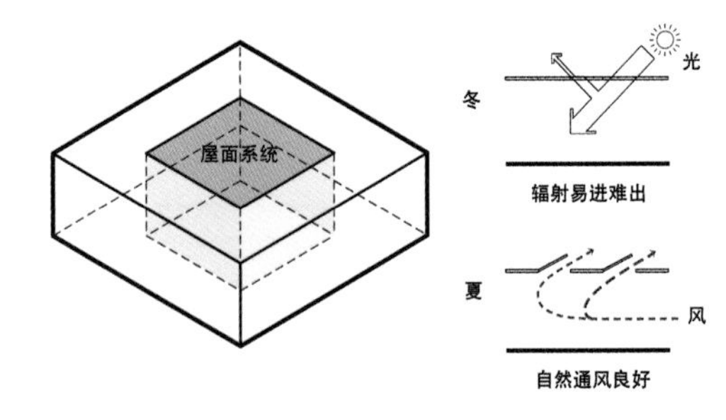

屋面开闭系统示意
通过灵活调控屋面开合通风，在不同季节调节室内热环境。

典型案例 **徐州建筑职业技术学院图书馆**

（中国建筑设计研究院有限公司设计作品）

在夏季，利用中庭的可开启扇使室内空气形成对流，将热空气排出室外；在冬季，利用自然采光节省照明和采暖费用。建筑在阅览区大空间设置了天井，使局部大空间大进深的采光和通风得到改善。

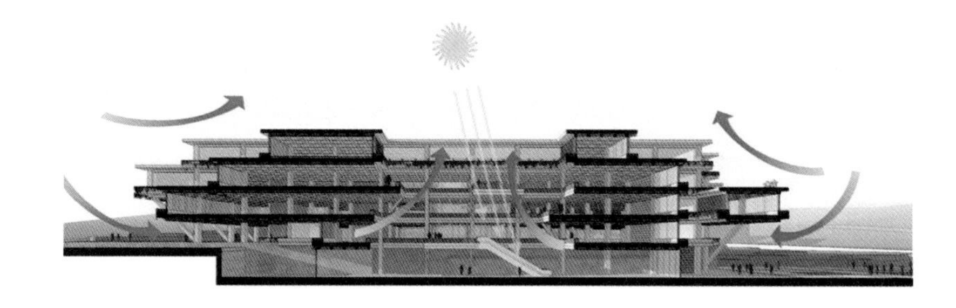

中庭剖面分析

B4-1-3_3 合理选择窗户及开启方式

（1）合理设置窗户开启方式、开启位置和开启面积。

（2）用上悬内开窗和中悬逆反式窗代替一般平开窗和推拉窗，形成气流导引效果，加强室内自然通风。

（3）高层建筑应考虑风速过高对窗户开启方式的影响，不宜采用外开窗。

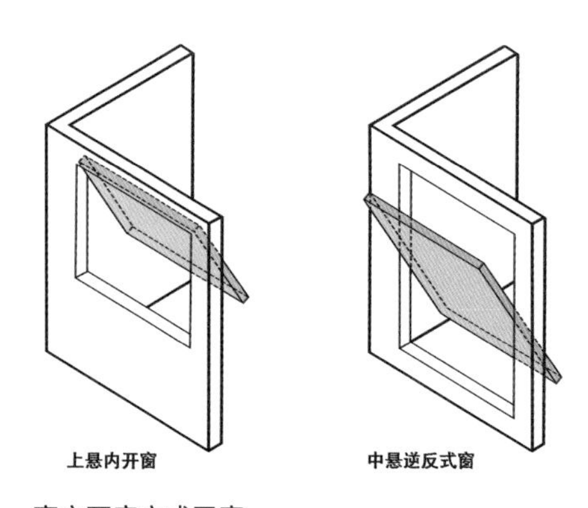

窗户开启方式示意

通过不同开窗方式加强自然通风。

关键措施与指标

窗户开启方式；窗户开启位置；窗户开启面积；窗户种类

相关规范与研究

《民用建筑绿色设计规范》JGJ/T 229—2010第6.4.4条，关于开窗位置及开启方式的设计相关要求。

典型案例 **中国建筑设计研究院创新科研示范中心**

（中国建筑设计研究院有限公司设计作品）

根据自然通风定量分析结果，对示范中心东立面、北立面以及部分南立面玻璃幕墙，采用了15°上悬窗，开窗面积至少占玻璃幕墙面积的20%。

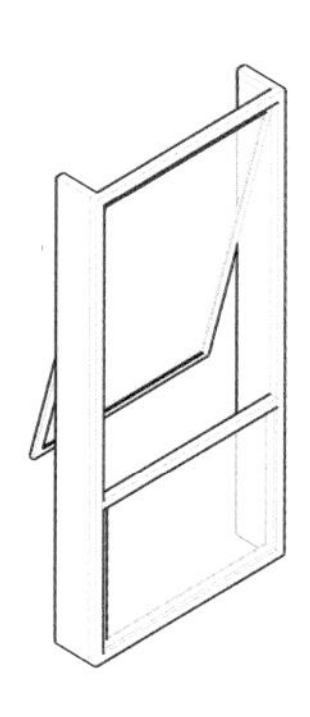

幕墙单元设计分析

B4-1-3_4 单侧通风的优化

（1）通风窗所在外窗与主导风向间夹角宜为40°～65°。

（2）应通过窗口及窗户设计，在同一窗口上形成面积相近的下部进风区和上部排风区。一般将中/低窗与高窗结合设置，实现单面通风。下部进风口与上部排风口的垂直距离应以满足最佳通风效果为依据。

（3）当单侧通风时，可通过通风口的灵活处理，设置利于导风的斜向开启扇，获得室内通风。采用单侧通风时通风窗与主导风向夹角宜为60°～90°。

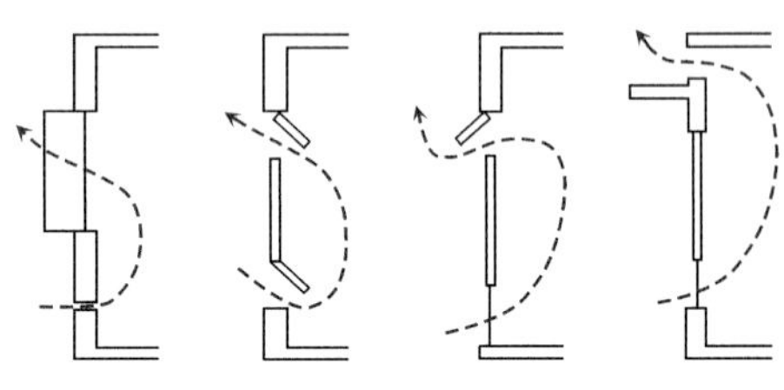

通风口优化方法示意
通过对开启扇的灵活处理，增强单侧通风口的通风效果，优化室内通风。

关键措施与指标

通风窗与主导风向夹角；开启扇角度

相关规范与研究

《民用建筑热工设计规范》GB 50176—2016第8.2.5条，有关单侧通风及改善通风效果的相关要求。

典型案例 **北京世园会中国馆**
（中国建筑设计研究院有限公司设计作品）

在室外空气舒适宜人的季节，通过开启外窗及顶部天窗进行自然通风，消除室内余热和异味。

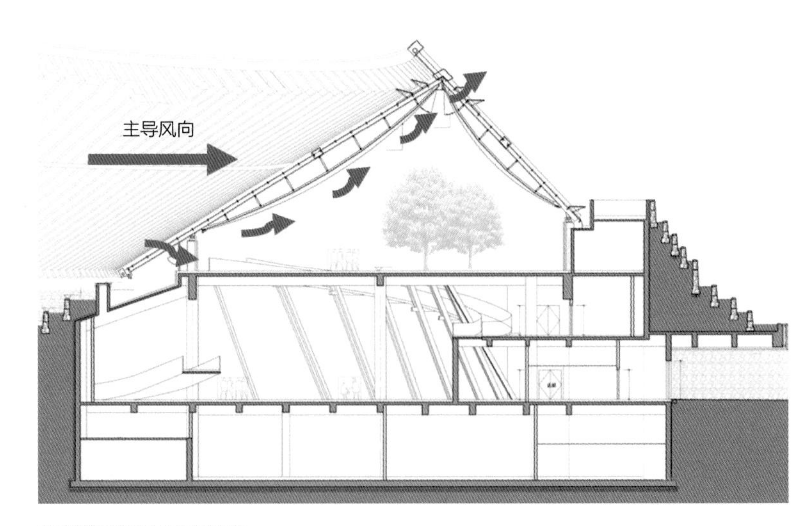

自然通风设计剖面分析

[目的]

建筑外围护界面应在合适位置设置门窗洞口，同时注重外墙、屋顶及门窗材料与结构的选择优化。合适的外围护界面材料有利于保温隔热，既能保证节能效果，又可以提高围护结构的耐久性。

[设计控制]

（1）选择合适的门窗结构与材料，并满足规范规定的保温隔热要求。

（2）门窗性能的优化。

（3）建筑外围护界面可采用双层表皮融合景观设计，冬季保温，夏季隔热。

（4）屋面的保温隔热性能需满足规范要求，绿化屋面的合理设置。

（5）合理控制外墙的保温隔热性能。

（6）不同位置的接触面的保温隔热要求。

（7）建筑构件结合遮阳、导风综合设计。

[设计要点]

B4-1-4_1 门窗结构及传热系数

（1）选择合理的节点构造形式与窗框材料，避免产生冷热桥。

（2）优化门窗玻璃结构，选择传热系数（K）、可见光透过率和气密性适宜的玻璃门窗，提升玻璃热阻。

（3）提高门窗气密性，隔绝室外冷空气渗透。

（4）采用合适的太阳得热系数（*SHGC*）。

（5）外门窗的传热系数（K）和太阳得热系数（*SHGC*）应满足《公共建筑节能设计标准》GB 50189—2015中第3.3、3.4条的相关规定。

（6）外门窗的气密性应满足《公共建筑节能设计标准》GB 50189—2015中第3.3.5条、第3.3.6条的相关规定。

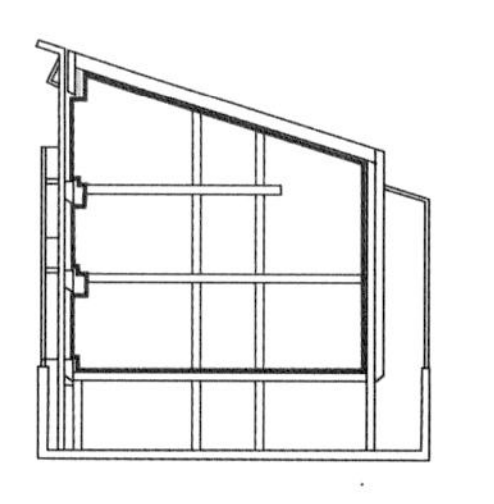

门窗结构剖面示意

提高门窗与建筑围护结构的气密性，避免冷热桥，有利于室内热环境的调控。

关键措施与指标

外门窗传热系数；太阳得热系数；门窗气密性；提升玻璃热阻

相关规范与研究

（1）《公共建筑节能设计标准》GB 50189—2015第3.4条有关外门窗气密性的设计相关规定。

（2）景云峰．西安办公建筑室内物理环境现状及优化设计研究[D]．西安：西安建筑科技大学，2019.

建筑外门窗气密性能分级

窗体材料	优点	缺点	传热系数K
铝合金	不易生锈，工业化生产成本低，可以做出多种造型，重量轻，便于搬运和安装	传热系数较高，保温性能较差，铝材容易被划花，影响材料美观	6.21
钢材	强度大，成本低，便于加工	钢材比较容易生锈，不美观，传热系数过高	45
断桥铝	传热系数低，保温隔热效果好	成本较高	3
木材	传统外窗材料，有较好的保温隔热性能，环保，美观	易燃，易变形，受雨水和气候影响，易开裂和生虫，不易修复，综合造价高	2.37

（3）刘正权，刘海波，董人文，等．建筑外门窗气密性及空气渗透热热损失对实际保温效果的影响[J]．门窗，2009（05）：25-28.

综合考虑建筑外门窗的传热系数和由空气渗透而导致的热损失，对于评价门窗实际的保温效果要比单单考虑传热系数更为全面和合理。所以，建筑外窗不但要保证其传热系数满足节能设计要求，也要具有良好的气密性，才能确保实际的保温效果。

典型案例 **北京世园会中国馆**

（中国建筑设计研究院有限公司设计作品）

北京世园会中国馆采用满足节能设计的、有良好气密性的外门窗。

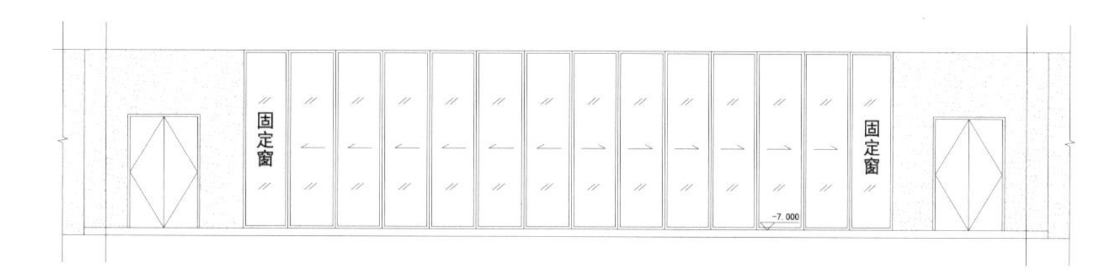

多功能厅电动门关闭状态立面图

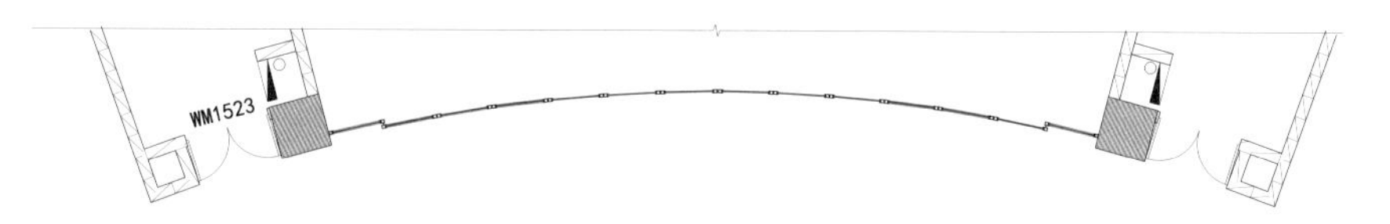

多功能厅电动门关闭状态平面图

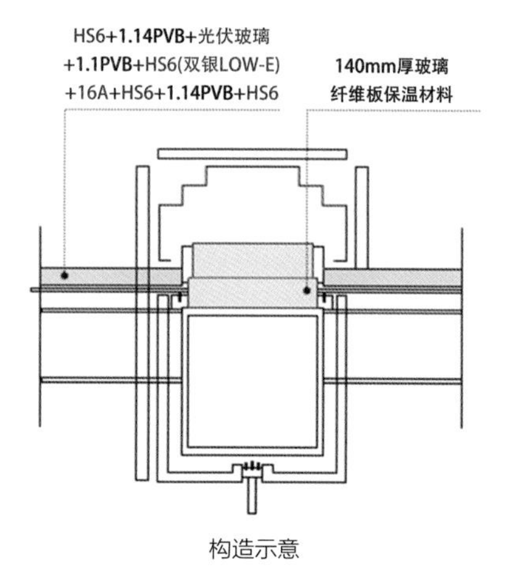

构造示意

外门窗设计分析

B4-1-4_2 门窗性能优化

（1）宜采用高性能玻璃，如Low-E中空玻璃、充惰性气体的Low-E中空玻璃、两层或多层中空玻璃、真空玻璃等。

（2）外窗框采用隔热型材、隔热连接紧固件、隐框结构等，避免热桥，提高门窗的保温性能。

（3）为减小热损失，外窗尽可能与保温层的位置靠近，以减少窗框四周的“热桥”面积。

（4）外窗或幕墙与外墙之间的缝隙应用防水、保温、密封材料填实。

（5）窗洞口外侧周边墙面应做保温处理。

（6）铝合金窗和幕墙应采取断热措施。

（7）玻璃幕墙应选用具有防潮性能的保温材料或采取隔汽防潮构造措施。

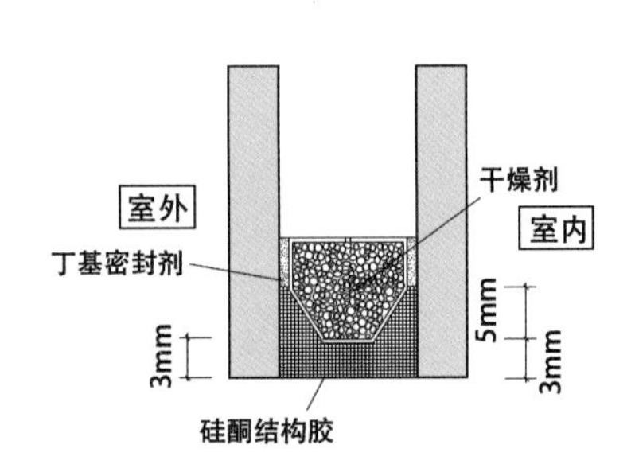

北方地区高透型Low-E中空玻璃

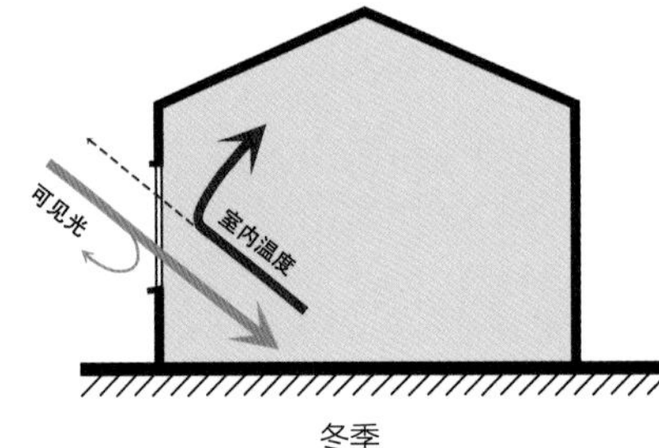

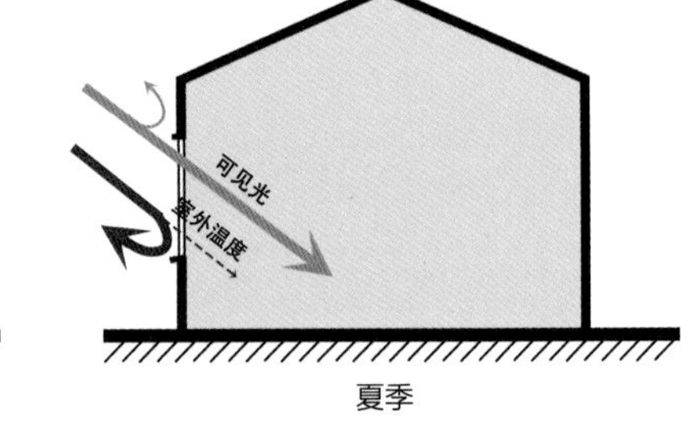

外窗性能选型示意

通过对外窗的性能优化，增强建筑的冬季保暖和夏季防晒。

关键措施与指标

保温隔热性能；断热措施；隔汽防潮构造

相关规范与研究

（1）《民用建筑热工设计规范》GB 50176—2016第5.3.3条，有关门窗构造及性能的设计相关要求。

（2）景云峰. 西安办公建筑室内物理环境现状及优化设计研究[D]. 西安：西安建筑科技大学，2019.

现代办公建筑金属窗框的使用越来越多，传热系数很大，保温性能不理想，为了提升窗框的保温能力，应多使用塑料构件，传热系数小。也可以使用空心型材，内部的封闭空气层可以增强保温能力。近年

建筑玻璃的主要品种和功能

品种	特性
低辐射（Low-E）玻璃	透过太阳光和可见光，能阻止紫外线透过，热辐射率低
低（无）反射玻璃	反射率极低
防电磁波玻璃	能导电，屏蔽电磁波，具有抗静电性
吸热玻璃	吸热性好，装饰性能佳，节能，光线柔和
中空玻璃	保温，隔热，隔声，不结雾结霜
热反射玻璃	反射红外线，投射可见光，单面透视，装饰性好
选择吸收玻璃	吸收或透过某一波长的光线，起到调制光线的作用
光致变色玻璃	弱光时，无色透明；强光或紫外线下变暗
透紫外线玻璃	透过大量紫外线

来源：张雄，张永娟．现代建筑功能材料[M]．北京：化学工业出版社，2009.

来流行的断桥隔热复合型窗框也能够提高门窗的保温效果。此外，窗框与墙体之间的连接处理使用弹性构造，缝隙采用防潮型保温材料填充，并进行密封。

（3）李志诚，赵伟．建筑门窗的保温性能优化设计[J]．中外企业家，2016（15）：230，232.

从保温的角度，门窗框的型材断面要尽量设计成多腔型材。

门窗框的材料可选择PVC塑料型材、铝合金断热桥窗框材料、玻璃钢型材等低导热系数材料，从根本上对金属门窗框热传导热量损失进行改善。

可以从玻璃结构的角度，将单玻改成双玻和三玻，以形成密闭的空气层，提高玻璃的热阻水平。

中空玻璃的铝隔条要尽量埋设在门窗框的沟槽内部，减少在空气中的暴露面积，同时尽可能选择P值比较小的中空玻璃。

金属型材门窗的框断面尺寸太大，会对门窗保温性能产生不利影响，因此在满足门窗基本功能的前提下，要控制门窗立面的分割，大断面的金属型材不适合用在面积较小的门窗上。

典型案例 **中国建筑设计研究院有限公司创新科研示范中心**
（中国建筑设计研究院有限公司设计作品）

中国建筑设计研究院有限公司创新科研示范中心采用高性能玻璃，满足节能设计。

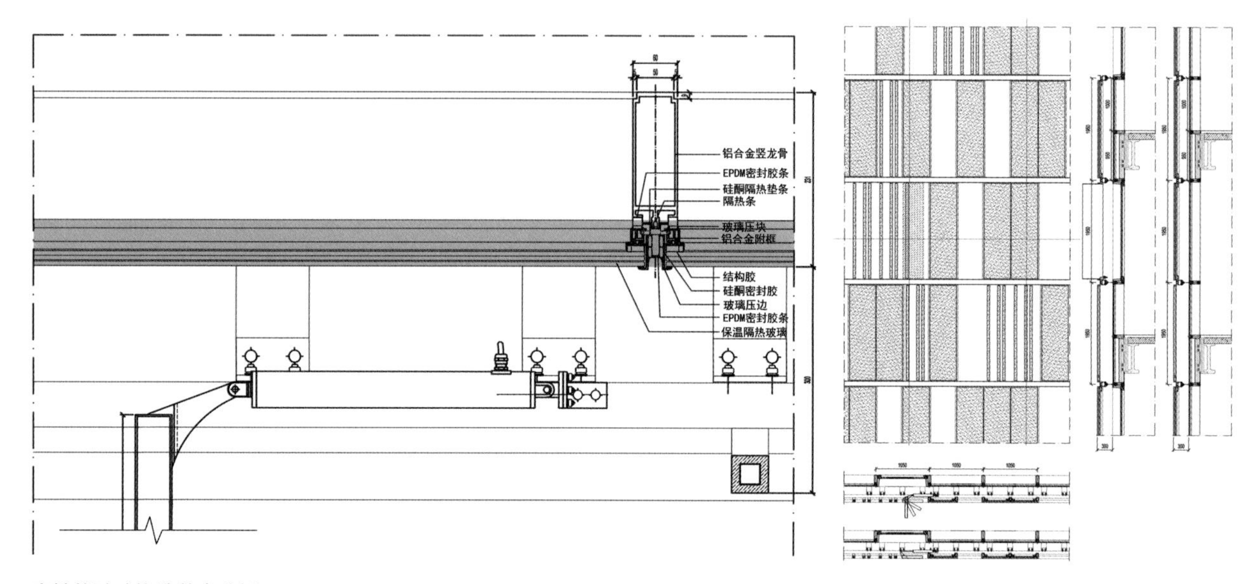

高性能玻璃构造节点分析

B4-1-4_3 双层表皮有机融合景观设计

根据寒冷气候区气候特点，主要考虑冬季保温兼顾夏季隔热，建筑界面结合创作需要设置两层表皮，形成复合空间或空气夹层，起一定的保温隔热的作用；同时，利用气候调节空间的采光、通风、温度等，并与景观设计有机融合，发挥微环境调节和塑造空间多样性的多重作用。

关键措施与指标

双层表皮；表皮融合景观设计

相关规范与研究

（1）《民用建筑热工设计规范》GB 50176—2016第5.3.7条，有关双层幕墙的设计相关要求。

（2）李嘉成．高层建筑标准层办公空间优化设计研究[D]．广州：华南理工大学，2019.

双层呼吸幕墙通过“烟囱原理”与“温室效应”原理来进行节能，主要方式是在传统的玻璃幕墙外围设置一层玻璃幕墙，两层之间留出一个空气通道。内层幕墙可开启，外墙封闭，不论室外的天气情况如何，室内都可以通过开启窗获得新鲜空气。这种办法相对于普通不可开启的幕墙来说，对优化室内空气质量具有极大的优势。同时还具有节能环保、防止室内光线过于刺眼、隔声等其他优势，缺点是造价高昂、技术复杂。

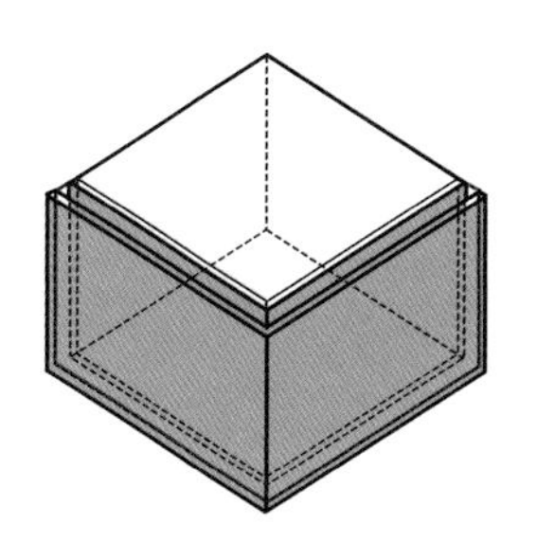

建筑双层界面示意
双层表皮可以形成复合空间或空气夹层，起一定保温隔热的作用。

典型案例　中国建筑设计研究院有限公司创新科研示范中心

（中国建筑设计研究院有限公司设计作品）

建筑外立面主材为浅米色的陶板幕墙，三种质感的陶板和陶棍混拼成为建筑主体的两个立面，同时作为遮阳构件参与到被动式节能系统中。

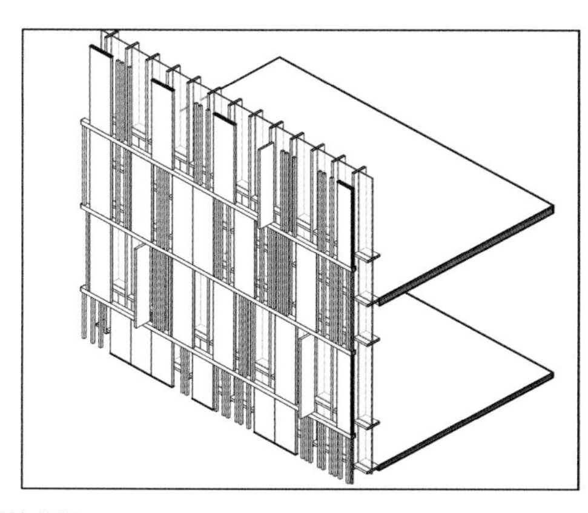

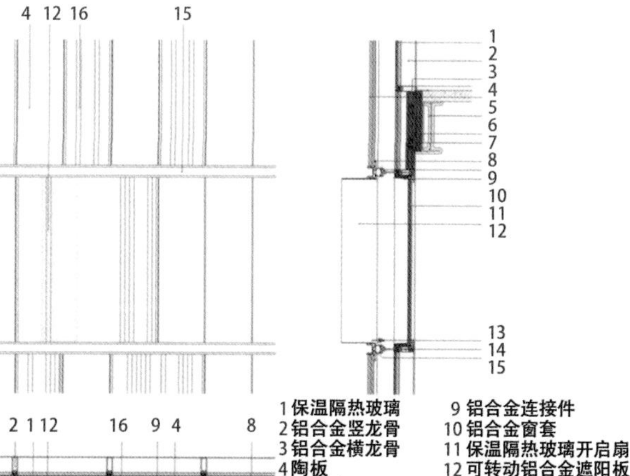

外界面幕墙系统分析　外观图　陶板双层幕墙墙身详图

B4-1-4_4 屋面热工性能

（1）寒冷地区公共建筑屋面传热系数应符合《公共建筑节能设计标准》GB 50189—2015表3.4.1-1中的要求，不大于0.55W/（m^2·K）。

（2）设置屋顶绿化起到冬季防寒、夏季遮荫的作用，改善屋面的保温隔热性能。采用绿化屋面时，绿化面积占可设置屋顶绿化的屋面面积的比例宜不小于30%。

甲、乙类公共建筑屋顶热工性能限值

公共建筑类型		体形系数≤0.30		0.30<体形系数≤0.50	
		传热系数 K[W/（m^2·K）]	太阳得热系数 $SHGC$（东、南、西向/北向）	传热系数 K[W/（m^2·K）]	太阳得热系数 $SHGC$（东、南、西向/北向）
甲类	不透光屋顶	≤0.45	—	≤0.40	—
	屋顶透光部位（透光面积≤20%）	≤2.40	≤0.44	≤2.40	≤0.35
乙类		K≤0.55［W/（m^2·K）］			
屋面、外墙和地下室热桥部位的内表面温度不应低于室内空气露点温度					

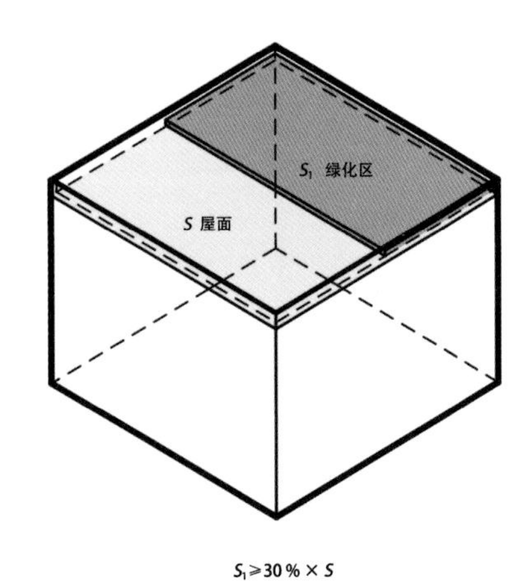

层面绿化面积比示意
合理设置屋顶绿化面积，起到冬季防寒，夏季遮阴的作用。

关键措施与指标

屋顶传热系数；绿化屋面

相关规范与研究

（1）《公共建筑节能设计标准》GB 50189—2015第3.4.1.1条，有关提高屋面热工性能的相关要求。

（2）景云峰. 西安办公建筑室内物理环境现状及优化设计研究[D]. 西安：西安建筑科技大学，2019.

屋面的保温隔热要求与墙体类似，常见的屋面构造有设置保温层、绿化屋面、蓄水屋面和通风屋面等，西安属于寒冷地区，需要兼顾冬季保温和夏季隔热，蓄水屋面和通风屋顶夏季隔热效果好，但冬季保温能力一般，因此西安地区更适合使用保温和绿化屋面。

综合来看，虽然倒置式屋面的保温性能要优于正置式屋面，但由于办公建筑的使用特点，提升屋顶的热工性能，在冬季可以减少建筑室内的热量损失，在夏季白天温度高时可以防止室外的热量进入室内，但在夜间会造成室内的热量散发不出去，导致第二天上班时空调的能耗增加。同时，西安地区夏季潮湿多雨，倒置式屋面的保温层极易受雨水破坏。

（3）刘宗江．以更高节能目标为导向的公共建筑能效性能研究[D]．北京：中国建筑科学研究院，2013.

在寒冷、夏热冬冷、夏热冬暖地区，良好的屋顶热工性能对减少供暖、供冷能耗都有利。

典型案例 **中国建筑设计研究院创新科研示范中心**

（中国建筑设计研究院有限公司设计作品）

生物多样性的屋顶花园，放置太阳能光伏板等设施。

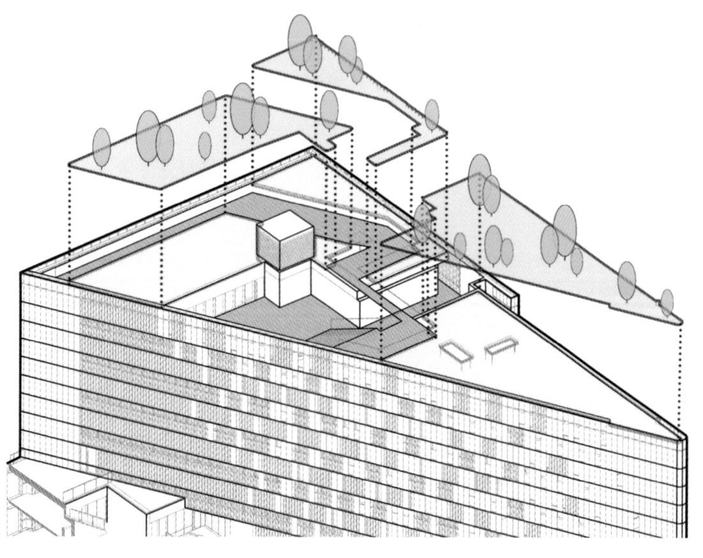

屋顶花园设计分析

B4-1-4_5 外墙的保温隔热控制

（1）采用满足寒冷地区保温与隔热要求的外墙保温系统和墙材，根据《公共建筑节能设计标准》GB 50189—2015规定，寒冷地区建筑的外墙传热系数不应大于0.60 W/（m^2·K）。

（2）外墙（包括非透光幕墙）传热系数（平均传热系数K）、热桥部位内表面温度根据建筑类型不同，要满足《公共建筑节能设计标准》GB 50189—2015中第3.3、3.4条的相关规定。

（3）局部的保温设计在建筑围护结构的冷热负荷中占据了很大比例，应重视局部部位的优化设计来消除热桥，保证建筑围护结构内部和表面无结露、发霉现象，既起到节能作用，同时提高了围护结构的耐久性。外墙节点设计应加强保温措施，消除热桥。

（4）外墙和屋面等围护结构中，钢筋混凝土或金属梁、柱、肋等部位传热能力强，热流较密集，内表面温度较低。在具体的结构构造中，应该尽量减少热桥的影响。如采用木龙骨、塑料龙骨代替传热大的金属龙骨；采用连续的外墙外保温；附加功能构件（如外遮阳等）至保温屋外侧，热工完全分离；非采暖部分（如阳台等）结构脱离。

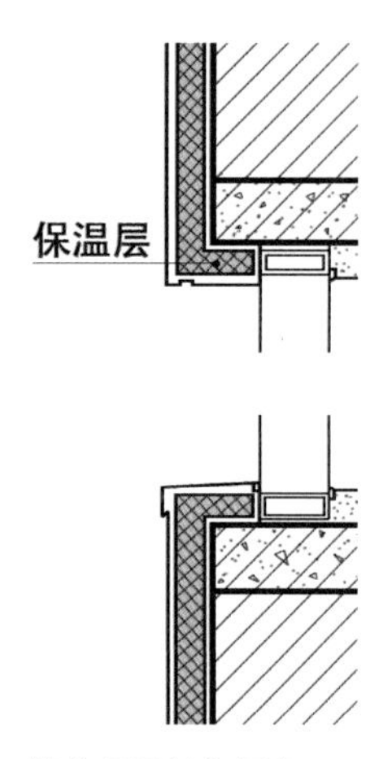

墙体保温结构示意
保温层包裹钢筋混凝土构件以避免热桥。

关键措施与指标

外墙传热系数：寒冷地区不应大于0.60W/（m^2·K）；加强保温措施；连续外墙保温

相关规范与研究

（1）《公共建筑节能设计标准》GB 50189—2015第4.2.1条，有关外墙传热系数的设计相关规定。

外墙（包括非透光幕墙）的传热系数基本要求

传热系数K [W/（m^2·K）]	严寒A、B区	严寒C区	寒冷地区	夏热冬冷地区	夏热冬暖地区
	≤0.45	≤0.50	≤0.60	≤1.0	≤1.5

（2）景云峰．西安办公建筑室内物理环境现状及优化设计研究[D]．西安：西安建筑科技大学，2019.

建筑外墙是外围护结构中面积最大的部分，其耗热量占到26.6%，因此外墙是围护结构设计的重点部位，提升墙体热工性能的方法包括增加墙体厚度、设置保温层、墙体材料的选择等，近年来一些新型墙体的应用也大大提高了建筑的保温和节能能力。其中最常用的做法是墙体设置保温层。

典型案例 **中央团校学术报告综合楼**

（中国建筑设计研究院有限公司设计作品）

采用合理的围护结构设计以减少冬季热量损失。

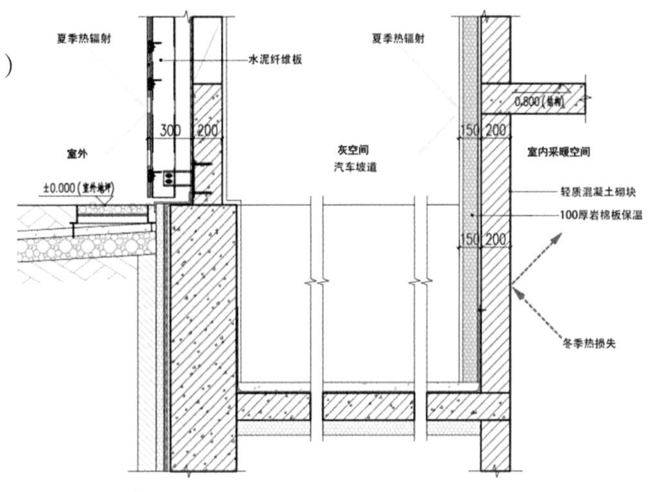

围护结构构造分析

B4-1-4_6 不同位置楼板的保温隔热要求

（1）围护结构与土壤接触面应考虑围护结构的热阻要求。

（2）首层或地下室周边地面、地下室外墙，以及建筑变形缝处的保温材料层热阻应满足要求。

（3）建筑底面接触室外空气的架空或外挑楼板、地下车库与供暖房间之间的楼板应采用保温措施，将保温层置于楼板下或楼板上，传热系数K［W/（m^2·K）］满足《公共建筑节能设计标准》GB 50189—2015表3.3.1-3、表3.3.2-1的规定要求。

（4）建筑周边地面、地下室外墙、变形缝保温材料层热阻R［（m^2·K）/W］满足《公共建筑节能设计标准》GB 50189—2015表3.3.1-3的规定要求。

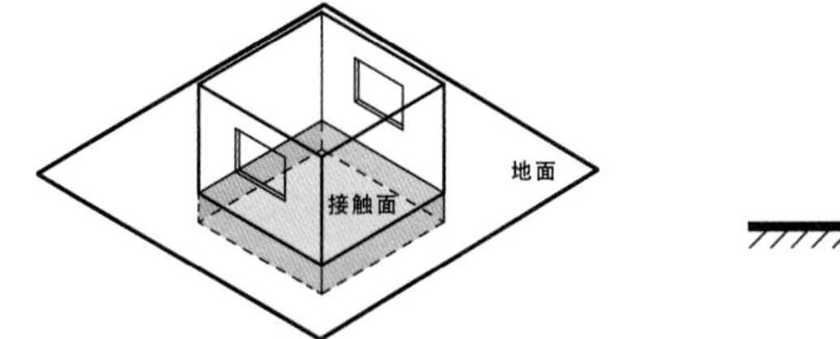

围护结构与土壤接触面示意

接触土壤的地下或半地下空间的围护结构应满足热阻要求，达到节能目的。

关键措施与指标

维护结构热阻；传热系数

相关规范与研究

（1）《公共建筑节能设计标准》GB 50189—2015第3.3条，有关围护结构热工设计的相关规定。

寒冷地区甲类公共建筑围护结构热工性能限值

围护结构部位	体形系数≤0.30		0.30<体形系数≤0.50	
	传热系数 K [W/（m^2·K）]	太阳得热系数*SHGC*（东、南、西向/北向）	传热系数 K [W/（m^2·K）]	太阳得热系数*SHGC*（东、南、西向/北向）
底面接触室外空气的架空或外挑楼板	≤0.50	—	≤0.45	—
地下车库与供暖房间之间的楼板	≤1.0	—	≤1.0	—
围护结构部分	保温材料层热阻 R [（m^2·K）/W]			
周边地面	≥0.60			
供暖、空调地下室外墙（与土壤接触的墙）	≥0.60			
变形缝（两侧墙内保温时）	≥0.90			

乙类公共建筑屋面、楼板、外墙热工性能限值

围护结构部位	传热系数 K [W/（m^2·K）]				
	严寒A、B区	严寒C区	寒冷地区	夏热冬冷地区	夏热冬暖地区
屋面	≤0.35	≤0.45	≤0.55	≤0.70	≤0.90
外墙（包括非透光幕墙）	≤0.45	≤0.50	≤0.60	≤1.0	≤1.5
底面接触室外空气的架空或外挑楼板	≤0.45	≤0.50	≤0.60	≤1.0	—
地下车库和供暖房间与之间的楼板	≤0.50	≤0.70	≤1.0	—	—

（2）张立洋. 具有气候适应功能的热流自调节围护结构传热特性研究[D]. 北京：北方工业大学，2016.

墙体对室内热环境的影响，主要是由于墙体具有“热容性”及“热阻性”。“热容性”主要是指墙体具有较大的蓄热能力，会对室内温度的波动幅度及峰值出现的时间产生影响。“热阻性”主要是指墙体的传热系数，其大小会对室内冷热负荷产生很大影响。

在夏季，当室外温度高于室内温度时，为了防止热量进入房间，此时保温层需要较大的热阻；当夏季夜晚室外温度低于室内温度时，为了使室内的热量及时、快速地传导到室外，此时保温层需要较低的热阻。

（3）徐振宇．寒冷地区既有建筑节能设计与实践[J]．建筑技术，2016（10）：893-896.

不采暖地下室楼板为钢筋混凝土，传热系数达3.7W/（m^2·K），故应采取保温措施。在地下室顶面采用A级不燃的保温材料，既可解决目前建筑保温面临的消防难题，又可满足顶板保温要求，传热系数可低至1.53W/（m^2·K）。

典型案例 **中国建筑设计研究院创新科研示范中心**

（中国建筑设计研究院有限公司设计作品）

地下空间与地上立体结合、完全贯通，建筑围护结构与地下空间外墙考虑不同热阻要求，减少耗能空间，实现绿色节能。

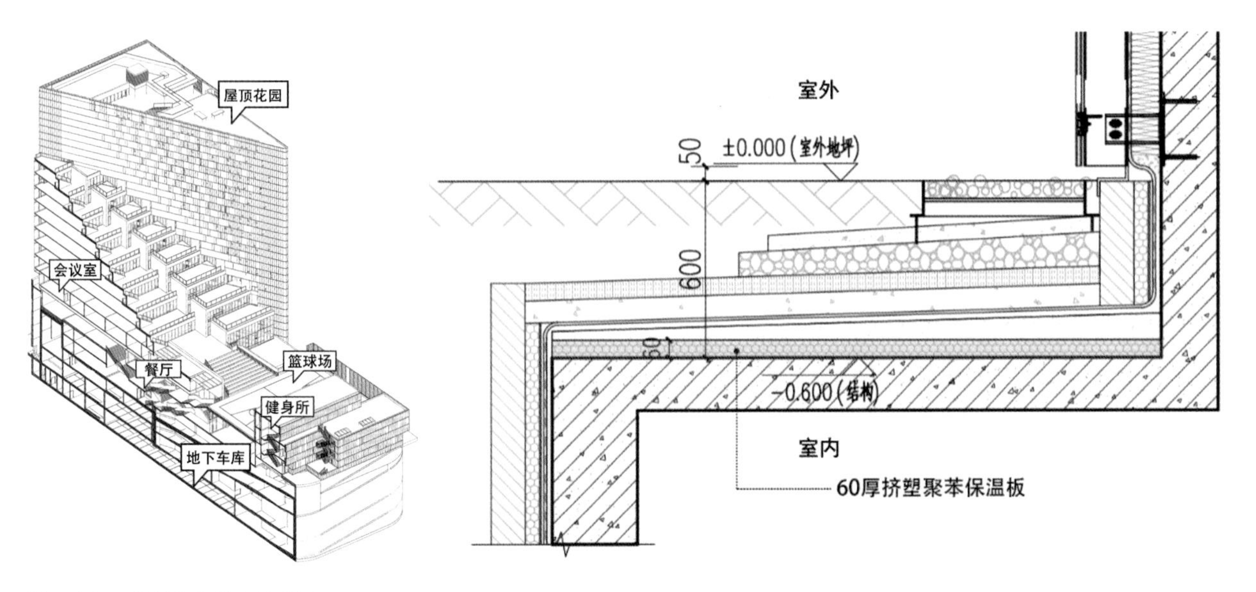

地下空间围护结构构造设计分析

B4-1-4_7 构件结合遮阳导风综合设计

进行公共建筑的设计创作时，作为装饰的飘板、格栅、构架等建筑构件应结合遮阳、导风等功能进行综合设计，或结合太阳能、风能等可再生能源的利用进行一体化设计，避免纯装饰性的构件造成资源的浪费。公共建筑的装饰性构件造价占建筑总造价的比例不应大于1%。

关键措施与指标

构件遮阳一体化设计；装饰性构件造价比

相关规范与研究

（1）《民用建筑热工设计规范》GB 50176—2016第9.2.5条，建筑遮阳应与建筑立面、门窗洞口构造一体化设计。

（2）《民用建筑绿色设计规范》JGJ/T 229—2010第6.1.4条文说明，有关室外构件和室外设备与建筑一体化设计的相关规定。

（3）李达耀．建筑可再生能源利用系统优化设计研究[D]．南宁：广西大学，2016.

建筑构件在建筑表面所占的面积也比较大。以窗户为例，窗户作为围护结构的一部分，在采光、通风的同时也应该避免过分加热，防止眩光，从而减少阳光照射入室内。利用这一特点，可以对太阳能表皮装置加以利用。因为其出挑的外形能充当遮阳体或者在遮阳构件上安装主动式太阳能装置，充分利用太阳能转化为热能或者电能，这就会直接减少我们辅助热源的消耗。当然，这些都是一体化设计主旨的体现。从构件遮挡阳光方向的来分，主要分为四种基本形式：水平式、垂直式、综合式、挡板式。在实际运用上，我们可以将这四种方式和主动式太阳能装置进行有机结合，比如使太阳能装置直接作为建筑构件的一部分，作为建筑遮阳等。建筑师可以利用建筑遮阳构件与太阳能板的一体化设计变换出独特的结合方式。

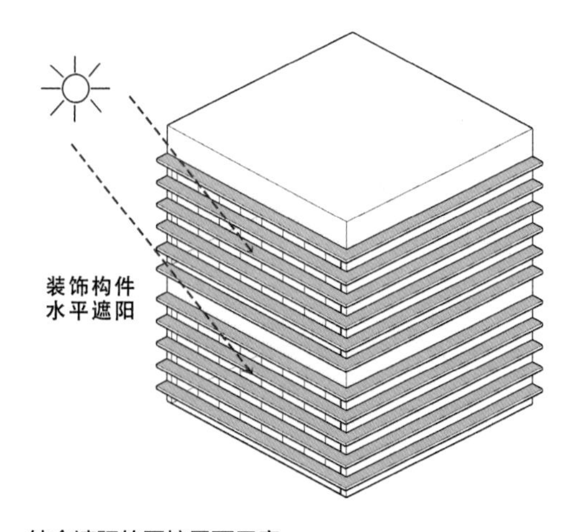

结合遮阳的围护界面示意
格栅、构架等构件结合遮阳、导风一体化设计，减少纯装饰性构件的资源浪费。

典型案例 **人民大学图书馆**

（中国建筑设计研究院有限公司设计作品）

人民大学图书馆外立面格栅既起到遮阳的作用，也是外立面装饰的重要组成部分。

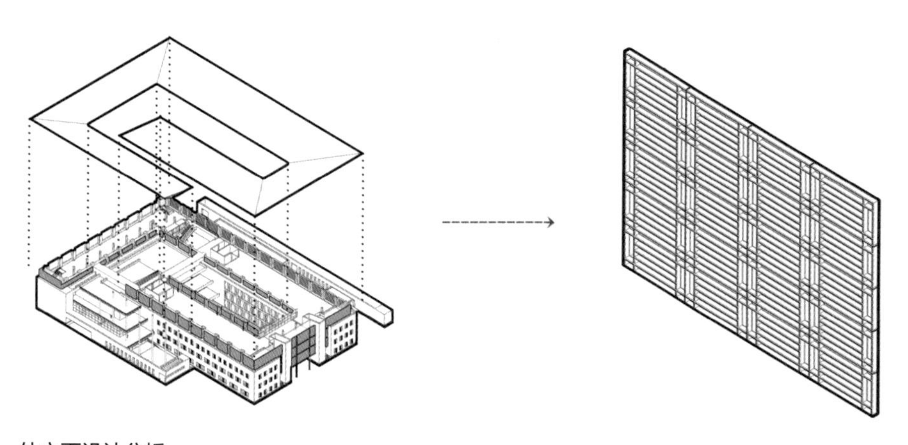

外立面设计分析

[目的]

建筑室内空间应注重控制内表面属性，采用合适的材料吸纳不良光线，从而达到避免眩光、形成室内舒适光环境的要求。应考虑内围护结构的蓄热功能以调节室内温度因太阳能量变化引起的波动。

[设计控制]

（1）建筑室内设计时选择较为粗糙的、低光泽度的材料，营造室内舒适光环境。

（2）通过合理选择内表面材料蓄热属性，调控室内热环境。

[设计要点]

B4-2-1_1 控制内表面属性防眩光

（1）室内表面宜采用低光泽度的装饰材料，避免产生眩光；同时可利用墙壁、地板、反光百叶等漫反射表面扩散光线。

（2）灯具应安装在不易形成眩光的区域，限制出光口表面发光亮度。

（3）宜避免室内亮度分布过于集中形成眩光。墙面和顶棚的平均照度不宜低于50lx和30lx。

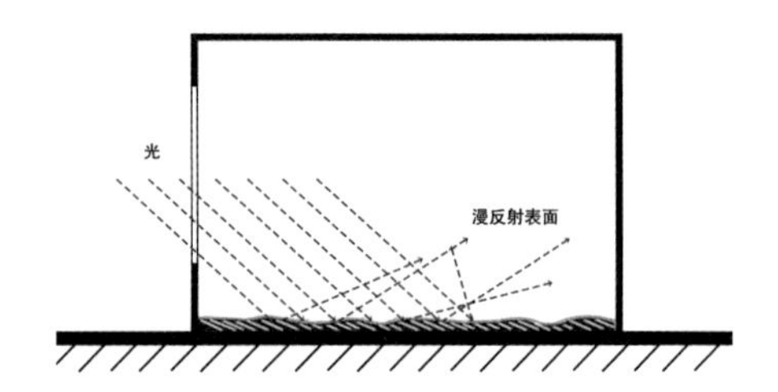

建筑内表面漫反射日光示意
建筑室内设计时选择较为粗糙的、低光泽度的材料以营造室内舒适光环境。

关键措施与指标

防止眩光；漫反射表面；低光泽度材料

相关规范与研究

（1）《建筑照明设计标准》GB 50034—2013第4.3.2条，有关防止或减少光幕反射和反射眩光的设计相关要求。

（2）李嘉成. 高层建筑标准层办公空间优化设计研究[D]. 广州：华南理工大学，2019.

在办公区域中，不论一般照明还是工作照明皆应避免采用直射光源，以防止眩光的产生，刺激眼睛产生不适感。宜选用扩散性佳的间接型灯具，使办公空间的照度均匀，光线柔和，长期办公不易疲劳；同时最好可以使办公空间的照度处于“恒照度”模式，避免办公人员眼部因光线变化过多而产生不适感。在办公空间中，背景照明采用连续规则排布的带状或点状光源、隐藏式照明都是适宜的选择。

（3）陈菲菲. 基于视觉舒适度评价的天然光环境优化设计研究——以重庆地区高层办公建筑为例[D]. 重庆：重庆大学，2013.

高层办公室在开间方向的采光均达到最大化，而照度不均匀情况出现在进深方向上。这种情况可以采取一些辅助措施如提高室内主要墙体表面的亮度，减小内外对比度，以增加内部照度的同时限制外部眩光。设计时对于内墙、顶棚和楼地面的饰面材料选择以反射率大的浅色为好。但是过大的反射率又可能造成反射眩光，因此一般将室内各表面的反射率平均值控制在30%～50%比较适宜。

典型案例 **天津大学实验楼**

（中国建筑设计研究院有限公司设计作品）

南侧屋顶上以格栅百叶限定空间形态，阳光通过百叶、墙面、地面等漫反射表面进入室内。

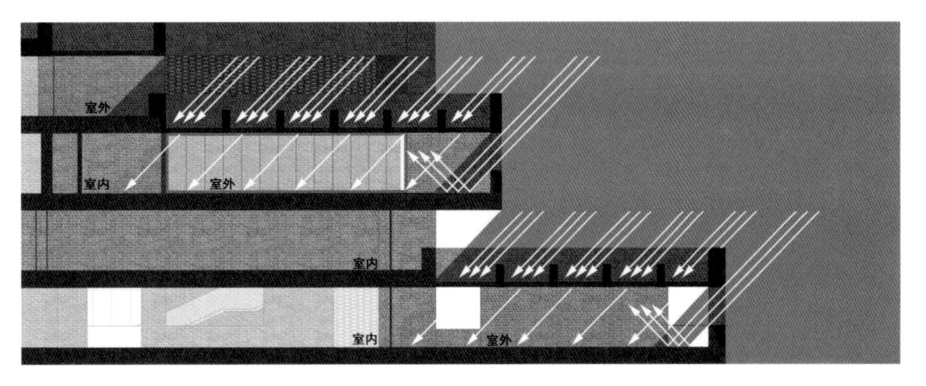

室内采光剖面分析

[设计要点]

B4-2-1_2 控制内表面属性蓄热

（1）将蓄热装置与围护结构结合，形成调温式的围护结构，整合了蓄热系统和围护结构，同时节省了空间。

（2）围护结构在室内温度较高的时候蓄存热量，阻止室温的继续升高，当室温降低的时候再将蓄存的热量释放出来，阻止室温的继续降低。从而削弱室温波动，提高室内热舒适度。

（3）在外围护结构向室内传热过程中，内表面辐射换热量占内表面总传热量的60%以上，围护结构内表面的辐射换热是影响室内热舒适的重要因素，高性能、低熔点导热界面材料具有较大的相变潜热，将这类蓄热性能好的材料复合到现有建材中，可以在建筑承重增加较小的条件下有效增大建筑热惯性，减小室内温度波动，改善房间热性能。

（4）降低围护结构内表面发射率一定程度上可以降低室内表面换热系数，降低室内外传热量，改变内表面温度，进而改变人体与室内环境的辐射换热量，提高室内热环境的舒适度。

内表面蓄能的多种应用形式示意

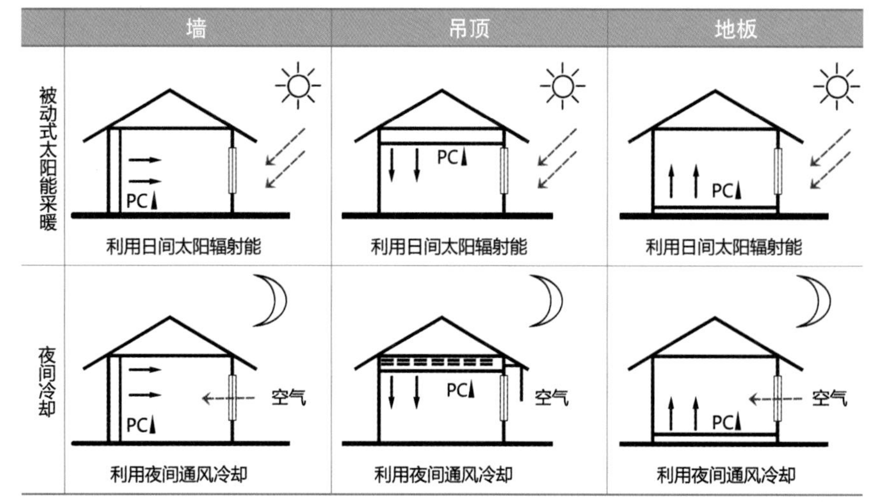

关键措施与指标

蓄热性能、围护结构内表面发射率

相关规范与研究

（1）姜峰. 被动式建筑内围护结构蓄热性能评价及设计指导[D]. 北京：清华大学，2011.

（2）卢素梅. 围护结构内表面发射率对室内热环境的影响研究[D]. 广州：华南理工大学，2020.

典型案例 太原图书馆

（中国建筑设计研究院有限公司设计作品）

太原图书馆中庭立面使用石材贴面，地面使用环氧磨石地面，这种蓄热性能好的材料可以有效增大建筑热惯性，减小室内温度波动，改善房间热性能。

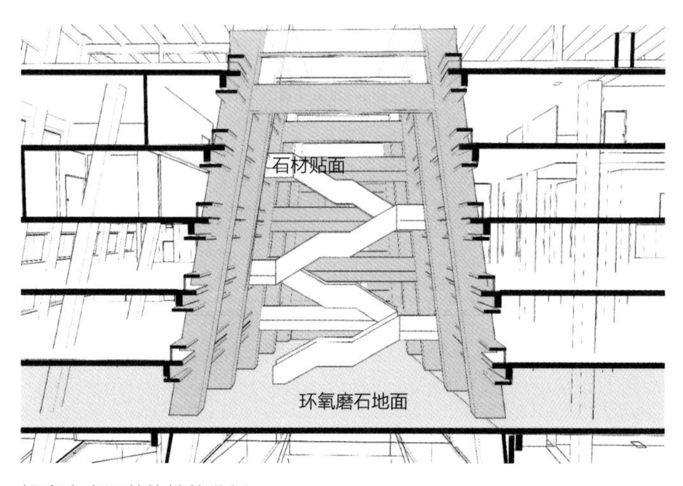

提高内表面蓄热性能分析

[目的]

建筑室内空间界面应可过滤部分不良光线，并根据需求对内表面进行选择性的界面开合调控，塑造舒适的室内环境。

[设计控制]

（1）建筑内部可根据需求选择适宜的内遮阳形式，改善夏季室内热舒适状况，降低建筑物能耗。

（2）内界面的选择性开合进行热压通风。

[设计要点]

B4-2-2_1 内遮阳形式

（1）建筑内遮阳为安装在建筑透明围护结构内侧的遮光装置，起到防眩光作用。虽然作为室内装饰起到了很好的美观作用，但太阳光辐射的热量大多都会留在室内，且通风和遮阳不能兼顾，比较适合用于住宅内部。

（2）相比外遮阳，内遮阳更灵活，更易于用户根据季节天气变化来调节适合的开启方式，不易受外界破坏。当采用内遮阳形式时，可根据室内设计风格选用相应的色彩和材质。

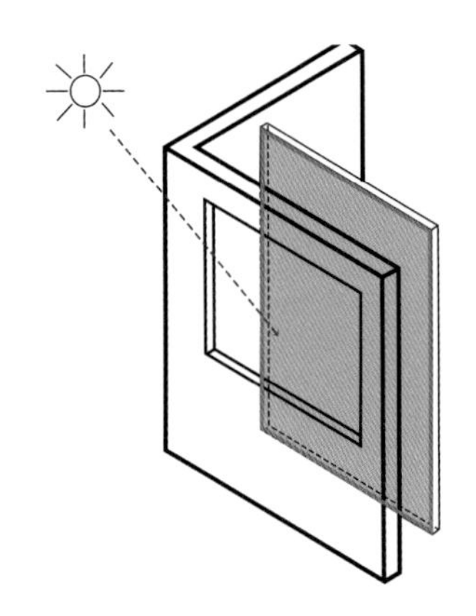

室表面遮阳形式示意

室内遮阳产品在遮阳的同时往往吸收很多热量；不同内遮阳产品在遮阳、遮光、隔热性能上都有所差异。

常用的内遮阳产品有：窗帘、卷帘、竹帘、百叶窗等。

关键措施与指标

内部遮光装置；防止眩光；灵活调节开启方式

相关规范与研究

（1）《建筑遮阳工程技术规范》JGJ 237—2011条文说明第4.1.5条，有关内遮阳的设计相关要求。

（2）丁勇，连大旗，李百战，等．外窗内遮阳对室内环境影响的测试分析[J]．土木建筑与环境工程，2011，33（05）：108-113.

外窗内遮阳设施对太阳辐射的遮挡、吸收、反射作用，对建筑室内热环境的调节起到了一定的作用，能降低建筑内墙内表面的太阳辐射得热，使得内遮阳房间其内墙内表面的温度比没有内遮阳的房间平均低0.6～1℃。

典型案例 北京世园会中国馆

（中国建筑设计研究院有限公司设计作品）

室内下弦杆上的膜采用了点状的ETFE膜，这种膜的透光率很高，整体看又会有一种半透明、半反射的效果，晶莹剔透。此膜与玻璃可形成空腔，有利于冬季的保温。

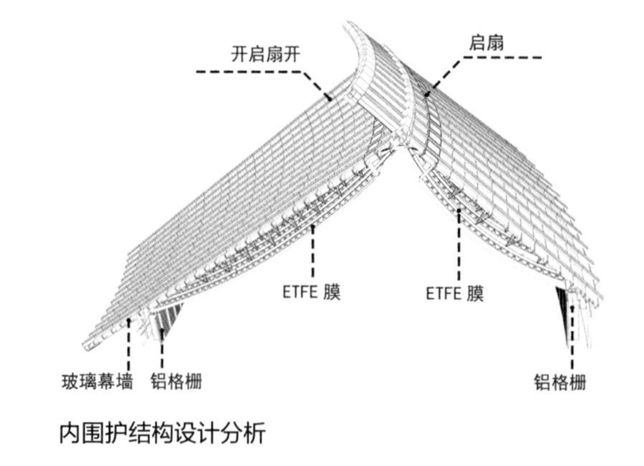

内围护结构设计分析

[设计要点]

B4-2-2_2 表面开合调节通风

（1）墙体表面换热过程是一个与空气流动、辐射强度及墙体与附近空气温差等因素有关的动态系统，在建筑内不同空间的内界面，可根据需求，选择性地采用百叶调节内部洞口的通风效率，结合内围护结构表面间的对流换热形成热压通风，可以有效降低空调的能耗。

（2）利用围护结构本身的蓄热性能，可以存储一定的热量，例如采用太阳能空心通风内墙系统，将太阳能空气集热器与通风空心内墙结合，利用内嵌钢结构蓄热，在寒冷的冬季，白天吸收一定热量储存起来，在温度较低的夜间释放至房间内，可有效降低冬季采暖负荷。在夏季气候较炎热的白天，吸收部分进入室内的热量，防止白天室内温度过高，在夜间室外温度降低的时候再逐渐释放，减少空调负荷。

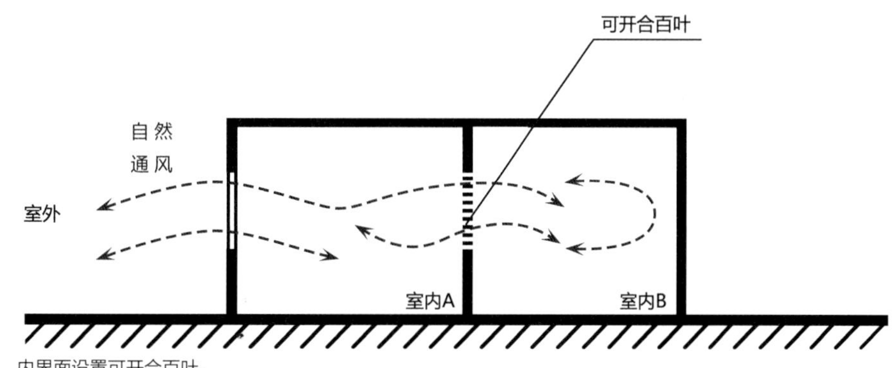

内界面设置可开合百叶。

内界面通风调节措施示意

关键措施与指标

热压通风；内围护结构蓄热性能

相关规范与研究

（1）王安全．夜间热压通风建筑围护结构内表面对流换热过程分析[D]．扬州：扬州大学，2020.

（2）吴昊．耦合太阳能通风内墙的建筑传热过程理论分析[D]．成都：西南交通大学，2019

典型案例 北京世园会中国馆

（中国建筑设计研究院有限公司设计作品）

天津大学实验楼在中庭和教室之间开窗以调节气候，形成热压通风，达到绿色节能的效果，大大降低了运营成本。

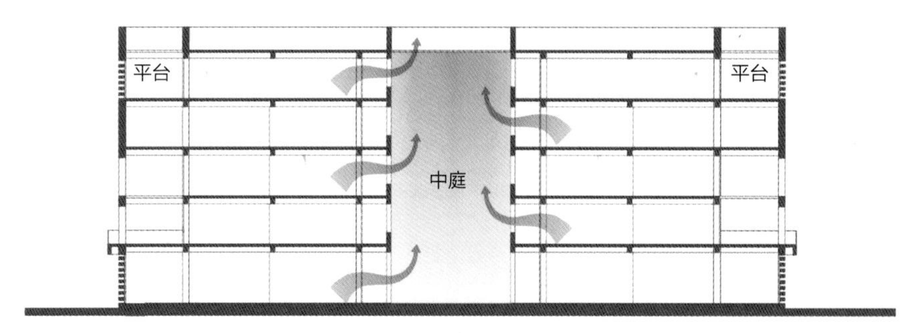

中庭可开合通风分析

[目的]

建筑界面洞口位置及面积大小应满足通风要求，有利于自然通风，从而创造舒适的室内风环境。

[设计控制]

（1）进深较大的建筑合理利用通风口进行热压通风或风压通风。

（2）通风口的位置应有利于形成穿堂风，使室内保持适宜的风速和稳定的内部气流，同时有利于屏蔽冬季寒风。

[设计要点]

B4-2-3_1 进深较大时加强热压或风压通风

公共建筑进深不宜超过40m，进深超过40m时（或建筑物进深大于建筑物高度的5倍），应合理设置通风口和通风热回收装置，同时利用天井、楼梯、烟囱、中庭等加强热压通风或风压通风。

关键措施与指标

设置通风口；通风塔

相关规范与研究

（1）《民用建筑供暖通风与空气调节设计规范》GB 50736—2012第6.2.8条，采用自然通风的建筑，自然通风量的计算应同时考虑热压和风压的作用。

（2）《民用建筑热工设计规范》GB 50176—2016条文说明第8.2.2条，有关控制建筑进深及改善自然通风的设计相关要求。

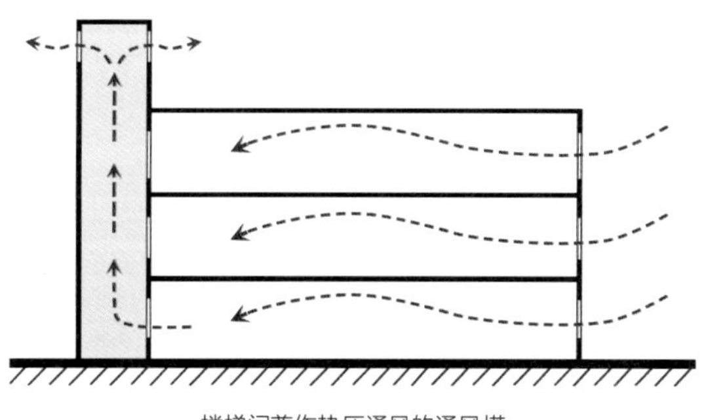

楼梯间兼作热压通风的通风塔

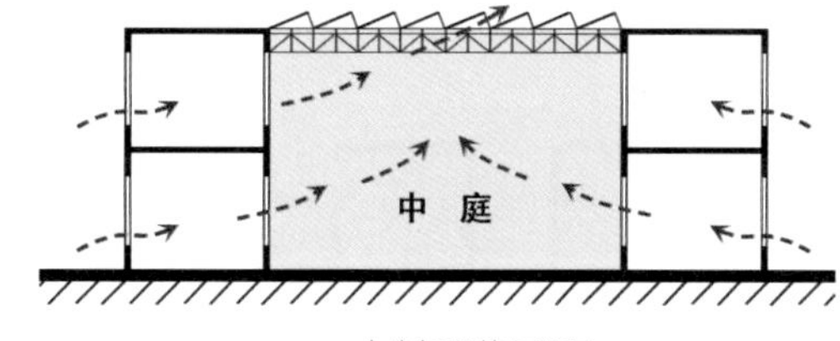

中庭加强热压通风

加强热压通风设计方法示意

利用可开合天窗的中庭空间和高耸的楼梯间通风塔加强建筑内部的热压通风效果。

典型案例 中国建筑设计研究院有限公司创新科研示范中心

（中国建筑设计研究院有限公司设计作品）

中国建筑设计研究院有限公司创新科研示范中心利用中庭强化热压通风，优化室内通风效果。

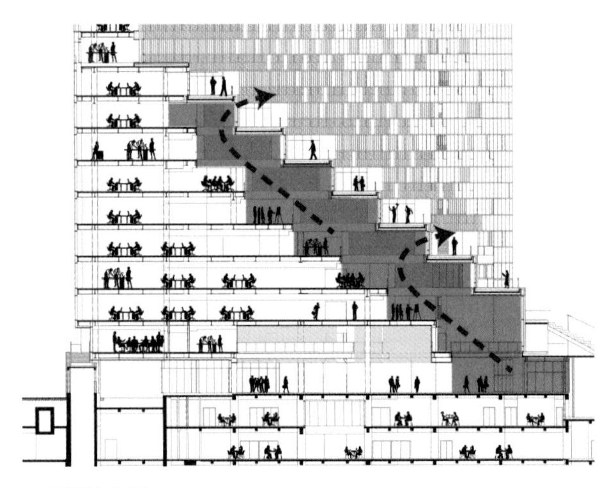

中庭设计分析

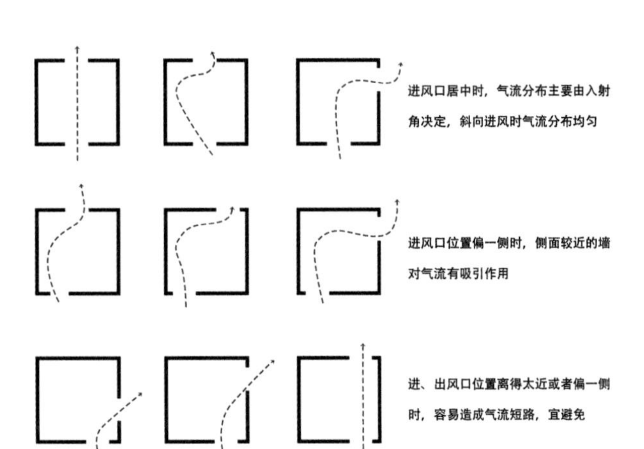

利用穿堂风方法示意

B4-2-3_2 穿堂风的利用

建筑一侧有门窗开口称为单侧通风，建筑两侧均有门窗开口，称为双侧通风，也就是穿堂风。公共建筑的平面应采用有利于形成穿堂风的布局，选择适宜的位置开窗，避免单侧通风。寒冷地区公共建筑利于实现穿堂风的体形有一字形、L形、U形、口形等。建筑物进深不大于建筑物层度的5倍时，可充分利用穿堂风通风（双面通风），设计应满足以下要求：

（1）进风窗迎向夏季主导风向，排风窗背向主导风向，尽量使进风口和出风口连线位于房间对角线附近。

（2）利用穿堂风进行自然通风的建筑，夏季主导风向与迎风面成60°～90°夹角效果最好，且不应小于45°角。垂直迎风面情况，室内风速较大，但空间内部气流不稳定。

（3）宜采用低进高出的气流组织方式，其进风口高度不宜过高，约在地板以上0.5～1.5m范围内为宜，夏季自然通风进风口下缘距离室内地坪不应大于1.2m。

（4）通风口（进风口、出风口）的面积不宜低于楼层面积的6%，进风口面积宜大于出风口。建筑南向、东南向、西南向可开较大面积的窗洞，获得较多太阳辐射，同时利于自然通风；建筑北侧和西北侧窗洞开口面积宜小，以屏蔽冬季寒风侵入。

（5）在进出风口的适当位置采用挑檐或翼墙，以及合理布置树木，起到导风或挡风的作用。

关键措施与指标

双面通风；平面布局；通风口位置；主导风向与迎风面夹角

相关规范与研究

（1）《民用建筑热工设计规范》GB 50176—2016第6.2.1条、第6.3.3条，有关利用穿堂风、通风口位置的设计相关要求。

（2）《民用建筑绿色设计规范》JGJ/T 229—2010条文说明第6.4.2条，有关利用穿堂风的设计相关要求。

（3）张荣冰. 北方寒冷地区公共建筑形体被动式设计研究[D]. 济南：山东建筑大学，2017.

进深较短的建筑容易实现穿堂风，这也是最为有效的通风方式。一般来说，多层和低层建筑实现穿堂风的建筑进深不宜超过层高的5倍。北方寒冷地区公共建筑利于实现穿堂风的体形有一字形、L形、U形、口形等。一字形建筑进深较短，风压通风风路也短，对于建筑风压通风和冬季获得太阳辐射都有利。可在南侧开较大的窗洞，北侧开较小的窗洞，实现空气的对流。大体量的建筑适合U形，设计中应注意尽量使开口朝向夏季主导风向，或者保持在40°以内，如果因为其他限制条件，不能使开口朝向夏季主导风向，则迎风面的墙面应多展开，尽量开敞。口形因可以解决大体量建筑进深大带来的采光问题，通常被应用在综合体建筑中，这种体形增加了建筑界面与室外环境的通风接触面积，同时缩短了建筑进深，减少了穿堂风的阻力。但是口形四周围合，风难以进入院落空间，必要时需要结合热压通风来创造良好的室内通风效果。

典型案例 北京世园会中国馆

（中国建筑设计研究院有限公司设计作品）

北京世园会中国馆底部和顶部分别有可开启的电动天窗，有利于增强室内自然通风，且满足植物生长要求。

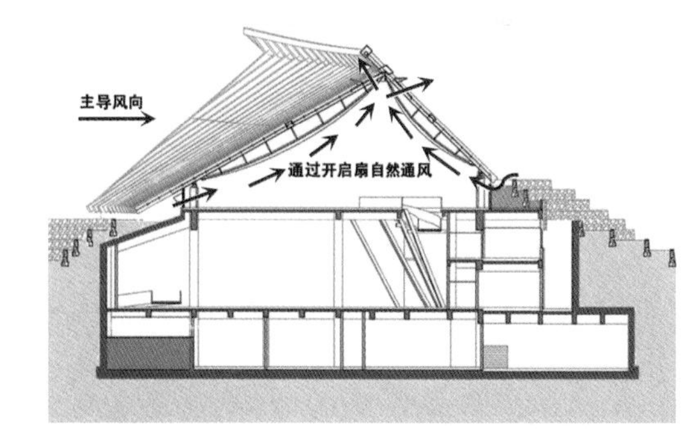

通风剖面分析

[目的]

寒冷地区建筑内界面是影响节能效果的重要部件，应满足保温、遮阳、避风、合理通风的要求。

[设计控制]

（1）建筑内隔墙应满足规范规定的传热系数要求。

（2）在温度差异较大或采暖时段不同的房间之间、非供暖和供暖房间之间采用合适的保温隔热措施，减少建筑能耗。

[设计要点]

B4-2-4_1 内隔墙的保温隔热控制

（1）有外围护结构的非供暖房间（包括靠外墙设置的不供暖的楼梯间、机房、设备管道竖井等）与供暖房间之间的隔墙应有保温隔热措施。

（2）有外围护结构非供暖房间或空间与供暖房间之间的隔墙K值限定为1.5［W/（m^2·K）］，一般抹保温砂浆即可。

（3）温度要求差异较大或空调、采暖时段不同的房间之间应有保温隔热措施，其传热系数K应与外围护结构一样对待，满足《公共建筑节能设计标准》GB 50189—2015中表3.3.1-3的要求。

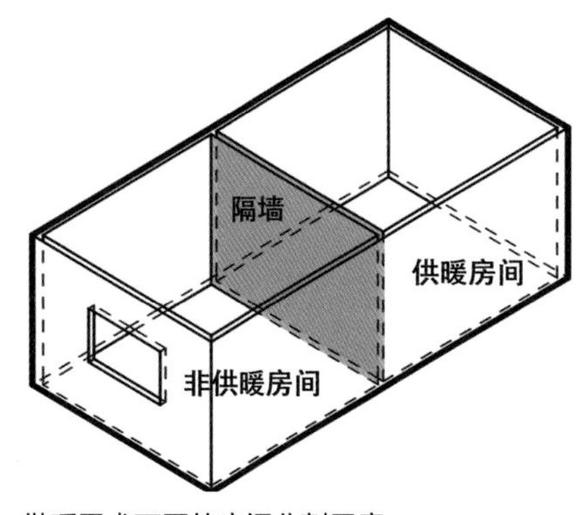

供暖需求不同的房间分割示意
有外围护结构的非供暖房间与供暖房间之间的隔墙应有保温隔热措施。

关键措施与指标

隔墙传热系数、隔热措施

相关规范与研究

（1）《公共建筑节能设计标准》GB 50189—2015第3.3条，关于围护结构热工设计的相关要求。

围护结构部分	体形系数≤0.30		0.30<体形系数≤0.50	
	传热系数 K［W/（m²·K）］	太阳得热系数*SHGC*（东、南、西向/北向）	传热系数 K［W/（m²·K）］	太阳得热系数*SHGC*（东、南、西向/北向）
非供暖楼梯间与供暖房间之间的隔墙	≤1.5	—	≤1.5	—

（2）阮丹．间歇局部采暖的居住建筑围护结构热工性能研究[D]．西安：西安建筑科技大学，2015.

我们发现对内隔墙进行改造，使其传热系数按定值改变造成的结果是主卧的失热量随之线性变化，这就意味着只要内隔墙有足够的保温隔热能力，我们甚至可以使区域间传热量缩小至零，使热量尽可能停留在有用的空间里。

因此对于该地区内隔墙的做法需要考虑技术和经济的因素，尽可能做到保温隔热，在能力范围内降低其传热系数。

（3）王文康．室内分区太阳能采暖建筑的热工设计及节能构造研究[D]．西安：西安理工大学，2018.

南北房间隔墙构造与热工参数对室内太阳能资源的分配及室内热环境有着重要的影响，被动式太阳能建筑南北隔墙构造的设计需要与北向辅助房间的使用功能相结合。对于停留时间较长的北向辅助房间如厨房等，可以选用传热系数较大、蓄热性能好的内隔墙；对于人停留时间较短的北向辅助房间如储物间等，宜选用传热系数较小的内隔墙，来保证主要房间的室内温度。

（4）徐振宇．寒冷地区既有建筑节能设计与实践[J]．建筑技术，2016（10）：893-896.

内隔墙（按高层住宅剪力墙加少部分填充加气混凝土砌块）平均传热系数达2.47 W/（m²·K），应采取保温措施。在其内表面抹无机保温砂浆，平均传热系数可低至1.39 W/（m²·K）。

典型案例 **中央团校学术报告楼**
（中国建筑设计研究院设计作品）

供暖空间与非供暖空间之间的内隔墙设置保温层。

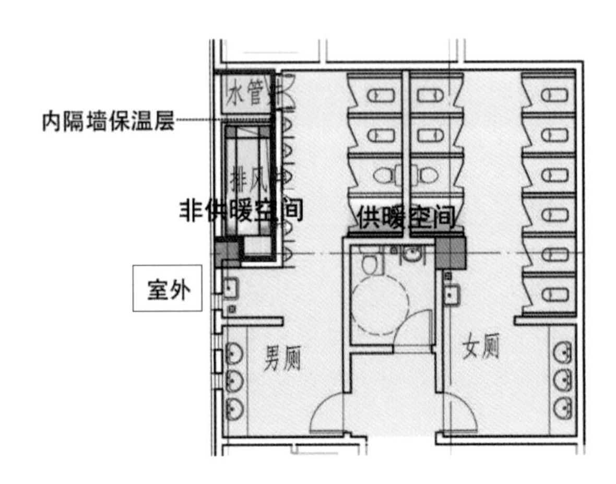

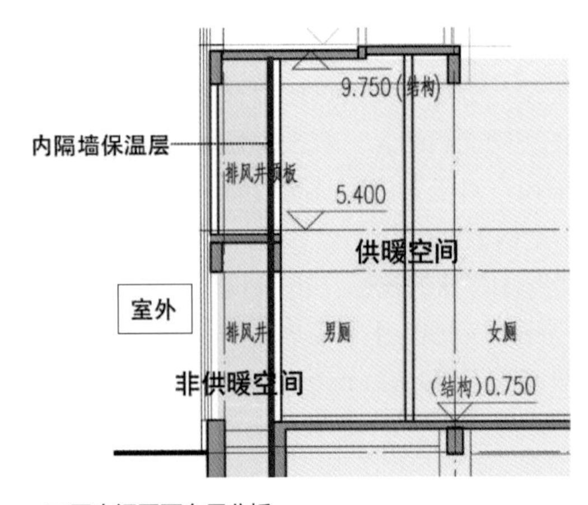

不同空间平面布局分析

B4-2-4_2 温差大的楼板传热系数要求

温度差异较大的两个空间之间的界面，例如不供暖的地下车库与供暖的主要功能空间之间的楼板，应看作外围护结构统一考虑楼板的传热系数（K）的要求，控制保温性能，阻断热传递路径，降低建筑整体能耗。

关键措施与指标

楼板传热系数

相关规范与研究

《居住建筑节能设计标准》DB 11/891—2012第3.3.3条，对于低层别墅建筑，情况比较复杂；例如地下室为供暖的人员活动室间，与不供暖的地下车库有大面积隔墙相邻时，外围护结构还应包括地下室供暖空间和不供暖空间之间的隔墙。

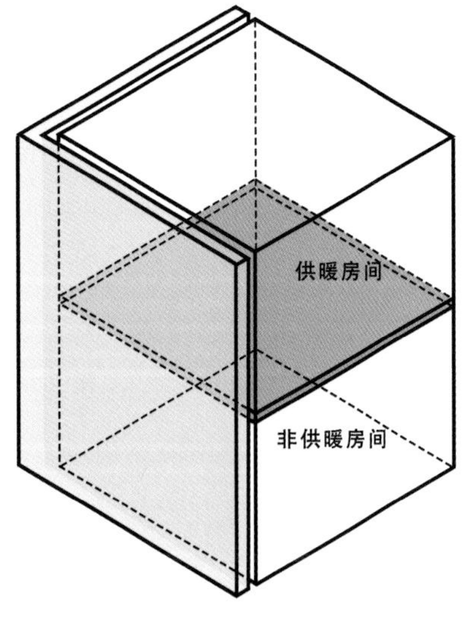

不同热工需求的房间分割示意

存在较大温度差异的两个空间之间的楼板，应和外围护结构统一考虑楼板的传热系数要求。

典型案例 中央团校学术报告楼

（中国建筑设计研究院有限公司设计作品）

屋面与室内走廊采暖空间之间设置100mm厚挤塑聚苯板阻热。

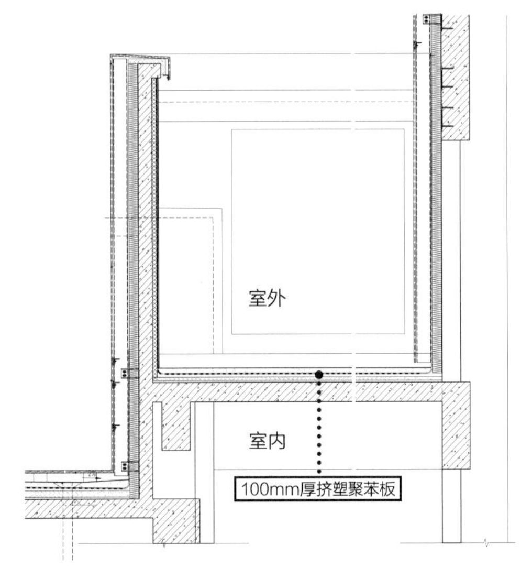

阻热方式分析

T 技术协同

Technology

T1技术选择　介绍了结构和设备专业的绿色建筑技术要点，包括结构耐久、设备空间集约、可再生能源利用、高性能设备利用、防冻精细化设计等，有利于建筑师全面了解重点绿色技术的原理和协同需求。

T2施工调适　介绍了建筑施工和调试阶段的绿色技术要求，包括施工期的BIM应用、绿色施工管理、建筑围护系统和设备系统调试等，有利于建筑师全面了解绿色建造和调试过程。

T3运维测试与后评价　介绍了运维测试阶段与后评价的技术要点，包括智能化运维管理、环境与能源监测、模拟结果与实地测试对比、建筑环境满意度调查，有利于建筑师全面了解建筑全周期中的运维测试及后评估过程。

[目的]

寒冷地区冬季较长且寒冷干燥，夏季较炎热且湿润，建筑结构材料受气温影响较严重，需确保建筑结构的承载力和使用功能的安全耐久，满足建筑长期使用要求。在兼顾寒冷气候的建筑空间形体和空间界面设计基础上，合理选用高强度、高耐久、高保温的建筑结构材料。

[设计控制]

（1）采用高强度结构材料，达到节材效果。

（2）采用高耐久性结构材料，满足建筑在规定的使用年限内保持结构构件承载力和使用功能的要求，同时兼顾建筑外观。

（3）采用高性能的保温材料，适应寒冷地区的特殊气候环境以维护建筑的安全与耐久。

（4）采用装配式建造方式和装配式内装体系，节省材料。

[设计要点]

T1-1-1_1 高强度结构材料

合理选用高强度建筑结构材料可减小构件的截面尺寸及材料用量以减轻结构自重，并可减小地基基础的材料消耗。

（1）混凝土结构中梁、柱纵向受力普通钢筋应采用不低于400MPa级的热轧带肋钢筋，高强度钢筋包括400MPa级及以上受力普通钢筋。

（2）高层建筑墙柱构件混凝土强度不低于C50，对于多层建筑，考虑其竖向承重构件承担的荷载相对较小，对其竖向承重结构采用的高强混凝土强度等级降至C40，高强混凝土包括C50及以上混凝土。

（3）高层钢结构和大跨度钢结构宜选用Q355级以上高强钢材，高强钢材包括现行国家标准《钢结构设计标准》GB 50017规定的Q355级以上高强钢材。

（4）采用混合结构与组合结构时，考虑混凝土、钢的组合作用优化结构设计，可达到较好的节材效果。

（5）对于强度控制的结构构件，优先选用高强度混凝土与高强钢材。

（6）楼板类构件建议采用CRB600H级钢筋，该钢筋强度高，价格与HRB400级钢筋相当，可达到较好的节材效果。

关键措施与指标

高强度钢筋比例；高强混凝土比例；高强钢材比例；螺栓连接节点数量比例；二次结构比例

相关规范与研究

（1）《高层建筑混凝土结构技术规程》JGJ 3—2010第3.2.1条，高层建筑混凝土结构宜采用高强性能混凝土和高强钢筋；构件内力较大或抗震性能有较高要求时，宜采用型钢混凝土、钢管混凝土构件。

（2）《高层民用建筑钢结构技术规程》JGJ 99—2015第4.1.2条，主要承重构件所用钢材的牌号宜选用Q355、Q390钢……有依据时可选用更高强度级别的钢材。

（3）《CRB600H高延性高强钢筋应用技术规程》CECS 458：2016。

常见高强钢筋分类、用途、牌号构成及含义

<table>
<tr><th>类别</th><th>牌号</th><th>牌号构成</th><th>英文字母含义</th><th>数字含义</th><th>用途</th></tr>
<tr><td rowspan="5">普通热轧钢筋</td><td>HRB400</td><td rowspan="3">由HRB+屈服强度特征值构成</td><td rowspan="9">HRB—热轧带肋钢筋的（Hot rolled Ribbed Bars）的缩写；HRBF—在热轧带肋钢筋的英文缩写后加“细”的英文（Fine）的首位字母；E—地震（Earthquake）的首位字母</td><td rowspan="9">牌号中的数字代表屈服强度特征值。如HRB400级，表示该钢筋的屈服强度标准值为400MPa</td><td rowspan="14">钢筋混凝土用钢筋</td></tr>
<tr><td>HRB500</td></tr>
<tr><td>HRB600</td></tr>
<tr><td>HRB400E</td><td rowspan="2">由HRB+屈服强度特征值+E构成</td></tr>
<tr><td>HRB500E</td></tr>
<tr><td rowspan="4">细晶粒热轧钢筋</td><td>HRBF400</td><td rowspan="2">由HRBF+屈服强度特征值构成</td></tr>
<tr><td>HRBF500</td></tr>
<tr><td>HRBF400E</td><td rowspan="2">由HRBF+屈服强度特征值+E构成</td></tr>
<tr><td>HRBF500E</td></tr>
<tr><td rowspan="3">余热处理钢筋</td><td>RRB400</td><td rowspan="2">由RRB+规定的屈服强度特征值构成</td><td rowspan="3">RRB—余热处理钢筋（Remained Heat Treatment Ribbed Steel Bars）的缩写；W—焊接（Weld）的首位字母</td><td rowspan="3">牌号中的数字代表规定的屈服强度特征值。如RRB400W级，其规定的屈服强度标准值为430MPa</td></tr>
<tr><td>RRB500</td></tr>
<tr><td>RRB400W</td><td>由RRB+规定的屈服强度特征值构成+可焊</td></tr>
<tr><td rowspan="6">冷轧、带肋钢筋</td><td>CRB550</td><td>由CRB+抗拉强度特征值构成</td><td rowspan="6">CRB—冷轧带肋钢筋（Cold rolled Ribbed Bar）的缩写；H—高延性（Highelongation）的首位字母</td><td rowspan="6">牌号中的数字代表抗拉强度特征值。如CRB550级，表示该钢筋的抗拉强度标准值为550MPa</td></tr>
<tr><td>CRB600H</td><td rowspan="2">由CRB+抗拉强度特征值+H构成</td></tr>
<tr><td>CRB680H</td><td>既可作钢筋混凝土用钢筋，也可作预应力混凝土用钢筋</td></tr>
<tr><td>CRB650</td><td rowspan="2">由CRB+抗拉强度特征值构成</td><td rowspan="3">预应力混凝土用钢筋</td></tr>
<tr><td>CRB800</td></tr>
<tr><td>CRB800H</td><td>由CRB+抗拉强度特征值+H构成</td></tr>
</table>

典型案例 世园会中国馆

（中国建筑设计研究院有限公司设计作品）

该项目屋盖结构受力体系采用钢结构，钢材采用Q355B高强钢材，充分利用高强钢材的受力特性，高效地利用高强材料。广场水院屋顶周圈环梁采用箱型钢结构环梁，内环索和双层径向索采用高强拉索，充分利用高强拉索受拉性能良好的优点。

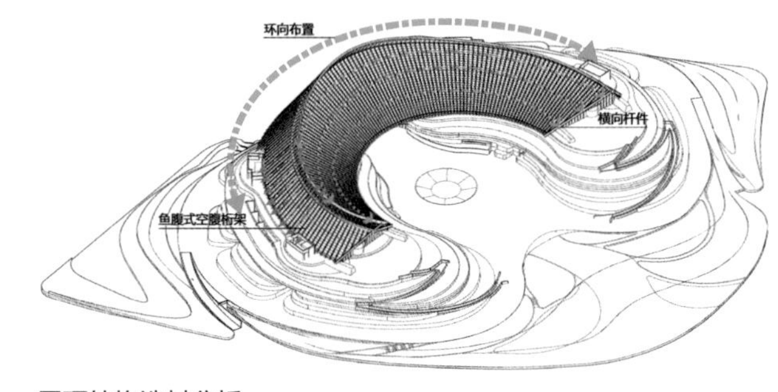

屋顶结构选材分析

T1-1-1_2 高耐久结构材料

满足建筑长期使用要求的首要条件即建筑结构承载力和建筑使用功能的安全与耐久程度，建筑运行期内还可能出现地基不均匀沉降，使用环境导致的钢材锈蚀等影响结构安全的问题。

（1）对于混凝土构件，采用高耐久性混凝土或适度提高钢筋保护层厚度。

（2）对于钢构件，采用耐候结构钢及耐候型防腐涂料。

（3）对于木构件，采用防腐木材、耐久木材或耐久木制品。

（4）对于砌体构件，采用抗冻性能好的块体。

关键措施与指标

混凝土耐久性能；耐候钢；耐候型防腐涂料

相关规范与研究

《绿色建筑评价标准》GB/T 50378—2019第4.2.8条，提高建筑结构材料的耐久性的设计相关要求。

典型案例 世园会中国馆

（中国建筑设计研究院有限公司设计作品）

该项目除屋盖区域外，其余受力结构构件均采用钢筋混凝土结构，混凝土材料具有天然的高耐久性特点，钢筋混凝土内的钢筋由于受到混凝土材料的保护也拥有良好的耐久性能。

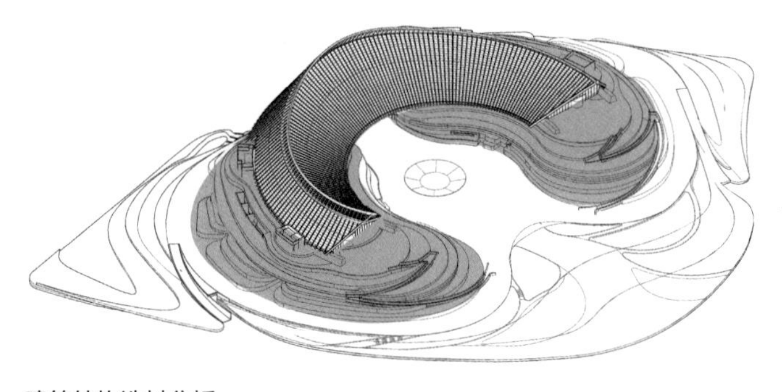

建筑结构选材分析

T1-1-1_3 高性能保温材料保护结构

北京市地处寒冷地区，冬季较长且寒冷干燥，夏季较炎热且湿润，建筑结构材料易受室内外环境温、湿度变化、保温层湿积累超标、风载作用及施工质量等因素影响；高性能保温材料的应用，能够帮助建筑结构适应寒冷地区的特殊气候环境。

（1）优先选用高性能保温材料，减少保温层厚度。

（2）蒸汽加压混凝土制品可作为单一材料保温形式的墙体材料。

（3）保温材料燃烧性能等级要求应符合现行国家标准《建筑设计防火规范》GB 50016—2014（2018年版）的要求。

（4）屋面保温材料选择时，除满足更高保温性能外，还应具备较低的吸水率和较好的抗压性能。

（5）在冬期施工中谨慎、合理地采用负温混凝土。

关键措施与指标

保温性能；保温材料吸水率；保温材料抗压性能

相关规范与研究

（1）《建筑设计防火规范》GB 50016—2014（2018年版）第6.7.1条，建筑的内、外保温系统，宜采用燃烧性能为A 级的保温材料，不宜采用B_2 级保温材料，严禁采用B_3级保温材料；设置保温系统的基层墙体或屋面板的耐火极限应符合本规范的有关规定。

（2）《公共建筑节能设计标准》GB50189—2015第1.0.3条，公共建筑节能设计应根据当地的气候条件，在保证室内环境参数条件下，改善围护结构保温隔热性能。

典型案例 北京市朝阳区焦化厂垡头公租房

（中国建筑设计研究院有限公司设计作品）

该项目的超低能耗单元外围护体系由200mm厚预制混凝土剪力墙内叶板+25mm厚VIP真空绝热板+125mm厚憎水岩棉板+瓷板幕墙装饰挂板的外围护构造层次组合而成。

建筑外观

来源：焦杨，潘悦，王凌云．装配式超低能耗建筑外围护设计研究［J］，城市住宅，2021（02）．

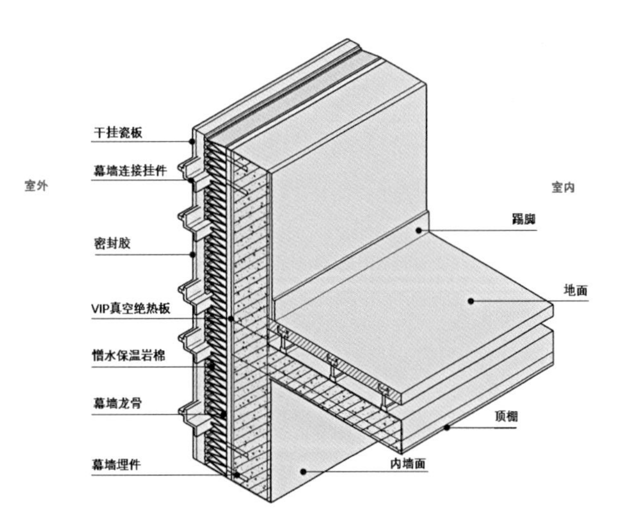

超低能耗建筑外围护分析

[目的]

针对寒冷地区气候特点，采用安全稳定并满足绿色节能等工业化建造要求的建筑结构，能够使建筑更加适应当地的自然环境选择。

[设计控制]

采用性能良好与兼顾节能环保的结构。

[设计要点]

T1-1-2_1 主体结构符合工业化建造要求

采用符合工业化建造要求的结构体系与建筑构件，主体结构采用钢结构、木结构、组合结构及装配式混凝土结构，不仅能够提高建筑质量，同时还符合减少人工、减少消耗、提高效率的工业化建造要求。

关键措施与指标

结构设计；承载能力极限状态；正常使用极限状态

相关规范与研究

《绿色建筑评价标准》GB/T 50378—2019第9.2.5条，采用符合工业化建造要求的结构体系与建筑构件的设计相关要求。

典型案例 世园会中国馆

（中国建筑设计研究院有限公司设计作品）

该项目屋盖受力结构采用鱼腹式空腹桁架结构体系，由环形布置的每榀鱼腹桁架通过横向杆件连接而成。每榀鱼腹桁架均在钢结构生产车间拼装完成，整体运送至现场后吊装成形。

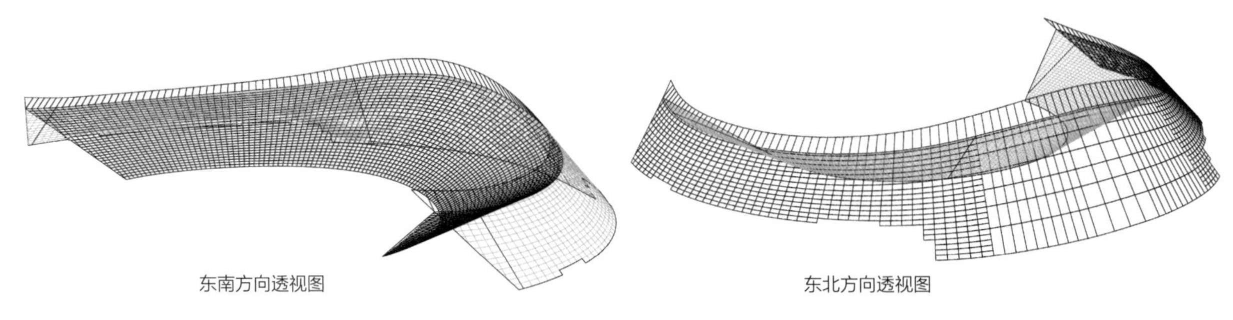

东南方向透视图　　东北方向透视图

组合式桁架结构体系分析

T1-1-2_2 高层与大跨选用钢或组合结构

根据受力特点，在高层和大跨度结构中，合理采用钢结构与综合性能较强的钢和混凝土组合结构。

关键措施与指标

结构设计；承载能力极限状态；正常使用极限状态；高层和大跨度结构

典型案例 延安体育中心

（中国建筑设计研究院有限公司设计作品）

该项目选用钢结构，承载力较高，抗震性能好。

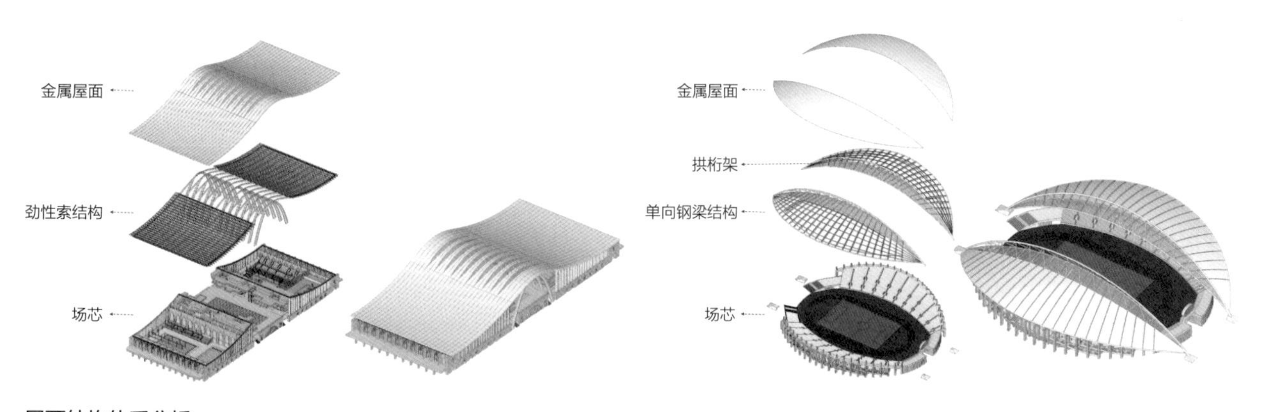

屋面结构体系分析

[目的]

寒冷地区公共建筑结构及屋面的承重构件设计应考虑强风分布的影响，合理选用高性能构件，加强与提高建筑构件的连接性和刚度。

[设计控制]

（1）寒冷地区建筑受强风影响，结构及屋面承重构件应满足防风要求。

（2）对于不同建筑结构，调整并优化构件体系，合理选用高性能构件以满足建筑安全需求。

[设计要点]

T1-1-3_1 结构构件满足风压要求

按照《建筑结构荷载规范》GB 50009—2012规定，寒冷地区建筑结构风压应符合下列要求：基本风压应采用按本规范规定的方法确定的50年重现期的风压，但不得小于0.3kN/m²。对于高层建筑、高耸结构以及对风荷载比较敏感的其他结构，基本风压的取值应适当提高，并应符合有关结构设计规范的规定。

关键措施与指标

基本风压

相关规范与研究

基本风压值按我国《建筑结构荷载规范》GB 50009—2012附录E中表E.5重现期为50年的值采用。

当城市或建设地点的基本风压值在规范中没有给出时，基本风压值应按规范附录E规定的方法，根据当地年最大风压或资料，按基本风压定义通过统计分析确定。

典型案例 世园会中国馆

（中国建筑设计研究院有限公司设计作品）

本项目按照100风压进行了数值风洞仿真计算，通过数值风洞计算获取钢结构屋面的风荷载取值，并将此风荷载取值导入SAP2000计算模型，进行风荷载作用下的承载力和变形计算，计算结果表明所采用的结构体系具有良好的抗风性能。

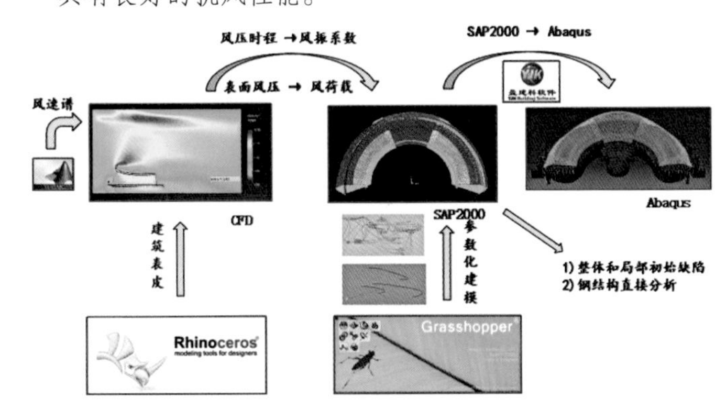

数值风洞仿真计算分析

T1-1-3_2 优化与选用高性能构件

（1）对于由变形控制的结构与构件，应首先调整并优化结构体系、平面布局及加强构件连接强度，提高整体结构及构件的刚度。

（2）在高层和大跨度结构中，合理采用钢—混凝土组合构件。

（3）钢—混凝土楼面，应考虑钢—混凝土组合梁的组合作用，优化钢梁结构断面。

关键措施与指标

结构安全性和耐久性；高性能材料组合构件

相关规范与研究

（1）建筑结构因温度等原因易发生变形，应调整并优化结构体系，满足国家现行标准《建筑结构可靠性设计统一标准》GB 50068—2018等的要求。

（2）选取高性能构件以满足建筑安全要求，对于材料的选择应符合现行国家标准《混凝土结构设计规范》GB 50010—2010（2015年版）、《钢结构设计标准》GB 50017—2017、《高层建筑混凝土结构技术规程》JGJ 3—2010等。

（3）按现行国家标准《普通混凝土长期性能和耐久性能试验方法标准》GB/T 50082—2009的规定执行，测试结果应按现行行业标准[45]《混凝土耐久性检验评定标准》JGJ/T 193—2009的规定进行性能等级划分；耐候结构钢是指符合现行国家标准《耐候结构钢》GB/T 4171—2008要求的钢材。

典型案例 世园会中国馆

（中国建筑设计研究院有限公司设计作品）

对水院广场屋面结构中的受拉构件，由传统的刚性受拉构件优化为高强度柔性受拉索，充分利用材料受拉性能最好的特点，提高构件的效率。

高强度柔性受拉索

[目的]

设备空间与结构体系集成，利用结构空间集成设备，节约空间。同时，结构与设备集成的服务空间可作为低能耗空间或能耗过渡空间。

[设计控制]

（1）设备机房的设计应满足建筑防火要求。

（2）应合理安排设备机房的位置，设备机房应尽量靠近负荷需求中心，且不影响周围房间的环境。

（3）设备机房的高度应根据设备和管线的安装检修需要确定，机房设计高度应满足设备的进出和检修时的操作。

（4）设备机房面积应根据设备系统的集中和分散、冷热源设备类型等确定，并应满足设备的安装检修和日常管理的要求，设备机房面积的确定宜根据节约空间的原则，与相关专业设计人员沟通后确定。

[设计要点]

T1-2-1_1 机房位置

（1）机房位置的确定应有利于自然通风或机械通风。

（2）机房不宜设在住宅或有安静要求的房间上面、下面或贴邻，避免设备产生的振动、噪声、废气和电磁辐射等对周围环境和人们工作生活造成影响。

机房高度要求

设备类型 设备安装和起吊高度要求		高度要求（m）		
		设备间净高	设备最高点至梁下距离	设备与机房墙体的间距
活塞式、小型螺杆式制冷机		3.0 ~4.5m	≥3.0m	≥1.5m
离心式、大中型螺杆式制冷机		4.5 ~5.0m		
吸收式制冷机		4.5 ~5.0m		
空调机房		3.5 ~4.5m	3.5 ~4.5m	—
泵房	单个设备重不超过0.5t	≥3.0m	≥3.0m	—
	单个设备重超过0.5t	—	计算确定	—
热交换站		—	≥3.0m	—

关键措施与指标

设备机房高度；设备机房面积

T1-2-1_2 机房面积

机房面积应根据系统的集中和分散、冷热源设备类型等确定，对于全部空气调节的建筑物，其通风、空气调节与制冷机房和热交换站的面积可按空调总建筑面积的3%～5%考虑，其中风道和管道井约占空调总建筑面积1%～3%，制冷机房面积约占空调总建筑面积的0.5%～1.2%。空调总建筑面积大取最小值，总建筑面积小取较大值。机房面积还应保证设备安装有足够的间距和维修空间。

[目的]

建筑管线系统包括给排水、热力、电力、电信、燃气等多种管线及其附属设施，工程管线的合理敷设有利于环境的美观及室外空间的合理利用，并保证建筑区域内人员设施及工程管线自身的安全，减少对人们日常出行和生活的干扰。

[设计控制]

（1）管线布置应满足安全使用要求，并综合考虑其与建筑物、道路、环境的相互关系和彼此间可能产生的影响。

（2）管线走向宜与主体建筑、道路及相邻管线平行。地下管线应从建筑物向道路方向由浅至深敷设。

（3）管线布置应力求线路短、转弯少，并减少与道路和其他管线的交叉。

（4）建筑内管线布置应优化布置方案，达到空间利用的最优化。

[设计要点]

T1-2-2_1 地下管线距离与埋设顺序

工程管线交叉时的最小垂直净距（m）

序号	管线名称		给水管线	污水、雨水管线	热力管线	燃气管线	通信管线		电力管线		再生水管线
							直埋	保护管及通道	直埋	保护管	
1	给水管线		0.15								
2	污水、雨水管线		0.40	0.15							
3	热力管线		0.15	0.15	0.15						
4	燃气管线		0.15	0.15	0.15	0.15					
5	通信管线	直埋	0.50	0.50	0.25	0.50	0.25	0.25			
		保护管、通道	0.15	0.15	0.25	0.15	0.25	0.25			
6	电力管线	直埋	0.50*	0.50*	0.50*	0.50*	0.50*	0.50*	0.50*	0.25	
		保护管	0.25	0.25	0.25	0.15	0.25	0.25	0.25	0.25	
7	再生水管线		0.50	0.40	0.15	0.15	0.15	0.15	0.50*	0.25	0.15
8	管沟		0.15	0.15	0.15	0.15	0.25	0.25	0.50*	0.25	0.15
9	涵洞（基底）		0.15	0.15	0.15	0.15	0.25	0.25	0.50*	0.25	0.15
10	电车（轨底）		1.00	1.00	1.00	1.00	1.00	1.00	1.00	1.00	1.00
11	铁路（轨底）		1.00	1.20	1.20	1.20	1.50	1.50	1.00	1.00	1.00

注：1 *用隔板分隔时不得小于0.25m；

2 燃气管线采用聚乙烯管材时，燃气管线与热力管线的最小垂直净距应按现行行业标准《聚乙烯燃气管道工程技术规程》CJJ 63执行；

3 铁路为时速大于等于200km/h客运专线时，铁路（轨底）与其他管线最小垂直净距为1.50m。

工程管线之间及其与建（构）筑物之间的最小水平净距（m）

序号	管线及建（构）筑物名称			1	2		3	4	5					6	7		8		9	10	11	12			13	14	15
				建（构）筑物	给水管线		污水、雨水管线	再生水管线	燃气管线					直埋热力管线	电力管线		通信管线		管沟	乔木	灌木	地上杆柱			道路侧石边缘	有轨电车钢轨	铁路钢轨（或坡脚）
					d≤200mm	d>200mm			低压	中压		次高压			直埋	保护管	直埋	管道、通道				通信照明及<10kV	高压铁塔基础边				
										B	A	B	A										≤35kV	>35kV			
1	建（构）筑物			—	1.0	3.0	2.5	1.0	0.7	1.0	1.5	5.0	13.5	3.0	0.6		1.0	1.5	0.5	—		—			—	—	—
2	给水管线	d≤200mm		1.0	—		1.0	0.5	0.5			1.0	1.5	1.5	0.5		1.0		1.5	1.5	1.0	0.5	3.0		1.5	2.0	5.0
		d>200mm		3.0			1.5																				
3	污水、雨水管线			2.5	1.0	1.5	—	0.5	1.0		1.2	1.5	2.0	1.5	0.5		1.0		1.5	1.5	1.0	0.5	1.5		1.5	2.0	5.0
4	再生水管线			1.0	0.5		0.5	—	0.5			1.0	1.5	1.0	0.5		1.0		1.5	1.0		0.5	3.0		1.5	2.0	5.0
5	燃气管线	低压	P<0.01MPa	0.7	0.5		1.0	0.5	DN≤300mm 0.4 DN>300mm 0.5					1.0	0.5		0.5	1.0	1.0	0.75		1.0	1.0	2.0	1.5	2.0	5.0
		中压 B	0.01MPa≤P≤0.2 MPa	1.0			1.2												1.5								
		中压 A	0.2MPa≤P≤0.4MPa	1.5																							
		次高压 B	0.4MPa≤P≤0.8MPa	5.0	1.0		1.5	1.0						1.5	1.0		1.0		2.0	1.2				5.0	2.5		
		次高压 A	0.8MPa≤P≤1.6MPa	13.5	1.5		2.0	1.5						2.0	1.5		1.5		4.0								
6	直埋热力管线			3.0	1.5		1.5	1.0	1.0			1.5	2.0	—	2.0		1.0		1.5	1.5		1.0		(3.0 >330kV 5.0)	1.5	2.0	5.0
7	电力管线	直埋		0.6	0.5		0.5	0.5	0.5			1.0	1.5	2.0	0.25	0.1	<35kV 0.5. ≥35kV 2.0		1.0	0.7		1.0	2.0		1.5	2.0	10.0（非电气化）
		保护管							1.0						0.1	0.1											
8	通信管线	直埋		1.0	1.0		1.0	1.0	0.5			1.0	1.5	1.0	<35kV 0.5. ≥35kV 2.0		0.5		1.0	1.5	1.0	0.5	0.5	2.5	1.5	2.0	2.0
		管道、通道		1.5					1.0																		
9	管沟			0.5	1.5		1.5	1.5	1.0		1.5	2.0	4.0	1.5	1.0		1.0		—	1.5	1.0	1.0	3.0		1.5	2.0	5.0
10	乔木			—	1.5		1.5	1.0	0.75			1.2		1.5	0.7		1.5		1.5	—		—	—		0.5	—	—
11	灌木				1.0		1.0										1.0		1.0								
12	地上杆柱	通信照明及<10kV		—	0.5		0.5	0.5	1.0					1.0	1.0		0.5		1.0	—		—			0.5	—	—
		高压塔基础边	≤35kV		3.0		1.5	3.0	1.0					3.0（>330kV 5.0）	2.0		0.5		3.0	—							
			>35kV						2.0			5.0					2.5										
13	道路侧石边缘			—	1.5		1.5	1.5	1.5			2.5		1.5	1.5		1.5		1.5	0.5		0.5			—	—	—
14	有轨电车钢轨			—	2.0		2.0	2.0	2.0					2.0	2.0		2.0		2.0	—		—			—	—	—
15	铁路钢轨（或坡脚）			—	5.0		5.0	5.0	5.0					5.0	1.0（非电气化3.0）		2.0		3.0	—		—			—	—	—

关键措施与指标

管线间最小水平距离；管线间垂直净距

相关规范与研究

《城市工程管线综合规划规范》GB 50289—2016表4.1.9，工程管线之间及其与建（构）筑物之间的最小水平净距，工程管线交叉时的最小垂直净距。

T1-2-2_2 建筑内部综合管线

建筑内管线布置应综合考虑建筑地下室、管井和吊顶等空间位置，宜采用BIM技术，协同设计给排水、供暖、供冷、电力、电信、燃气等多种管线，优化布置方案。

[目的]

太阳能是通过把太阳的热辐射能转换成热能或电能进行利用的可再生能源，可分为太阳能光热利用和光伏利用两种形式，利用太阳能替代化石能源，可节约化石能源，减少对环境的污染。

[设计控制]

太阳能利用系统应根据寒冷地区气候特点、太阳能资源条件、建筑物类型、功能、周围环境，充分考虑建筑的负荷特性、电网条件、系统运行方式和安装条件，进行投资规模和经济性测算，选择合适的太阳能利用系统，并应与建筑一体化设计，保持建筑统一和谐的外观。

[设计要点]

T1-3-1_1 太阳能系统的合理配置

（1）太阳能系统设计原则

①太阳能利用系统设计应纳入建筑工程设计，与建筑专业和相关专业同步设计、同步施工。

②太阳能热利用应考虑全年综合利用，太阳能供热采暖系统应考虑在非采暖期根据需求供应生活热水、夏季制冷空调或其他用热。

③太阳能热利用应根据建筑物的使用功能、集热器安装位置和系统运行等因素，经技术可行性和经济性分析，综合比较确定。

④太阳能光伏系统应考虑发电效率、发电量和系统安全。结合当地电网政策和经济性，确定适合项目的实施方案。

⑤太阳能集热器和光伏组件等太阳能采集设备的安装应满足安全要求。

（2）负荷计算和选型设计

①太阳能集热系统设计负荷宜选择其负担的采暖热负荷与生活热水供应负荷中的较大值，负担的采暖热负荷（供冷冷负荷）宜通过采暖季（供冷季）逐时负荷计算确定。

②放置在建筑外围护结构上的太阳能集热器和光伏板，冬至日集热器和光伏板采光面的日照时数不应少于6h，且不得降低相邻建筑的日照标准。

③太阳能光伏组件的参数选择和安装形式应根据建筑设计及其电力负荷确定，光伏系统最大装机容量应根据光伏组件规格及安装面积来确定。

④太阳能利用系统应有辅助热源设备或电力设备，保障在太阳能利用系统供给量不足的情况下，能够保障建筑的正常运行。

关键措施与指标

太阳能集热系统设计负荷；日照时数；光伏系统最大装机容量

典型案例 **世园会中国馆**

（中国建筑设计研究院有限公司设计作品）

中国馆总平面设计为展开的弧线形，给屋面提供了充足光照的机会，南向屋面坡度做得相对较缓，使其适应光的入射角度，更有利于接受光照。屋架采用建筑光伏太阳能一体化设计，采用“自发自用，余量上网”的模式，为中国馆的正常运营提供商业用电。

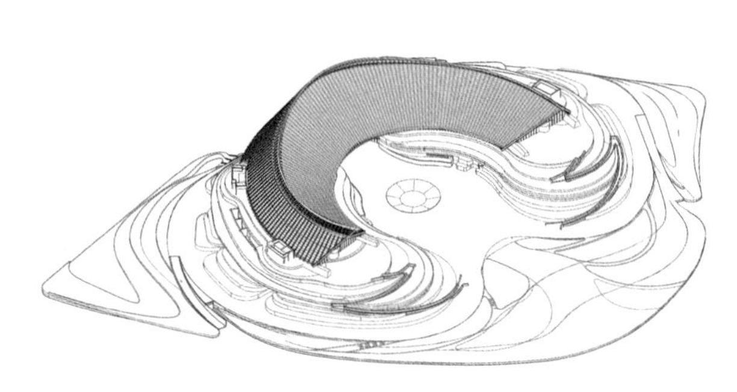
光伏玻璃系统分析

太阳能光伏玻璃幕墙

T1-3-1_2 太阳能利用系统设计

（1）安装在建筑物屋面、阳台、墙面和其他部位的太阳能集热装置和光伏组件，均应与建筑功能和造型一体化设计，建筑设计应根据集热装置和光伏组件的类型和安装特点，为设备的安装、使用、维护和保养提供必要的承载条件和空间。

（2）太阳能集热器总面积宜通过动态模拟计算确定，采用简化算法时，应确保计算公式中的数据来源准确可靠。

（3）太阳能集热系统的设计流量应根据太阳能集热器阵列的串联、并联方式和每一阵列所包含的太阳能集热器数量、面积及太阳能集热器的热性能计算确定。

（4）太阳能并网光伏系统与公共电网之间应设隔离装置。光伏系统在供电负荷与并网逆变器之间、公共电网与负荷之间应设置隔离开关，隔离开关应具有明显断开点指示及断零功能。

（5）太阳能利用系统宜采用高效的技术，在技术经济合理的情况下采用太阳能空调系统、太阳能热电联产技术、槽式太阳能集热技术和薄膜太阳能发电技术等。

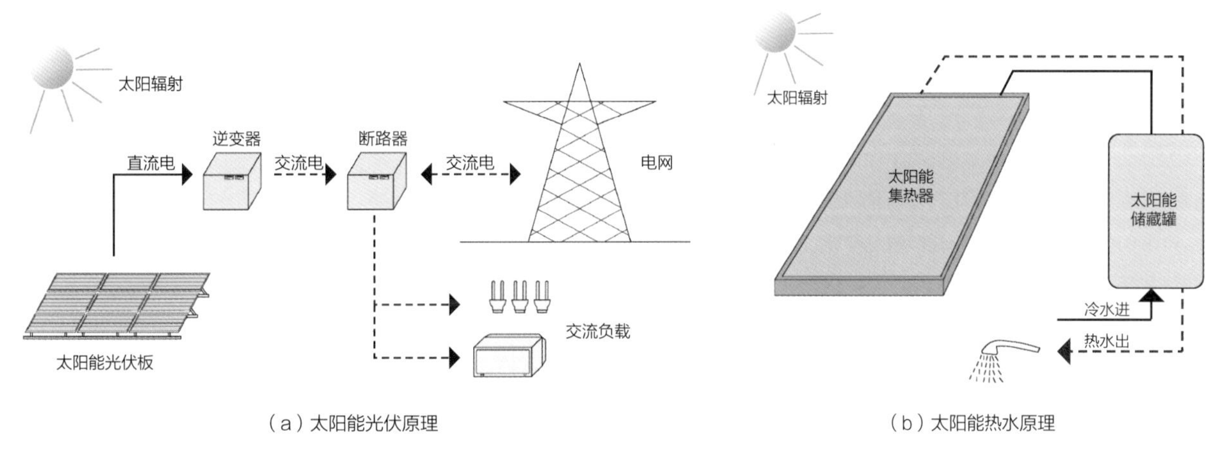

（a）太阳能光伏原理　（b）太阳能热水原理

太阳能利用系统工作原理示意

关键措施与指标

太阳能集热器总面积；太阳能集热系统设计流量

T1-3-1_3 太阳能利用系统安全

（1）安装在建筑上或直接构成建筑围护结构的太阳能集热装置，应有防止热水渗漏的安全保障措施。安装在建筑各部位的光伏组件，包括直接构成建筑围护结构的光伏构件，应具有带电警告标识及相应的电气安全防护设施。

（2）太阳能集热器、光伏组件等设施应与建筑主体结构统一设计、施工，设备支架的设计应采取提高支架基座与主体结构间附着力的措施，满足风荷载、雪荷载与地震荷载作用的要求。

（3）在建筑设计时应为太阳能设施预留安装、检修和维护的条件。

关键措施与指标

安全保障措施；提高支架基座与主体结构件附着力措施；预留安装、检修和维护条件

相关规范与研究

（1）《民用建筑太阳能热水系统应用技术标准》GB 50364—2018第5.1.2条，太阳能热水系统设计应遵循节水节能、安全便捷、耐久可靠、经济实用、便于计量的原则。第5.3.2条，太阳能热水系统应采取防冻、防结露、防过热、防电击、防雷、抗雹、抗风、抗震等技术措施。第5.4.12条，安装在建筑上或直接构成建筑围护结构的太阳能集热器，应有防止热水渗漏的安全保障措施。

（2）《民用建筑太阳能光伏系统应用技术规范》JGJ 203—2010第3.1.2条，光伏组件或方阵的选型和设计应与建筑结合。第3.1.5条，在人员有可能接触或接近光伏系统的位置，应设置防触电警示标识。第3.4.2条，并网光伏系统与公共电网之间应设隔离装置。第4.1.2条，安装在建筑各部位的光伏组件，包括直接构成建筑围护结构的光伏构件，应具有带电警告标识及相应的电气安全防护措施，并应满足该部位的建筑围护、建筑节能、结构安全和电气安全要求。

[目的]

本导则中的地热能是指蕴藏在浅层地表层的土壤、岩石、水源中的可再生能源，建筑领域中主要的利用方式是地源热泵技术，浅层地热能的广泛利用可极大降低对常规能源特别是化石能源的依赖性，缓解我国常规能源严重不足的矛盾，减少污染物排放。

[设计控制]

地埋管地源热泵系统应在建筑全年供热与供冷负荷计算的基础上，通过工程场地状况调查和对浅层地热能资源的勘察，进行系统实施的可行性和经济性分析，保证地源热泵系统在运行期内，热泵运行效果长期不下降，系统运行费用合理，并保证地源侧换热器的蓄能量与释能量平衡。

[设计要点]

T1-3-2_1 地源热泵系统负荷计算

地源热泵系统选择和设备选型之前，应进行建筑物的全年逐时冷、热负荷计算；选择系统设备，应分析其全年运行工况下的逐时负荷匹配情况，并做逐时能耗模拟分析；确定地源侧换热器热物性参数后，进行地源侧与负荷侧逐时耦合计算，得到地源侧出水温度和逐时变化曲线，以及全年的蓄能、释能变化曲线，分析蓄能、释能是否平衡、是否需要设置全年热平衡辅助设施。

关键措施与指标

全年逐时冷热负荷计算；蓄能、释能平衡分析

典型案例 中国建筑设计研究院创新科研示范中心

（中国建筑设计研究院有限公司设计作品）

该项目的地埋管地源热泵系统主要承担地下一层、夹层、一层及阶梯交流空间的冷负荷和热负荷。系统共设96个换热孔，单孔有效深度为100m，

孔内安装双U形换热器，换热管直径为32mm。换热孔设在基础下的南侧区域，换热孔间距≥4.5m。

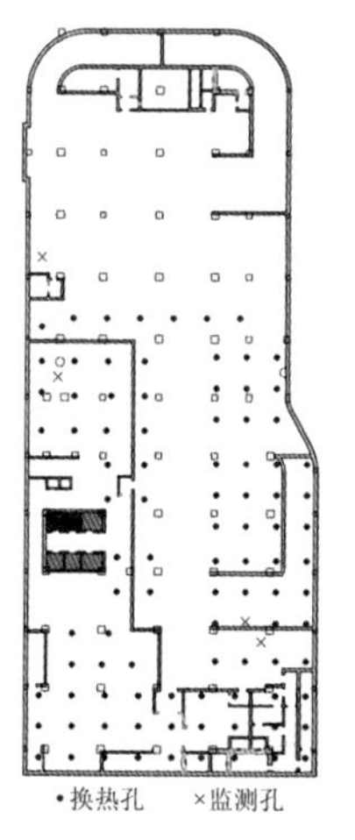

换热孔及监测孔平面布置分析

T1-3-2_2 地埋管换热系统设计

（1）地埋管换热系统设计前，应根据工程勘察结果或试验孔实测数据，评估地埋管换热系统实施的可行性和经济性。

（2）地埋管换热系统设计应进行全年动态模拟计算，最小计算周期宜为1年，计算周期内，地源热泵系统总释热量宜与其总吸热量相平衡。

（3）地埋管换热器换热量应满足地源热泵系统最大吸热量或释热量的要求。

（4）当应用建筑面积在5000㎡以上时，应进行岩土热响应试验，并应利用岩土热响应试验结果进行地埋管换热器的设计，地埋管的埋管方式、规格和长度，应根据冷（热）负荷、占地面积、岩土层结构、岩土体热物性和机组性能等因素确定。

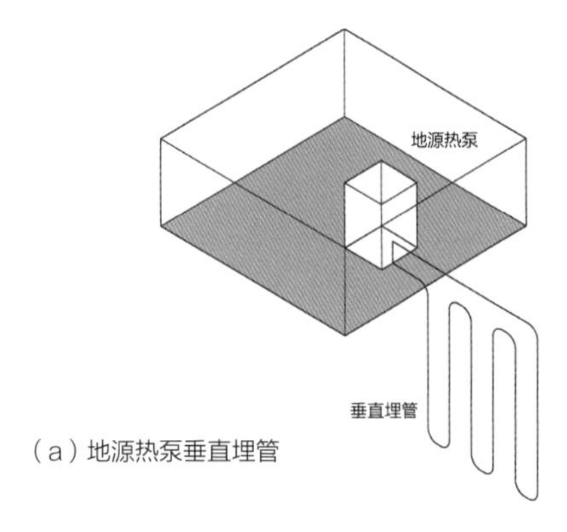

（a）地源热泵垂直埋管

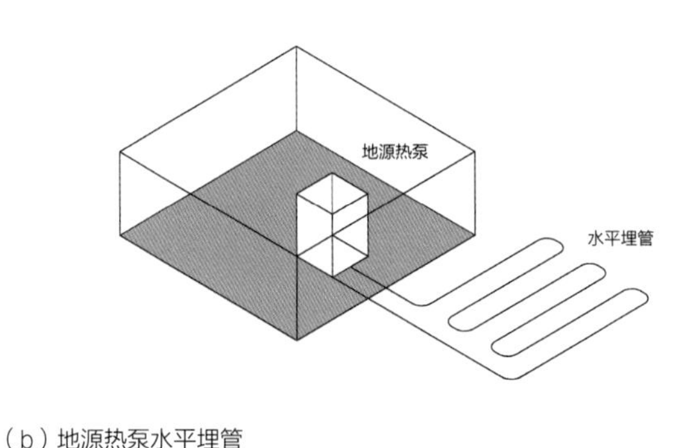

（b）地源热泵水平埋管

地埋管埋管方式示意

关键措施与指标

建筑冷热负荷；应用建筑面积；占地面积；岩土体热物性

相关规范与研究

陈晓春，何海亮，王蕊，等. 地源热泵系统设计校核计算——中国建筑设计研究院创新科研示范楼［J］. 暖通空调，2014，44（3）：60-65.

地埋管地源热泵系统设计方法采用的核心思想是设计—校核体系，即采用准稳态设计方法进行设计计算，获取地埋管地源热泵系统的设计参数，采用非稳态系统耦合模拟手段进行校核计算，从而弥补设计计算范围的不足。

[目的]

雨水收集利用是将开发区域内的雨水径流量控制在开发前的水平，即拦截、利用硬化面上的雨水径流增量，包括雨水入渗、收集回用和调蓄排放等。通过雨水收集利用，可减小外排雨水峰流量和总量，替代部分传统水源，补充土壤含水量。

[设计控制]

雨水控制及利用系统应使场地在建设或改建后，对于常年降雨的年径流总量和外排径流峰值的控制达到建设开发前的水平，并应满足当地海绵城市规划控制指标要求。

[设计要点]

T1-4-1_1 雨水收集利用系统适用条件

（1）雨水收集利用适用于雨量充沛、汇水面雨水收集效率高的地区，所在地区常年降水量应大于400mm，收集的雨水应为较洁净的雨水，可从屋面、水面和洁净地面收集得到，传染医院的雨水、含有重金属污染和化学污染等地表污染严重的场地雨水不得进行雨水收集回用。

（2）雨水回用应优先作为景观水体的补充水源，其次为绿化用水，空调循环冷却水，汽车冲洗用水，路面、地面冲洗用水，冲厕用水，消防用水等，不可用于生活饮水、游泳池补水等。

关键措施与指标

常年降水量；地表污染严重的场地雨水；补充水源

典型案例 **延安市新区博物馆**

（中国建筑设计研究院有限公司设计作品）

基于延安的自然条件，可以在屋顶设置雨水收集，同时在绿化和广场设计中，选用透水性铺装材料并安装蓄水池，通过雨水收集为绿化和建筑提供部分用水。

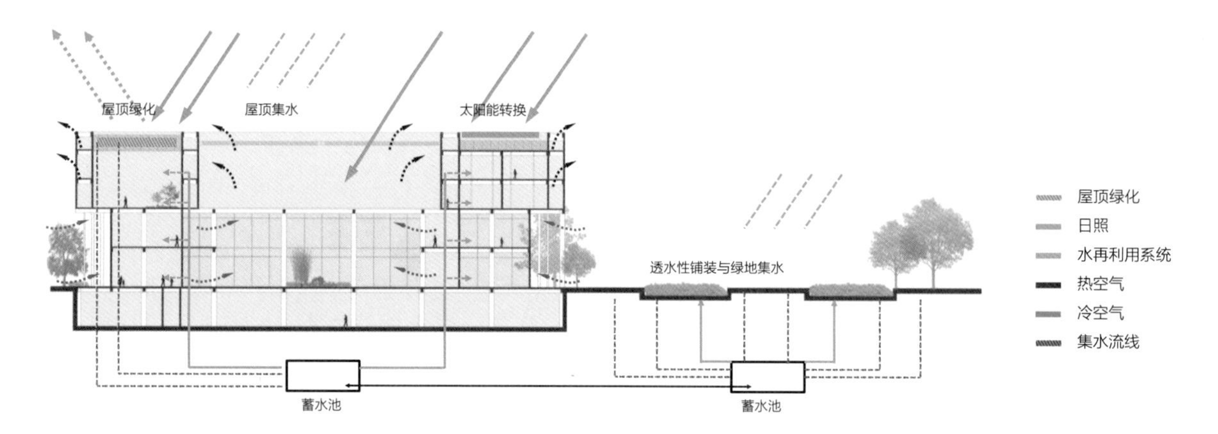

雨水收集利用系统工作流程分析

天津大学综合实验楼

（中国建筑设计研究院有限公司设计作品）

天津大学综合实验楼于屋面设有屋面雨水收集系统，同时采用可回收雨水的硬质铺地与透水材料，完成对雨水的收集利用。

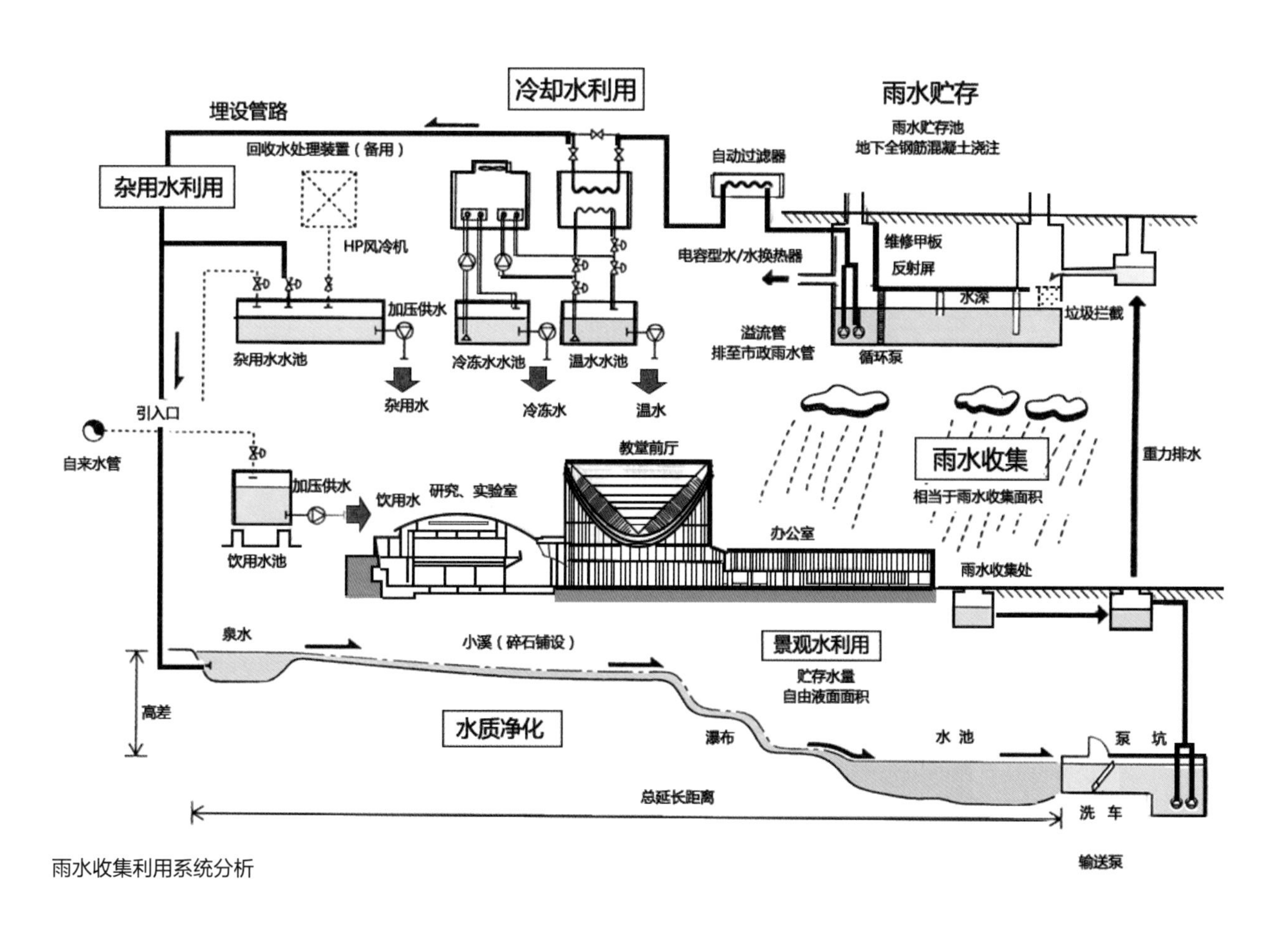

雨水收集利用系统分析

T1-4-1_2 雨水水质要求

回用雨水化学需氧量（*COD*）和悬浮物（*SS*）指标要求

项目指标	循环冷却系统补水	观赏性水景	娱乐性水景	绿化	车辆冲洗	道路浇洒	冲厕
COD≤（mg/L）	30	30	20	30	30	30	30
SS≤（mg/L）	5	10	5	10	5	10	10

关键措施与指标

雨水*COD*指标；*SS*指标

T1-4-1_3 雨水收集利用形式

根据建设用地内当年雨水径流总量和峰值，以及当地海绵城市规划控制指标要求，结合当地气候特点及非传统水源的供应情况，合理确定雨水利用的径流总量，雨水入渗、积蓄、处理及利用的方案应根据建筑和小区的需要，经技术经济比较后确定。

通过海绵城市与快排模式雨水利用模式对比，可知海绵城市更能适应环境变化，能够更好地应对雨水带来的自然灾害。

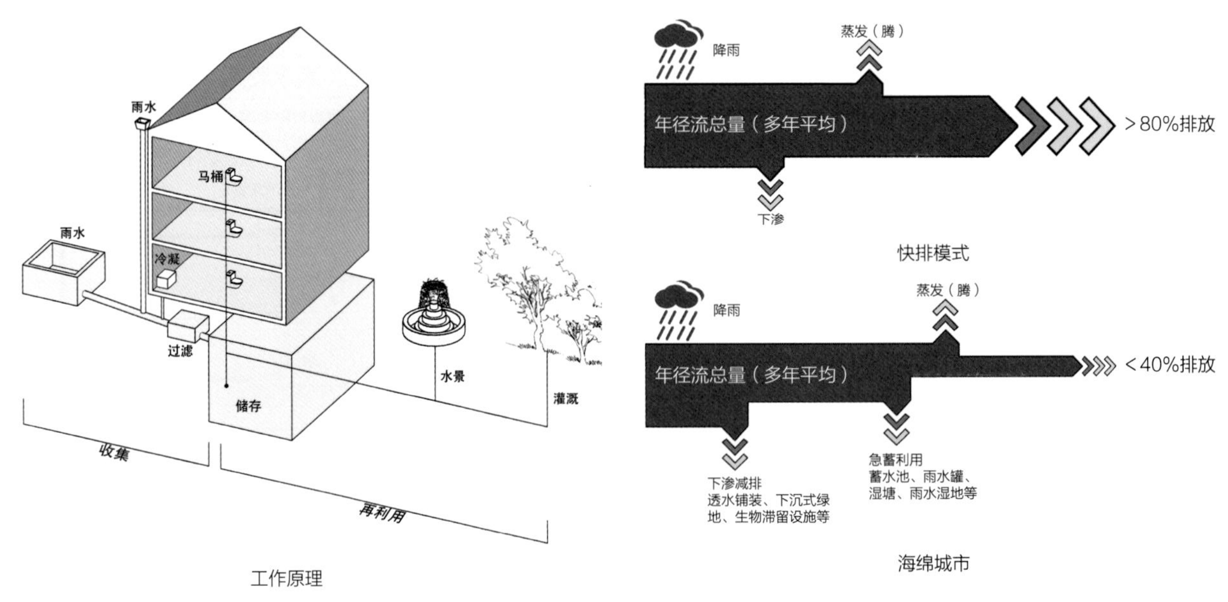

雨水收集利用系统示意

关键措施与指标

硬化地面；小区内路面；下凹绿地；年径流总量控制率

相关规范与研究

（1）《建筑与小区雨水控制及利用工程技术规范》GB 50400—2016第5.1.4条，屋面雨水收集系统应独立设置，严禁与建筑生活污水、废水排水连接。严禁在民用建筑室内设置敞开式检查口或检查井。第5.1.8条，雨水收集回用系统均应设置弃流设施，雨水入渗收集系统宜设弃流设施。

（2）《海绵城市建设设计标准》DB11/T 1743—2020第6.3.3条，按照雨水控制与利用要求设计雨水系统，确保雨水经过滞蓄、净化后排至雨水管渠系统。第6.3.4条，建筑屋面应采用对雨水径流无污染或污染较小的材料，不得采用沥青或沥青油毡，有条件时宜采用绿化屋面。

（3）《绿色建筑评价标准》GB/T 50378—2019第7.2.12条，结合雨水综合利用设施营造室外景观水体，室外景观水体利用雨水的补水量大于水体蒸发量的60%，且采用保障水体水质的生态水处理技术，评价总分值为8分。

（4）刘鹏，赵昕，郭汝艳．国家体育场雨水利用技术[J]．城市住宅，2008，（04）：52-53.

国家体育场的雨水利用设施，年回收利用的雨水量可能达到平均年总降雨量的66%，年回收总量近6万吨。

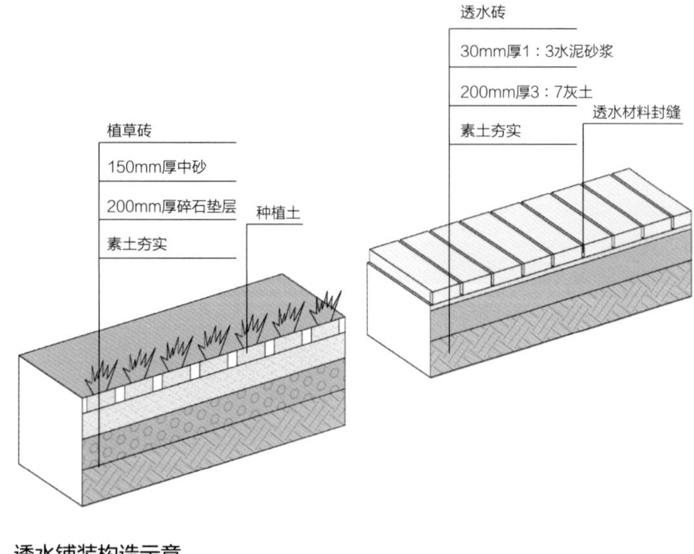

透水铺装构造示意

典型案例 国家体育场

（中国建筑设计研究院有限公司设计作品）

将场地沿成府路划分为南北两个区域，南流域主要回收主赛场场地内、体育场屋面及赛场周边地面的雨水，北流域主要回收热身场场地和热身场周边地面雨水。在南流域内共建设五个雨水蓄水池，其中一个用于收集中心赛场内的雨水，容积为1000m^3，其余四个用于收集体育场屋面和周边场地的雨水，每个容积为2700m^3。北流域设计建设一个容积为2700m^{3}的雨水蓄水池，用于收集热身场和周边地面的全部雨水。

收集雨水经处理后与市政优质中水联合使用，共同作为0层以下建筑卫生间冲厕、消防用水、冷却塔冷却补充水、主赛场和热身场的草坪灌溉、停车场冲洗用水、室外道路和绿化浇洒用水等多种用途的水源。

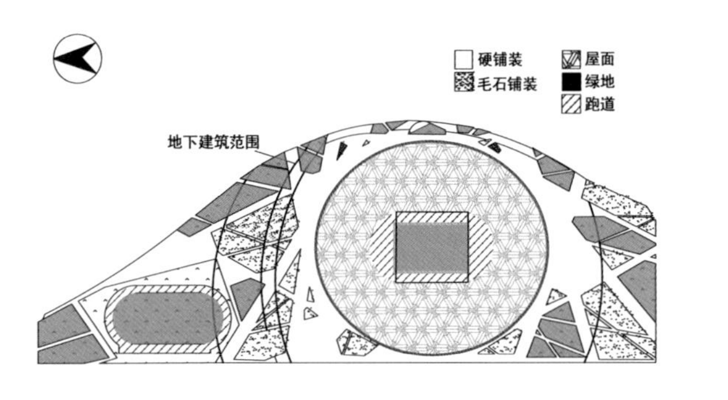

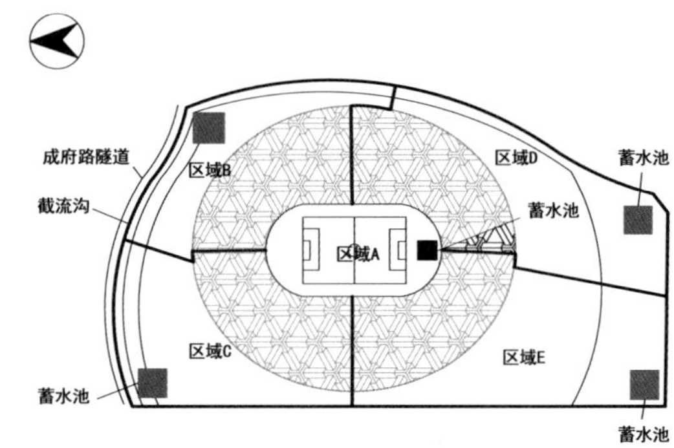

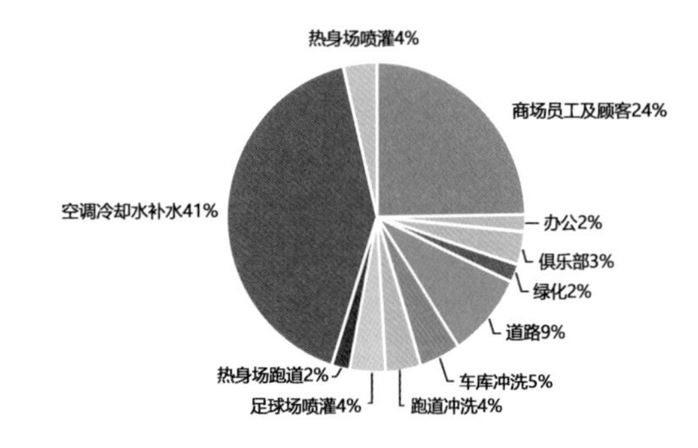

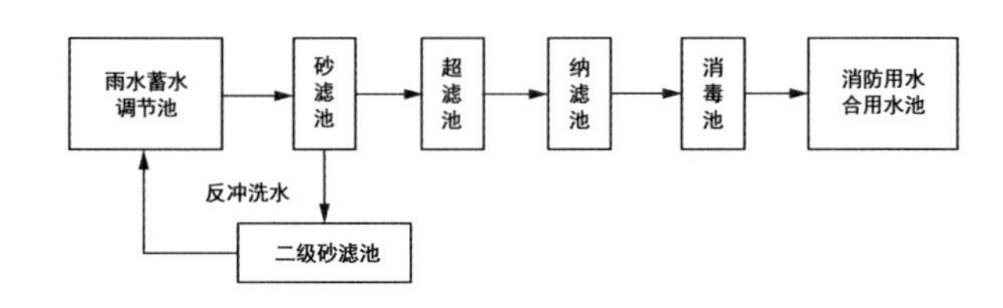

雨水收集系统分析

[目的]

中水是各种排水经处理后，达到规定的水质标准，可在生活、市政、环境等范围内利用的非饮用水。中水利用可实现污、废水资源化，节约用水，治理污染，保护环境。

[设计控制]

缺水城市和缺水地区的建筑或建筑小区，总体规划设计时应考虑中水设施建设的可行性，应根据当地有关部门的规定结合当地各种污、废水资源，以及当地的水资源情况和经济发展水平充分利用，配套建设中水设施。建筑中水设计必须有确保使用、维修的安全措施，严禁中水进入生活饮用水给水系统。

[设计要点]

T1-4-2_1 中水用途和水质

建筑中水用途主要是城市杂用水，包括冲厕、浇洒道路、绿化用水、消防、车辆冲洗、建设施工等。不同用途的中水水质标准应满足相关标准的规定，中水同时满足多种用途时，其水质应按最高水质标准确定。

T1-4-2_2 中水水源和水量

建筑小区中水水源的选择要根据水量平衡和技术比较确定，并优先选用水量充裕、稳定、污染物浓度低、水质处理难度小、安全且居民易接受的中水水源。

T1-4-2_3 中水系统形式

中水工程设计应按系统工程考虑，做到统一规划、合理布局，相互制约和协调配合，实现建筑或建筑小区使用功能、节水功能和环境功能的统一。建筑物中水宜采用原水污、废分流，中水专供的完全分流系统。

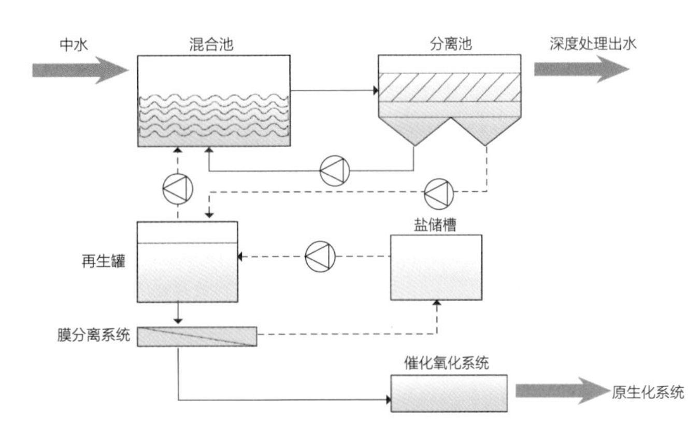

中水处理流程示意

中水通过处理，实现污、废水资源化，节约用水，保护环境。

关键措施与指标

中水处理水质；中水回用率

[目的]

冷热源设备是向建筑物内提供热量或冷量的设备，合理配置能源系统，采用高性能的冷热源设备有利于节约能源消耗量，提高能源利用率，减少碳排放。

[设计控制]

（1）供暖空调冷源与热源应根据建筑规模、用途、建设地点的能源条件、结构、价格以及国家节能减排和环保政策的相关规定，通过综合论证而确定。选用冷热源应首先考虑天然冷热源，无条件利用天然冷热源时可采用人工冷热源。

（2）冷热源的选择原则，应循序先工业余热或可利用废热、浅层地热、可再生能源，然后城市热网和电网，再考虑燃气锅炉和燃气吸收式供热供冷，后考虑分布式燃气冷热电三联供，在有分时电价和峰谷电价差的地区，可考虑采用蓄能供热供冷。

（3）冷热源设备应选择性能优良、调节性能好的机型，集中空调系统冷水（热泵）机组的台数及单机制冷量应能适应空调负荷全年变化规律，满足季节及部分负荷要求。

（4）带热回收装置的空调机或带热回收装置的空调机在设计时应根据其设备容量和排风管道的位置，应合理确定机房尺寸与管道安装空间，预留基础和孔洞。

（5）冷却塔和风冷式制冷机的设备周围应保障有良好的空气流通，应避免由于物体遮挡形成空气流通不畅而导致设备效率下降。

[设计要点]

T1-5-1_1 设备设计容量

电动压缩式冷水机组的总装机容量，应根据计算的空调系统冷负荷值直接选定，不另作附加；在设计条件下，当机组的规格不能符合计算冷负荷的要求时，所选择机组的总装机容量与计算冷负荷的比值不得超过1.1。

T1-5-1_2 设备效率

建筑的冷热源设备在设计选择时，应考虑设备的性能参数。

冷热源设备参数

设备类型	供热设备	制冷设备				
	锅炉	电机驱动蒸气压缩循环冷水（热泵）机组	电机驱动的单元式空气调节机	直燃型溴化锂吸收式（温）水机组	空调系统电冷源综合	多联式空调（热泵）机组
设备性能参数	热效率	性能系数（COP）	能效比（EER）	制冷制热性能参数	综合制冷性能系数（SCOP）	制冷综合性能系数IPLV（C）

设备的性能参数应满足相关标准的要求，并应根据项目的绿色建筑星级目标需要，确定是否需要进一步提高参数指标值。

关键措施与指标

设备设计容量；设备性能参数

典型案例 中央团校学术报告综合楼

（中国建筑设计研究院有限公司设计作品）

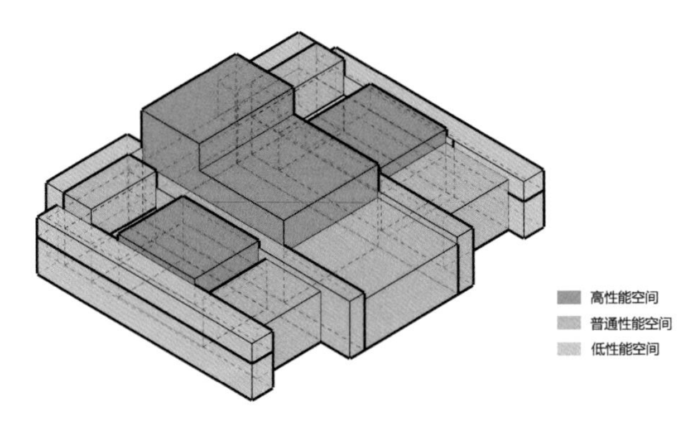

中央团校学术报告综合楼不同性能空间分布示意

高大空间、人员通过型场所的空调设计温度限值

不同性能空间		空调设计温度限值°C	
		夏季	冬季
高性能	报告厅	26	20
	会议室	26	20
	休息室	26	20
普通性能	门厅、前厅	27	18
	消防控制室	26	20
	展馆	26	18
	共享大厅	27	18
低性能	卫生间	—	16
	变配电室	<30	5
	报警阀间	—	10
	控制室	<30	16
	库房	—	10

[目的]

输配设备是向建筑内输送空气或载热（冷）剂的设备，主要设备是风机和水泵。建筑冷热输配系统的能耗占暖通空调系统总能耗的20%~60%，高性能输配设备将有助于降低建筑暖通空调系统的能耗。

[设计控制]

（1）输配系统中的风机和水泵应选择高效、易控制的设备，应根据管路特性曲线和设备性能曲线进行选择。根据系统的特性和全年冷热负荷分布特性，风机和水泵宜选用台数控制或变频控制方式。

（2）系统热回收装置的效率应满足相关标准的指标要求，并应根据项目的绿色建筑星级目标需要，确定是否需要进一步提高参数指标值。

[设计要点]

T1-5-2_1 气流组织设计

建筑房间内的气流组织设计应进行必要的计算，宜借助CFD软件进行模拟分析；气流组织设计应满足室内设计温湿度分布及精度、人员活动区的允许气流速度、室内噪声标准和空气质量的要求；气流组织设计应与建筑装修有较好的结合。

T1-5-2_2 风口设计

建筑房间内的送风口和回风口应与建筑装修相结合，在保障送风要求的条件下，应考虑房间的噪声、送风速度对室内环境的影响，气流组织应均匀分布，避免产生短路和死角；空调和通风系统的室外进风口和排风口的布置应与建筑外观设计相结合，并应考虑进风口的新风卫生和新鲜度，避免进风与回风发生短路。

T1-5-2_3 单位风量耗功率

空调风系统和通风系统的风量大于10000m^3/h时，风道系统单位风量耗功率（Ws）不宜大于表中的数值。

风道系统单位风量耗功率W_s[W/（m^3/h）]

系统形式	W_s限值
机械通风系统	0.27
新风系统	0.24
办公建筑定风量系统	0.27
办公建筑变风量系统	0.29
商业、酒店建筑全空气系统	0.30

（1）供暖耗电输热比（EHR-h）

在选配集中供暖系统的馆环水泵时，应计算集中供暖系统耗电输热比，耗电输热比应根据系统形式和水泵的性能参数，确定允许的最大值。

（2）空调耗电输冷（热）比［EC（H）R-a］

在选配空调冷（热）水系统的循环水泵时，应计算空调冷（热）水系统耗电输冷（热）比，并应根据空调系统形式和水泵的性能参数，确定允许的最大值。

关键措施与指标

风道系统单位风量耗功率（Ws）；供暖耗电输热比（EHR-h）；空调耗电输冷（热）比［EC（H）R-a］

相关规范与研究

《公共建筑节能设计标准》GB50189—201第4.3.3条、第4.3.9条、第4.3.22条对系统的风道系统单位风量耗功率W_s、供暖耗电输热比EHR-h、空调耗电输冷（热）比［EC（H）R-a］进行了指标规定。

[目的]

节水设备与器具是设计先进合理，性能优良，较长时间内可免维修，不发生跑、冒、滴、漏等现象，同时在使用过程中，满足相同用水功能的条件下，较常规产品减少用水量的设备和器具。采用高性能的节水设备与器具，可以减少水量消耗，减少维修次数，达到节约水资源、保护环境、减少碳排放的目的。

[设计控制]

建筑中的卫生器具和配件应根据建筑用水需求和建筑形式，在保证用水水质的条件下，选用符合国家现行有关标准的节水型生活用水器具。全部卫生器具的用水等级达到2级或以上。

[设计要点]

T1-5-3_1 感应式

公共场所卫生间的洗手盆应采用感应式水嘴或延时自闭式水嘴等限流节水装置，小便器应采用感应式或延时自闭式冲洗阀。蹲式大便器应采用感应式冲洗阀、延时自闭式冲洗阀等。

T1-5-3_2 延时自闭式

坐式大便器宜采用设有大、小便分档的冲洗水箱。

关键措施与指标

卫生器具用水等级

[目的]

高性能电气系统主要的作用是为建筑提供电力和照明，以及建筑的通信和控制，包括建筑的供配电系统、供配电和信息设备等，高性能电气系统需要保证建筑用电和通信的安全、合理、经济、节能。

[设计控制]

（1）建筑用电的负荷和方案应根据工程所在地的公共电网现状及其发展规划，结合项目的性质、特点、规模、负荷等级、用电量、供电距离等因素，依据国家及行业相关标准，经过技术经济比较，确定建筑的供配电方案。

（2）常用设备电气装置的配电设计，应采用效率高、能耗低、性能先进的电气产品，系统设计应合理、可靠，并与负荷等级相对应。

（3）大、中型公共建筑宜设置设备监控系统，对建筑的环境参数和建筑机电设备运行状况进行自动化检测、监视、优化控制和管理，提高建筑的环境质量和机电系统的运行效率。

（4）建筑配变电所设计应根据工程条件、规模和发展规划、用电容量、负荷性质和节能等因素，在保障安全、供电可靠、技术先进、经济合理、质量优良的原则下，通过多方案技术经济比较确定方案，配变电所的位置应满足相关标准的要求，并应满足国家防火规范。

（5）建筑通信、电视广播、会议、信息网络、智能化集成等系统，应满足建筑的实际需求，根据建筑的使用条件、规模、使用特点等因素，通过多方案技术经济比较确定方案。

[设计要点]

T1-5-4_1 照明系统选择天然光源设备及高效率人工光源

照明设计时，应首先考虑采用天然光源的设备，在不具备天然光源的条件下，可选择人工光源，采用人工光源设备时，应根据建筑不同使用功能和照明需求，在进行经济性对比分析的前提下，选择高效节能照明设备和附件，选择合理的照明方式和控制方式，以降低照明电能消耗。

（1）天然光源设备

当有条件时，宜利用各种导光和反光装置将天然光引人室内进行照明，利用太阳能作为照明能源。

（2）人工光源选择

一般照明在满足照度均匀度条件下，宜选择单灯功率较大、光效较高的光源。

（3）发光二极管灯LED

在旅馆、居住建筑及其他公共建筑的走廊、楼梯间、厕所，地下车库的行车道、停车位，以及无人长时间逗留，只进行检查、巡视和短时操作等工作的场所宜选用感应式自动控制的发光二极管灯。

T1-5-4_2 低压配电系统

（1）低压配电系统应选择国家认证机构确认的标准产品，并优先选用高效节能、环保的电气产品和设备。严禁采用国家已明令禁止的淘汰和高耗能产品和设备。

（2）建筑的配电间应与建筑空间相适应，配电间的数量应根据建筑楼层的面积大小、负荷分布、建筑体形及防火分区等因素综合确定，一般以800㎡左右设一个配电间为宜，配电间的空间大小应根据电气设备的外形尺寸、数量及操作维护要求确定；配电间宜接近建筑负荷中心，进出线应方便，上下贯通。

T1-5-4_3 建筑设备监控系统

建筑设备监控系统应根据建筑的实际需求，选用技术成熟、节能高效、经济合理、安全可靠的设计方案和产品。

关键措施与指标

天然光源；人工光源；高效节能、环保电气产品和设备

[目的]

近年来各地汽车保有量持续上升，新能源电动车的占比也不断提高，对停车空间和电动汽车充电设施的需求日益增大。因此，需要通过建设机械式立体停车库、设立电动汽车充电设施等方式，满足使用需求，同时实现土地、能源的节约。

[设计控制]

设计机械式停车库，提高土地利用效率；合理布局电动汽车充电设备，保障电动汽车的使用，适应电动汽车的发展。

[设计要点]

T1-5-5_1 机械式停车库

（1）按照停车的自动化程度可将机械式停车库分为复式停车库和全自动停车库两大类。复式停车库室内有车道、有驾驶员进出，宜采用升降横移类和简易升降类设备。全自动停车库室内无车道，且无驾驶员进出，宜采用平面移动类、巷道堆垛类和简易升降类设备。各类停车设备的具体工作原理参见国标图集《机械式停车库设计图册》13J927-3。

（2）机械车库的设备选型应与建筑工程设计同步进行，建筑空间设计应考虑停车类型、停车设备及配套设备的尺寸，并预留安装操作空间。机械式停车库适停车型尺寸及质量见下表。

适停车型尺寸及质量

车型及组别代码	长×宽×高（mm）	质量（kg）
小型车（X）	≤4400×1750×1450	≤1300
中型车（Z）	≤4700×1800×1450	≤1500
大型车（D）	≤5000×1850×1550	≤1700
特大型车（T）	≤5300×1900×1550	≤2350
超大型车（C）	≤5600×2050×1550	≤2550
客车（K）	≤5000×1850×2050	≤1850

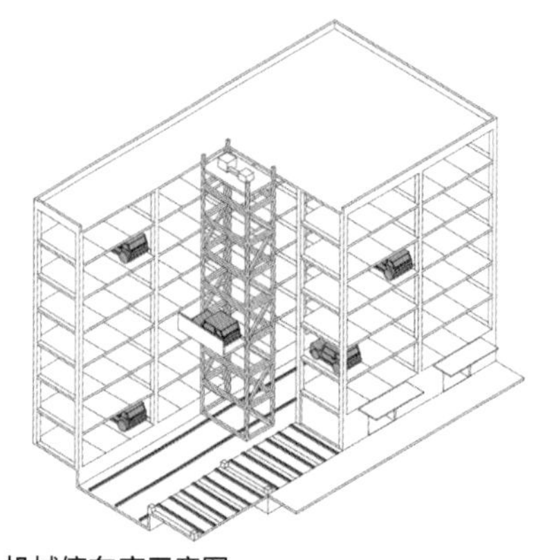

机械停车库示意图

（3）机械式停车库的库门洞口尺寸宽不小于车宽+500mm（且≥2250mm），净高不应小于车高+100mm。当库门兼作人行通道时，净高不应小于2000mm。

T1-5-5_2

全自动机械停车库在出入口处应设置供工作人员使用的设备操作间，操作间应有良好的视野，以便看清出入口处车辆的运转情况。当操作间兼作配电室时，室内净宽不小于2m，面积应不小于9m^2，房间门向外开启。

关键措施与指标

机械停车设备布置；车库出入口尺寸；车道尺寸

相关规范与研究

（1）《绿色建筑评价标准》GB/T 50378—2019

（2）《机械式停车库工程技术规范》JGJ/T 326—2014

（3）《机械式停车库设计图册》13J927-3

T1-5-5_3 电动汽车分散充电设备

（1）电动汽车分散充电设施指结合用户居住地停车位、单位停车场、公共建筑物停车场、社会公共停车场、路内临时停车位等配建的为电动汽车提供电能的设施，包括充电设备、供电系统和配套设施等。

（2）新建住宅配建停车位应100%建设充电设施或预留建设安装条件；大型公共建筑配建停车场、社会公共停车场建设充电设施或预留建设安装条件的车比例应不低于10%；既有停车位配建分散充电设施，宜结合电动汽车的充电需求和配电网现状合理规划、分步实施。

（3）充电设备与充电车位、建（构）筑物之间的距离应满足安全、操作及检修的要求；充电设备外廓距充电车位边缘的净距不宜小于0.4m。

关键措施与指标

电动汽车充电设施设置比例

相关规范与研究

（1）《绿色建筑评价标准》GB/T 50378—2019

（2）《电动汽车分散充电设施工程技术标准》GB/T 51313—2018

[目的]

寒冷地区最冷月平均温度在0～10℃之间，近年来冬季有持续变冷的趋势，进一步加大了冬季给水、供暖、消防等管道的冻裂风险。为减少有水管线冬季冻裂事故的发生，应在绿色设计的基础上进行防冻精细化设计。

[设计控制]

防冻精细化设计通过易受冻区域重点防控、设置防冻供暖和防冻保温等方式，多专业协同，降低冬季有水管线的冻结风险。

[设计要点]

T1-5-6_1 防冻精细化设计

（1）在满足功能需求的情况下，尽量减少外墙百叶窗的设置，百叶窗不宜朝北向或西北向，并且与百叶窗连接的风管应采取可靠保温措施。

（2）设有外门窗的重要房间和易受冻区域选用适应低温环境的喷淋头。

（3）在建筑主要出入口，尤其面向当地冬季主导风向的主要出入口，应预留热风幕安装条件。

T1-5-6_2 防冻供暖

（1）有外窗的重要功能房间（门厅、重要会议室等）采用空调供暖时，应采用值班供暖等措施，防止冻裂各种水介质管道。

（2）首层挑空的出入口大厅采用集中空调方式供暖时，宜增设地暖或散热器采暖。紧邻下沉庭院的房间采用风机盘管供暖时，靠近外窗的一定范围内宜增设地暖或散热器采暖。

（3）有外门窗的楼梯间设有有水管线时，应对水管进行保温，并设置供暖设施。

（4）设置有水管道的机房，冬季温度不能满足规范要求时，应设置供暖设施。

T1-5-6_3 防冻保温

设置在以下部位的有水管道应进行保温：

（1）封闭吊顶内邻近玻璃幕墙、采光屋顶等；

（2）室内伸缩缝两侧；

（3）紧邻玻璃幕墙；

（4）与室内联通的井道，其与室内管道连接处；

（5）无供暖设施的机房和设备夹层；

（6）与室外直接连接的汽车坡道出入口20～30m范围内。

关键措施与指标

管道保温；值班采暖措施

[目的]

在建筑中充分使用可循环材料和可再利用材料能够减少生产新材料所带来的资源和能源消耗，降低环境污染和生态损耗，充分发挥了建筑材料的循环利用价值，有利于建筑产业的可持续发展。

[设计控制]

选用可循环材料和可再利用材料。

[设计要点]

T1-6-1_1 可循环和可再利用的概念

可循环材料是需要通过改变物质形态可实现循环利用的土建及装饰装修材料。可再利用材料是在不改变材料物质形态的情况下，直接进行再利用或者简单组合、修复后可直接再利用的土建及装饰装修材料。可循环材料和可再利用材料的性能均应满足相应国家或行业标准的要求。

常见可循环材料和可再利用材料清单

类别	材料名称
可循环材料	钢筋、铜、铝合金型材、玻璃、石膏及石膏制品、木地板等
可再利用材料	旧钢架、旧木材、旧砖等

T1-6-1_2 针对永久性安装的建筑材料

建筑可循环材料和可再利用材料为永久性安装在工程中的建筑材料，电梯等设备不在其范畴内。施工过程中鼓励土石方就地回填利用、模板重复利用等节材措施，但回填土和模板不属于本条所述的可再利用材料的范畴。

关键措施与指标

可循环材料和可再利用材料的用量比例

相关规范与研究

《绿色建筑评价标准》GB/T50378—2019第7.2.17条，选用可再循环材料、可再利用材料及利废建材，评价总分值为12分。其中，可再循环材料和可再利用材料用量比例按下列规则评分：住宅建筑达到6%或公共建筑达到10%，得3分；住宅建筑达到10%或公共建筑达到15%，得6分。

典型案例 “仓阁”——首钢工舍智选假日酒店

（中国建筑设计研究院有限公司设计作品）

项目原为高炉空压机站、返焦返矿仓、低压配电室、N3-18转运站等4个工业建筑，改造后成为一座特色精品酒店，同时为紧邻的北京2022冬奥组委办公区员工提供倒班住宿服务。设计最大限度地保留了原来废弃和预备拆除的工业建筑及其空间、结构和外部形态特征，将新结构见缝插针地植入其中并叠加数层，以容纳未来的使用功能。

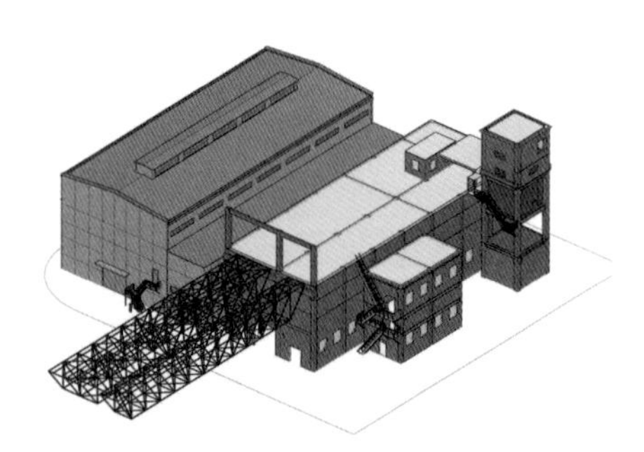

改造前建筑原貌

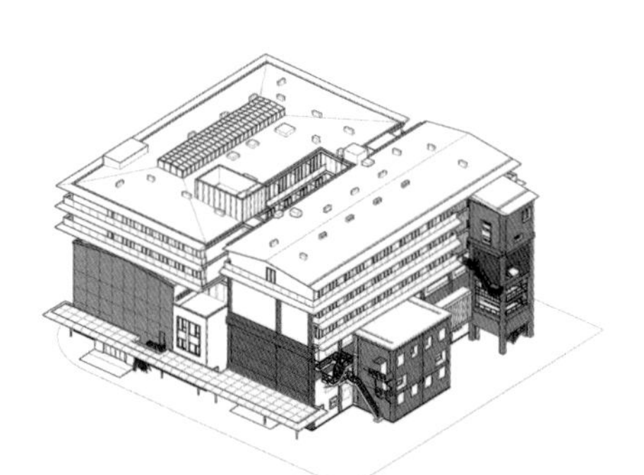

改造后建筑效果

改造前后对比分析

[目的]

利废建材将大量的工业废弃物、农业废弃物、建筑垃圾和生活垃圾等废物变废为宝，既节约了天然资源和能源消耗，又解决了废弃物对环境的污染，实现了能源、环境、经济和社会的共赢。

[设计控制]

选用利废建材。

[设计要点]

T1-6-2_1 利废建材的概念和要求

利废建材指在满足安全和使用性能的前提下，利用建筑废弃物、工业废料或生活废弃物等作为原料，通过回收、加工处理后，生产出的达到相应国家或行业标准的建筑材料。利废建材中废弃物的重量比不少于生产该建筑材料总量的30%。

常见利废建材品类及举例

品类	举例
利用建筑废弃混凝土生产的再生骨料制成的建筑材料	再生骨料混凝土、再生骨料混凝土砌块、再生骨料透水砖等
利用工业废料、农作物秸秆、建筑垃圾、淤泥制成的水泥、混凝土、墙体材料、保温材料等	煤矸石砖、农作物秸秆板材、粉煤灰砖、废灰砂砖、炉渣制砖等
利用工业副产品石膏制作的石膏制品	磷石膏、脱硫石膏制成的纸面石膏板，石膏砌块，石膏板条，石膏粉体材料，石膏速成墙体等
利用生活废弃物经处理制成的建筑材料	生活垃圾制砖等

T1-6-2_2 针对永久性安装的建筑材料

建筑的利废建材为永久性安装在工程中的建筑材料，电梯等设备不在其范畴内。

关键措施与指标

采用利废建材的种类数；

利废建材占同类建材的用量比例

相关规范与研究

《绿色建筑评价标准》GB/T 50378—2019第7.2.17条，选用可再循环材料、可再利用材料及利废建材，评价总分值为12分。其中，利废建材选用及其用批比例，按下列规则评分：采用一种利废建材，其占同类建材的用量比例不低于50%，得3分；选用两种及以上的利废建材，每一种占同类建材的用量比例均不低于30%，得6 分。

典型案例 中国建筑设计研究院创新科研示范中心

（中国建筑设计研究院有限公司设计作品）

本项目采用钢结构体系，楼板采用再生混凝土。

应用材料效果图

[目的]

利废建材将大量的工业废弃物、农业废弃物、建筑垃圾和生活垃圾等废物变废为宝，既节约了天然资源和能源消耗，又解决了废弃物对环境的污染，实现了能源、环境、经济和社会的共赢。

[设计控制]

选用绿色建材。

[设计要点]

T1-6-3_1 绿色建材概念和要求

绿色建材是在全生命周期内可减少对天然资源消耗和减轻对生态环境影响，具有“节能、减排、安全、便利和可循环”特征的建材产品。

T1-6-3_2《绿色建筑评价标准》的要求

在《绿色建筑评价标准》GB/T 50378中，绿色建材特指通过依据住房城乡建设部、工业和信息化部《绿色建材评价标识管理办法》开展的绿色建材评价并取得标识的建筑材料，或者通过其他相关评价认证的建筑材料。

T1-6-3_3 绿色建材评价技术导则的要求

根据《绿色建材评价技术导则（试行）》中的规定，目前对砌体材料、保温材料、预拌混凝土、建筑节能玻璃、陶瓷砖、卫生陶瓷、预拌砂浆等七类建材产品进行技术评价和认证。今后将逐步扩展其他种类建材产品的技术评价。

T1-6-3_4 绿色建材分级

绿色建材分为一星、二星和三星三个等级。

关键措施与指标

绿色建材应用比例

相关规范与研究

（1）《绿色建筑评价标准》GB/T 50378—2019第7.2.18条，选用绿色建材，评价总分值为12分。绿色建材应用比例不低于30%，得 4 分；不低于50%，得8分；不低于70%，得12分。

（2）王清勤，韩继红，曾捷．绿色建筑评价标准技术细则[M]．北京：中国建筑工业出版社，2019.

[目的]

工业化内装部品采用定制化集中生产、现场干式工法施工作业，既可以节能、节水、节材，又减少了施工时的噪声和粉尘污染。同时，工业化内装部品从设计到生产再到现场安装，均采用流程化模式，能够提升效率，大大缩短工期。

[设计控制]

建筑装修中采用工业化内装部品。

[设计要点]

T1-6-4_1 工业化内装部品概念及应用范畴

工业化内装部品即利用工业化的方式生产的内部装修部品，包括集成卫生间、集成厨房、装配式吊顶、干式工法地面、装配式内墙、管线集成与设备设施等。

T1-6-4_2 集成卫生间

集成卫生间指地面、吊顶、墙面和洁具设备及管线等通过设计集成、工厂生产，在工地主要采用干式工法装配而成的卫生间。

T1-6-4_3 集成厨房

集成厨房指地面、吊顶、墙面、橱柜、厨房设备及管线等通过设计集成、工厂生产，在工地主要采用干式工法装配而成的厨房。

T1-6-4_4 装配式内墙

装配式内墙一般指非砌筑墙体，主要包括大中型板材、幕墙、木骨架或轻钢骨架复合墙等工厂生产、使用干式工法现场安装的产品。

关键措施与指标

工业化内装部品比例；工业化内装部品种类数

相关规范与研究

（1）《绿色建筑评价标准》GB/T 50378—2019第7.2.16条，建筑装修选用工业化内装部品，评价总分值为8分。建筑装修选用工业化内装部品占同类部品用量比例达到50%以上的部品种类，达到1种，得3分；达到3种，得5分；达到3种以上，得8分。

（2）《装配式建筑评价标准》GB/T 51129—2017第3.0.4条，装配式建筑宜采用装配化装修。

[目的]

建筑施工是一个高度动态的过程，随着工程规模不断扩大，复杂程度不断提高，施工项目管理变得极为复杂。施工组织设计是用来指导施工项目全过程各项活动的技术、经济和组织的综合性解决方案，是施工技术与施工项目管理有机结合的产物。

当前建筑工程项目管理中经常用来表示进度计划的甘特图，由于其专业性强，可视化程度低，无法清晰描述施工进度以及各种复杂关系，难以准确表达工程施工的动态变化过程。

通过BIM协同施工技术可以对项目一些重要的施工环节进行模拟和分析，以提高施工计划的可行性；同时也可以利用协同施工技术结合施工组织计划进行预演以提高复杂建筑体系（施工模板、玻璃装配、锚固等）的可建造性。借助协同施工技术对施工组织的模拟，项目管理方能够非常直观地了解整个施工安装环节的时间节点和安装工序，并清晰把握安装过程中的难点和要点，施工方也可以进一步对原有安装方案进行优化和改善，以提高施工效率和施工方案的安全性。

[设计控制]

通过将BIM与施工进度计划相链接，将空间信息与时间信息整合在一个可视的模型中，可以直观、精确地反映整个建筑的施工过程，从而合理制定施工计划、精确掌握施工进度，优化使用施工资源以及科学地进行场地布置，对整个工程的施工进度、资源和质量进行统一管理和控制，以缩短工期、降低成本、提高质量。

[设计要点]

T2-1-1_1 BIM协同施工技术

（1）BIM多专业协同的应用：机电专业利用BIM技术进行深化设计、预拼装，提高机电深化设计和加工、安装的质量与效率。

（2）BIM在施工方案可视化分析的应用：利用BIM技术对幕墙单元板块构件进行电脑预拼装，大幅提高幕墙深化设计和加工效率。

（3）BIM在移动终端应用：BIM组和施工现场人员配备平板电脑，平板电脑节省图纸打印的费用，在一定程度上达到了办公无纸化，方便确认设计碰撞或者现实施工条件等，在模型中还可以对现场发现的问题进行标注。

关键措施与指标

BIM专业协同；BIM施工方案可视化分析；BIM移动终端

相关规范与研究

王希，石磊，杨文杰. BIM设计总包模式及实施策略研究——以中信银行信息技术研发基地项目为例[J]. 中国勘察设计，2017（09）：92-97.

典型案例 丁肇中科技馆

（中国建筑设计研究院有限公司设计作品）

丁肇中科技馆将BIM与施工进度计划相连接，合理制定施工计划，提高施工效率。

可视化施工过程

T2-1-1_2 BIM施工管理技术

（1）进行BIM施工进度模拟和成本模拟，实时追踪当前的进度状态，分析影响进度的因素，协调各专业，制定应对措施，以缩短工期、降低成本。

（2）建立BIM施工安全模型，进行安全组织管理、场地和设施管理、行为控制和安全技术管理，有效控制各类施工因素的风险，实现安全生产，减少不必要的损失。

（3）通过BIM质量管理模型信息，进行工程项目的产品质量管理及技术质量管理，掌握现场施工不确定因素，确保施工流程中不出现技术偏差，监控施工质量。

关键措施与指标

BIM施工模拟；BIM施工安全模型；BIM质量管理模型

相关规范与研究

《建筑信息模型施工应用标准》GB/T 51235—2017第8.3条、第9.3条和第10.3条中有关建筑施工管理的进度、成本、安全和质量管理内容。

典型案例 中国建筑设计研究院创新科研示范中心

（中国建筑设计研究院有限公司设计作品）

利用BIM三维优势，进行复杂建筑位置系统化图纸表达，对管线综合，构造做法等进行更清晰的说明。

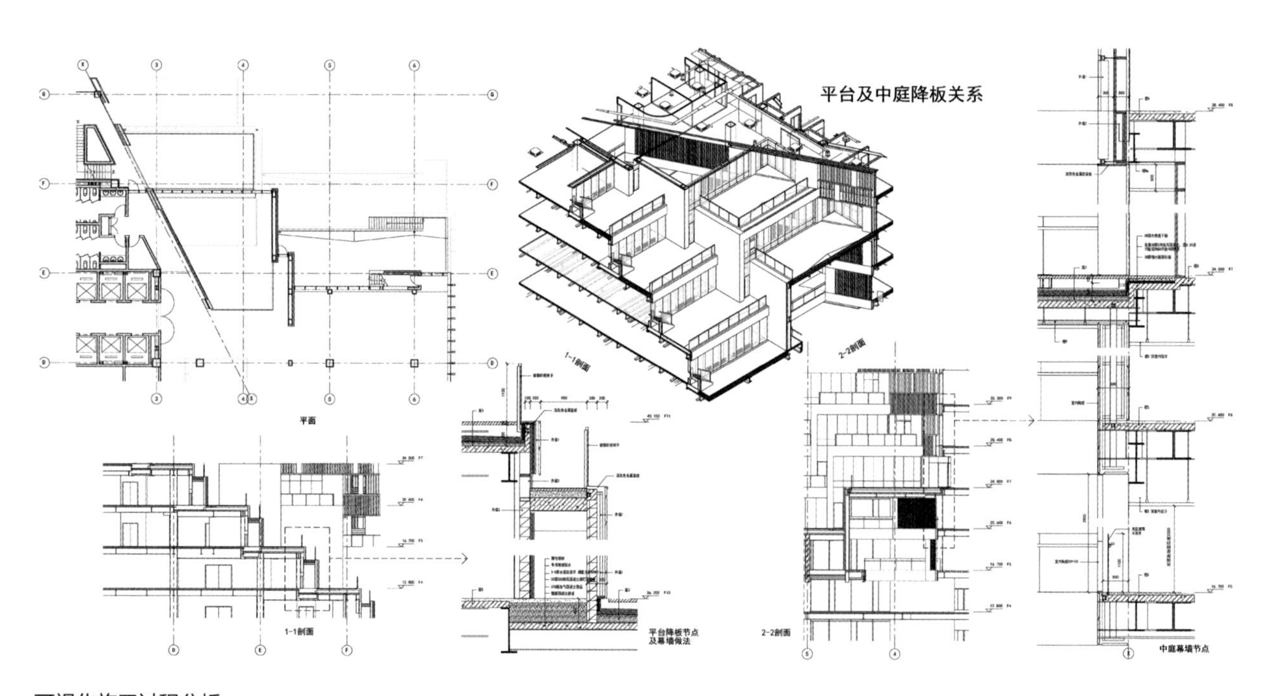

可视化施工过程分析

[目的]

工程建设中，在保证质量、安全等基本要求的前提下，通过科学管理和技术进步，最大限度地节约资源及减少对环境负面影响的施工活动，实现“四节一环保”（节能、节地、节水、节材和环境保护）。

[设计控制]

实施绿色施工，应依据因地制宜的原则。绿色施工应是可持续发展理念在工程施工中全面应用的体现，绿色施工并不仅仅是指在工程施工中实施封闭施工，没有尘土飞扬，没有噪声扰民，在工地四周栽花、种草，定时洒水等内容，涉及可持续发展的各个方面，包括环境保护、资源节约和过程管理等内容。

[设计要点]

T2-1-2_1 环境保护

（1）采取洒水、覆盖、遮挡等降尘措施。

（2）采取有效的降噪措施，在施工场界测量并记录噪声。

（3）制定并实施施工废弃物减量化、资源化计划。

（4）采取有效措施控制和处理施工废气。

（5）采取挡光措施，避免夜间施工现场照明和焊接作业的强光线外泄。

（6）对工程污水、生活污水、厨房污水等采取处理措施。

关键措施与指标

土石方作业区内扬尘目测高度；建筑施工场界环境噪声排放限值；施工面积施工固体废弃物排放量；施工废气排放

相关规范与研究

（1）《建筑工程绿色施工评价标准》GB/T 50640—2010第3.0.2条对绿色施工项目应符合的基础要求作了规定，绿色施工项目应涵盖“四节一环保”的要求。

（2）《绿色建筑评价标准》GB/T 50378—2019第3.1.3条，绿色建筑申请评价方应对规划、设计、施工、运行阶段进行全过程控制。

T2-1-2_2 资源节约

（1）制定并实施施工节能节水和用能用水方案。

（2）减少预拌混凝土、钢筋的损耗。

（3）钢筋损耗率降低4.0%。

关键措施与指标

节水器具；预拌混凝土损耗率；钢筋损耗率

相关规范与研究

《建筑工程绿色施工评价标准》GB/T 50640—2010中第5～9节分别对“四节一环保”的具体指标进行了规定。

T2-1-2_3 过程管理

（1）编制项目绿色施工专项，方案内容包括：绿色施工目标、“四节一环保”的措施、健全的绿色施工领导和管理体系。

（2）实施设计文件中绿色建筑重点内容：专项交底记录、施工日志等。

（3）严格控制设计文件变更，避免出现降低建筑绿色性能的重大变更：绿色建筑重点内容设计文件变更记录、洽商记录、会议纪要、设计变更申请表、设计变更通知单、施工日志记录等。

（4）施工过程中采取相关措施保证建筑的耐久性。

（5）实施土建装修一体化施工。

[目的]

进行建筑围护系统调适可以借助调适机构的专业指导，使围护结构满足设计时制定的各项性能指标要求。

[设计控制]

围护结构热工性能及气密性对于室内空调冷热负荷影响较大，也是影响建筑能耗的重要因素。围护结构的调适主要包括整体气密性及热工性能缺陷检测。

[设计要点]

T2-2-1_1 整体气密性调适

应先对建筑整体气密性能进行验证，宜按照下列步骤进行：

（1）选择需验证的典型房间或者单元；

（2）逐一对选择房间或者单元进行整体气密性进行检测，按照《建筑物气密性测定方法风扇压力法》GB/T 34010—2017的方法进行；

（3）根据检测结果，评估气密性调适后的改善效果，判定其是否满足调适目标要求或者不大于1次/h。

T2-2-1_2 热工缺陷检测

现场检查施工质量，采用红外热像仪，依据《公共建筑节能检测标准》JGJ/T 177—2009和《居住建筑节能检测标准》JGJ/T 132—2009，对外墙、屋面及地面热工缺陷进行检测分析，评估其影响程度大小。

关键措施与指标

（1）空气渗漏量；空气渗漏率

（2）受检外表面缺陷区域与主体区面积比值、受检内表面因缺陷区域导致的能耗增加比值、单块缺陷面积

相关规范与研究

（1）《建筑物气密性测定方法风扇压力法》GB/T 34010—2017规定，对选择的房间或者单元进行整体气密性检测，可按照标准的测定方法操作。

（2）《居住建筑节能检测标准》JGJ/T 132—2009第5.1.1条和第5.1.2条，外围护结构热工缺陷检测应包括外表面热工缺陷检测、内表面热工缺陷检测，检测宜采用红外热像仪检测方法及流程。

[目的]

建筑调适是指通过在设计、施工、验收和运行维护阶段的全过程监督和管理，保证建筑能够按照设计和用户要求，实现安全、高效的运行和控制的工作程序和方法。建筑系统调适涵盖了建筑内部的光、热、水、电、空气质量、交通、消防安全、安保、通信等众多子系统，这些系统决定了建筑的能耗及使用人员的舒适度。而在各类建筑的评价系统中，能耗及人员的舒适度占据了相当一部分的份额。建筑系统是否达到设计要求，决定着建筑最终运行能耗的多寡及使用人员真正的舒适程度，也是建筑能否成为真正的绿色建筑的关键。

[设计控制]

机电系统调适主要针对通风空调系统、空调水系统、给水排水系统、热水系统、电气照明系统、动力系统的综合调适过程及联合试运转。

[设计要点]

T2-2-2_1 综合调适和联合试运转

工程竣工前，由建设单位组织有关责任单位，进行机电系统的综合调适和联合试运转，结果应符合设计要求。主要内容包括制定完整的机电系统综合调适和联合试运转方案，对通风空调系统、空调水系统、给水排水系统、热水系统、电器照明系统、动力系统进行综合调适和联合试运转。其中建设单位是机电系统综合调适和联合试运转的组织者，根据工程类别、承包形式，建设单位也可委托代建公司和总承包单位组织机电系统综合调适和联合试运转。

T2-2-2_2 单机调适

运行阶段的调适宜进行各系统集成功能是否可靠及优化运行的性能测试，多系统在单一气候条件下验证各自的集成功能优化运行性能，以及全季节过程中各气候条件下的系统优化运行性能测试。

T2-2-2_3 全季气候条件验证与调适

系统调适过程中，可进行单设备的单机调适，也可进行整系统的联合运行调适；调适的结果应使得设备或系统实现优化运行和设备之间的协同工作，并应给出系统效能的提升方法，使系统整体运行效果达到设计要求或实现最大的技术潜能。

关键措施与指标

空调风系统调适；空调水系统调适；给水管道系统调适；热水系统调适；电气照明及动力系统调适；综合调适和联合试运行

相关规范与研究

（1）《通风与空调工程施工质量验收规范》GB 50243—2016中对通风与空调施工后的设备运行的验收和调试进行了具体的规定。

（2）《建筑电气工程施工质量验收规范》GB 50303—2015中对电气工程施工后的设备运行的验收和调试进行了具体的规定。

（3）《建筑给水排水及采暖工程施工质量验收规范》GB 50242—2002中对建筑给水排水及采暖工程施工后的设备运行的验收和调试进行了具体的规定。

[目的]

通过智能化运维管理平台对建筑物设备进行全生命周期管理。在系统集成的基础上完成数据采集传输，通过数据平台进行数据存储、数据整合、数据管理，实现数据资产全生命周期管理。通过整合大数据和人工智能算法，帮助快速洞察人力难以企及的故障和问题，准确预测风险，化被动运维为主动运维。

[设计控制]

需以业务需求为导向，运用顶层设计方法，确定智能化运维管理建设的战略总目标，自上向下，将总目标逐项、逐层分解，确保各条线、各层级子目标均与战略总目标保持一致，包括指标体系、运管体系、业务流程规划、信息设施的设计和信息系统响应等。应设计运维人员专用的办公室，并将信息接入显示屏。

[设计要点]

T3-1-1_1 设备管理

基于可视化模型，对建筑大楼内的所有机电设备进行集中监视和管理，直观地展示系统实时运营参数，便捷地操作系统控制参数，同时降低了操作的专业门槛。系统大部分时间按照系统内置模式自动运行，降低了运营的人力需求。

T3-1-1_2 能源管理

将机电系统的各类参数仪表（冷热量、水、电和燃气）进行详细登记，记录仪表与设备设施的关联性、仪表读数所涉及的运行管理范围及要求、校验维护等管理信息。记录系统中仪表测量数据，将其作为能耗统计的基础数据及能耗分析的基本依据，通过相关算法分析提供能源管理优化方案。

T3-1-1_3 事件管理

对离散监控系统的告警消息与数据指标进行统一的接入与处理，支持告警事件的过滤、通知、响应、处置、定级、跟踪及多维分析，实现问题事件生命周期的全局管控，以及基于事件的告警收敛、异常检测、根因分析、智能预测。

T3-1-1_4 维修管理

提供全面的维修计划管理，编制设施设备巡检、维修维护计划，设定任务执行人或者组织，以及设定任务执行所需工具及物料、任务执行参考步骤等，准确地预测未来的维修工作所需要的资源和费用，有效地跟踪巡检工作，降低维修费用，减少停机次数。支持新建应急性任务，能够根据潜在风险和资源情况制定安全维护计划，支持接收智能硬件或自控系统报警信息，将问题在模型中快速定位并模型高亮，并联动相关设备，使管理人员快速了解当前设备总体运行状况，通过设备系统之间的上下游关系快速排查故障原因，辅助制定应急计划。同时，预警信息可自动发送至移动端生成应急任务。实现工单闭环流转，实现工单创建、发送、计划、排程、任务分配、工单汇报、工单分析与查询统计功能。

T3-1-1_5 资产全生命周期管理

将各类设施、设备资产进行统一管理，建立基础台账信息：包括设备的名称、编码、型号/规格/

材质、单价、供应商、制造厂、对应备件号；采购信息，如采购日期、采购单价、保修信息、专业、类型/类别等。通过采购、入库、维修、借调、领用、分配、定位、折旧、报废、盘点，实现设备资产全生命周期管理，简化、规范日常操作，对管理范围内的设备进行评级管理、可靠性管理和统计分析，提高管理的效率和质量。

T3-1-1_6 移动端应用

管理人员在巡检时携带平板电脑或智能手机进行巡检，读取设备对应的电子标签或扫描设备对应的条码之后，平板电脑或智能手机会自动记录下电子标签的编码和读取的准确日期和时间，并自动提示该设备需做的维保工作内容。工程人员按维保工作内容进行工作并记录巡查、检测结果。如果发现设备故障，工程人员就可以使用平板电脑或智能手机记录问题并拍照，然后上传至管理平台，系统自动生成内部派工单进行维修处理。

T3-1-1_7 日志管理

实现离散日志数据的统一采集、处理、检索、模式识别、可视化分析及智能告警，统一日志管理，基于日志进行运维监控与分析、调用链监控与追踪、安全审计和各种业务分析。

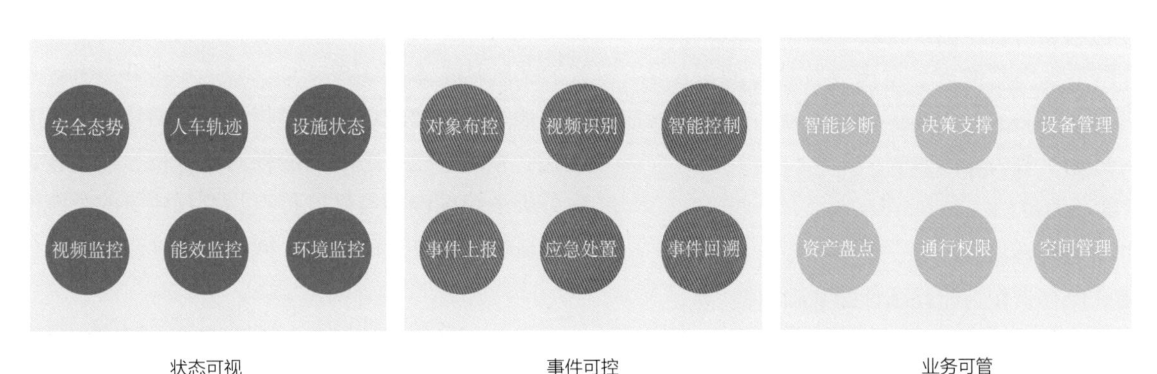

系统组成分析

关键措施与指标

资产全生命周期管理；系统巡检；日志管理

[目的]

通过环境与能耗监测，进行数据存储和分析，实现对节约资源、优化环境质量管理的功能，确保在建筑全生命期内对建筑设备运行具有辅助支撑的功能，实现绿色节能的目标。

[设计控制]

通过对室内外环境监测，对能耗进行分项计量，积累各种数据进行统计分析和研究，平衡健康、舒适和节能间的关系，从而建立科学有效的节能运行模式与优化策略方案。

[设计要点]

T3-1-2_1 室内外环境监测

主要包括室外微气候（自动气象观测站设于屋顶及地面）、室内温湿度、室内光环境（照度）、室内空气品质（PM_{10}、$PM_{2.5}$、CO_2、甲醛、苯、总挥发性有机物）等内容的监测。

T3-1-2_2 能耗监测

对分项能耗数据如电量、水量、冷热量、燃气量等采集、储存，作为能耗统计的基础数据。

T3-1-2_3 联动控制

基于室内外环境参数、建筑作息规律及需求等因素制定节能措施，控制机电设备运行。针对建筑物各功能空间实际需要进行系统优化调控及系统配置整改，使各建筑设备系统高能效运行及科学管理。在保证建筑物热环境、室内空气中污染性参数指标（CO_2浓度、甲醛、总挥发性有机物TVOC等）低于现行国家标准《室内空气质量标准》GB/T 18883规定限值20%的前提下，控制机电系统的运行，使其高效运行，保证节能效果。

T3-1-2_4 能效分析

分析各类建筑设备和机电系统的能耗及其在建筑总能耗中的比例，以及各用能系统中不同设备的能耗及用能比例，分析不同季节、运行时段的能耗及用能比例，并对各系统运行趋势进行预测，以便建立科学的节能运行模式与优化控制策略。

T3-1-2_5 设备能效比分析

通过对建筑总能耗、系统能耗、设备能耗的逐时/分时数据统计与历史数据的对比，分析掌握建筑用能的分布与特点，跟踪重点设备的能耗与能效变化。

T3-1-2_6 能耗横向比较

通过同类建筑各种能耗指标的横向比较，以及建筑、系统、设备之间的能耗对比分析，掌握建筑中各类系统的性能与用能特点，挖掘建筑的节能潜力，梳理节能改造的方向，构建节能改造方案。

[目的]

通过对建筑物内外各项指标的模拟结果与实地测试进行对比，更好地指导设计，提供数据支撑；软件模拟与实地测试的内容包括建筑周边声环境、风环境和热环境，以及建筑室内采光、楼板撞击声隔声性能、外遮阳技术、室内自然通风等。

[设计控制]

在设计阶段，应结合软件模拟结果，通过多方案对比，选择最佳建筑方案。例如：建筑布局中，应结合夏季主导方向，设置首层局部架空等通透空间，形成穿堂风，促进室内外自然通风，同时，尽量避免冬季主导风向；建筑立面结合建筑造型需要合理设置外遮阳，提高外窗和透明幕墙的遮阳性能，减少进入室内的太阳辐射得热；优化室内空间，合理设置进深，权衡外窗和透明幕墙的遮阳、通风和采光设计，利用自然通风减少空调开启时间，利用自然采光降低照明能耗。

[设计要点]

T3-2-1_1 室外风环境模拟分析与实地测试

采用CFD等计算方法对建筑周边风环境进行模拟分析；通过温度、湿度和风速等多功能测试仪器在冬季、夏季和过渡季对建筑物周边室外风环境进行实地测试。

关键措施与指标

室内外环境监测；能耗监测；联动控制；能效分析

T3-2-1_2 室内风环境模拟分析与实地测试

采用CFD等计算方法对建筑主要功能房间室内风环境进行模拟分析；通过温度、湿度和风速等多功能测试仪器在过渡季节对主要功能房间室内风环境进行实地测试。

关键措施与指标

软件模拟；多方案对比；实地测试

典型案例 世园会中国馆

（中国建筑设计研究院有限公司设计作品）

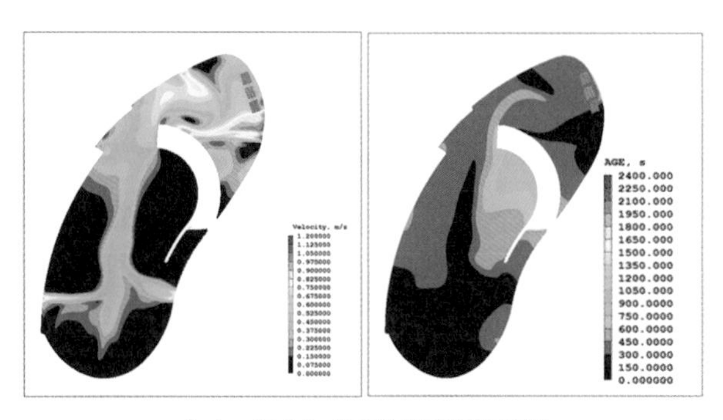

（a）一层 1.5m高度处通风环境示意图

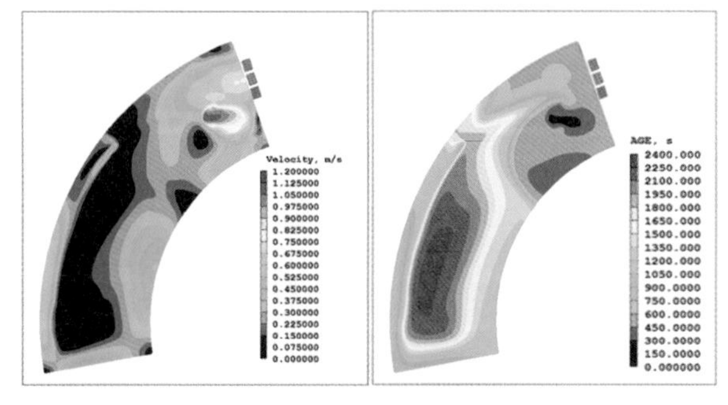

（b）二层11.5m高度处通风环境示意图

不同高度通风环境模拟分析

T3-2-1_3 建筑周边声环境模拟分析与实地测试

采用CadnaA等软件对建筑周边环境进行声环境模拟分析；通过多功能声级测试仪器在一到两天昼间及夜间对建筑周边声环境进行实地测试。

T3-2-1_4 建筑周边热环境模拟分析与实地测试

采用建筑热舒适相关软件（ITE等）进行建筑周边场地热环境模拟分析；通过红外热像仪等测试仪器在夏季对建筑周边热环境进行实地测试。

T3-2-1_5 建筑楼板撞击声隔声性能模拟分析与实地测试

查阅图集、规范等得到建筑主要功能房间隔声楼板的撞击声隔声量，或者根据构造做法进行计算；按照相关标准（《声学建筑和建筑构件隔声测量》GB/T 19889.7—2005第7部分：楼板撞击声隔声的现场测量）对建筑主要功能房间的隔声楼板进行测试验证。

T3-2-1_6 建筑室内采光分析与实地测试

通过采用Dali、Ecotect等采光分析软件对建筑主要功能房间室内采光进行分析；通过照度计、亮度计等采光测试仪器对主要功能房间室内采光进行实地测试等。

典型案例 **中国建筑设计研究院创新科研示范中心**

（中国建筑设计研究院有限公司设计作品）

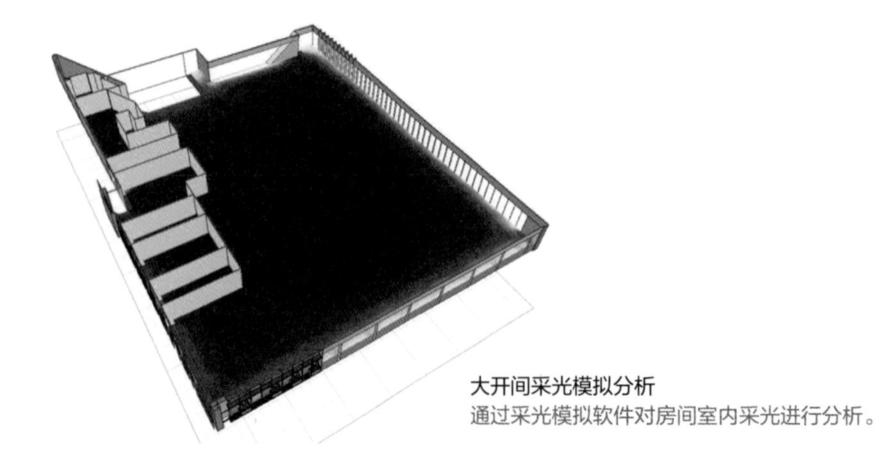

大开间采光模拟分析

通过采光模拟软件对房间室内采光进行分析。

[目的]

建筑环境满意度调查主要根据人们对室内环境舒适感受的主观判断，了解人们对室内环境的满意度，从使用者主观视角出发评价建筑室内环境质量如光、声、热环境和室内空气品质等，进而根据使用者的主观评价提出设计优化和改进措施。

[设计控制]

建筑环境满意度调查主要通过调查问卷的形式进行，根据建筑使用功能和受访人群合理设计建筑环境满意度调查问卷，包括调查问卷的观测变量、问卷措辞、问卷意图、问卷时长等，确保调查问卷的有效性和可靠性。

[设计要点]

T3-2-2_1 声环境

声环境的客观评价指标主要包括建筑周边环境噪声，建筑围护结构隔声情况（尤其立面薄弱部位如门窗的隔声性能和密闭性），楼板的撞击声隔声性能，设备末端噪声对室内背景噪声的干扰，室内隔墙考虑粉红噪声的隔声性能，综合室内背景噪声等。对受访人群访问了解室外噪声大小，室内噪声大小，其他噪声源影响如设备噪声、他人说话噪声、他人行走噪声等。

T3-2-2_2 光环境

光环境的客观评价指标主要为采光系数、眩光值、采光均匀度。可采用照度计等仪器进行测试验证。

T3-2-2_3 热环境

人的热感觉主要与全身热平衡有关，这种平衡不仅受空气温度、平均辐射温度、风速和空气湿度等环境参数影响，还受人体活动和着装的影响，整体的热感觉可以通过预计平均热感觉指数PMV进行预测。此外热不适也是热感觉的一个重要指标，主要是由于身体不需要的局部冷却或加热产生，常见的局部热不适包括非对称辐射温度（冷或热表面）、吹风感（由空气流动而引起的身体局部冷却）、垂直空气温差、冷或热地板等。预计不满意百分率PPD可表达热不适或热不满意的信息。对受访人群访问了解其个人年龄、健康状况、衣着情况、活动量、室内吹风感受、室内空气温度感受和湿度感受等。

T3-2-2_4 室内空气质量评价

室内空气质量通常指用气味、颗粒物污染、化学污染、生物污染等描述的室内空气状态。客观评价指标主要包括PM_{10}、$PM_{2.5}$、CO、CO_2、TVOC、甲醛、苯、氨等，包含可挥发性有机物、无机气体、放射性污染物、病原微生物污染物、悬浮颗粒物等。客观评价主要是现场检测或在线监测（部分参数可实现在线监测）；主观评价主要通过对受访人群访问了解嗅觉感受、是否有异味、空气感受是否新鲜、长期停留在室内是否有身体不适感等。

关键措施与指标

建筑环境满意度调查；室内控制质量评价

参考文献

标准规范

[1]《民用建筑绿色设计规范》JGJ/T 229—2010
[2]《民用建筑设计统一标准》GB 50352—2019
[3]《民用建筑热工设计规范》GB 50176—2016
[4]《公共建筑节能设计标准》GB 50189—2015
[5]《城市居住区热环境设计标准》JGJ 286—2013
[6]《建筑采光设计标准》GB 50033—2013
[7]《玻璃幕墙光热性能》GB/T 18091—2015
[8]《被动式太阳能建筑技术规范》JGJ/T 267—2012
[9]《建筑外门窗气密、水密、抗风压性能检测方法》GB/T 7106—2019
[10]《建筑照明设计标准》GB 50034—2013
[11]《建筑遮阳工程技术规范》JGJ 237—2011
[12]《节能建筑评价标准》GB/T 50668—2011
[13]《绿色办公建筑评价标准》GB/T 50908—2013
[14]《绿色建筑评价标准》GB/T 50378—2019
[15]《城市环境卫生设施规划标准》GB/T 50337—2018
[16]《历史文化名城保护规划标准》GB/T 50357—2018
[17]《轻轨交通设计标准》GB/T 51263—2017
[18]《车库建筑设计规范》JGJ 100—2015
[19]《建筑设计防火规范》GB 50016—2014（2018年版）
[20]《剧场建筑设计规范》JGJ 57—2016
[21]《民用建筑隔声设计规范》GB 50118—2010
[22]《钢结构设计标准》GB 50017—2017
[23]《耐候结构钢》GB/T 4171—2008
[24]《建筑用钢结构防腐涂料》JG/T 224—2007
[25]《木结构设计标准》GB 50005—2017
[26]《墙体材料应用统一技术规范》GB 50574—2010
[27]《建筑设计防火规范》GB 50016—2014
[28]《公共建筑节能设计标准》GB 50189—2015
[29]《混凝土结构设计规范》GB 50010—2010（2015年版）
[30]《砌体结构设计规范》GB 50003—2011
[31]《高层建筑混凝土结构技术规程》JGJ 3—2010
[32]《机械式停车库工程技术规范》JGJ/T 326—2014
[33]《电动汽车分散充电设施工程技术标准》GB/T 51313—2018
[34]《装配式建筑评价标准》GB/T 51129—2017
[35]《建筑工程绿色施工评价标准》GB/T 50640—2010
[36]《建筑施工场界环境噪声排放标准》GB 12523—2011
[37]《建筑物气密性测定方法风扇压力法》GB/T 34010—2017
[38]《公共建筑节能检测标准》JGJ/T 177—2009
[39]《通风与空调工程施工质量验收规范》GB 50243—2016
[40]《居住建筑节能检测标准》JGJ/T 132—2009
[41]《建筑结构荷载规范》GB 50009—2012
[42]《建筑结构可靠性设计统一标准》GB 50068—2018
[43]《普通混凝土长期性能和耐久性能试验方法标准》GB/T 50082—2009
[44]《混凝土耐久性检验评定标准》JGJ/T 193—2009
[45]《建筑与小区雨水控制及利用工程技术规范》GB 50400—2016
[46]《建筑节能工程施工质量验收标准》GB 50411—2019
[47]《居住建筑节能设计标准》DB11/891—2020
[48]《机械式停车库设计图册》13J927-3
[49]《北京市绿色建筑设计标准》DB 11/938—2012
[50]《海绵城市建设设计标准》DB11/T 1743—2020
[51]《北京市绿色施工管理规程》DB11/513—2015
[52]《北京市绿色建筑评价标准》DB11/T 825—2021
[53]《建筑电气工程施工质量验收规范》GB 50303—2015
[54]《建筑给水排水及采暖工程施工质量验收规范》GB 50242—2002

[55]《绿色生态城区评价标准》GB/T 51255—2017

[56]《绿色博览建筑评价标准》GB/T 51148—2016

[57]《民用建筑节水设计标准》GB 50555—2010

[58]《建筑信息模型施工应用标准》GB/T 51235—2017

[59]《民用建筑供暖通风与空气调节设计规范》GB 50736—2012

普通图书

[1] 艾学明．公共建筑设计（第2版）[M]．南京：东南大学出版社，2015.

[2] 中国建筑标准设计研究院．全国民用建筑工程设计技术措施 规划·建筑·景观[M]．北京：中国计划出版社，2009.

[3] 中国建筑标准设计研究院.2007年全国民用建筑工程设计技术措施节能专篇建筑分册[M]．北京：中国计划出版社，2007.

[4] 中华人民共和国住房和城乡建设部．工程建设标准强制性条文房屋建筑部分[M]．北京：中国建筑工业出版社，2013.

[5] 中国气象局气象信息中心气象资料室．中国建筑热环境分析专用气象数据集[M]．北京：中国建筑工业出版社，2005.

[6] 王清勤，韩继红，曾捷．绿色建筑评价标准技术细则[M]．北京：中国建筑工业出版社，2019.

[7] 董莉莉，魏晓．建筑设计原理[M]．武汉：华中科技大学出版社，2017.

[8] 北京市勘察设计与测绘管理办公室．北京市绿色建筑设计标准指南[M]．北京：中国建筑工业出版社，2013.

[9] 全国人大常委会办公厅．中华人民共和国文物保护法[M]．中国民主法制出版社，2008.

[10] 马克斯，莫里斯．建筑物气候能量[M]．陈士驎，译．北京：中国建筑工业出版社，1990：103-104.

析出文献

[1] 丁勇，连大旗，李百战，等．外窗内遮阳对室内环境影响的测试分析[J]．土木建筑与环境工程，2011，33（05）：108-113.

[2] 胡达明．公共建筑节能设计中外窗自然通风设计指标的简化与应用[J]．建筑节能，2020，48（01）：36-39.

[3] 李志诚，赵伟．建筑门窗的保温性能优化设计[J]．中外企家，2016（15）：230，232.

[4] 刘少瑜，林萍英，秦浩．香港《可持续建筑设计指引》剖析及应用 [J]．建筑学报，2013（07）：65-69.

[5] 王超，张伶伶，吕宵．低能耗目标下的北方高大空间公共建筑形体导控研究[J]．建筑学报，2020（S1）：38-43.

[6] 王兰，黄琼，徐虹，等．酒店中庭空间体量对热环境和能耗的影响研究——以京津地区带天窗酒店建筑中庭为例[J]．建筑节能，2015（11）：66-73.

[7] 谢振宇，杨讷．改善室外风环境的高层建筑形态优化设计策略[J]．建筑学报，2013（02）：76-81.

[8] 徐振宇．寒冷地区既有建筑节能设计与实践[J]．建筑技术，2016（10）：893-896.

[9] 叶雷振，惠星星．建筑玻璃幕墙形式对周边小区光污染影响分析——合肥地区为例[J]．江西建材，2017（02）：65-66.

[10] 张群，车晓敏，刘加平，等．苏南地区居住建筑夏季自然通风实测分析与设计策略[J]．西安建筑科技大学学报（自然科学版），2015，47（01）：87-90.

[11] 郑耿涛．遮阳板在玻璃幕墙光污染防治中的应用研究[J]．中国资源综合利用，2020，38（07）：53-56.

[12] 郑岩，吴江. 导光管与采光天窗在建筑设计过程中的应用辨析[J]. 山西建筑，2019，45（06）：17-19.
[13] 安琪，黄琼，张颀. 基于能耗模拟分析的建筑空间组织被动设计研究[J]. 建筑节能，2019，47（01）：63-70.
[14] 韩冬青，顾震弘，吴国栋. 以空间形态为核心的公共建筑气候适应性设计方法研究[J]. 建筑学报，2019（04）：78-84.
[15] 李晓俊，刘丛红. 基于能耗模拟的建筑节能整合设计方法研究[J]. 西部人居环境学刊，2016，31（04）：118-118.
[16] 林波荣，李紫微. 气候适应型绿色公共建筑环境性能优化设计策略研究[J]. 南方建筑，2013（03）：17-21.
[17] 刘旸，吴琦. 运动的空气：自然通风与热力学引导在公共建筑设计中的运用[J]. 建设科技，2017，346（20）：110-113.
[18] 奚培锋，张少迪，赵建立，等. 移动终端的建筑典型人流数据生成和在能耗模拟中的应用分析[J]. 现代建筑电气，2019，10（01）：1-7.
[19] 秦文翠，胡聃，李元征，等. 基于ENVI-met的北京典型住宅区微气候数值模拟分析[J]. 气象与环境学报，2015（03）：56-62.
[20] 何海亮，陈晓春，潘云钢，等. 中国建筑设计研究院创新科研示范楼暖通空调设计新技术应用[J]. 暖通空调，2018，48（10）：34-37.
[21] 刘鹏，赵昕，郭汝艳. 国家体育场雨水利用技术[J]. 城市住宅，2008（04）：52-53.
[22] 王希，石磊，杨文杰.BIM设计总包模式及实施策略研究——以中信银行信息技术研发基地项目为例[J]. 中国勘察设计，2017（09）：92-97.
[23] 刘正权，刘海波，董人文，等. 建筑外门窗气密性及空气渗透热损失对实际保温效果的影响[J]. 门窗，2009（05）：25-28.
[24] 庄华. 公共建筑室内空间的室外化设计研究[J]. 低碳世界，2016，132（30）：157-158.

学位论文

[1] 曾穗平. 基于“源-流-汇”理论的城市风环境优化与CFD分析方法[D]. 天津：天津大学，2016.
[2] 查新彧. 太阳能烟囱的通风效果与节能效果研究[D]. 南京：南京大学，2017.
[3] 陈菲菲. 基于视觉舒适度评价的天然光环境优化设计研究——以重庆地区高层办公建筑为例[D]. 重庆：重庆大学，2013.
[4] 衡贵猛. 大型商业综合体中庭空间设计研究[D]. 南京：南京工业大学，2018.
[5] 景云峰. 西安办公建筑室内物理环境现状及优化设计研究[D]. 西安：西安建筑科技大学，2019.
[6] 孔光燕. 基于WELL建筑标准的健康办公空间设计研究[D]. 南京：东南大学，2019.
[7] 李达耀. 建筑可再生能源利用系统优化设计研究[D]. 南宁：广西大学，2016.
[8] 李嘉成. 高层建筑标准层办公空间优化设计研究[D]. 广州：华南理工大学，2019.
[9] 李珺杰. 中介空间的被动式调节作用研究[D]. 北京：清华大学，2015.
[10] 李林蔚. 我国当代建筑设计中斜坡屋顶的建筑价值再生[D]. 西安：西安建筑科技大学，2017.
[11] 刘立. 基于能耗模拟的寒冷地区高层办公建筑节能整合设计研究[D]. 天津：天津大学，2017.
[12] 刘骁. 湿热地区绿色大学校园整体设计策略研究[D]. 广州：华南理工大学，2017.

[13] 刘宗江. 以更高节能目标为导向的公共建筑能效性能研究[D]. 北京：中国建筑科学研究院，2013.
[14] 潘玥. 北京建筑大学图书馆学习空间物理环境现状及设计策略研究[D]. 北京：北京建筑大学，2017.
[15] 阮丹. 间歇局部采暖的居住建筑围护结构热工性能研究[D]. 西安：西安建筑科技大学，2015.
[16] 王凯. 城市绿色开放空间风环境设计和风造景策略研究 [D]. 北京：北京林业大学.2016.
[17] 王萌. 现代建筑中庭节能设计方法的探索与研究[D]. 天津：天津大学，2014.
[18] 王文康. 室内分区太阳能采暖建筑的热工设计及节能构造研究[D]. 西安：西安理工大学，2018.
[19] 许圣奇. 基于《绿色建筑评价标准》的被动式设计策略研究——以寒冷地区办公建筑为例[D]. 北京：中国矿业大学，2017.
[20] 张佳岩. 导光管在建筑中的采光应用效果研究[D]. 北京：北京建筑大学，2016.
[21] 张立洋. 具有气候适应功能的热流自调节围护结构传热特性研究[D]. 北京：北方工业大学，2016.
[22] 张荣冰. 北方寒冷地区公共建筑形体被动式设计研究[D]. 济南：山东建筑大学，2017.
[23] 张涛. 城市中心区风环境与空间形态耦合研究[D]. 南京：东南大学，2015.
[24] 杨侦. 玻璃幕墙建筑反射眩光防控设计策略研究[D]. 天津：天津大学，2016.
[25] 匙楠. 大型公共建筑自然采光设计研究[D]. 长沙：中南大学，2011.
[26] 姜峰. 被动式建筑内围护结构蓄热性能评价及设计指导[D]. 北京：清华大学，2011.
[27] 卢素梅. 围护结构内表面发射率对室内热环境的影响研究[D]. 广州：华南理工大学，2020.
[28] 王安全. 夜间热压通风建筑围护结构内表面对流换热过程分析[D]. 扬州：扬州大学，2020.
[29] 吴昊. 耦合太阳能通风内墙的建筑传热过程理论分析[D]. 成都：西南交通大学，2019.

专利文献

李乐之. 一种通过人流模拟测算建筑空间活跃度的方法：CN103473114A[P]. 2013.

其他

[1] 中国硅酸盐学会陶瓷分会建筑卫生陶瓷专业委员会. 绿色建材评价技术导则（试行）第一版.（2015-10）. http://zjt.hunan.gov.cn/zjt/hyjs/lsjzycl57/lsjc/201908/t20190809_12157228.html.
[2] 中华人民共和国国务院. 建设项目环境保护管理条例.（2017-07-10）. http://www.gov.cn/zhengce/content/2017-08/01/content_5215255.htm.
[3] 中华人民共和国建设部. 绿色施工导则（建质〔2007〕223号）. http://www.mohurd.gov.cn/wjfb/200709/t20070914_158260.html.